粮油作物绿色高效定额制施肥技术

LIANGYOU ZUOWU
LÜSE GAOXIAO DING'EZHI SHIFEI JISHU

张均华 虞轶俊 曹小闯 秦 华 王 峰 等 编著

中国农业出版社
北 京

内容简介

NEIRONG JIANJIE

本书针对粮油产区基础地力贡献率不高、化肥利用率低、施肥结构不合理等对土壤、生态环境及农产品品质的影响等问题，统筹耕地土壤健康培育、肥料高效利用、周年养分统筹等研究结果，系统介绍了高效定额施肥理论、高产粮油产区土壤典型特征及土壤健康关键指标评价体系、粮油产区土壤培肥机制与健康土壤培育技术、粮油作物周年氮养分运筹机制、主要粮油作物化肥施用限量标准、高效绿色新型肥料与高效应用技术以及粮油作物绿色高效定额施用技术集成与应用，对粮油产区健康土壤培育和绿色高质量发展有重要指导意义。

本书可供土壤学、农学、生态学等领域的科技工作者和高校师生参考，也可供各级农业农村部门参考。

编　委　会

主　　编　张均华　虞轶俊　曹小闯　秦　华　王　峰

副 主 编　孔亚丽　陈俊辉

编写人员（按姓名拼音排序）

曹小闯　陈红金　陈俊辉　陈照明　傅丽青

孔亚丽　李建强　马军伟　彭丽媛　秦　华

石艳平　田文昊　王　峰　王京文　王　强

邬奇峰　吴　勇　伍少福　杨　东　虞轶俊

张耿苗　张均华　周　燕　朱春权　朱练峰

前言
FOREWORD

洪范八政，食为政首。解决好吃饭问题始终是治国理政的头等大事。习近平总书记多次强调，“中国人的饭碗任何时候都要牢牢端在自己手上”。目前，我国粮食产量已经连续八年超过 6.5 亿 t、人均占有量超过 470 kg，有能力端牢自己的饭碗。我国以约占世界 9%的耕地养育了世界 18%左右的人口，化肥对粮食增产的贡献率占 40%～50%，在粮食稳产保供中发挥了重要的支撑作用。过去 60 年间，我国化肥施用量增加了 100 倍，但粮食产量仅增加了 4 倍多，化肥长期不合理施用引发了一系列严重的土壤质量、土壤健康、环境健康、农产品品质安全等问题，造成资源严重浪费的同时还增加种植主体的生产成本，影响种粮效益。研究和推广粮油产区土壤地力提升、周年高效绿色定额施肥技术对保障粮油等重要农产品安全具有重要意义。

本书由中国水稻研究所、浙江省耕地质量与肥料管理总站、浙江农林大学、浙江省农业科学院等单位科研工作者共同撰写完成。主要内容基于国家重点研发计划“黑土区稻田培肥与水稻高产优质协同的精确施肥技术”、国家自然科学基金“秸秆还田下氮素调控盐碱土壤固碳的微生物学机制”、浙江省重点研发计划“主要粮油作物高效绿色定额制施肥技术研究”、浙江省“三农九方”农业科技计划“稻田土壤健康培育技术研究与应用”等科研项目的主要成果，综合分析近年来浙江省粮油主产区土壤肥力特征，研究明确了高产粮油产区的土壤健康关键指标，提出稻田土壤健康指标评价体系；研究粮油产区土壤增肥机制及土壤健康培育技术；研究明确了健康土壤培育、粮油作物周年养分运筹机制与作物高产的互作关系，提出了主要粮油作物化肥施用限量标准和高效施用技术，建立了主要粮油作物周年高效绿色化肥定额施用模式；研发高效绿色新型肥料与高效应用技术；系统构建了绿色高效化肥定额制技术体系、政策体系和推广体系，有效解决了化肥减量增效和全力守牢“米袋子”的关系。对保障我国粮食安全和生态安全、促进农业发展从数量型增长向质量效益型增长转变具有重要借鉴意义，可为全国实施“藏粮于地、藏粮于技”战略、高水平推动农业绿色发展提供实践范例。

本书出版及相关研究得到了国家重点研发计划（2022YFD1500403）、国家自然科学基金（42207415）、浙江省重点研发计划（2021C02035）和浙江省“三农九方”农业科技项目（2022SNJF001）等项目支持。在本书出版之际，谨向参与撰写的各位同行，以及提供相关资料的有关单位和专家表示衷心感谢！

由于著者水平有限，书中难免有不足之处，有些观点也有待进一步深入研究和探索，敬请读者批评指正。

著　者

2023年10月8日

目录
CONTENTS

第1章 绿色高效定额制施肥概论

1.1 绿色高效施肥与粮食安全

“粮食安全是‘国之大者’。悠悠万事，吃饭为大”。粮食安全是国家安全和经济社会发展的“压舱石”，也是构建人类命运共同体重要的物质基础。以习近平同志为核心的党中央把粮食安全作为治国理政的头等大事，提出了“确保谷物基本自给、口粮绝对安全”的新粮食安全观。党的二十大报告明确指出要“全方位夯实粮食安全根基，全面落实粮食安全党政同责”“确保中国人的饭碗牢牢端在自己手中”，对保障国家粮食安全提出更高要求。肥料作为农作物的“粮食”，是农业生产最根本的基础性要素（Lin，1992）。绿色高效施肥技术在协调推进粮食稳产保供、提质增收、农民增收和生态文明建设中起到关键作用。如何加快化肥减量增效绿色高效技术研发与集成推广，完善化肥减量增效技术、标准及推进机制，已成为保障我国粮食和重要农产品稳定安全的重要议题。

绿色高效施肥技术是实现粮食安全生产的现实需要。化肥为作物生长发育提供必需的氮、磷、钾和中微量元素，合理施用化肥是提高作物单产的重要途径（宋小青和欧阳竹，2012）。自20世纪70年代以来，我国推广使用化肥，化肥用量从1978年的884万t增加至2020年的5 250万t，其在粮食增产的作用占40%～50%（赵秉强，2016），在全国农产品稳产保供中发挥重要支撑作用。然而，在传统小农种植模式下，农户为追求利益最大化往往会增加单位面积化肥的投入，存在化肥长期过量施用和盲目施用等问题，过量施肥带来的负面影响也逐渐凸显。据统计，我国是世界上化肥用量最多的国家，也是世界上化肥过量施用程度较高的国家之一，水稻、小麦、玉米等主要粮食作物普遍存在施肥过量问题（侯萌瑶等，2017）。从2005年起，我国连续出台了一系列政策推进化肥减量增效工作，取得积极成效，2021年全国农用化肥施用量5 191万t（折纯），比2015年减少13.8%，已实现连续多年化肥用量负增长，但单位耕地面积化肥用量仍然高于国际化肥安全施用标准（225 kg/hm^2）。在化肥利用率提升方面，2020年我国水稻、小麦、玉米三大粮食作物化肥利用率仅为40.2%，远低于欧美发达国家化肥利用率50%～65%的水平，同样面临较大压力。此外，我国还面临氮肥过量、磷钾肥不足的结构性高强度施肥问题（张福锁，2013）。长期过量施肥引发一系列严重的环境健康问题，如农产品产量或品质下降、土壤养分比例失衡、土壤污染、农业面源污染扩大、水体富营养化、生物多样性降低和温室效应加剧等（魏后凯，2017；李燕青，2016；Guo et al.，2010）；资源严重浪费的同时，提高了农业主体粮食生产成本，造成边际效益递减，降低农户种粮积极性。现阶段及今后一段时期，过量施肥仍是影响我国农业全面绿色转型和高质量发展的主要因素，因此化肥减量增效技术研究成为高效生态农业发展的重要内容。如何在保障粮食安全的前提下做到化肥减量增效、构建绿色施肥模式已成为各级政府部门和研究者重点关注的热点和难点问题。开展绿色高效定额施肥技术研究对保障粮食生产和重要农产品有效供给、保障农民利益和推动乡村振兴、持续深化化肥减量增效、改善农业生态环境具有重要理论和现实意义。

1.2 高效绿色定额施肥是化肥减量增效的有效手段

定额施肥通过制定主要作物化肥投入最高用量标准，采取科学测土配方施肥、多元替代、精准施肥等多种技术措施，以达到减少农田化肥投入、保障耕地综合产能、优化生态环境质量的目标。定额施肥技术研究是基于保障粮食和重要农产品数量安全、质量安全、生态安全和农民增收等多重背景下，探索绿色高效施肥的核心技术和关键改革举措。2019年，浙江省率先提出建立化肥最高用量制度，相继出台《关于试行农业投入化肥定额制的意见》《关于推行化肥农药实名制购买定额制施用的实施意见》等政策文件；2022年，农业农村部先后发布关于实施水稻、玉米等作物氮肥定额制意见；广东、安徽、江苏等省相继实施化肥定额制。2022年，生态环境部、农业农村部、住房和城乡建设部、水利部、国家乡村振兴局联合印发《农业农村污染治理攻坚战行动方案（2021—2025年）》，提出“制定水稻、玉米、小麦、油菜等氮肥推荐定额用量，依法落实化肥使用总量控制”；农业农村部印发《到2025年化肥减量化行动方案》，提出建立健全主要农作物氮肥施用定额，推行施肥定额制、台账制管理，为推进化肥定额制提供有力制度支撑。定额制施肥作为绿色高效施肥的核心技术，是落实浙江省“肥药两制”（即实名购买、定额制施用）改革配套政策的技术创新，是保障粮食安全和助力“藏粮于地、藏粮于技”战略的有力抓手，是加快推进我国农业农村现代化发展的重要手段。

定额制施肥是实现化肥减量增效的有效途径。在过去20年间，我国化肥施用强度的年均增长率与化肥总量的增长率相当，在耕地面积保持相对稳定的状况下，这意味着我国化肥用量的增长主要来源于单位面积化肥使用量的增加（栾江等，2013），化肥施用技术水平较低成为制约我国化肥减量增效的主要障碍因子（李圆宾等，2021）。定额施肥通过技术创新实现化肥源头减量，已成为未来农田养分管理的发展趋势。然而，新形势下农户对施肥技术信息的缺乏阻碍了化肥减量行动的推进；由于信息不对称，农户认为绿色施肥技术的应用具有种植净收益不确定风险。“粮油轮作”是我国常见种植模式，可增加土壤肥力和土地复种指数，促进农产品生产动态调节，提高油料综合保障能力。然而，部分区域出现稻油养分运筹不合理、土壤培肥和施肥体系不完善等问题，亟须粮油作物周年养分施用的相关标准及技术指导。化肥定额制差异化、个性化施肥制度的推广，可为农户提供科学施肥建议和示范信息，增强农户对定额制施肥技术的认可度，降低农户科学施肥的学习成本和技术风险，促进其采用科学施肥技术，实现化肥减量增效。基于此，本书以定额制施肥为抓手，以有机养分替代、精准科学施肥、调优结构减量、改进施肥方式、新型肥料研发等技术措施为重点，制定主要粮油作物化肥投入定额标准，集成化肥投入定额标准的技术模式，加强绿色高效定额制施肥技术推广，指导农户科学定额施肥，提高化肥利用效率，推动化肥减量增效和农业绿色转型升级，发挥定额制施肥在保障粮食和油料等重要农产品有效供给中的支撑作用，牢牢把握粮食安全主动权，以保障粮食安全这一“国之大者”。

1.3　定额制施肥对土壤健康、农业可持续发展的影响

土壤健康（soil health）是指土壤作为一个独特的动态生命体，具有维持其生态系统服务功能的持续能力（张桃林，2021）。健康的土壤是保障农业现代化发展的根基，只有健康的土壤才能生产健康的食物，进而孕育健康的人类和健康的社会，土壤健康状况将影响粮食安全、农产品安全、生态安全和人类健康。随着土壤健康在保障生态系统稳定和人体健康的重要作用日益凸显，实施土壤健康行动已成为农业可持续发展工作的重心（张俊伶等，2021）。

习近平总书记强调，科学发展必须坚持“面向人民生命健康”。大量研究表明，土壤健康与人体健康息息相关，而施肥则是土壤健康管理中不可替代的关键环节，守护人民生命健康离不开绿色高效施肥技术的助力（胡宁，2014）。党的二十大报告中指出“推动绿色发展，促进人与自然和谐共生”，为新时代农业农村经济发展指明前进方向。2022 年，浙江省农业农村厅、浙江省科学技术厅、浙江省财政厅、浙江省自然资源厅、浙江省生态环境厅联合印发《土壤健康行动实施意见》，率先从省级层面研究土壤健康并部署具体行动，探索建立提升耕地土壤健康水平的新路径。合理施肥有利于提高土壤养分利用效率，促进农业节本增效和农产品增产提质，保持并提高土壤健康状态。然而，过量施肥导致的土壤退化、农产品质量下降、环境破坏等问题，不仅带来粮食生产安全和资源浪费压力，也会直接或间接增加人体健康暴露风险，过量施肥造成的土壤健康问题已成为制约我国农业可持续发展的重要因素（王峰和虞轶俊，2021）。开展面向人民生命健康的定额制施肥改革，是贯彻“以人民为中心”思想的具体体现。人民群众对健康食品和生活品质的追求，为培育出高品质农产品创造巨大市场，对现代农业高质量发展也提出更高要求。定额制施肥可实现外部投入最小化，优化土壤内部调节，高水平发挥其保障食品及人体健康的服务功能，承担着支撑国家粮食安全和农业农村现代化发展的重要使命。

定额制施肥对维持土壤健康和农业可持续发展至关重要。当前，我国过量施肥现象依然比较严峻，肥料种类和高效施肥模式、化肥利用效率和农业综合收益与发达国家相比存在较大差距，仍有较大的发展空间。2022 年，财政部联合农业农村部发布强农惠农政策，重点提到“推动化肥减量化，促进畜禽粪污资源化利用和农业绿色发展”，优化施肥方式、推进化肥减量增效仍是我国农业绿色发展的重要议题。施肥可直接影响土壤养分、酸碱性和生物群落等指标，并且这些与施肥有关的指标在当前主流土壤健康评价指标体系中均处于核心位置（张江周等，2022），由此可见，推广定额制施肥在保障土壤健康和农业可持续发展中具有必要性。土壤是万物之本、生命之源，2022 年世界土壤日主题为“土壤，食物之源”，土壤直接提供了人类所消耗的 80%的热量、75%以上的蛋白质及大部分的纤维，需要以健康的土壤生产健康农产品，解决当前广泛出现的“隐性饥饿”问题，确保人

民从“吃得饱”向“吃得营养”“吃得安全”“吃得健康”转变。目前，我国基础地力对粮食生产的贡献率仅为50%左右，比40年前低10%左右，比欧美发达国家低20%～30%，化肥过量施用是造成基础地力贡献率下降、土地隐性流失的主要原因（孙波等，2017）。定额制施肥是突破农田施肥的关键性技术瓶颈，保障化肥养分投入精准化和均衡化，以农田地力快速培育实现土壤障碍因子消减和养分资源高效利用。在农业绿色发展背景下，需要根据土壤质量（soil quality）、肥料类型和作物特性，建立适合不同地区或不同种植制度的定额制施肥技术和配套政策体系，提高农户施肥的规范性和科学性，在保障粮食安全和化肥减量增效的前提下，持续保障健康土壤的综合产能，实现土壤生态系统服务的多功能协调。

浙江省在我国率先探索开展化肥定额施用，制定了水稻、小麦等17种主要农作物化肥定额用量标准，发布了《水稻、小麦、油菜区域施肥用量要求》省级地方标准；杭州市临安区发布了我国首个化肥施用限量地方标准《主要作物化肥定额制施用限量标准》（DB3301/T 1117—2022），在化肥定额制推进过程中，逐渐形成完善的定额制施肥技术标准体系，为我国化肥减量增效工作提供“浙江经验”。定额制施肥技术的研发推广，通过严格控制和科学管理化肥投入，实现化肥减量的源头控制，这不仅是培育健康土壤、提升土壤生态系统服务功能的现实需要，也是我国农业绿色低碳发展的必然要求，对保障人体健康、建设健康中国的意义重大。当前，已有较多研究者探究了农地流转、经营规模、农户行为、土地禀赋等因素对化肥减量工作的影响（王可，2011；邹伟等，2020；张卫峰等，2008），但是关于农用地科学施肥技术，特别是定额制施肥对不同区域和不同作物类型肥料利用效率的影响尚未形成系统的阐述。实施定额制施肥对土壤健康和粮食安全影响如何？作用机制如何？技术储备如何？对促进化肥减量增效效果如何？对于以上问题的思考和回答，亟须深入开展绿色高效施肥技术措施及其配套政策的研究。因此，本书在明确主要粮油作物产区土壤肥力特征与土壤健康状况的基础上，尝试建立完善的土壤健康评价指标体系，并积极拓展定额制施肥对耕地质量调控的应用路径，提高健康土壤的基础贡献力；以定额制施肥改革优化肥料施用模式，协调肥料养分供应与作物养分需求之间的关系；探讨定额施肥技术模式在保障粮食安全和促进农业绿色发展中的关键作用，提出差别化定额施肥关键技术，以期为推动国家、区域和地方定额制施肥标准制度的建立提供理论和决策依据，全面夯实土壤健康保障人类健康的基础。

参考文献

侯萌瑶，张丽，王知文，等，2017. 中国主要农作物化肥用量估算［J］. 农业资源与环境学报，34（4）：360-367.

胡宁，2014. 论施肥对土壤健康的影响［J］. 中国农业信息，164（9）：119.

李燕青，2016. 不同类型有机肥与化肥配施的农学和环境效应研究［D］. 北京：中国农业科学院.

李圆宾，舒华，徐璐瑶，等，2021. 中美肥料施用及产出效益对比分析［J］. 中国土壤与肥料，295（5）：252-259.

栾江，仇焕广，井月，等，2013. 我国化肥施用量持续增长的原因分解及趋势预测［J］. 自然资源学报，28（11）：1869-1878.

宋小青，欧阳竹，2012. 1999—2007 年中国粮食安全的关键影响因素［J］. 地理学报，67（6）：793-803.

孙波，陆雅海，张旭东，等，2017. 耕地地力对化肥养分利用的影响机制及其调控研究进展［J］. 土壤，49（2）：209-216.

王峰，虞铁俊，2021. 过量施氮对主要农作物产量和品质的影响［M］. 北京：中国农业出版社.

王可，2011. 从农户施肥行为的角度来提高化肥使用效率［J］. 科技传播，43（10）：89.

魏后凯，2017. 中国农业发展的结构性矛盾及其政策转型［J］. 中国农村经济（5）：1-16.

张福锁，2013. 中国肥料发展研究报告［M］. 北京：中国农业大学出版社.

张江周，李奕赞，李颖，等，2022. 土壤健康指标体系与评价方法研究进展［J］. 土壤学报，59（3）：603-616.

张俊伶，张江周，申建波，等，2020. 土壤健康与农业绿色发展：机遇与对策［J］. 土壤学报，57（4）：783-796.

张桃林，2021. 守护耕地土壤健康支撑农业高质量发展［J］. 土壤，53（1）：1-4.

张卫峰，季玥秀，马骥，等，2008. 中国化肥消费需求影响因素及走势分析Ⅱ种植结构［J］. 资源科学，30（1）：31-36.

赵秉强，2016. 传统化肥增效改性提升产品性能与功能［J］. 植物营养与肥料学报，22（1）：1-7.

邹伟，崔益邻，周佳宁，2020. 农地流转的化肥减量效应：基于地权流动性与稳定性的分析［J］. 中国土地科学，34（9）：48-57.

GUO J H，LIU X J，ZHANG Y，et al. 2010. Significant acidificationin major Chinese croplands［J］. Science，327（19）：1008-1010.

LIN J Y，1992. Rural reforms and agricultural growth in China［J］. American Economic Review，82（1）：34-51.

第2章 粮油主产区土壤肥力特征及障碍因子

土壤肥力是指土壤为植物生长供应和协调养分、水分、空气和热量的能力，是土壤物理、化学、生物特性的综合反映。土壤肥力特征包括土壤容重、质地、团聚体、孔隙结构等土壤物理特征，土壤有机质、pH、氮素养分、磷素养分、中量元素、微量元素、阳离子交换量等土壤化学特征，以及土壤微生物量碳氮、酶活性、微生物群落结构等生物特征。土壤物理和生物特征主要受自然因素（如成土母质）的影响，但在特定条件下，也受人为因素（如耕作、施肥活动等）的影响。土壤养分是影响土壤肥力水平的重要因素，受农田建设、耕作制度、施肥水平、施用技术等多种因素的影响。土壤肥力有自然肥力和人为肥力、有效肥力和潜在肥力之分。土壤物理、化学和生物特征直接或间接影响土壤的养分有效性，影响农业生产的结构、布局和效益。当前气候变化背景下，有效控制和降低不利因素对粮食生产的影响，明确粮油主产区土壤肥力和基础地力的基本特征，是科学合理指导粮油生产、精准管理土壤养分的前提和基础，对保障粮油作物产量和品质具有极为重要的意义。

2.1 土壤肥力特征

2.1.1 土壤物理特征

土壤物理肥力是土壤肥力的重要组成部分，直接或间接地影响作物生长，决定土壤功能及耕地用途。当前，土壤肥力评价方法及指标构建体系研究将土壤紧实度、土壤质地、耕层厚度（LT）、土壤湿度与温度等可视化的土壤结构指标作为土壤质量分等定级的重要依据。

1. 土壤容重

土壤容重是监测土壤紧实度的重要参数，是评价土壤质量的重要物理指标。容重增加，土壤板结，通气性受阻，水分及养分转化、作物根系生长都会受到抑制。据调查，稻田土壤，当其容重达1.4 g/cm^{3}以上时，稻苗发根受到明显的抑制；当其容重低于1.3 g/cm^{3}时，其影响显著降低。翻耕、畜禽粪便等有机物料施用、秸秆粉碎翻耕还田、土壤调理剂施用等均能降低土壤容重，显著提高土壤孔隙度和田间持水量，从而改善土壤物理性状（黄晶等，2017）。例如，浙江省嘉兴市秀洲区的王江泾镇、油车港镇、新塍镇和南湖区的余新镇耕层土壤容重随秸秆还田年限增加，土壤容重降低。其中，油车港镇调查点秸秆还田时间最长，其土壤容重最低，为0.84 g/cm^3，这得益于长期大量秸秆还田，输入农田的秸秆腐化增加了土壤的孔隙度与微生物的丰度，使土壤变得疏松，容重降低（鲁晨妮等，2021）。

2. 土壤质地

土壤质地是土壤物理特征之一，反映土壤内在的肥力特征，与土壤通气、保肥、保水状况及耕作的难易有密切关系。因此，在说明和鉴定土壤肥力状况时，土壤质地往往是首先考虑的指标之一，是土壤开发利用、管理和改良技术研发的重要依据。虽然土壤质地主要决定于成土母质类型，有相对的稳定性，但耕作层的质地仍可通过耕作、施肥等活动进行调节。土壤质地是影响作物根系构型、根系生长发育、根系吸收养分的重要因素。土壤质地可通过影响土壤总孔隙度来影响土壤的通气性和透光率，从而影响作物根系的呼吸速率。轻壤偏重、中壤偏轻的质地条件有利于作物根系生长发育。例如，在浙江省桐庐县的采样调查中，有 89.8%样点的土壤质地为黏壤土和壤土，比较适宜油菜的生长。

3. 土壤团聚体

土壤团聚体是土壤结构的基本单元，也是有机碳、氮、磷等养分的主要载体，是土壤中各种物质、能量之间相互转化和代谢的重要场所，土壤质量和肥力受到土壤团聚体数量和质量影响（Lehmann，Rillig，2015）。因此，团聚体稳定性和大小分布被用于描述作物种植和土壤管理对土壤物理性质的影响指标，常用于评价土壤结构的稳定性。影响土壤团聚体稳定性的因素主要包括土壤外部环境（土地利用方式、植被覆盖、降雨和耕作制度等）及土壤基本性质［土壤母质、有机和无机物质，如土壤有机质（soil organic matter，SOM）、黏粒含量等］。

4. 土壤孔隙结构

土壤孔隙结构作为土壤结构中重要的组成部分，是土壤中养分、水分和空气的传输通道、储存空间及微生物活动的场所，也是决定作物根系生长的关键因子（Kuzyakov，Blagodatskaya，2015）。耕作和施肥都会改变土壤结构，从而影响土壤的孔隙大小分布及导水导气状况，对作物生长产生直接影响。即使耕作方式相同，由于耕作强度不同也会形成不同土壤结构，从而影响作物根系发育及作物地上部的生长和产量。土壤孔隙结构在温室气体产生、运输和释放过程中也起着重要作用。土壤孔隙的数量、大小和形态等直接影响土壤中水分和气体运动、土壤氧化还原电位及土壤微生物活动，进而影响土壤 CH_4 和 N_2O 的产生与排放（孙钰翔等，2021；Bach et al.，2018）。

2.1.2　土壤化学特征

土壤化学特征直接影响土壤养分总量和有效性，对作物生长产生显著影响。在相对综合的评价指标中，粮油产区土壤化学特征评价指标随着施肥、耕作模式和耕作区域的差异而各有侧重，主要集中在有机质、pH、氮素养分、磷素养分、钾素养分、中量元素、微量元素、阳离子交换量方面。

1. 土壤有机质

土壤有机质是指存在于土壤中所有含碳的有机物质，它包括土壤中各种动植物残体、微生物体及其分解和合成的各种有机物质，是土壤的重要组成部分。尽管土壤有机质在土壤总重量中的占比很小，但其含量的多少和质量的高低，对土壤肥力影响颇大。有机质不仅能直接提供作物所需的氮、磷、钾、硫、钙、镁和微量元素等多种养分，还能促进土壤团粒结构的形成，改善土壤的物理性状，对土壤水、肥、气、热等肥力因素起着重要的调节作用。有机质是土壤微生物活动的源泉，其含量对土壤生物学特性有深刻的影响。因此，有机质通常作为评价土壤质量的决定性因子。提高土壤有机质水平是提高土壤地力、改善土壤质量、增加作物产量的有效措施。相关数据表明，浙江省水稻田土壤有机质平均含量超过 31g/kg，属于较高水平，但有机质质量整体偏低，土壤有机培肥既要提高土壤有机质的含量，又要注重改善土壤有机质的品质（孔海民等，2020）。

2. 土壤 pH

pH 是土壤地力特征的一个重要指标，是土壤在其形成过程中受生物、气候、地质、水文等因素综合作用所产生的重要属性。土壤 pH 受土壤溶液中游离的 H^+、OH^- 的浓度和土壤胶体中吸附的 H^+、Al^{3+}、Na^+、Ca^{2+} 等离子浓度及其饱和度制约。只要土壤中不含特殊的酸碱性物质，其 pH 一般为 4～7.5。大量研究表明，土壤 pH 不仅直接影响土壤微生物群落分布和多样性、土壤有机质分解和转化及各种矿质营养元素的含量和有效性等，还间接影响植株的生长、发育及作物品质产量。土壤 pH 越低，铝离子的活性越高，过量的铝离子会对作物产生毒害作用，严重危害作物的正常生长发育；强酸环境抑制微生物活动，造成有机质分解速率变缓。

自然状态下的土壤酸碱性主要受成土因子控制，其酸碱变化的过程十分缓慢，pH 每变化一个单位往往需要漫长的时间。但受酸雨等自然因素及不合理施肥和工业生产等人为因素影响，土壤酸化进程加快（Guo et al.，2010）。浙江省农用地土壤 pH 为 3.6～8.3；土壤酸化较明显，其中近 50%的水田土壤呈酸性或强酸性，近 70%的旱地土壤呈酸性，近 30%的旱地土壤属于强酸性。

3. 土壤氮素养分

氮是最重要的生命元素，在农业生产中为“肥料三要素”之首。土壤全氮（total nitrogen，TN）含量是指土壤中各种形态氮素之和，在一定程度上代表着土壤的供氮水平。土壤氮素养分主要以有机形态存在，所以土壤全氮含量与土壤有机质含量之间存在高度正相关关系。土壤中的氮来源于生物固氮（自生和共生固氮菌完成）、雨水和灌溉水带入氮和施肥（有机肥和化肥）。耕地土壤的全氮量一般低于自然土壤，其中旱地土壤的全氮量又低于水田土壤。土壤全氮含量的高低反映耕地土壤综合供氮能力大小，一般认为土壤全氮含量＜2 g/kg 即有可能缺氮，需要增施氮肥。浙江省水田耕层全氮平均含量为 2.31 g/kg，旱地为 1.68 g/kg。

土壤碱解氮（AN）是土壤所提供的植物生活所必需的易被作物吸收利用的营养元素，包括无机态氮和部分有机质中易分解的、比较简单的有机态氮，是铵态氮（NH_4^+-N）、硝态氮（NO_3^--N）、氨基酸氮和易水解蛋白质氮的总和。研究表明，土壤碱解氮能较灵敏地反映土壤氮素动态和供氮水平，其含量与作物产量和吸氮量高度相关。因此，土壤碱解氮被认为是评估耕地地力的重要指标。旱地土壤无机氮一般以 NO_3^--N 较多，淹水土壤则以 NH_4^+-N 占优势。在水田中，由于长期淹水，土壤氧化还原电位 Eh 下降，NH_4^+-N 是速效氮的主体、NO_3^--N 含量极低；旱地由于通气状况良好，土壤 Eh 升高，NO_3^--N 含量高，而 NH_4^+-N 含量较低。

4. 土壤磷素养分

磷是植物生长发育所必需的基本元素之一，深刻影响着植物的光合作用、物质能量转化、碳水化合物运输及抗逆性等，其重要性仅次于氮。土壤中的总磷含量虽然丰富，但其中仅不到 0.1%可供植物吸收利用。受土壤母质、风化程度、植被类型、土壤理化性质和中制作物等影响，土壤磷的含量和组成差异极大。我国土壤中全磷（total phosphours, TP）含量从南到北有逐渐递增的地域变化趋势，从东到西也稍有增加，但磷酸盐在土壤中移动性差，导致同一地区磷的含量和分布也有明显的局部差异。土壤全磷含量只能反映磷素的潜在供应水平，土壤中的各种含磷化合物对当季作物是否有效要看它们在土壤中的形态和转化。

土壤有效磷是指土壤中在短期内能为作物所吸收利用的那部分磷。土壤中磷素状况极为复杂，土壤有效磷含量往往要视磷素化合物的形态和土壤 pH 而定。南方地区雨水丰沛，气候湿润温和，淋溶作用强烈，发育成 Fe、Al 氧化物含量丰富的黄壤、红壤，对磷吸附固定强烈，有效磷含量极低。一般，土壤有效磷＜10 mg/kg 时，可认为是缺磷土壤，需要增施磷肥。浙江省水田耕层土壤有效磷平均含量为 31.88 mg/kg，有效磷缺乏和富集并存，其中近 40%的耕层土壤处于缺磷临界值及缺磷状态；旱地的有效磷含量显著高于水田，平均含量为 133.39 mg/kg，有 3/4 的耕层土壤处于磷富集状态（孔海民等，2020）。

5. 土壤钾素养分

土壤钾素是土壤肥力因素之一，其丰缺程度直接影响作物的生长发育和产量的高低。土壤钾素来自岩石与矿物的风化，大致分为矿物钾、水溶性钾、交换性钾和非交换性钾。其中，土壤中的水溶性钾和交换性钾易被植物吸收利用，记为速效钾，其含量通常用来衡量土壤供钾能力。非交换性钾在一定条件下可以逐步转化为速效钾，属缓效钾，是土壤速效钾的储备。当土壤中的速效钾由于作物吸收而减少时，缓效钾就会释放补充速效钾，所以土壤缓效钾的高低也是判断土壤供钾能力的重要指标。当土壤中速效钾含量低，而缓效钾含量较高时，土壤供钾能力并不一定很低；当土壤中速效钾和缓效钾含量都低时，土壤的供钾能力较低，此时施用钾肥对作物生长效果十分显著。

我国土壤全钾含量为 0.05%～2.5%，钾素肥力属于中上等，受母质、气候等成土条件的影响，总体呈南低北高、东低西高的趋势。南方的砖红壤和赤红壤的含钾量一般很低（花岗岩、云母片岩发育的酸性土壤除外），速效钾含量为 53～69 mg/kg，属于缺钾或者严重缺钾。土壤供钾能力的影响因素主要包括土壤类型与含量、土壤水分、土壤温度、pH 和施肥条件。浙江省水田耕层土壤速效钾平均含量为 84.14 mg/kg，处于中等水平，近 60%的耕层土壤处于缺钾状态；类似的，其旱地的平均速效钾含量显著高于水田，为 202.49 mg/kg，近 60%耕层土壤处于钾富集状态。

6. 土壤中量元素

土壤中量元素主要指钙（Ca）、镁（Mg）、硫（S）等。钙、镁元素是第二主族碱土金属元素，Ca^{2+}、Mg^{2+} 是土壤电解质环境中重要的二价交换性阳离子，与 K^+、NH_4^+ 等一价交换性阳离子抢夺交换位点，所以植物体中钾、钙、镁这 3 种元素的平衡至关重要。在高温高湿的强淋溶条件下，Ca^{2+} 流失严重，含量比较低，通常小于 4 g/kg。土壤全镁含量大多为3～25 g/kg，我国南方土壤含镁量为0.5～10.8 g/kg，而北方土壤为5～20 g/kg。镁主要存在于较细的土壤颗粒中，如粉粒和黏粒中，沙粒中镁的含量较少。所以黏质土壤全镁的含量一般比沙质土壤要高。硫元素属于第六主族非金属元素，温暖多湿地区，在强风化、强淋溶条件下，含硫矿物大部分分解淋失，可溶性硫酸盐很少集聚，硫主要存在于有机质中，其含量随土壤有机质含量增加而增加。中量元素在作物种植生长过程中的作用是不能被其他营养元素所代替的，这些中量元素在土壤中储存数量较多，一般情况下可满足作物的需求，但有些作物需求量较大或在某些土壤条件下可出现供应不足的情况，养分元素供给的不平衡会导致作物不能正常的生长发育，严重影响作物的产量和质量。

7. 土壤微量元素

微量元素是指植物需要量甚微的元素，包括铜（Cu）、锌（Zn）、硼（B）、钼（Mo）、氯（Cl）、锰（Mn）和铁（Fe）等元素。土壤微量元素的含量和种类主要取决于成土母质，部分来自大气降水、火山烟雾沉降和人类活动等。微量元素在土壤中的含量除铁以外，其他的微量元素含量都为10～100 mg/kg，但各元素间的差异较大，如我国土壤硼含量为0.5～500 mg/kg，铜为3～300 mg/kg，锰为42～5 500 mg/kg，钼为0.1～6 mg/kg，锌为3～790 mg/kg，但土壤中铁含量大于14 g/kg。铁、锰在土壤中的含量并不低，但有时会因其有效性过低而出现缺乏。土壤中微量元素对作物生长影响的缺乏、适量和致毒量间的范围较窄，因此土壤中微量元素不仅有供应不足的问题，也有供应过多产生毒害的问题。明确土壤中微量元素的含量、分布和转化的规律，有助于正确判断土壤中微量元素的供给情况。

8. 阳离子交换量

土壤阳离子交换量（cation exchange capacity，CEC）又称为吸收容量，是指在一定pH条件下（一般为7），每千克土壤所吸附的可交换的一价阳离子的厘摩尔数，表示单位为cmol（+）/kg，是土壤基本的理化性质之一。土壤中，阳离子交换吸附作用非常普遍，其是土壤中可溶性有效阳离子的主要保存形式。当阳离子吸附在胶体上时，表示阳离子养分的暂时保蓄，即保肥过程；当阳离子解离至土壤溶液中时，表示养分的释放，即供肥过程。因此，阳离子代换量被认为是衡量土壤保肥能力的重要指标，当CEC＜10 cmol（+）/kg时，土壤的保肥能力较弱；当CEC为10～20 cmol（+）/kg时，土壤的保肥能力中等；当CEC＞20 cmol（+）/kg时，土壤的保肥能力较强。就我国来看，从北向南，阳离子交换量逐渐降低，从东向西也有逐渐降低的趋势。

2.1.3 土壤生物特征

土壤微生物与土壤肥力有直接关系，它们有助于调节土壤健康过程，包括土壤有机质的稳定、土壤团聚体的形成和植物病原体的抑制，其群落结构和生态功能的变化可用于评估土壤肥力水平高低和生态系统的稳定性，并认为比土壤物理和化学特征在反映土壤质量变化方面更有效和更快速。目前，常用的生物指标为微生物量碳、氮及酶活性和微生物群落结构。

1. 土壤微生物量碳、氮

在土壤生态系统中，通常用土壤微生物量来表征土壤肥力状况。土壤微生物量作为土壤活性大小的标志，其含量反映了土壤同化和矿化能力的大小。微生物对有机碳的利用率越高，表明该土壤环境更有利于土壤微生物的生长，即土壤质量较高。广义的土壤微生物量包括微生物量碳、微生物量氮、微生物量磷和微生物量硫，而狭义的土壤微生物量主要是指微生物量碳，即土壤中所有活的微生物体中碳的总量。大量研究表明，土壤微生物量的大小与土壤中有机质含量及土壤理化性质密切相关，与土壤有机质含量呈正相关。此外，气候条件、植被类型、耕作方式、施肥、秸秆覆盖、重金属污染等都是影响土壤微生物量的因素。土壤微生物量碳、氮的含量比较稳定，一般占土壤有机碳（soil organic carbon，SOC）和全氮总量的 1%～5%，是土壤有机碳中最活跃的部分和植物所需养分重要的“源”和“库”（张淑香等，2015）。

2. 土壤酶活性

土壤酶主要来源于微生物、动植物活体分泌物及动植物残体、遗骸分解释放的酶。根据土壤酶的作用原理不同，将其分为水解酶、转化酶、氧化还原酶、裂解酶 4 类，土壤酶对土壤有机物分解、转化和养分循环过程都有重要作用。因此，土壤酶活性备受关注，可作为研究土壤肥力的指标，其中土壤脲酶、磷酸酶、转化酶、蛋白酶和β-葡萄糖苷酶的总体活性对评价土壤肥力水平有重要意义（Nannipieri et al.，2018）。土壤酶活性不仅与其根系在生长发育过程中的分泌物、死亡根茬的矿化分解相关，也与所种作物和不同种植模式等农业措施有关。不同种植方式会导致土壤理化性质和土壤养分的改变，这些因素的变化对农田生态系统结构和功能有重要影响。

3. 土壤微生物群落结构

土壤微生物对外界环境变化敏感，微生物群落组成和多样性是反映土壤微生物生态学特征的关键指标（Nannipieri et al.，2017）。土壤微生物的种类和数量可以直接影响土壤的理化性质和生物活性。细菌群落类型多样，数量庞大，繁殖速度快，广泛分布于各种土壤环境，其可将小分子有机物快速分解成无机物，对土壤有机质周转起重要作用。真菌适宜于酸性土壤环境，主要分解木质素和纤维素等大分子有机物；部分真菌还可以与植物根系形成菌根共生体，帮助植物更好地吸收土壤矿质养分和水分。放线菌主要是有氧代谢，生长速度较慢，能够分泌纤维素酶、几丁质酶等用于分解难以分解的有机物的酶，同时还会分泌抗生素，对细菌和真菌具有一定的抑制作用。土壤微生物群落的组成和多样性影响生态系统的结构和功能，同时生态系统中对土壤微生物的组成和多样性产生影响的因素众多，主要可分为生物因素和非生物因素，主要包括植被、土壤性质、气候和海拔等因素。多数研究表明，土壤微生物群落结构与土壤理化性质有密切关系，土壤养分和土壤 pH 是影响土壤微生物的关键因子。

2.2　粮油主产区土壤肥力演变

耕地质量关系到国家粮食安全、农产品质量安全和生态安全，是保障社会经济可持续发展、满足人民日益增长的物质需要的重要基础。掌握不同区域、不同利用方式下的耕地质量变化特征与规律，长期监测、评价和预警耕地质量，对提高我国耕地质量、指导耕地质量管理、确保国家粮食安全和农业可持续发展的意义重大。土壤肥力质量是保障农作物生产的根本，是一个动态指标，会随着农业生产管理水平的改变而变化。因此，了解土壤肥力的特点及其时空演变趋势，分析其变化原因，对粮油产业的可持续发展具有重要意义。

2.2.1 土壤肥力现状

土壤肥力具有较大的时空变异性。影响耕地土壤肥力演变因素较多，如成土母质、土壤类型、耕地管理措施、地形因子和土地利用方式等。土壤肥力在时间上的变化与肥料种类、施肥量及土地利用方式有关。由于土壤养分库容较大，短期变化很难在总量上表现出来。因此，一般需要通过多年数据进行比较，才能反映出其变化规律或趋势。例如，英国于1843—1856年在洛桑试验站开展经典长期定位试验，我国在20世纪80年代起也开展了一批长期定位监测试验。浙江省平原区域土壤多为水稻土，丘陵山地土壤多为红壤、黄壤、黄棕壤等。2008—2010年，浙江省布设水稻田耕地质量监测点200多个，分布在全省11个市的70余个县（市、区），种植制度包括单季稻、双季稻、稻—麦、稻—油、菜—稻、水稻—绿肥等。浙江省水稻田土壤pH平均为5.8左右，水稻田土壤有机质、全氮、有效磷（available phosphorus），整体偏高，施用化肥、化肥＋有机肥处理对水稻田pH、有机质、全氮含量的影响差异不大，增施有机肥可以提高土壤有效磷的含量。浙江省近50%土壤速效钾含量处于偏低水平，水稻田常规施肥处理下养分平衡特征即氮素盈余，磷素基本达到平衡，而钾素处于亏损状态。

2.2.2 肥力性状演变

1. 土壤有机质演变规律

从全国来看，自第二次全国土壤普查30年来，我国大部分地区农田耕层土壤有机质含量上升（图2-1）。全国耕层土壤有机质含量＞40 g/kg和＜10 g/kg的比例分别占7.80%和8.34%，14.55%的耕层土壤有机质含量为30～40 g/kg，27.31%的耕层土壤有机质含量为20～30 g/kg，42.01%的耕层土壤有机质含量为10～20 g/kg。与第二次全国土壤普查时相比，＞40 g/kg等级比例全国平均减少了1.38个百分点，仅有内蒙古、安徽、湖南、广西、四川和贵州6省（自治区）有所上升，平均上升6.66个百分点，其余均下降，平均下降3.4个百分点；30～40 g/kg等级比例全国平均增加3.64个百分点，有19个省（自治区、直辖市）该等级的比例有所上升，平均上升6.33个百分点，北京、河北、河南、广东、海南、西藏、甘肃、宁夏、青海和新疆10省（自治区、直辖市）有所下降，平均下降1.15个百分点；20～30 g/kg等级比例全国平均增加5.68个百分点，除北京、内蒙古、上海、湖南、广西、云南下降（平均下降3.84个百分点）外，其余24个省（自治区、直辖市）* 该等级的比例均有所上升，平均上升6.38个百分点。处于10～20 g/kg等级的比例全国平均增加5.36个百分点，有18个省份在该等级的比例有所上升，平均上升14.7个百分点，12个省份在该等级的比例有所下降，平均下降8.65个百分点；6～10 g/kg等级所占比例除吉林省上升了0.46个百分点外，其余均下降，平均下降9.98

* 书中所指地区不包括港澳台地区。

个百分点；≤6 g/kg 等级比例仅内蒙古、四川分别上升了 4.24 个和 0.56 个百分点，其余均下降，平均下降 3.72 个百分点。

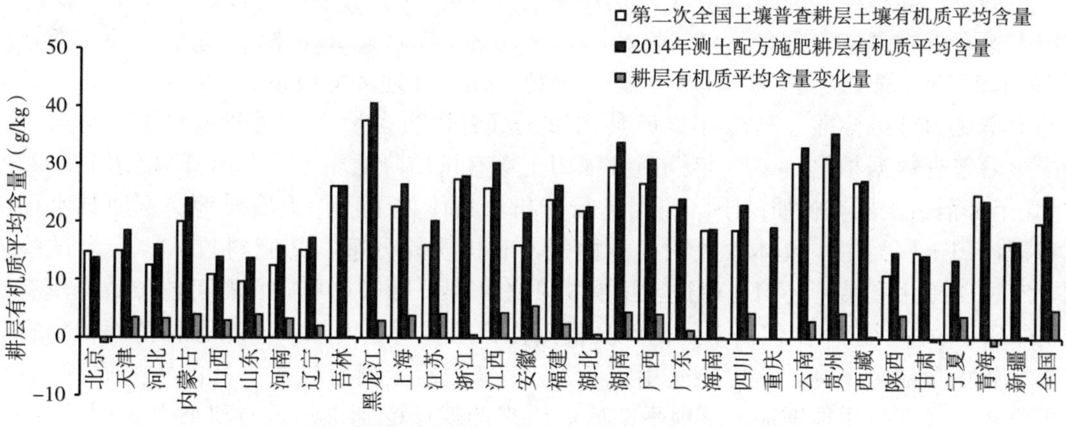

图 2-1　部分省（自治区、直辖市）农田耕层有机质与全国平均含量对比

对水稻土广泛分布的 136 个水稻土长期监测点监测结果的分析表明，近 30 年常规施肥下，2012—2016 年水稻土的土壤有机质含量平均值为 32.2 g/kg，与 1988—1991 年土壤有机质含量（31.3 g/kg）无显著差异；长期施肥管理下水稻土有机质含量无显著变化（杨帆等，2017）。分析其主要原因是，秸秆还田增加了有机养分的投入量，同时与少（免）耕及堆肥和绿肥的施用有关。部分地区耕层土壤有机质下降的主要原因是耕地质量保护与提升工作仍未得到应有的重视，秸秆、堆肥和绿肥等有机肥用量仍偏少，同时，城市扩张占用了原来肥沃的耕地，新开垦耕地土壤有机质含量低也是重要原因。

浙江省 6 351 个河网平原水稻土有机质平均含量为 33.90 g/kg，高于 20 g/kg 以上的占 93.50%（徐颖菲等，2017）。其中，有机质含量为 20～30 g/kg 的占 21.24%，为 30～40 g/kg 的占 39.69%，为 40～50 g/kg 的占 18.98%，为 10～20 g/kg 的占 6.25%；而有机质含量<10 g/kg 和>50 g/kg 的土壤样品比例较低，分别占 0.20%和 13.65%。全部水田土壤有机质 30 年前后比较表明，土壤有机质水平略有下降，平均下降了 2.33%，有机质含量为>50 g/kg 和 30～40 g/kg 的土壤比例分别由 13.65%、39.69%下降至 7.17%、33.89%；而有机质含量为 10～20 g/kg 和<10 g/kg 的土壤比例分别由 6.25%、0.20%增加至 14.88%、1.42%。但是，如果与扣除土地平整农田、旱改水农田和其他农田等后的长期种植水稻农田比较，那么目前水稻土有机质平均含量（35.97 g/kg）比第二次全国土壤普查的平均值（33.90 g/kg）高出 6.11%，并且二者的各等级有机质含量分布也较为接近，主要是土壤有机质>50 g/kg 的土壤比例下降，而 40～50 g/kg 的土壤比例增加。宁绍平原和温台平原水稻土有机质平均含量明显高于杭嘉湖平原，前两者分别比后者高 41.34%和 28.90%。杭嘉湖平原中土地平整农田、旱改水农田和其他农田土壤有机质含量平均只有长期种植水稻农田的 62.30%、57.51%和 61.44%（王斌等，2011）。这表明，土地平整和长期种植蔬菜等经济作物后水稻土有机质呈现明显下降趋势，而旱改水田由于种植水稻时间短，土壤有机质仍处于较低水平。

通过对比结果可知，经过 30 多年来实施耕地地力提升工程、测土配方施肥、土壤酸化治理等项目，耕地肥力得到较大的改善和提升，土壤有机质含量得到稳步提升，增幅达13.28%，接近丰富水平，说明实施的耕地地力提升工程起到了明显作用。也有少部分地区，土壤呈下降趋势。例如，30年来桐庐县稻田土壤有机质下降达极显著水平。桐庐县稻田土壤有机质含量为4.85～62.07 g/kg，平均为24.96 g/kg，标准差为7.78，变异系数为31.17%（倪中应等，2016）。根据《绿色食品　产地环境质量》（NY/T 391—2013）中的土壤肥力分级标准，2013年桐庐县稻田土壤有机质含量主要属Ⅱ级水平。与第二次全国土壤普查数据相比，2013年桐庐县稻田土壤有机质降低5.23 g/kg，降幅达17.32%。对30年来稻田土壤有机质的下降原因进行分析，具体如下：①土壤质地。桐庐县水稻田以黄泥沙田土属为主，土体较疏松，沙性强，有机质易分解。②肥料投入。众多试验表明，有机肥施用和秸秆还田可促进土壤有机质的积累，而长期单施化肥可能导致土壤有机质的下降。20世纪80年代以来，桐庐县稻田化肥用量明显增加，但绿肥种植面积和农田有机肥施用量显著下降，这可能是引起近30年来稻田土壤有机质下降的主要原因之一。③平整土地及建设用地增加。土地平整后，原来的耕层受到破坏，有机质含量明显降低。此外，建设用地等原因，优质耕地减少，而“占优补劣”现象导致耕地有机质含量受到了影响。水田改旱田可引起土壤有机碳的分解（倪中应等，2016）。

2021年，浙江省耕地质量监测点土壤有机质平均含量为30.87 g/kg，总体处于较高水平；水田土壤有机质平均含量为31.55 g/kg，处于较高水平。从频率分布来看，水田土壤有机质含量>25 g/kg占70%，其中高水平占32.8%，较高水平占37.7%，中水平（15～25 g/kg）占25.3%，有机质含量处于低或较低水平（≤15 g/kg）的在水田监测点中仅占4.2%。

2. 土壤pH演变规律

我国农田耕层土壤pH在20年间显著下降0.13～0.76个pH单位，其中水稻土酸化趋势更为明显。我国长江中下游粮油主产区土壤pH整体呈弱酸性（李建军，2015）。近25年来，土壤受酸胁迫程度加剧，从监测初期（6.4）到监测中期（6.0），土壤pH下降显著（$P<0.05$）。土壤酸化面积增加的相对比例最大，主要集中于长江中下游中部、南部和华南区中部、南部。水稻土长期监测结果表明，土壤pH前期快速降低而后期趋于稳定，总体呈降低趋势（武红亮等，2018）。1988—1991年，土壤pH平均为6.42；2002—2006年，土壤pH平均为5.96，较监测前期（1988—1991年）年均下降0.025个pH单位；2007—2016年，土壤pH基本保持稳定，长期施肥管理下水稻土pH总体呈先下降后平稳的趋势。前14年，土壤pH由6.42显著下降到5.96，年均下降0.03个pH单位，后期土壤pH稳定在6.0附近，长期施肥管理下，水稻土pH在前期迅速降低，年均下降0.05个pH单位，与化肥尤其是氮肥的施用显著负相关。水稻土因富含铁、锰氧化物而具有较强的酸化缓冲能力，但是化肥的长期不平衡施用导致我国农田土壤面临明显的酸化趋势，尤其是化学氮肥的施用加速土壤酸化（谢会雅等，2021）。

浙江省河网平原水稻土pH有很大变化，最低为3.70，最高为8.50，二者相差达4.80个pH单位；中值为6.12，均值为6.17（徐颖菲等，2017）。土壤pH主要为5.5～7.5，其中，土壤pH为5.5～6.5和6.5～7.5的样品比例分别为57.52%和23.70%，二者共占81.22%。pH为4.5～5.5和7.5～8.5的样品比例分别为15.43%和2.95%；而

pH<4.5 的样品比例分别为 0.40%。可见，河网平原水稻土主要由微酸性（pH 为 5.5～6.5）和中性（pH 为 6.5～7.5）组成，适合水稻生长。杭嘉湖平原、宁绍平原和温台平原之间的水稻土 pH 有一定的差别，总体上以杭嘉湖平原最高，宁绍平原和温台平原水稻土平均 pH 分别比杭嘉湖平原低 0.49 个和 0.58 个 pH 单位（徐颖菲等，2017）。杭嘉湖平原不同类别的水田土壤 pH 以旱改水农田和土地平整农田为较高，长期种植水稻农田和其他农田的土壤 pH 相对较低。按照第二次全国土壤普查技术规程的指标分级标准，目前桐庐县稻田土壤 pH 属微酸性（5.5～6.5）（王斌等，2011）。t 检验表明，30 年来桐庐县稻田土壤 pH 无显著差异。与第二次全国土壤普查 pH 均值比较，2013 年桐庐县稻田土壤 pH 降低了 0.07 个 pH 单位，存在轻微酸化趋势。不同采样点之间的 pH 变化幅度存在差异。

2021 年，浙江省耕地质量监测点结果表明，全省监测点耕层土壤 pH 为 3.6～8.3（图 2-2）。从频率分布来看，水田耕层土壤 pH 中有 50.4%为 5.5～8.0，属于较为适合作物生长的微酸性、中性和微碱性土壤，另有 47.3%左右的土壤呈酸性和强酸性，一定程度上影响作物生长；pH≤4.5 的强酸性土壤很少，约占 0.8%；pH 为 4.5～5.5 的酸性土壤占 46.6%；pH 为 5.5～6.5 的占 35.2%，pH 为 6.5～7.5 的占 9.5%，pH 为 7.5～8.5 的占 8.0%。较水田土壤，旱地土壤酸化现象更趋严重。旱地耕层土壤 pH 为 3.6～8.2，从频率分布来看，pH≤4.5 的强酸性土壤占比显著高于水田，占 31.9%、pH 为 4.5～5.5 的占 38.3%，pH 为 5.5～6.5 的占 6.4%，pH 为 6.5～7.5 的占 8.5%，pH 为 7.5～8.5 的占 14.9%［图 2-2（b）］。较水田土壤，旱地土壤酸化现象更趋严重，70.2%的耕层土壤属酸性或强酸性，应注重加强酸化治理，水耕熟化、水旱轮作等措施都有助于提升土壤 pH。

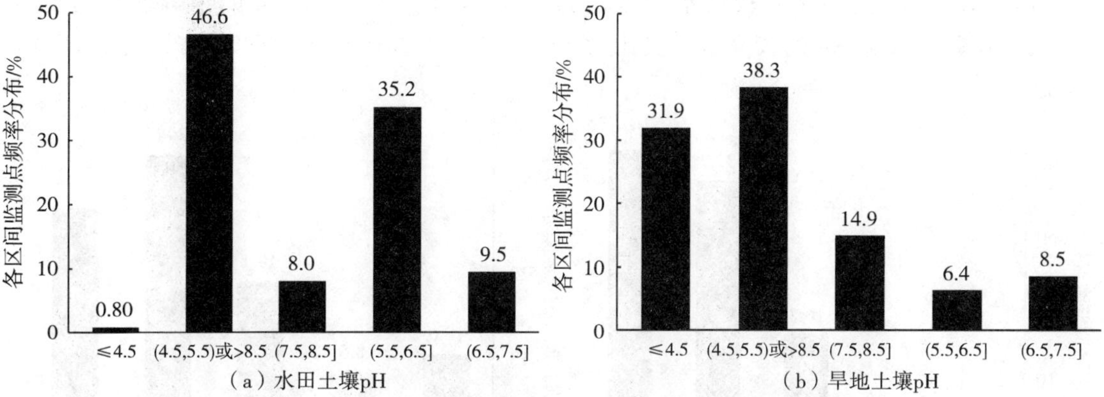

图 2-2　2021 年浙江省监测点耕层土壤 pH 频率分布

3. 土壤全氮演变规律

从总体变化情况来看，土壤全氮的变化趋势与土壤有机质相近，基本呈现上升趋势。全国水稻土监测点的监测结果表明，2012—2016 年，各监测点土壤全氮为 0.66～3.96 g/kg，平均为 1.92 g/kg，与初始年份相比，无显著变化（文炯等，2009）。河网平原水稻土全氮含量为 0.24～4.70 g/kg，平均为 1.95 g/kg，变异系数为 37.95%（武红亮等，2018）。全氮含量主要为 1.5 g/kg 以上，占 73.16%。全氮含量在>2.5 g/kg、2.0～2.5 g/kg、

1.5～2.0 g/kg 的样本数分别占 20.87%、24.58%、27.71%；在 1.0～1.5 g/kg 和<1.0 g/kg的样本数分别占 14.30%和 12.54%。第二次全国土壤普查中，河网平原水稻土全氮平均为 2.00 g/kg，在 1.5 g/kg 以上的占 86.68%。全氮含量>2.5 g/kg、2.0～2.5 g/kg和 1.5～2.0 g/kg 的样本数分别占 24.07%、30.47%和 32.14%；全氮含量为 1.0～1.5 g/kg 和<1.0 g/kg 的样本数分别占 10.70%和 2.62%。全部水田土壤与 30 年前比较全氮平均水平略有下降，相对下降了 2.50%，主要是全氮>2.5 g/kg、2.0～2.5 g/kg、1.5～2.0 g/kg 的土壤比例呈现下降趋势，而 1.0～1.5 g/kg 和<1.0 g/kg 的土壤比例呈现增加趋势。同样，如果与扣除土地平整农田、旱改水农田和其他农田等农田后的长期种植水稻农田比较，则目前水稻土全氮平均含量（2.11 g/kg）比第二次全国土壤普查的平均值（2.00 g/kg）相对高出 5.50%。与土壤有机质相似，宁绍平原和温台平原水稻土全氮平均含量明显高于杭嘉湖平原，前二者分别比后者高 48.26%和 26.74%。杭嘉湖平原土地平整农田、旱改水农田和其他农田土壤平均全氮含量约为长期种植水稻农田的 64.92%、59.16%和 59.69%（徐颖菲等，2017）。全氮含量与有机质含量存在极显著的正相关。长江三角洲地区土壤全氮含量自第二次全国土壤普查以来一直保持增加的趋势，这与当地化肥施用量增加有一定关系。

2021 年，浙江省耕地质量监测点耕层土壤全氮平均含量为 2.22 g/kg，总体处于高水平（图 2-3）。水田耕层土壤全氮平均含量为 2.31 g/kg，处于高水平。从频率分布来看，水田耕层土壤全氮含量主要为 1.5～2.0 g/kg 和>2.0 g/kg 的较高和高水平，约占 80%；16.2%处于 1.0～1.5 g/kg 的中等水平；≤1.0 g/kg 的较低、低水平含量总共占比为 4.2%。2022 年，旱地耕层土壤全氮平均含量为 1.68 g/kg，总体处于较高水平。从频率分布来看，耕层土壤全氮含量在各个区间均有分布，≤0.75 g/kg 的低水平占比为 10.6%，0.75～1.0 g/kg 的较低水平占比为 8.5%，1.0～1.5 g/kg 的中等水平占比为 19.1%，1.5～2.0 g/kg 的较高水平占比为 34.0%，>2.0 g/kg 的高水平占比为 27.7%。

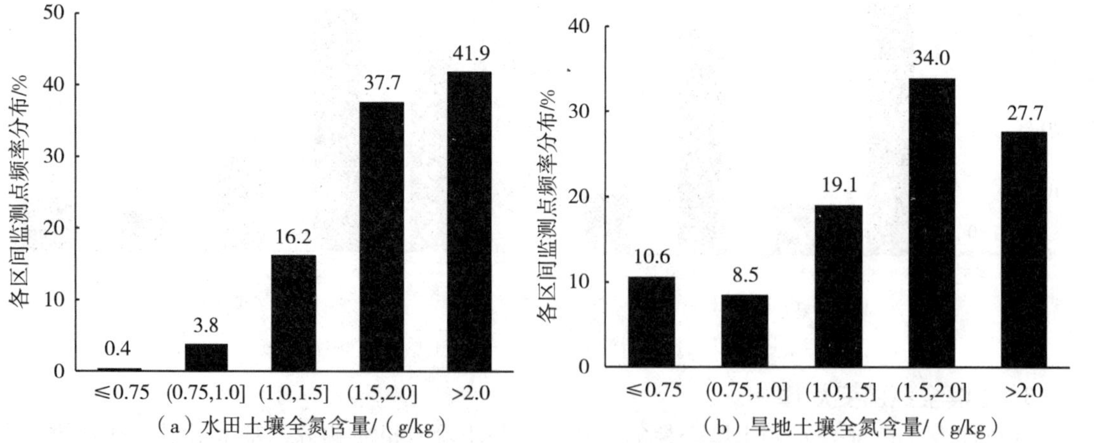

图 2-3　2021 年浙江省监测点耕层土壤全氮频率分布

4. 土壤有效磷演变规律

土壤有效磷含量总体呈上升趋势。与国家级耕地质量长期定位监测点建点初期 10 年比，近 10 年耕地土壤有效磷平均含量上升至 26.2 mg/kg，分别上升了 78.2%；2009—

2018 年，有效磷依然保持上升趋势，从 23.9 mg/kg 上升至 29.9 mg/kg，这与近年来测土配方施肥技术推广及磷肥施用量增加有关（曲潇琳等，2020）。各水稻监测点长期监测结果表明，水稻土有效磷含量以年均 0.18 mg/kg 的速率显著升高。监测初期（1988—1991 年）水稻土有效磷含量为 0.8～74 mg/kg，平均水平为 15.2 mg/kg；2012—2016 年，监测点土壤有效磷含量为 1.2～152 mg/kg，平均值为 20.0 mg/kg，显著高于起始年份的平均水平，增长 31.9%（武红亮等，2018；王志强等，2022）。

浙江省在第二次全国土壤普查 7 332 个河网平原水稻土中的有效磷平均含量为 6.4 mg/kg（徐颖菲等，2017）。前后比较表明，30 年来河网平原水稻土平均有效磷明显增加，当前全部水田的土壤有效磷水平平均比第二次全国土壤普查增加了 167.81%。若扣除有效磷>50 mg/kg 的土壤，当前土壤的有效磷水平平均比第二次全国土壤普查增加 74.38%。温台平原水稻土平均有效磷含量高于杭嘉湖平原和宁绍平原，前者比后两者分别高出 39.53%和 33.42%；但杭嘉湖平原不同类别水田土壤的有效磷差异较小。例如，2013 年桐庐县稻田土壤有效磷含量主要属于Ⅰ级水平。与第二次全国土壤普查数据比较，2013 年桐庐县稻田土壤有效磷上升了 13.9 mg/kg，升幅高达 173.75%，差异极为显著（倪中应等，2016）。由此说明，30 年来桐庐县稻田有效磷含量整体水平急剧提升，已由过去的亏缺状态转变到现在的富盈状态。2019 年，嵊州市耕层土壤有效磷平均含量为 20.94 mg/kg，处于中等水平（倪元君等，2021）。

2021 年，浙江省耕地质量监测点耕层土壤有效磷平均含量为 47.17 mg/kg，总体处于高水平（图 2-4）。水田耕层土壤有效磷平均含量为 31.88 mg/kg，总体处于较高水平。从频率分布来看，水田耕层土壤有效磷含量差异性较大，≤10 mg/kg 的缺磷土壤约占 31.7%，10～15 mg/kg 的较低水平占 10.9%，即缺磷临界值和缺磷土壤约占 40%；15～25 mg/kg 的占 23.0%，25～35 mg/kg 的较高水平占 11.7%，>35 mg/kg 磷含量相对富集的土壤约占 22.6%。旱地耕层土壤有效磷平均含量为 133.39 mg/kg，显著高于全省水田耕层土壤有效磷的平均含量。从频率分布来看，>35 mg/kg 的有效磷土壤占比达 74.5%，高度集中且富集；有效磷含量≤10 mg/kg 的缺磷土壤占 6.4%；10～15 mg/kg 的占 2.1%，15～25 mg/kg 的占 4.3%，25～35 mg/kg 的占 12.8%。

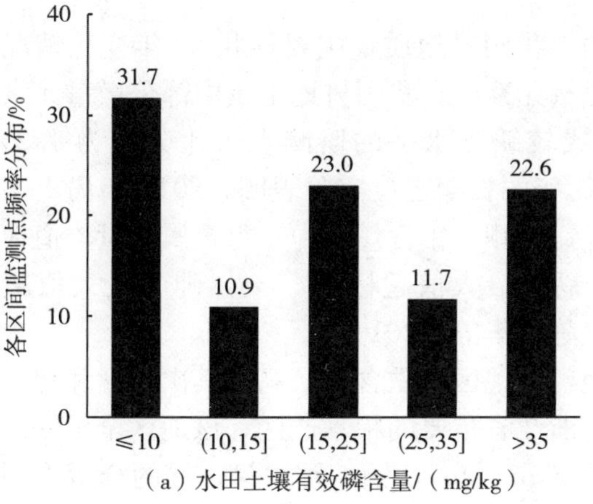

（a）水田土壤有效磷含量/（mg/kg）

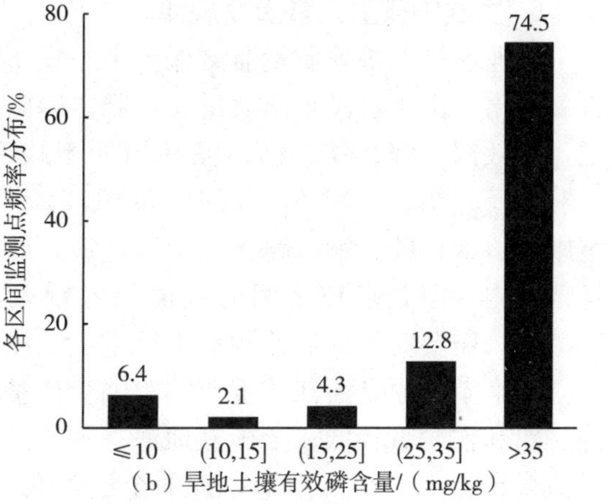

（b）旱地土壤有效磷含量/（mg/kg）

图 2-4　2021 年浙江省监测点耕层土壤有效磷频率分布

5. 土壤速效钾演变规律

近年来，土壤速效钾含量变化趋势为稳步上升，并且随观测时间延长，表现为先增加后稳定的趋势。与1988—2007年相比，2008—2018年浙江、上海、江苏、安徽、江西、湖北和湖南7个省（直辖市）平均速效钾含量由138.0 mg/kg增加至162.0 mg/kg，提高了17.7%（毛伟等，2020；柳开楼等，2023）。水稻土长期监测结果表明，水稻土速效钾含量呈显著上升趋势。2012—2016年土壤速效钾含量的平均水平（92.1 mg/kg）比1988—1991年监测初期的平均水平（77.8 mg/kg）提高18.4%（武红亮等，2018）。

河网平原水稻土速效钾含量为2～1 625 mg/kg，平均为105.77 mg/kg，变异系数达52.21%（徐颖菲等，2017）。土壤有效钾处于低级别（＜50 mg/kg）的占5.84%；处于中下水平（50～100 mg/kg）的占49.13%；处于中等水平（100～150 mg/kg）的占32.89%；处于高水平（＞150 mg/kg）的只占12.14%。由此可见，河网平原水稻土速效钾总体上趋于中等水平和中下水平。土壤平均速效钾水平排序为温台平原＞宁绍平原＞杭嘉湖平原，其他农田平均速效钾含量高于长期种植水稻农田、土地平整农田和旱改水农田。浙江省在第二次全国土壤普查9 488个河网平原水稻土中的速效钾平均含量为94.00 mg/kg。由此可见，30年来河网平原水稻土平均速效钾呈现增加趋势，当前土壤的速效钾含量平均比第二次全国土壤普查时增加了12.52%。

2021年，浙江省水田耕层土壤速效钾平均含量为84.14 mg/kg，总体处于中等偏下水平（图2-5）。从频率分布来看，耕层土壤速效钾含量分布相对集中，≤80 mg/kg的较低和低水平的缺钾土壤约占60%；≤50 mg/kg的极度缺钾水平的土壤占30.9%；土壤速效钾含量为50～80 mg/kg的占31.3%，80～120 mg/kg的占18.5%，120～150 mg/kg的占10.2%，＞150 mg/kg的占9.1%。具体分布情况如图2-5（a）所示。该地区的旱地耕层土壤速效钾平均含量为202.49 mg/kg，总体处于高水平，显著高于浙江省水田耕层土壤速效钾平均含量。从频率分布来看，旱地耕层土壤速效钾含量较高，土壤速效钾含量＞150 mg/kg，处于高水平的占54.3%。土壤速效钾含量≤50 mg/kg的占2.2%，50～80 mg/kg的占8.7%，80～120 mg/kg的占19.6%，120～150 mg/kg的占15.2%。具体分布情况如图2-5（b）所示。

6. 土壤中微量元素演变规律

农业农村部耕地质量监测保护中心发布的《我国耕地质量主要性状30年变化情况报告》指出，由于农民重施大量元素肥、轻施微量元素肥，我国耕地土壤中部分微量元素缺乏，有效铜、锌、铁、锰、硼和钼处于缺乏或较缺乏水平的监测点占比分别为1.2%、7.3%、5.7%、12.2%、55.4%和61.2%。31年的长期定位实验表明，2016年褐土区土壤中钙、铁、硫、铜、锌含量丰富，镁、硅、锰、硼、钼含量适中；重金属含量均值在限量范围内，但是点位之间的数值差异较大，镉的最大值超标28.3%，砷的最大值超标28.8%，需要对超标的监测点进行重点关注（陈延华等，2019）。

杭嘉湖平原是浙江省重要的粮油生产基地，该地区以铁含量最高，其次是锰和锌，而镍、铅和铜含量较低；金衢盆地河谷平原区为浙江省重要的粮食产区，该地区全量铁的平均值最高为11 930 mg/kg，镍的全量最低（9.6 mg/kg），铜、锰、铅、锌的全量平均值分别为13.3 mg/kg、157 mg/kg、34.7 mg/kg、64 mg/kg，它们的变化幅度都较大；浙

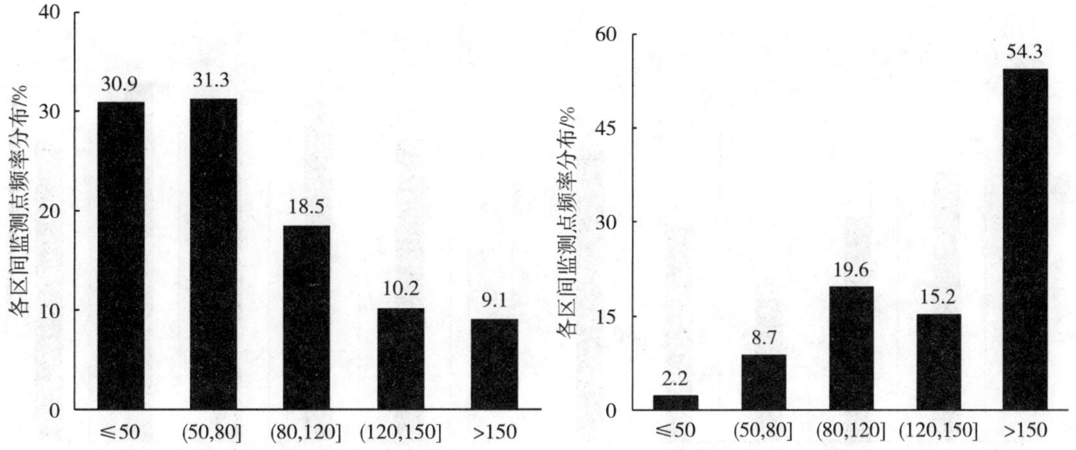

（a）水田土壤速效钾含量/（mg/kg）　　（b）旱地土壤速效钾含量/（mg/kg）

图 2－5　2021 年浙江省监测点耕层土壤速效钾频率分布

江省大陆海岸线长，滩涂资源丰富，沿海滩涂围垦成为解决土地资源短缺矛盾的重要途径，该地区铁的平均含量最高，为 17 642 mg/kg，铜的平均含量最低为 24.1 mg/kg，锰、镍、铅、锌的平均值分别为 349 mg/kg、28.6 mg/kg、25.8 mg/kg、108 mg/kg，均表现出较大的变异性。

与稻—稻—闲相比，长期稻—稻—油轮作也显著降低了土壤有效态钙、镁含量（10%～33%和 14%～42%），同时还导致根际和非根际土壤有效态钙含量分别降低了 19%和 10%、有效态镁含量分别降低了 26%和 14%；根际土壤有效态铁含量显著降低了 32%（图 2－6）（马颢榴等，2019）。相反的是，与稻—稻—闲相比，长期稻—稻—油轮作大幅提高了土壤有效态铜、锌含量（20%～28%和 8%～36%）及 10～20 cm 底土有效态铁含量（47%），同时还导致根际和非根际土壤有效态锌含量分别升高了 7%和 22%，非根际土壤有效态铜含量升高了 36%；小幅提高了根际土壤有效态锰含量（8%），这可能与油菜根际酸化还原土壤中的高价锰有关。

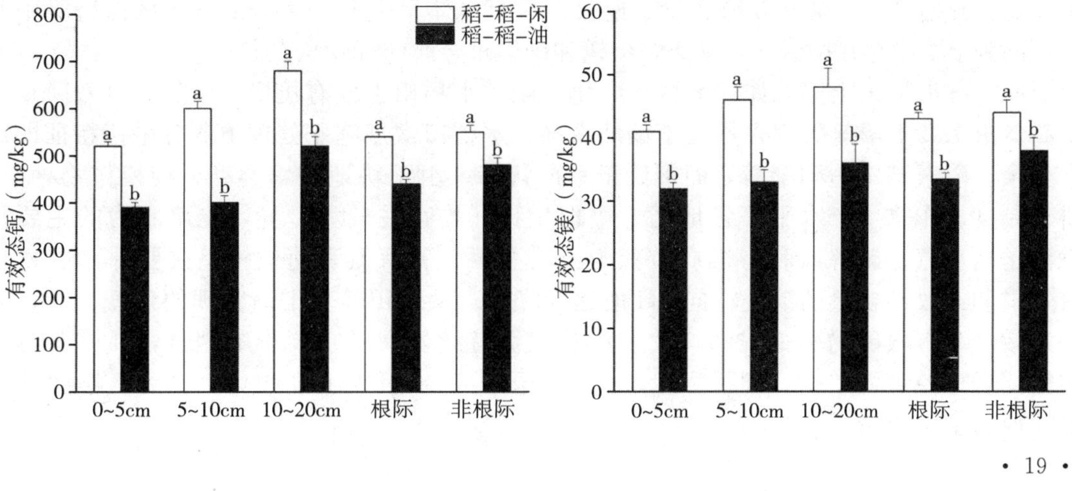

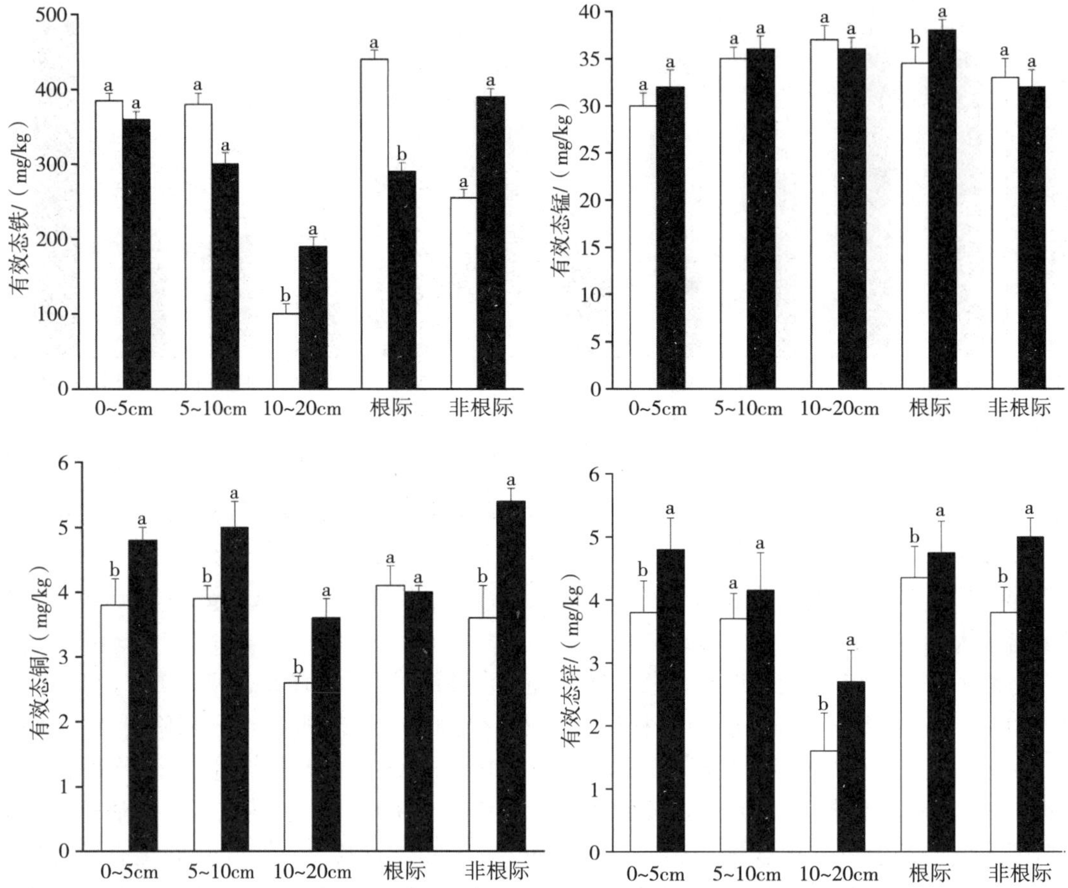

图 2-6　不同种植模式下不同部位土壤中微量元素含量

综上所述，我国长江中下游粮油主产区土壤酸化面积增加，受酸胁迫程度加剧。长江中下游区土壤有机质含量总体略呈上升趋势；土壤全氮的变化趋势与土壤有机质相近，基本呈现上升趋势；土壤有效磷含量、速效钾含量总体呈上升趋势，部分地区保持稳中有降；部分土壤中存在微量元素缺乏，但镉和砷等重金属超标现象。

浙江省水稻田土壤总体偏酸性，酸化加剧，水稻田土壤有机质、全氮、有效磷整体偏高。近 1/2 土壤速效钾含量处于偏低水平，水稻田常规施肥处理下养分平衡特征即氮素盈余，磷素基本达到平衡，而钾处于亏损状态。由于耕地土壤类型、种植作物种类、耕作制度、作物生产水平等各地区土壤理化特征均存在较大差异，土壤肥力的主要贡献因子从全氮、碱解氮和有机质转变为土壤全氮、碱解氮和速效钾，主要限制因素从有效磷和速效钾含量的缺乏转向 pH 的逐渐降低。从农田养分平衡管理的角度来看，土壤速效钾和有效磷仍然是粮油持续生产和农业持续发展的重要影响因素，在施肥过程中需要合理控制氮、磷、钾投入量，并且需要进一步阻控土壤酸化，提高土壤缓冲性能，改善土壤质量。

2.3 粮油主产区主要土壤障碍因子

近年来，随着土地集约化利用程度加强，部分土壤呈现退化趋势，主要表现在水土流失、土壤酸化、盐渍化、潜育化、耕作层浅薄化、有机质下降、养分非均衡化、连作障碍、土壤污染和土传病害等方面。土壤退化是一个复杂的土壤质量下降问题，引起其退化的原因包括自然因素和人为因素。自然因素包括破坏性自然灾害和异常的成土因素（如气候、母质、地形等），它是引起土壤侵蚀、沙化、盐化、酸化等的基础原因。人与自然相互作用的不和谐即人为因素是加剧土壤退化的根本原因，人为活动不仅直接导致天然土地被占用等，更危险的是人类盲目的开发利用土、水、气、生物等农业资源（如砍伐森林、过度放牧、不合理农业耕作等），造成生态环境的恶性循环。土壤退化对生态环境和国民经济造成巨大影响，其直接后果会破坏陆地生态系统的平衡和稳定，导致土壤生产力和肥力降低，破坏自然景观及人类生存环境，诱发区域土层被破坏、水系萎缩、森林衰亡和气候变化；水土的严重流失可加剧特大洪水的危害，对地表水域、农田、村落等构成重大威胁。土壤障碍因素指标具有明显的区域性和针对性，不同地区的中低产田评价中选取的障碍因素存在一定差异，如浙江地区的障碍因素主要包括酸化、盐渍化、土传病害和土壤污染等。

2.3.1 土壤酸化

土壤酸化是指土壤中钙、镁、钾等盐基离子大量淋失，交换性 H^+ 或 Al^{3+} 等致酸离子含量增加，使土壤 pH 降低的过程。酸化土壤中存在的酸害、铝毒、养分缺乏和生物功能衰退等多种胁迫因子，严重限制了耕地的生产潜力和可持续利用。酸沉降和不当的农业措施是加剧土壤酸化的两个主要原因（周娟等，2013）。例如，农业生产过程中过度施用化肥、错误的施肥方式、作物连作及致酸作物种植等，都在一定程度上加速了土壤的酸化。此外，重氮肥、轻磷钾肥等不合理的施肥措施及一些不合理的施肥方法，造成土壤有机质含量降低，土壤胶体被破坏，土壤缓冲能力弱化，盐基离子淋失速率加快，最终导致农田土壤酸化和营养元素失衡。有研究指出，施用氮肥比酸沉降的影响大 25 倍；在小麦、玉米和水稻田中，70%的酸化是因为过量施氮造成的（刘来，2013）。在过去的 20 年，我国农田土壤 pH 平均下降 0.5 个 pH 单位，施用氮肥产生的质子量是不施氮肥的几十倍（周晓阳等，2015）。

土壤酸化是南方耕地红壤存在的主要质量问题，主要分布在长江中下游区、华南区和西南区。根据监测数据，浙江、安徽、江西、湖南、广西、云南、四川和贵州等省（自治区）土壤酸化问题较为突出，其中，浙江、江西局部酸化严重，土壤 pH≤5.5 的点位占比分别高达 70.2%和 73.5%（曲潇琳等，2020）。浙江省各地区都有一定面积的水稻土 pH 呈极强酸性和酸性。除舟山地区水稻土平均 pH 呈中性外，其他地市的水稻土普遍呈酸性或强酸性。土壤 pH 以舟山为最高，其次为嘉兴、湖州、杭州、台州和宁波，金华、丽水、衢州和温州等地水稻土的 pH 低于其他地市（李艾芬等，2014）。浙江省水稻土 pH 差异较大，分布范围为 3.30～9.80，相差达 6.5 个 pH 单位，以酸性为主。与第二次全国土壤普查结果相比，目前耕地土壤呈明显的酸化，pH 在 5.5 以下的土壤比例明显增加，而 pH 为 5.5～7.5 的土壤比例明显下降。

土壤改良措施，如施用熟石灰、施用土壤调理剂、测土配方施肥、秸秆还田及种植绿肥等均可减缓土壤酸化；合理的耕作方式，如垄播和深耕也能够显著改善土壤团粒结构、提高土壤通透性和保水率，减缓土壤酸化；另外，进行生态种养也可在一定程度上降低土壤酸化的速度。通过这些措施使我国耕地土壤 pH 维持在一个适宜的水平，对我国农业生产的可持续发展具有重要意义。随着科学技术及经济的发展及人类社会对环境保护认识的提高，利用生物技术来治理土壤酸化，将是今后土壤酸化治理的主要发展方向。

2.3.2 土壤盐渍化

当土壤中可溶性盐含量增加时，土壤溶液的渗透压提高，导致植物根系吸水困难，生长发育受到不同程度的抑制，严重时植物体内的水分会发生“反渗透”，造成凋萎死亡。高浓度的盐分破坏了植物对养分的平衡吸收，造成植物某些养分缺乏而发生营养紊乱。如过多的 Na^{+} 会影响植物对钙、镁、钾的吸收，高浓度钾又会妨碍作物摄取铁、镁，产生诱发性的缺铁和缺镁症状。当土壤中含有一定量盐分时，特别是钠盐，对土壤胶体具有很强的分散能力，其可以使土壤团聚体崩溃，土粒高度分散，结构破坏，导致土壤湿时泥泞、干时板结坚硬，通气透水性不良，耕性变差。总体而言，盐渍土壤物理特征上表现为沙粒含量高、板结严重、孔隙度低、不保水不保肥；化学成分呈现缺氮、贫磷、富钾，有机质贫瘠、成熟度低状态。这会导致作物无法正常生长甚至死亡，造成大量减产。

我国盐渍土总面积为 3 690 万 hm^2，占全国可利用土地面积的 5.01%，中盐荒地约为 100 万 hm^2，并且有逐年增加的趋势，主要分布在我国北部区域及沿海地区（王遵亲，1993；赵作章等，2023）。除此以外，我国滨海盐土分布范围广、面积大、种类多，18 000多 km 的海岸线上广泛分布有面积约为 50 hm^2 各类盐土，主要分布在山东、河北、辽宁、浙江、上海、福建、广东等省（直辖市）及苏北滨海冲积平原。沿海地区的土壤盐渍化主要是由海水入侵和制盐或海水养殖引起的。部分盐渍化土壤是由具有中等盐度和碱度的灌溉水引起的，可致土壤硬化，其他影响因素还包括地下水资源的过度开发和植被覆盖率等。据已有的研究显示，江苏沿海土壤盐碱化危害较为严重，研究区表层土壤盐度为 11～23，属于重盐土级别（赵作章等，2023）。对浙江省海宁市保护地土壤盐渍化进行调查，结果显示，海宁市保护地土壤含盐量是正常土壤的 6.8 倍，显著高于正常土壤（童敏等，2016）；杭州大江东区土壤的含盐量总体偏高（景璟，2020）；浙江丽水水旱轮作地区，0～20 cm 土壤的“活度”盐分变化为 1.29～2.85 g/L（瞿云明等，2019）。

水稻作为中国第二大粮食作物，最根本最重要的是保证水稻生产的产量和质量，但在目前的大环境下，土壤盐碱化、盐渍化、耕地面积减少等情况时有发生，这是当前水稻种植所面临的主要问题。而水稻属于对盐中度敏感的经济作物，其在盐胁迫条件下，通常会表现为发芽率降低、发芽时间延迟、叶片干枯、分蘖力降低、不抽穗或抽穗期延长、生长能力弱和千粒重低等症状，制约水稻的生长发育，严重时甚至导致植株的死亡或完全失收，从不同程度上影响水稻的产量。因此，采用合理的盐渍土壤治理措施，改善其理化性状和生物学特性，对耕地资源扩展、生态系统建设、区域化高质量发展具有重要的现实意义和战略意义。

2.3.3　土壤污染

土壤污染主要包括重金属污染、有机物污染及生物污染，常见土壤污染源包括塑料制品污染、工业污染、生活污染、农药和化肥污染、灌溉污染等。人们日常生活中使用过的塑料袋、塑料包装、农用地膜和农药瓶子等，滞留在土壤中难以降解，对土壤结构、土壤化学性质及土壤微生物与动植物的生长、发育和繁殖等产生多种不良影响。对杭州湾周边农田土壤调查发现，水田和旱作土壤中均含有较多微塑料，平均丰度为 262.7 个/kg（Zhou et al.，2020）。

抗生素药物可通过污水处理厂出水、污水灌溉及畜禽粪便等多种途径进入土壤、地表水和河流沉积物等环境介质中。在我国，土壤抗生素检出种类主要为磺胺类、喹诺酮类、四环素类、大环内酯类和其他类，共计 44 种，分布于浙江、江苏、上海、河北等 19 个省（自治区、直辖市）（王娜等，2021）。抗生素的大量使用导致一部分微生物携带抗生素抗性基因，从而造成抗生素抗性基因污染。近年来多项研究发现，我国多个地区农田土壤中均存在不同程度的抗生素抗性基因污染。嘉兴市农田土壤样品中抗性基因 *erm B*、*erm C*、*erm F*、*erm A*、*tet B*、*tet C*、*tet M*、*tet O*、*tet Q*、*tet W*、*sul1* 和 *sul2* 的检出率分别为 65.63%、71.88%、100%、53.13%、46.88%、84.38%、90.63%、87.50%、84.38%、71.88%、93.75%和 100%（吴英等，2023）。

农业土壤有机污染物最主要的是化学农药。在连续种植和高产条件下，作物病虫害频繁严重发生，给农业造成巨大损失。化学农药因杀菌谱广、成本低、见效快而被大量使用。这些药剂大多是人工合成的大分子有机化合物（有机氯、有机磷、有机汞、有机砷等）。农药施用后，一部分会散落在土壤上（有时则是直接施于土壤中），从而引起土壤污染。据调查，2021 年太湖县农作物化学农药中微毒、低毒农药用量为 477.84 t，约占农药商品总用量的 98.23%，中毒占 1.77%，存在一定的农业污染风险（章方海和陈志华，2023）。在浙江省诸暨市代表性的区域稻田土壤、沟渠（水沉积物、塘（水沉积物）中，噻嗪酮、三唑酮、丙草胺等农药的检出率最高（付岩，2015）。

据调查，我国农田重金属污染的主要污染物是镉（Cd）、汞（Hg）、铜（Cu）和镍（Ni），其中镉污染最严重。2014 年《全国土壤调查公报》显示，我国土壤镉的点位超标率高达 7.0%，明显高于镍（Ni）、铜（Cu）、汞（Hg）、铅（Pb）、铬（Cr）、锌（Zn）等重金属元素。重金属污染使约 13.86%的粮食产量受到影响（孙丽娟等，2018）。对浙江某市典型电子垃圾拆解区稻田中 169 对土壤—水稻样品重金属含量调查与分析，土壤中镉、铜、镍、锌、铬、砷和铅平均含量分别为 0.35 mg/kg、52.59 mg/kg、35.03 mg/kg、143.74 mg/kg、74.78 mg/kg、10.25 mg/kg 和 33.84 mg/kg。以国家土壤环境二级标准为评价依据，其中镉、铜、镍和锌超标率分别为 25.4%、20.1%、39.1%和 13.0%。水稻样品中镉、铬、铜、镍、锌平均含量分别为 0.12 mg/kg、0.61 mg/kg、3.51 mg/kg、0.41 mg/kg、26.81 mg/kg，均低于水稻中相应标准值，但是水稻样品中镉的超标率达到了 20.7%（何明江等，2017）。张辉等（2018）采集分析了温州 3 家规模化生猪养殖场的饲料及猪粪，饲料和猪粪中铜、锌含量均处于较高水平，尤其仔猪断奶后 2 周使用的饲料中铜、锌含量最高，分别达 239.39 mg/kg 和 468.46 mg/kg，对照《中华人民共和国农业部公告第 2625 号》可知，均超标。同期猪粪中铜、锌含量也处于较高水平，最高值可达 1 528.55 mg/kg 和 20 123.62 mg/kg，禽粪便中残留的重金属会向农田土壤迁移并累积，长期使用含重金属的有机肥极大地污染了农田土壤环境，进而对农作物质量安全产生影响。

土壤是最基本的自然资源，是农业生产的基本物质条件，是粮食和生态安全的重要载体，土壤环境质量直接关系到老百姓的菜篮子、米袋子安全，关系到广大人民群众的身体健康，培育健康土壤对保护耕地和人身安全意义重大。

2.3.4 土传病害

土传病害是指病原体（包括真菌、细菌、线虫及病毒等）生活在土壤中，条件适宜时从作物根部或茎部侵害作物而引起的病害。常见的土传病害有菌核病、软腐病、猝倒病、立枯病、疫病、根腐病、镰刀菌枯萎病、黄萎病及线虫病等。在作物生长前期，土传病害的出现致使幼苗根、茎部腐烂与溃败，造成作物大面积死苗，严重影响作物生产。在生长后期，同样也会引起作物大面积减产，一般年份减产 20%～30%，严重年份减产 50%～60%甚至绝收，造成重大的经济损失。土传病害发病后比较难以防治，病菌在土壤中越冬，很难被杀死，来年继续侵害作物，如此循环，病害越来越严重。

引起土传病害的主要原因如下：一是连作，连续种植一类作物，使相应的某些病菌得以连年繁殖，在土壤中大量积累，形成病土，年年发病。例如，水稻连作容易发生稻瘟病、纹枯病，小麦连作容易发生小麦纹枯病、白粉病、赤霉病等。二是施肥不当，长期大量施用化肥尤其氮肥可刺激土传病菌中的镰刀菌、轮枝菌和丝核菌生长，从而加重土传病害的发生。三是线虫侵害，土壤线虫可造成植物根系出现伤口，有利于病菌侵染而使病害加重，往往线虫与真菌病害同时发生。

稻瘟病是水稻生产上的一种重要的流行性、灾害性病害，稻瘟病的暴发流行严重威胁水稻产量。近年来，由于浙江省注重科学防治病虫害，稻瘟病发生流行频率低、程度轻，部分地区连续几年未发生。但是，2014 年稻瘟病在浙江省主要稻区偏重发生，尤其是在浙北平原及浙东沿海稻区，是近 20 年来发生最重的一年。2014 年除舟山外，浙江省10 个市 47 个县（市、区）均有发生，发生面积为近年来最大，达 2.33 万 hm^2，重发区域集中在杭嘉湖和宁绍平原稻区，发病面积占浙江省总发病面积的 59.1%（谢子正等，2015）。据统计，杭州地区水稻常年种植面积为 61 333 hm^2，稻瘟病发生面积为 4 400～5 533 hm^2，并且粳稻总体发病重于籼稻，不同种植区域发病特点差异较大（王道泽等，2017）。浙江太湖稻区稻瘟病也主要发生在单季和双季晚粳稻上，柴荣耀和金敏忠（1998）从该地区 8 个县（市）的稻瘟病标样中分离到 488 个有效单孢菌株，共鉴定出 7 个群 18 个小种。

土传病害是小麦生产中的常发病害，受病原菌数量和气候条件等多种因素的影响，每年发生轻重程度不同，重发年份严重影响小麦的产量和品质，甚至导致绝收，其已成为近年小麦生产中的重要制约因素。小麦土传病害主要危害小麦植株的根部和茎基部，小麦生长期内一旦发病，植株的根或茎基部会发生腐烂、萎缩、枯死，造成营养物质和水分无法正常吸收、传导，导致小麦植株上部营养不良、生长停滞，甚至整株死亡。小麦纹枯病是分布范围甚广的世界性病害之一，早在 1934 年国外已有报道。1973 年，我国也发现此病，主要发生在江淮流域及黄河中下游冬麦区，尤以江苏、浙江、安徽、山东、河南、陕西、贵州、湖北及四川等麦区发生普遍且危害严重。一般病田病株率为 10%～20%，重病田块可达 60%～80%及以上，特别严重田块的枯白穗率可高达 20%以上。小麦纹枯病发病越早，损失越重，轻的减产 5%～10%，重的减产 20%～40%，甚至造成枯孕穗、枯白穗，导致颗粒无收。

参 考 文 献

柴荣耀，金敏忠，1988. 浙江太湖稻区稻瘟病菌生理小种变化及毒性分析［J］. 西南大学学报（自然科学版）（5）：497-502.

陈延华，王乐，张淑香，2019. 我国褐土耕地质量的演变及对生产力的影响［J］. 中国农业科学，52（24）：4540-4554.

付岩，2015. 典型农药在稻田及周围水环境中对微生物群落的影响研究［D］. 杭州：浙江大学.

何明江，钟利彬，刘杏梅，等，2017. 浙江某稻田土壤—水稻系统重金属污染现状和健康风险评价［C］//中国环境科学学会第九届全国环境化学大会论文集. 杭州：中国环境科学学会工作部.

黄晶，韩天富，申哲，等，2023. 基于模糊数学（Fuzzy）法的中国水稻土肥力质量近 30 年的时空变化特征［J］. 土壤学报（2）：355-366.

景璟，2000. 滨海盐渍土的土质特征及其植被生长影响机制：以杭州地区为例［D］. 长沙：长沙理工大学.

孔海民，李艳，陈一定，等，2020. 浙江省水稻田土壤理化性状及养分平衡特征［J］. 中国农技推广，36（2）：49-53.

李艾芬，麻万诸，章明奎，2014. 水稻土的酸化特征及其起因［J］. 江西农业学报，26（1）：72-76.

李建军，辛景树，张会民，等，2015. 长江中下游粮食主产区 25 年来稻田土壤养分演变特征［J］. 植物营养与肥料学报，21（1）：92-103.

刘来，孙锦，郭世荣，等，2013. 大棚辣椒连作土壤养分和离子变化与酸化的关系［J］. 中国农学通报，29（16）：100-105.

柳开楼，都江雪，马常宝，等，2023. 中国主要旱作粮食耕地土壤钾素的时空演变特征［J］. 土壤学报，60（3）：673-684.

马颢榴，盛浩，潘博，等，2019. 双季稻—油菜耕作制对土壤肥力质量长期演变的影响［J］. 土壤与作物，8（4）：453-461.

毛伟，李文西，陈明，等，2020. 近 30 年扬州市耕地土壤肥力变异特征及其驱动因素分析［J］. 植物营养与肥料学报，26（11）：1998-2009.

倪元君，詹丽钏，傅力，2021. 嵊州市稻田土壤理化性状变化与改善对策［J］. 浙江农业科学，62（2）：278-280.

倪中应，刘永红，石一珺，等，2016. 近 30 年来桐庐县稻田土壤肥力演变趋势［J］. 中国稻米，22（2）：99-103.

曲潇琳，任意，王红叶，等，2020. 我国耕地质量主要性状 30 年变化情况报告［J］. 中国农业综合开发（5）：2.

瞿云明，廖连美，徐小燕，等，2019. 山地蔬菜土壤次生盐渍化评价及改良技术［J］. 中国瓜菜，32（9）：100-101.

沈善敏，1998. 中国土壤肥力［M］. 北京：中国农业出版社.
孙钰翔，张广斌，房焕，等，2021. 孔隙结构对水稻土温室气体排放的影响［J］. 土壤，53（1）：154-160.
童敏，陈文海，滕明益，等，2016. 海宁市保护地土壤盐渍化调查与成因分析［J］. 浙江农业科学，57（6）：955-958.
王斌，孙健，张建民，等，2011. 五十年来宁波平原水稻土有机质变化及其调控措施［J］. 土壤，43（5）：850-853.
王道泽，洪文英，吴燕君，等，2017. 水稻主栽品种和气象因素对稻瘟病田间流行的影响［J］. 浙江农业学报，29（5）：791-798.
王琳，2007. 浙江省三个主要农业地貌区土壤与稻谷微量元素空间变异规律研究［D］. 杭州：浙江大学.
王娜，郭欣妍，单正军，等，2021. 农田土壤抗生素污染管控建议［J］. 中国工程科学，23（1）：167-173.
王志强，洪春花，刘铠鸣，2022. 南通市耕地土壤肥力动态演变趋势及监测点稻麦施肥情况分析［J］. 上海农业科技（1）：95-98.
王遵亲，1993. 中国盐渍土［M］. 北京：科学出版社.
文炯，2009. 长江中下游地区水稻土的有机质特征［D］. 长沙：湖南农业大学.
吴英，张家萍，刘锐，2023. 嘉兴市农田土壤中抗生素抗性基因的分布特征［J］. 北京农业职业学院学报，37（2）：70-75.
武红亮，王士超，闫志浩，等，2018. 近30年我国典型水稻土肥力演变特征［J］. 植物营养与肥料学报，24（6）：1416-1424.
谢会雅，陈舜尧，张阳，等，2021. 中国南方土壤酸化原因及土壤酸性改良技术研究进展［J］. 湖南农业科学（2）：108-111.
谢子正，许渭根，李仁忠，等，2015. 2014年浙江省水稻稻瘟病流行特点及原因分析［J］. 中国植保导刊（3）：58-60.
徐颖菲，谢莉莉，章明奎，2017. 浙江河网平原水稻土的肥力特点及其变化［J］. 农学学报，7（8）：29-34.
杨帆，徐洋，崔勇，等，2017. 近30年中国农田耕层土壤有机质含量变化［J］. 土壤学报，54（5）：1047-1056.
张辉，李文凤，赵盈盈，等，2018. 猪饲料中重金属对猪粪有机肥的影响［J］. 浙江农业科学，59（11）：2317-2318.
张淑香，张文菊，沈仁芳，等，2015. 我国典型农田长期施肥土壤肥力变化与研究展望［J］. 植物营养与肥料学报，21（6）：1389-1393.
张小飞，高增贵，庄敬华，等，2010. 玉米丝黑穗病菌致病性分化研究［J］. 玉米科学，18（2）：100-103.
章方海，陈志华，2023. 太湖县农作物农药使用现状与对策［J］. 当代农机（3）：91，93.
赵作章，陈劲松，彭尔瑞，等，2023. 土壤盐渍化及治理研究进展［J］. 中国农村水利水电（6）：202-208.
周娟，袁珍贵，郭莉莉，等，2013. 土壤酸化对作物生长发育的影响及改良措施［J］. 作物研究，27（1）：96-102.
周晓阳，周世伟，徐明岗，等，2015. 中国南方水稻土酸化演变特征及影响因素［J］. 中国农业科学，48（23）：4811-4817.

BACH E M, WILLIAMS R J, HARGREAVES S K, et al., 2018. Greatest soil microbial diversity found in micro-habitats [J]. Soil Biology and Biochemistry, 118: 217-226.

GUO, J, LIU X, ZHANG Y, et al., 2010. Significant acidification in major Chinese croplands [J]. Science, 327 (5968): 1008-1010.

KUZYAKOV Y, BLAGODATSKAYA E, 2015. Microbial hotspots and hot moments in soil: concept & review [J]. Soil Biology and Biochemistry, 83: 184-199.

LEHMANN A, RILLIG M C, 2015. Understanding mechanisms of soil biota involvement in soil aggregation: a way forward with saprobic fungi? [J]. Soil Biology and Biochemistry, 88: 298-302.

NANNIPIERI P, TRASAR-CEPEDA C, DICK RICHARD P, 2018. Soil enzyme activity: a brief history and biochemistry as a basis for appropriate interpretations and meta-analysis [J]. Biology and Fertility of Soils, 54 (1): 11-19.

NANNIPIERI P, ASCHER-JENULL J, CECCHERINI M T, 2017. Microbial diversity and soil functions [J]. European Journal of Soil Science, 68 (1): 12-26.

ZHOU B Y, WANG J Q, ZHANG H B, et al., 2020. Microplastics in agricultural soils on the coastal plain of Hangzhou Bay, east China: multiple sources other than plastic mulching film [J]. Journal of Hazardous Materials, 388: 9.

第3章 高产粮油区土壤健康评价体系构建

土壤健康评价的指标包括土壤静态指标（自然属性）和动态指标。土壤静态指标主要受成土过程的影响，动态指标则对管理措施较为敏感，因此衡量土壤健康状况不可能使用单一的指标和方法，其评价具有目标性、相对性和实用性。目前，许多评价体系多采用理化指标，涉及的生物指标不多。近年来，生物指标被认为是对管理更为敏感的指标，除传统的微生物碳、氮外，土壤生物多样性、酶学方法、代谢组和转录组检测方法快速发展，为筛选更合理的生物指标提供了可能。目前，欧盟国家已经进行大量探索，并且开展了对生物指标的筛选工作，考虑到土壤类型和管理方式的多样性，各个测定指标的度量不同，需建立一个综合评价体系，将各种指标进行系统整合从而计算出土壤健康综合指标。因此，本章从绿色可持续发展视角展开研究，探讨土壤物理性状、养分含量及生物多样性等主要指标对高产粮油区土壤质量的影响和相对贡献，参考国内外土壤质量指数法、康奈尔土壤健康评价体系等土壤健康评价方法，实现动态和静态指标相结合，修正完善评价模型，构建包括物理、化学和生物的健康土壤科学评价体系，制定高产粮油区土壤健康评价规范。

3.1 土壤健康的内涵

3.1.1 土壤健康

土壤健康概念的正式提出是在20世纪90年代，最先是与土壤污染紧密联系的一个概念。后来人们将土壤作为一个充满生命的生态系统，认为它在不同区域、不同时间和不同管理方式下具有不同的健康状态，就像人类具备某种健康状况（Powlson，2020），这种理解进一步拓展了土壤健康内涵。基于这样的认识，土壤健康被定义为土壤作为活的生态系统所具备的能力，用以维持植物、动物和人类生存和发展。我国发布的《耕地质量等级》（GB/T 33469—2016）对土壤健康状况也进行了定义“土壤作为一个动态生命系统具有维持其功能的持续能力，用清洁程度、生物多样性表示”，在概念上与国际通用认识基本一致。近年来，分析测试手段的迅速发展促进人们对土壤生物的认识，加深对土壤生态系统过程的理解。土壤健康概念逐渐被公众和决策者广泛接受。例如，2016年，欧盟出版的《世界土壤生物多样性地图集》中倡议，通过可持续的土地管理措施和环境政策保护土壤生物，以保护土壤健康、增强生态系统服务功能。2020年，中国土壤学会第十四次全国代表大会的主题是“守护土壤健康，助力高质发展”。2020年第七个世界土壤日，联合国粮食及农业组织（Food and Agriculture Organization of the United Nations，FAO）

联合全球 300 多位土壤生物学家在线发布了《土壤生物多样性现状报告》，进一步强调土壤生物对维持生态系统功能和土壤健康的重要性，旨在增强科学家和决策者对维护健康生态系统和人类福祉的意识。我国学者也对土壤健康进行了广泛关注（梁文举等，2021）。早在 1999 年，张桃林等提出了土壤质量或土壤健康的概念，主要是指“维持生态系统生产力和动植物健康而不发生土壤退化及其他生态环境问题的能力”。曹志洪（2001）将土壤质量定义为“土壤在一定的生态系统内提供生命必需养分和生产生物物质的能力；容纳、降解、净化污染物质和维护生态平衡的能力；影响和促进植物、动物和人类生命安全和健康的能力之综合量度”。杨晓霞等（2007）认为，土壤健康首先是能生产出对人体具有健康效益的动植物产品，其次是具有改善水、大气质量和一定程度的抵抗污染物的能力，还应该能够促进植物、动物、微生物以及人体的健康。朱永官等（2015）从土壤安全（soil security）的角度阐述了土壤作为地球关键带之一的内涵及两者之间的差异和紧密关系，对土壤安全框架下的生态系统服务进行了梳理和总结。张俊伶等（2020）从我国农业绿色发展需求出发，指出土壤健康是农业绿色发展的重要基础和核心内容，直接关系到可持续进程和有关目标的实现。

综上所述，梳理土壤健康的内涵可以看出土壤肥力、土壤质量、土壤健康和土壤安全这几个概念既有区别也有联系。土壤肥力是土壤健康的核心，土壤安全是土壤健康的外延，因此土壤健康是更加适用的概念。在新的形势下，加深对土壤健康内涵的理解，实施健康土壤培育工程，有助于提升土壤生态系统功能，促进农业绿色发展（张俊伶等，2020）。

3.1.2　土壤健康与土壤碳循环

土壤碳库的动态可以对大气化学和全球碳循环产生强烈影响。例如，将全球土壤 3 m 深度碳库增加至 4%，就可以将使大气 CO_2-C 减少 240 Pg，相当于 CO_2减少 100 mg/L。因此，通过改善土壤健康促进土壤碳的封存对人类生存和自然环境改善具有重要意义。健康的土壤能够将土壤有机碳维持在阈值/临界水平以上，同时具备相对稳定有机碳组成促进土壤碳的封存。土壤有机碳具有较高的表面积和电荷密度，它与黏土和矿物反应形成有机矿物复合物，平均停留时间（mean residence time，MRT）或其周转率取决于土壤中的保护程度（Dungait et al.，2012）。在众多的保护机制中，有物理的、化学的、生物的和生态的机制。物理机制包括包裹在稳定的微团聚体中形成的有机矿物复合体（Kan et al.，2022）；化学机制包括一些顽固化合物的形成（Von Lützow，Kögel-Knabner，2009），包括芳香族和双键碳氢化合物和一些疏水物质包裹稳定的聚集体，如秸秆生物质炭施用 2 年后可使稻田土壤增加芳香碳相对含量，显著提高土壤惰性有机碳含量（Chen et al.，2019）；生物机制包括拥有相对较高的微生物碳利用效率促进有机碳同化到微生物体内，合成微生物残体，形成稳定的有机碳（Malik et al.，2018）。

3.1.3　土壤健康与土壤养分循环

养分循环是土壤健康的基础和核心，可提高作物产量并给人类带来效益。土壤养分转化过程起着土壤养分循环“调配器”的作用，控制土壤养分循环的方向、养分元素化合物种类和交换通量。土壤养分循环的能力是一个连续的步骤，包括土壤接收和保留养分的能力、土壤制造和保持养分供作物吸收的能力、土壤促进植物有效养分回收的能力、土壤支持作物获得养分的能力。健康的土壤能够维持各个过程高效、平衡、持续运转，进而达到较高的养分循环效率。

对于土壤氮素而言，土壤中不同形态的氮其生物有效性、向环境的扩散能力和途径等均有显著差异。土壤中的氮通过转化可在各种形态之间转换，有机氮矿化作用使有机氮转化为无机氮成为植物有效的无机氮，直接影响土壤氮供应能力；NH_4^+ 通过硝化作用转化成为 NO_3^-，同时产生氮氧化物气体；反硝化过程将 NO_3^- 转化为 N_2 及其氮氧化物气体，NO_3^- 异化还原则将 NO_3^- 转化成为 NH_4^+ 等。土壤中各种氮转化过程的相对速率决定各种形态的氮在土壤中存在的比例和被生物吸收、进入水体和大气的形态和通量。土壤性质影响土壤氮素的固持与损失。酸性土壤的硝化作用弱甚至缺失，土壤有机氮矿化后主要以铵态氮存在，径流和渗漏水中硝态氮含量很低；相反，中性和偏碱性土壤的硝化作用强，有机氮矿化后或施入土壤的铵态氮迅速硝化成为硝态氮，径流和渗漏水中硝态氮占比大。

植物和微生物氮源随着土壤健康梯度的变化而变化，土壤健康水平低导致氮保持能力差，高矿化和硝化速率导致氮通过淋溶损失高（Ju，Zhang，2017）。不健康土壤依赖于土壤无机氮，而健康土壤则主要依赖于高度网络化供给；健康土壤中根生长、土壤有机质积累和微生物活动引起的氮循环为植物获取生物有效性氮提供了多种途径。例如，根分泌物刺激微生物产生生长素和其他促进植物生长的激素，刺激细根的产生；根分泌物增加微生物活性，并产生或刺激有机酸和酶的产生，使 MAOM－N 迁移；原生生物、线虫和其他食肉动物以微生物为食，在“微生物回路”中释放氮；在结构良好的健康土壤中，细根可以生长成团聚体和开放微域，氧气刺激微生物活动和氮释放；菌根可以穿透团聚体，利用封存的氮素。综上所述，健康的土壤可以加强获取氮的多种内部途径，增加在多变气候和其他干扰下氮输送的韧性。不健康土壤几乎完全依赖于氮肥投入，并且氮肥很少通过有机氮库循环，而是作为一个巨大的无机氮库，容易被淋失（Grandy et al.，2022）。因此，对土壤健康的投资应该增强生态复杂性和植物获取氮素的途径，从而在多变的气候环境下提高养分供应和产量。有机肥一直被提倡和实践用来改善土壤健康和提高土壤固碳能力，无论是单施有机肥还是有机-无机配施，均能有效地减轻硝酸盐污染，改善土壤肥力并提高作物产量。有机肥主要通过缓解了土壤—微生物碳氮计量不平衡，增加氮解聚酶活性，同时提高初级氮矿化速率，促进微生物生物量和铵固持，降低铵的可利用性，从而减缓氮素损失（Wang et al.，2023），显著提高初级矿化—同化周转速率（王敬等，2016）。

3.1.4 土壤健康与土壤污染物的净化

农业生产中人为的土壤管理，如污水灌溉、污泥应用、农膜覆盖、农药施用等措施会导致土壤中的微塑料、农药残留、抗生素等问题日益严重，当这些有害物质超过土壤自净能力时，会引起土壤组成、结构和功能发生变化。例如，土壤中微塑料残留物或碎片会破坏土壤团聚体、孔隙连续性和土壤持水性能（Rillig，Lehmann，2020；Wan et al.，2019），同时其疏水特性使其在土壤中容易形成疏水性持久有机污染物的载体，吸附土壤重金属与抗生素，成为抗生素抗性基因和潜在致病菌的“热区”，导致严重的复合污染

(Zhu et al.，2022)。土壤物理、化学和生物过程介导的物质转化可以在一定范围内消纳污染物，净化环境，而健康的土壤拥有较强的自净和抵抗能力，存在污染或含有污染物的量极少。例如，通过改变土壤物理、化学、生物学性质降低土壤污染物的含量或者有效性。健康土壤的这种自净能力主要依赖于较高的土壤生物多样性及相对丰富的特定生物群体。例如，研究表明灭菌处理土壤中吡虫啉、啶虫脒和噻虫嗪等农药残留降解速率明显低于非灭菌土壤，这证明微生物在土壤残留杀虫剂的降解过程中起到了决定性的作用（宋超等，2016），其中微生物参与的酶促反应、非酶促反应等功能是土壤中农药降解与消除的主要驱动力。此外，微生物胞外酶和自由基的分泌可以将高分子的聚合物剪切成小分子低聚物、二聚体或单体，进入微生物细胞内经过同化作用、矿化作用代谢氧化为 H_2O、CO_2、N_2等气体，从而实现微塑料的无害降解。微生物通过生物吸附、生物固定、配位络合以及氧化还原等作用，降低土壤重金属的生物可利用率和生物毒性（Mosa et al.，2016），例如假单胞菌、肠杆菌、芽孢杆菌和微球菌等对重金属有出色的吸附能力（Ayangbenro et al.，2017）。微生物参与氧化还原反应，改变重金属的价态，进而影响其移动性或毒性。在淹水的水稻土中，土壤 As（Ⅴ）还原成 As（Ⅲ），增加其移动性和水稻砷的有效性，在水稻土中分离出一株属于食酸菌属的细菌 ST3，该细菌能在厌氧条件下将硝酸根作为电子受体使 As（Ⅲ）被无氧氧化成 As（Ⅴ），降低了稻田土壤可溶性总砷的浓度(Zhang et al.，2021)。

3.2　土壤健康对粮油作物产量与品质的影响

3.2.1　土壤健康提高作物产量

土壤生产力是土壤健康的重要指标之一。作物整个生长周期所需要的矿质营养几乎全部从土壤中获取。健康的土壤可以通过增强土壤养分循环、增加养分有效性、改善水分状况及增强植物抗逆性等来减少作物生长限制因素，从而提高作物产量。高质量土壤具有较高的土壤微生物群落稳定性、较低的致病菌丰度，能直接提高作物产量（Fan et al.，2020）。同时，具有较高的更多参与氧化还原反应和碳、氮、磷、硫元素循环的功能基因的关键微生物菌群多样性，如固氮菌、光合菌、解磷菌等，与土壤功能潜力和植物生产力具有稳定的相关性（Fan et al.，2021）。

常用于土壤健康评价的一些指标，也能在不同程度上反应作物产量水平。有研究表明，根据不同的种植制度，土壤有机质、土壤 Olsen-P 和/或土壤类型和土壤质地被确定为解释产量变化的最重要因素。土壤有机质被广泛认为是主要的土壤健康指标，与许多生物、化学和物理健康指标呈正相关。随土壤有机质含量的下降，作物产量表现出下降的趋势。基于全球数据的汇总分析发现，在当前生产力水平下，土壤有机质从1%提高到2%后，小麦和玉米平均产量可增加10%和5%，并且可减少70%氮肥用量。我国农田土壤每固定1.0 t/hm^2 有机碳，粮食作物的产量平均提升约0.7 t/hm^2。也有研究表明，更高的土壤有机质与产量增加（独立于外源性有机投入）之间的联系是有限的，而土壤有机质质量指标（即蛋白质、活性碳组分）则与产量的相关性更好，这表明土壤有机质质量可能比土壤有机质数量与作物产量的相关性更大（Van，Karlen，2019）。此外，本书将用于土壤健康评价的多个指标与水稻产量的相关性分析表明，除了土壤容重（BD）与作物产量表现出显著负相关外，土壤有机质（SOM）、全氮（TN）、全磷（TP）、碱解氮（AN）及速效钾（AK）含量均与水稻产量表现出正相关关系（图 3－1）。

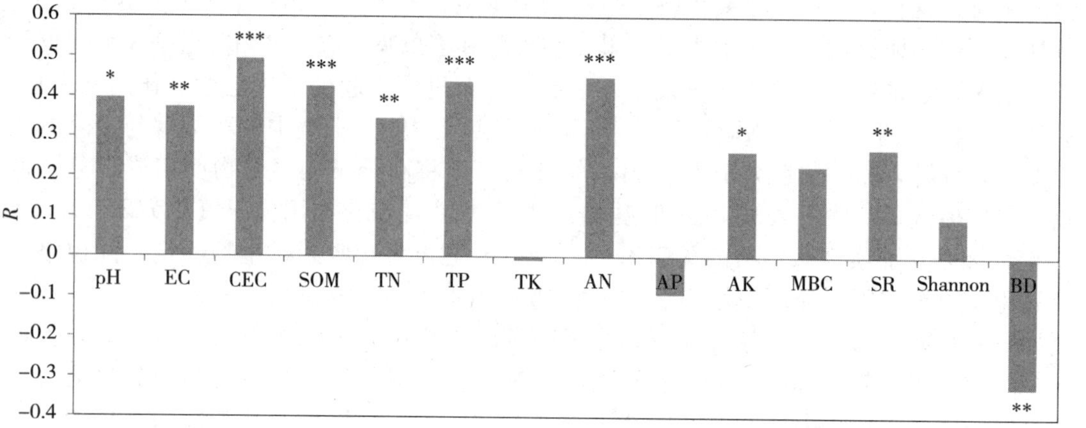

图 3－1　土壤健康指标及其与水稻产量的相关性分析

注：* 表示差异显著（$P<0.05$），** 表示差异显著（$P<0.01$），*** 表示差异极显著（$P<0.001$）。下同。

1. 单季稻

2021—2022 年，课题组在浙江省典型单季稻、晚稻种植区，选择高产、中产、低产区域，布设调查样点，开展不同生产力稻田土壤质量对比分析。单季稻施肥水平小于 200 kg/hm^2，并按每亩*产量≥700 kg、550～700 kg 及≤550 kg 划分为高、中、低产不同生产等级。经数据汇总分析表明（表 3－1），随着水稻产量水平的提升，土壤健康指数增加，并且与其相关的土壤有机质、全氮、碱解氮、有效磷、速效钾、阳离子交换量、香农指数在高产水稻田中均高于中、低产田。与高产水稻田相比，中、低产水稻田土壤全氮、全磷、碱解氮、阳离子交换量平均值及变幅存在明显交叉，变化不显著。低投入高产出的高产单季稻田土壤平均健康指数为 0.73，有机质含量为 42.80 g/kg，全氮含量为 1.44 g/kg，全磷含量为 0.85 g/kg，全钾含量为 20.78 g/kg，碱解氮为 207.63 mg/kg，有效磷为 21.03 mg/kg，阳离子交换量为 12.94 cmol/kg，微生物量碳为 705.62 mg/kg，土壤容重为 1.03 g/cm^3，耕层厚度为 24.00 cm，香农指数（Shannon index，SI）为 7.32。

表 3－1　不同生产力单季稻土壤性质差异

土壤参数	亩高产（≥700 kg）		亩中产（550～700 kg）		亩低产（≤550 kg）	
	平均值	变化幅度	平均值	变化幅度	平均值	变化幅度
pH	5.41	5.08～5.80	5.40	4.96～5.75	5.62	5.05～6.62
有机质/（g/kg）	42.80	31.49～56.32	33.60	18.04～41.43	21.37	20.5～23.81
全氮/（g/kg）	1.44	1.31～1.51	1.13	0.80～1.34	1.19	0.94～1.37

* 亩为非法定计量单位，1 亩＝1/15 hm^2。——编者注

（续）

土壤参数	亩高产（≥700 kg）		亩中产（550～700 kg）		亩低产（≤550 kg）	
	平均值	变化幅度	平均值	变化幅度	平均值	变化幅度
全磷/（g/kg）	0.85	0.60～1.12	0.65	0.40～1.05	0.53	0.48～0.57
全钾/（g/kg）	20.78	16.30～25.60	21.68	15.35～27.51	19.41	18.99～20.07
碱解氮/（mg/kg）	207.63	178.33～232.40	129.34	112.12～190.75	173.17	131.00～201.00
有效磷/（mg/kg）	21.03	17.50～29.51	7.90	5.16～10.91	7.08	2.81～15.12
速效钾/（mg/kg）	120.56	73.33～230.33	81.30	40.00～138.00	101.67	48.67～189.67
阳离子交换量/（cmol/kg）	12.94	7.06～20.55	9.25	6.09～13.69	8.47	5.01～11.18
微生物量碳/（mg/kg）	705.62	448.00～1 116.00	905.00	500.00～1 345.00	385.00	278.00～492.00
土壤容重/（g/cm^3）	1.03	0.96～1.12	1.14	0.97～1.29	0.99	0.94～1.04
耕层厚度/cm	24.00	20.00～29.67	24.19	20.33～27.33	22.00	19.67～23.33
香农指数	7.32	7.14～7.41	7.19	7.08～7.37	7.14	6.98～7.22
健康指数	0.73	0.68～0.78	0.64	0.59～0.69	0.55	0.47～0.57

2. 连作晚稻

连作晚稻施肥水平小于 180 kg/hm^2，并按每亩产量≥600 kg、450～600 kg 及≤450 kg 划分为高、中、低产不同生产等级。数据汇总分析表明（表 3-2），随着水稻产量水平的提升土壤健康指数增加，并且与其相关的土壤有机质、全氮、全钾、碱解氮、有效磷、速效钾、阳离子交换量与微生物量碳均有所提升，而土壤 pH 则无显著变化，相对于 pH 而言，土壤有机质含量、土壤阳离子交换量、微生物量碳，以及土壤养分的可利用性可能是影响连作晚稻高产的主要限制因子。低投入高产出的高产稻田的平均土壤健康指数为 0.76，土壤理化主要特征如下：平均 pH 为 5.61，有机质含量为 46.70 g/kg，全氮含量为 1.41 g/kg，全磷含量为 0.82 g/kg，全钾含量为 23.00 g/kg，碱解氮为 176.00 mg/kg，有效磷为 21.56 mg/kg，阳离子交换量为 12.40 cmol/kg，微生物量碳为 1 089.00 mg/kg，土壤容重为 1.03 g/cm^3，耕层厚度为 24.60 cm，香农指数为 7.25。

表 3-2　不同生产力连作晚稻土壤性质差异

土壤参数	亩高产（≥600 kg）		亩中产（450～600 kg）		亩低产（≤450 kg）	
	平均值	变化幅度	平均值	变化幅度	平均值	变化幅度
pH	5.61	5.45～5.93	5.48	5.18～6.20	5.67	4.99～7.17
有机质/（g/kg）	46.70	42.00～56.40	27.70	20.88～36.09	21.68	17.78～27.36
全氮/（g/kg）	1.41	1.38～1.44	1.19	0.97～1.35	0.97	0.78～1.14
全磷/（g/kg）	0.82	0.63～1.03	0.42	0.29～0.49	0.60	0.40～0.84
全钾/（g/kg）	23.00	19.93～27.62	20.02	14.92～29.32	16.60	10.47～21.66
碱解氮/（mg/kg）	176.00	162.23～189.88	157.10	127.40～192.38	105.41	77.82～128.68
有效磷/（mg/kg）	21.56	18.02～28.25	13.30	7.76～19.81	12.35	7.66～16.48
速效钾/（mg/kg）	134.20	116.3～169.70	99.62	59.67～131.00	89.67	52.33～130.00

（续）

土壤参数	亩高产（≥600 kg）		亩中产（450～600 kg）		亩低产（≤450 kg）	
	平均值	变化幅度	平均值	变化幅度	平均值	变化幅度
阳离子交换量/（cmol/kg）	12.40	9.85～15.31	5.54	4.19～6.57	4.39	3.34～7.00
微生物量碳/（mg/kg）	1 089.00	701.00～1 554.00	961.00	348.00～1 603.00	344.52	98.97～686.80
土壤容重/（g/cm³）	1.03	0.98～1.17	1.05	0.98～1.13	1.26	1.14～1.40
耕层厚度/cm	24.60	21.67～29.67	21.30	19.00～23.67	19.60	16.67～22.00
香农指数	7.25	7.18～7.32	7.24	7.12～7.33	7.19	7.03～7.23
健康指数	0.76	0.72～0.81	0.65	0.59～0.69	0.54	0.45～0.58

3.2.2 土壤健康提升作物产量稳定性

相对于土壤培肥和耕作管理方面提高作物产量的研究，目前人们更多关注的仍是如何长期维持较高和稳定产量。受气候、土壤和人为等诸多因素的影响，作物产量年际间存在较大波动，而作物产量的稳定性可作为衡量农田系统稳定性的重要指标。与低质量土壤相比，高质量土壤平均提高我国主要粮食作物 10%的产量，这一效应的强度与优化作物管理措施的增产效应相当；同时，提高土壤质量可以降低作物产量对气候变异的敏感性，作物产量的年际变异降低 16%，提高作物产量稳定性。平均而言，与低质量土壤相比，优质土壤的相对产量稳定性在小麦、玉米和水稻种植系统中分别提高 8.8%～51.0%、8.8%～22.0%和 2.2%～12.9%。小麦和玉米种植系统中优质土壤的产量稳定性较高，表明相较于水稻，小麦和玉米的生产力更依赖于土壤条件。因此，高质量的土壤能够缓冲气候变化的负面影响，导致更小的减产效应和更高的产量稳定性，高强迫情景下（RCP 8.5）气候变化每年可引起我国三大粮食作物 11.4 Mt 的产量损失，而改善土壤质量可以降低 20%的气候诱导产量损失（Qiao et al.，2012）。长期改善土壤质量的不同农艺措施会影响作物产量的稳定性和可持续性。例如，有机肥配施氮磷钾化肥、免耕秸秆覆盖等措施均可以增加作物产量，并提高玉米产量稳定性和可持续性的潜力。

3.2.3 土壤健康对作物品质的影响

作物品质与土壤健康息息相关，土壤只有具备健康的“体质”，才能生产出健康的作物，进而保证农产品的质量。健康土壤能够促进土壤养分供应，从而提高农产品的品质。健康的土壤中含有丰富的有机质和养分，这些有机质和养分能够为作物提供充足的营养，从而促进作物营养物质的合成。例如，土壤中的氮、磷、钾等元素是作物生长和发育所必需的，这些元素的充足供应能够促进作物的生长，提高作物的产量和品质。氮是影响稻米品质的主要因素，其次为钾、磷。适量的氮肥施用可以增加籽粒淀粉含量，降低蛋白质含量，同时增加支链淀粉短支链的含量，使淀粉晶体的稳定性降低，最终使淀粉的黏性、崩解值变大，消减值、糊化温度、糊化热焓值变小，最终提高稻米食味品质，为水稻高产优质的氮肥施用技术的应用提供理论依据（Zhou et al.，2022）。土壤充足的磷、钾供应在降低稻米垩白率、直链淀粉含量及改善加工品质等方面有一定的作用。

土壤中的钙、镁能显著提高稻米品质，降低稻米垩白度和垩白粒率，增加胶稠度和蛋白质含量。微量元素是植物生长所必需的，大量研究表明，微量元素对改善农作物品质起到了至关重要的作用。土壤微量养分循环依赖于若干土壤和生物因素，如土壤 pH、Eh、离子间的相互作用、土壤矿物学和有机质含量、微生物活性和多样性。事实上，土壤的物理、化学和生物特性决定了调控土壤中大量和微量营养元素有效性和/或缺乏性的过程和相互作用的复杂性。土壤养分含量（包括大量和微量元素）直接受到母质中主要矿物质浓度的影响。一般而言，土壤黏性物质（土壤次生矿物质）含量越高，土壤胶体对带正电荷的微量元素（如 Zn^{2+}、Fe^{2+}、Cu^{2+}、Mn^{2+}）的滞留越强，抗淋溶和养分损失越强。与阴离子微量元素（如 Mo^{-}、Cl^{-}）相反，阳离子微量元素的有效性通常随 pH 的增加而降低。土壤有机质在调节推动农业土壤中微量元素有效性的物理化学反应中起主导作用。微生物活动和根系分泌物中的有机化合物（土壤有机质的一部分）可以通过螯合反应与一些微量营养元素结合，从而形成更稳定的微量营养元素复合物。土壤有机质可以贡献20%～70%的 CEC，并增加微量元素的有效性（铁、锰、锌、铜、钴）。同样，土壤微生物可以产生有机酸（柠檬酸、酒石酸、苹果酸和 α-酮酸），这些有机酸可以与土壤中的金属阳离子形成化学络合物，并将潜在毒性降至最低。科学的农田管理措施可以有效缓解土壤中微量元素的"缺素症"。例如，有机肥中含有作物生长所需的硫、镁、铜、锌、铁、锰、钼、硼等微量元素，通过施用有机肥可以补充土壤中缺少的微量元素，促进作物生长和提升作物品质。土壤肥力管理措施可以使对植物有效的土壤锌的浓度增加 2 倍，最终使膳食锌缺乏症从 68%减少到 55%。

3.3　土壤健康评价方法

构建科学合理的评价指标体系和评估方法是进行土壤健康评价的前提和基础。在全球范围内，关于土壤健康评价的方法尚无统一标准。不同国家和地区的自然和社会经济条件存在巨大差异，评价目的和研究尺度也不尽相同，因而指标体系和方法会呈现差异化、地域化的特点。

1. 康奈尔土壤健康评价系统

康奈尔土壤健康评价方法（comprehensive assessment of soil health，CASH）由美国康奈尔大学于 2006 年建立，该方法在优化农田管理、提升土壤健康方面发挥着重要的作用（Powlson，2020）。康奈尔大学的 van Es、Abawi、Wolfe 和 Thies 教授于 2001 年联合成立了康奈尔土壤健康团队，深入开展土壤健康综合评价方面的研究。通过对康奈尔大学的 6 个试验农场和与纽约州农民合作建立的 10 个试验农场的长期监测和开展对比试验，同时在广泛分析纽约州、佛蒙特州、马里兰州和宾夕法尼亚州的农民和农业技术人员送检的大量土壤样品的基础上建立了康奈尔土壤健康评价系统（Cornell soil health assessment）（Kan，2012）。2017 年出版的《康奈尔土壤健康综合评价框架》（3 版）调整了评价指标，调整前备选的指标共 39 个，其中物理指标、化学指标和生物学指标分别为 16 个、12 个和 11 个。目前增加到 43 个，其中物理指标 17 个、化学指标 15 个、生物学指标 11 个。最终选定物理、生物、化学各 4 个土壤健康指标来评价农田土壤的健康状况。评价时需要对确定好的土壤健康指标通过递增型、递减性和最优型 3 种评分函数将各指标值转化为各指标的分值。根据评价指标的分值计算出土壤健康指数，用百分数表示。根据百分数的大小依次分为很低（0～20）、低（20～40）、中等（40～60）、高（60～80）、很高（80～100）5 个等级。CASH 强调确定农业生态系统内的特定土壤限制，从而有助于选择最佳土地管理办法，以提高土壤生产力，并最大限度地减少对环境的影响，很多研究人员认为该框架可以满足土壤健康评估需要。但是该评价系统评价指标体系中的潜在可矿化碳和根系健康等级两个指标的分析测定时间较长、成本较高，因此无法对农田土壤的健康状况进行实时和快速监测，在一定程度上限制了该评价系统的广泛使用。

2. 土壤管理评估框架

土壤管理评估框架（soil management assessment framework，SMAF）于 20 世纪 90 年代由美国农业部开发，该方法是基于系统工程和生态经验的评分功能，将土壤质量评估和土壤质量管理紧密结合起来，实现“评价指标筛选—土壤质量评价—耕层土壤管理”的全过程整合。对相关的土壤物理、化学和生物学指标进行标准化及权重的计算，以及整合评价指标，最终形成土壤健康指数，同时利用最小数据集筛选评价指标。基于土壤管理评价框架的土壤健康评价方法被国内外学者广泛采用，但是在评价过程中由于受研究对象的影响，最小数据集的土壤属性指标会发生变化。基于土壤管理评估框架的土壤健康评价方法可以比较全面地反映土壤健康状况。但评价指标的选择不固定，不同种植体系或管理方式选择的指标体系不同，同一种植体系不同土层筛选的指标也不同。这种评价方法具有一定的局限性，在田块尺度的准确性较高而区域尺度的准确性相对较低。

3. 新西兰 SINDI（Soil indicators）方法

新西兰 SINDI 方法是一种网络在线评价工具，通过将采集的土壤样品与土壤数据库信息进行比较得出土壤健康的信息，并根据不同土地利用方式和管理目标提出相应的管理措施。SINDI 综合了土壤物理结构、土壤肥力、养分储存、有机资源和土壤中生物等土壤属性指标，主要包括有效磷、土壤 pH、可矿化氮、总碳、总氮、容重和大孔隙度 7 个指标。其中，有效磷代表土壤肥力状况；土壤 pH 代表土壤的酸碱度，其直接影响土壤养分的有效性；可矿化氮、总碳和总氮代表土壤的有机资源，在一定程度上能反映土壤的生物活性；容重和大孔隙度代表土壤的物理特性，反映土壤的压实和渗透特性，影响作物根系的下扎深度。根据土地利用方式、土壤类型等信息，新西兰土壤专家绘制了土壤响应曲线，并对土壤指标进行颜色编码（颜色编码类似于“红绿灯”），其中红色代表不利于作物生长，橙色表示潜在影响，绿色代表最佳生长条件。新西兰 SINDI 方法主要适用于新西兰地区，较好地指导了当地的作物生产，但具有区域局限性，此外，评价过程主要以单个指标为评价单元，没有充分整合其他指标形成一个综合指数（Mckenzie.，2013；Mueller et al.，2014）。

4. 土壤健康评估工具

美国农业部农业研究处（USDA Agricultural Research Service，USDA-ARS）为商业化的土壤测试设计的土壤健康评估工具（soil health tool，SHT）可用作综合的土壤测试，以评估植物可利用的氮、磷、钾及养分和碳循环对土壤健康提供指示为主要目标。该方法利用有机酸组成土壤浸提液测量无机氮、磷和钾。同时，估计了潜在可矿化氮和磷受水可提取的有机碳和氮以及微生物土壤呼吸的影响，还可以深入了解土壤化学和生物之间的复杂相互作用。土壤健康评估工具将土壤视为一个有生命力的、高度一体化的、不断演变的系统来综合分析土壤养分的动态变化，具有快速、价廉的优势，同时让使用者深入了解土壤化学和生物学之间复杂的相互作用，并通过科学评估养分有效性，以及碳、氮和磷循环等信息，为农业生产者提供决策建议等优势（Haney et al.，2018）。

5. 基于土壤生态系统功能的土壤健康评价

我国的部分研究人员也通过多种方式对不同生态系统的土壤健康进行了评估。杨颖等（2022）认为，农田土壤健康状况不仅影响作物产量和品质，还影响大气、水环境质量和生物安全，因而农田土壤健康评价应将土壤生产能力与生态环境效应结合考虑。基于土壤生态系统多功能性，将土壤功能归纳为作物生产、持水净水、养分运移与缓冲、碳固存及栖息地与多样性共5项功能。进一步针对每项功能，按照固有属性和动态属性两个方面分别选取基础项指标，同时考虑具有区域特点的威胁土壤功能发挥的限制项指标，并采用2个乘数来体现限制因子对固有和动态属性影响的差异性，共同构建农田生态系统土壤健康评价指标体系。最终表明，土壤健康指数与作物生产功能与产量 R^2 达到0.60，其验证结果表明该评价体系比较合理。因此，基于多功能性的土壤健康评价方法可为进一步探究土壤健康长期变化趋势，实施土壤资源有效管理提供一定参考。基于"需求—功能—维度—要素—指标"的耕地健康产能评价框架为探寻适合我国新时代耕地健康产能评价的新理论与方法，研究人员从耕地产能评价与耕地健康诊断两个维度出发，选取耕地气候条件、土壤特性、技术设施等8个要素，构建了基于"需求—功能—维度—要素—指标"的耕地健康产能评价框架（李烜桢等，2022）。利用该框架，运用综合算法、"1＋X"累加模型法、图层叠加法定量评价河南省温县耕地健康产能，收到了满意的效果。

6. 新兴预测技术

传统土壤健康指标分析方法耗时长、成本高，不能满足大规模、实时性的土壤健康管理需求。分析技术的快速发展给土壤健康评估的创新带来契机。近年来，土壤健康指标的新兴分析技术不断涌现，其基本特点是快速、准确、价廉和高通量。例如，利用土壤微生物组预测土壤健康。有充分的证据表明土壤微生物群落直接或间接对土壤环境变化作出反应，如土壤pH、盐度、土传病害、土壤污染等。土壤微生物组对环境变化具有敏感性与指示性，并且可以以一种高通量、经济有效的方式进行检测，因此，尝试利用微生物组预测土壤健康水平已经成为目前研究的热点。机器学习是基于微生物群落数据的预测指标开发运用最为广泛的方法，最早主要用于人类微生物组，确定是否可以使用特定的微生物类群概况来确定疾病状态（Poore et al.，2020）。目前，微生物组信息作为环境健康综合状况的预测指标也逐步获得认可，如细菌群落能够指示流域扰动的程度及地下水铀、硝态氮等污染状况（Lau et al.，2015），在预测环境污染和生态系统功能中具有很大的潜力。在土壤生态系统中，特定微生物类群与土壤变量之间表现出很强的相关性，利用微生物群落数据可以预测物理化学状况的变化（Hermans et al.，2017），如土壤可溶性有机碳（Jaron et al.，2019）、土壤养分含量、容重和pH（Hermans，Buckley.，2020）。在对土壤健康综合评估与预测的研究中，微生物群落对土壤质量综合指数及土壤健康综合指数预测的准确率分别为50%～95%和80%（Wilhelm et al.，2022；Hermans，Buckley.，2020），对枯萎病发病和健康土壤判断准确率高于80%（Yuan et al.，2020），证明了利用土壤微生物群落预测土壤健康的可行性，但是目前对于土壤健康的评估尚未有统一标准，因此对于不同生态系统或土地利用方式间预测准确率存在较大变异。土壤生态系统的组成、性质和功能复杂，环境因子又以不同方式与土壤成分相互作用，这导致准确评估土壤健康状况尤为困难。虽然国内外研发的土壤健康评价方法日渐增多，但是有关评价指标的筛选和应用范围各异。以往关于土壤健康评价方法的研究，多聚焦于特定空间尺度或土地利用方式，尤其是中小空间尺度。例如，康奈尔土壤健康评价方法、土壤健康评估工具等评价方法均是针对旱地土壤开发，并且多应用于田块尺度上。同时，评价方法的制定还需考虑评价指标与土壤关键过程的相关性、对管理的响应、测试时间与费用等因素。然而，尚无适用于不同空间尺度及服务于我国土壤健康的评价方法。

3.4 土壤健康评价指标筛选

3.4.1 土壤健康评价指标的筛选原则

土壤健康指标是指可以反映土壤某种健康属性的指标。土壤健康指标应满足4个条件：①与土壤功能密切相关，可反映土壤物理、化学或生物属性；②对土壤管理、土地利用、气候变化等因素引起的土壤功能变化较为敏感；③具备操作性强、有效性高、准确性强、成本低廉等优势，并可在短时间内帮助决策；④可反映土壤功能与土壤健康管理目标之间的关系。但是，目前常用的指标中仅有少部分可同时满足以上4个标准。例如，土壤中总有机碳含量是一个重要的指标，但是对环境变化的响应不敏感，因此也只能满足上述指标中的3个。习惯上，土壤健康指标可以分为物理指标、化学指标和生物指标。由于土壤健康这一概念本身是由土壤质量发展而来的，因此一些土壤健康指标与土壤质量指标事实上是重叠的（李烜桢等，2022）。

3.4.2 土壤健康评价物理指标的筛选

土壤物理性状决定土壤功能及耕地用途，直接或间接影响作物生长。常见的物理指标包括容重、含水量、质地、耕层厚度、土壤紧实度等。多数土壤健康评估框架包含田间持水量和容重指标。容重可以同时反应土壤紧实度和孔隙度，是评价土壤健康的重要物理指标。土壤养分循环及作物生长均受到土壤容重的影响。稻田土壤旱测容重超过1.4 g/cm^3，会严重抑制稻苗发根。而土壤肥力指数与土壤容重与总孔隙度均表现出极显著相关（江泽普等，2007）。土壤团聚体是土壤结构的基本单元，对土壤生态功能（如碳固存和养分保持等）的维持至关重要，是衡量土壤退化、抵抗力的重要指标，影响着许多生物过程和农艺过程，是一个关键的土壤健康指标（刘亚龙等，2022）。但是土壤团粒结构测试操作较为繁琐，并且受人为因素影响较大，多系统比较时存在系统误差较大的问题。耕层是作物生长的关键层，耕层厚度显著影响化肥在土壤不同养分库中的转化及其在土壤—作物系统中的去向，耕层变浅会加剧养分缺乏对作物产量的限制，与30 cm耕层厚度相比，10 cm耕层厚度使玉米减产9%～22%（杨越，2018）。鉴于可操作性、测定有效性、准确性等因素，可依次选择土壤容重、土壤紧实度、耕层厚度、土壤含水量及土壤质地作为土壤健康评价的一种或多种物理指标。

3.4.3　土壤健康评价化学指标的筛选

土壤化学指标对土壤健康具有重要指示作用，化学指标在大多数土壤健康评估框架所涉及的指标中至少占 40%，直接影响土壤养分形态和浓度，对作物生长和动植物健康产生显著影响。土壤 pH、有机质含量、氮含量、有效磷含量、速效钾含量、阳离子交换量、电导率等均是重要的化学指标。土壤有机质含量是与土壤肥力质量和土壤环境质量的密切相关一个关键参数，影响着土壤的聚集性和稳定性。SOC 的数量、质量和动态/周转对土壤健康至关重要。土壤 pH 不仅决定了养分有效性，还控制着土壤中微生物的多样性（Maurya et al.，2020），并影响土壤缓冲能力（Naik，2019）。土壤养分含量，尤其是其中的活性组分含量，通常是反应养分供应及损失的关键变量，如水稻氮肥利用效率与土壤供保氮能力密切相关，对于土壤健康管理至关重要（Naik，2019）。土壤有机质与土壤全氮存在高度相关性，一般在土壤评价中二者择一。杨梅花等（2016）针对江西 3 个县的稻田土壤，用主成分分析法提取最小数据集的土壤化学肥力指标为有机质、阳离子交换量和 pH。

3.4.4　土壤健康评价生物指标的筛选

相对于物理和化学指标，生物指标能更好地指示土壤健康（朱永官等，2021）。在土壤生物中，土壤微生物的地位和作用较为关键，因此一直是土壤生物学的研究热点。细菌和真菌数量和多样性通常作为土壤健康的理想生物学指标。除此之外，微生物量、病原菌种类和数量也常用来当作土壤健康的生物学指标。土壤微生物量作为土壤肥力的生物指标已经在红壤、红黄壤、紫色土等土壤中进行了较多研究，土壤微生物量与土壤有机质、全氮、全磷、速效钾和碱解氮等肥力指标之间存在显著的正相关关系，也可以作为表征黑土健康状况的生物学指标（张海燕等，2006）。微生物作为单细胞生物，繁殖周期短，对环境变化反应敏感，因此是诊断土壤健康的理想指示生物，较土壤物理或化学指标更具优越性。

3.5　土壤健康评价

当前主流的土壤健康评估程序主要包括 3 个主要步骤。

选择土壤指标制定全量数据集（total data set，TDS）。通过主成分分析、相关性分析和聚类分析等数学方法降低变量维度，以获得最小数据集合（minimum data set，MDS），从中选择最佳的土壤健康指标。

定量化。在得到最小化数据集后，采用适当方法将其转化到具有可比性的同一维度上。常用的打分方法有标准化、差值法等，也可以根据评估目的设计其他适当的数学变换。

整合。根据设定的权重将各指标整合，通过专家估值、主成分分析或偏最小二乘法计算得到统一的土壤健康指数（李烜桢等，2022）。

全量数据集法是将测定的所有生物、物理及化学指标作为同等重要考虑来评价土壤健康水平，各指标权重值为该指标的公因子方差与所有指标公因子方差和的比值。最小数据集是在全面考虑以上因素的基础上，筛选能够独立反映土壤质量指标，以最小的环境指标来反映实际土壤健康质量。依据各主成分特征值、变量载荷因子大小和范围及高权重变量相关系数，选择相关系数和最大的高权重变量构建最小数据集指标，同时依据因子分析法确定指标权重。各土壤指标值通过隶属度函数（正S形、反S形和抛物线形）指标值转为0～1的无量纲值，最后根据隶属度函数与指标权重计算土壤健康指数。

3.5.1 研究区域与方法

1. 样点设置与采集

2021年和2022年在杭嘉湖平原、金衢盆地、宁绍平原、温台沿海平原和浙江西南丘陵山区开展调研与样品采集，10个市域范围内分别获得样本量为杭州21份、湖州16份、嘉兴25份、金华23份、丽水30份、宁波28份、衢州28份、绍兴19份、台州23份、温州28份。通过测产及系统检测土壤物理、化学、生物指标，评估土壤健康水平。

2. 土壤健康评价指标筛选

超出土壤污染风险值的土壤样品（重金属污染）采取一票否定原则，定义为不健康土壤，在土壤健康评价体系中将该样品予以筛除。多数研究表明，土壤微生物的香农指数与土壤生物功能及肥力相关，因此将其与土壤基础呼吸、土壤微生物量共同作为生物指标选入全量数据集；物理指标采用耕层厚度与容重；化学指标采用土壤有机质、全氮、全磷、全钾、碱解氮、有效磷、速效钾、电导率、阳离子交换量、pH等15个指标参与评估。

最小数据集筛选原则，依据主成分分析，各主成分特征值越大越能代表土壤指标体系，依据指标特征值与累积贡献率，筛选研究对象。对每一个主成分而言，变量载荷因子越大对该主成分贡献越大，定义因子载荷绝对值在最大载荷10%范围内的变量为高权重变量。高权重变量间进行Person相关性分析，当$P>0.05$时，各高权重变量都很重要均被选入最小数据集；当$P<0.05$时，选择相关系数和最大的高权重变量为最小数据集指标。

3. 指标权重值

全量数据集法运用全部测定指标进行主成分分析，各指标权重值等于该指标的公因子方差与所有指标公因子方差的比值。同样，最小数据集法是将最小数据集指标进行主成分分析，各指标权重值等于该指标的公因子方差与最小数据集指标公因子方差的比值。

4. 指标评分

各土壤指标通过隶属度函数将指标测定值转化为0～1的无量纲值，主要标准化隶属度评分函数为正S形、反S形和抛物线形（图3-2）。

在图3-2中，L和U分别表示下限和上限临界值，对于常用指标标准化函数及临界值参考目前的文献报道。对于没有明确阈值的指标而言，指标标准化采用线性评分函数。根据指标的土壤功能分为“越高越好”“越低越好”两类线性评分函数。

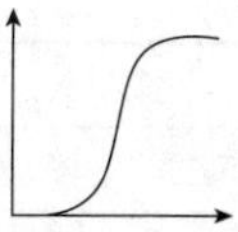

$$f(x)=\begin{cases}0.1 & x<L\\ 0.1+\dfrac{0.9\times(x-L)}{(U-L)} & L\leqslant x\leqslant U\\ 1 & x>U\end{cases}$$

（a）正S形

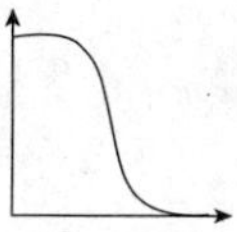

$$f(x)=\begin{cases}1 & x<L\\ 0.1+\dfrac{0.9\times(U-x)}{(U-L)} & L\leqslant x\leqslant U\\ 1 & x>U\end{cases}$$

（b）反S形

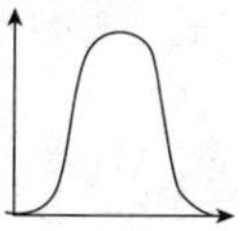

$$f(x)=\begin{cases}0.1 & x<L1;x>U2\\ 0.1+\dfrac{0.9\times(x-L1)}{(U1-L1)} & L1\leqslant x\leqslant U1\\ 1 & U1\leqslant x\leqslant L2\\ 0.1+\dfrac{0.9\times(U2-x)}{(U2-L2)} & L1<x\leqslant U2\end{cases}$$

（c）抛物线形

图 3－2　隶属度函数

5. 土壤健康指数计算

土壤健康指数（soil healthy index，SHI）为土壤指标权重与标准化值的乘积之和。

$$SHI=\sum_{i=1}^{n}W_i\times S_i$$

式中，n 表示指标个数；W_i 表示指标权重值；S_i 表示指标得分。

3.5.2　土壤健康评价体系构建

1. 最小数据集的建立

在本书中，所选取的 6 个主成分累积方差贡献率超过 82%，能够较好地反映土壤各指标及整体信息。在每个主成分下，将最高因子载荷（绝对值）的 10%范围内的指标定义为该主成分下的高权重指标。由表 3－3 可知，高权重指标包括土壤有机质（SOM）、碱解氮（AN）、全氮（TN）、pH、阳离子交换量（CEC）、有效磷（AP）、全磷（TP）、耕层厚度（LT）、全钾（TK）、香农指数（SI）。

表 3－3　主成分分析

	主成分						公因子方差
	1	2	3	4	5	6	
特征值	4.461	2.928	1.819	1.264	1.013	0.909	
贡献率/%	29.739	19.52	12.129	8.426	6.752	6.059	
累积贡献率/%	29.739	49.259	61.388	69.814	76.566	82.625	
因子载荷							
SOM	0.873	−0.084	0.081	0.312	−0.138	0.062	0.754
AN	0.867	−0.159	0.102	−0.082	−0.23	0.127	0.787
TN	0.866	−0.267	0.184	0.108	−0.159	−0.035	0.86

（续）

	主成分						公因子方差
	1	2	3	4	5	6	
BD	−0.832	0.123	0.158	0.247	−0.064	−0.162	0.896
MBC	0.693	−0.498	−0.278	−0.001	0.104	0.038	0.894
SR	0.591	−0.271	0.096	−0.295	0.222	−0.36	0.812
pH	0.16	0.828	−0.034	0.013	0.186	0.079	0.922
CEC	0.5	0.743	−0.146	0.116	0	0.148	0.863
EC	0.368	0.722	−0.296	−0.183	−0.041	−0.089	0.809
AK	0.15	0.716	0.025	−0.205	−0.12	−0.275	0.668
AP	−0.15	0.001	0.772	0.413	−0.14	−0.014	0.818
TP	0.354	0.454	0.676	0.108	−0.107	0.017	0.698
LT	0.048	0.094	−0.525	0.67	0.089	0.314	0.947
TK	0.302	0.025	0.108	0.39	0.712	−0.399	0.844
SI	0.005	0.026	0.453	−0.356	0.505	0.6	0.824

第 1 个主成分各高权重指标相关性分析表明（表 3－4），TN 具有最大的相关系数和，因此被选入最小数据集。一般而言，按照指标筛选原则，土壤有机质应该舍弃，对于水稻土而言，土壤有机质是表征农田土壤质量的重要指标，第 1 主成分对方差贡献率较大，达到约 29.74%，并且土壤有机质在第 1 主成分上具有最大的载荷量，相关系数和与 TN 相差较小，对所在主成分的重要性相当，因此土壤有机质也同样被纳入最小数据集。第 2 主成分中，pH 与 CEC 极显著相关，并且 pH 在第 2 主成分上具有更大的载荷量，因此 pH 被选入最小数据集（表 3－5）。同理，AP 也被选入最小数据集（表 3－6）。第 4、5、6 主成分只有一个高权重指标，因此 LT、TK 与 SI 均被选入最小数据集。

表 3－4　第 1 主成分高权重指标相关系数及相关系数和

第 1 主成分	SOM	TN	AN
SOM	1	0.869**	0.742 8**
TN	0.869**	1	0.794**
AN	0.742**	0.794**	1
相关系数和	2.611	2.663	2.536

表 3－5　第 2 主成分高权重指标相关系数

第 2 主成分	pH	CEC
pH	1	0.665**
CEC	0.665**	1

表 3－6　第 3 主成分高权重指标相关系数

第 3 主成分	TP	AP
TP	1	0.403**
AP	0.403**	1

2. 指标权重计算

对全量数据集指标及最小数据集指标分别进行主成分分析，得到各指标的公因子方差；各指标的权重系数为该指标公因子方差与各数据集下全部指标公因子方差总和比值，结果如表 3－7 所示。全量数据集中香农指数具有最高权重系数为 0.076，其次为土壤全钾 0.074，土壤有机质与土壤全氮权重系数均为 0.072，碱解氮权重系数为 0.70，阳离子交换量权重系数为 0.069，而土壤速效钾的权重系数最小为 0.054。进入最小数据集的各指标中，土壤全氮的权重系数最大为 0.173；其次为土壤有机质，权重系数为 0.168；土壤有效磷、pH、耕层厚度、香农指数与全钾次之，权重系数分别为 0.167、0.144、0.132、0.127、0.089。

表 3－7　全量数据集和最小数据集指标权重系数

指标	全量数据集		最小数据集	
	公因子方差	权重系数	公因子方差	权重系数
pH	0.754	0.062	0.777	0.144
EC	0.787	0.063	—	—
CEC	0.86	0.069	—	—
SOM	0.896	0.072	0.914	0.168
TN	0.894	0.072	0.938	0.173
TP	0.812	0.066	—	—
TK	0.922	0.074	0.482	0.089
AN	0.863	0.070	—	—
AP	0.809	0.065	0.908	0.167
AK	0.668	0.054	—	—
MBC	0.818	0.066	—	—
SR	0.698	0.056	—	—
SI	0.947	0.076	0.691	0.127
LT	0.844	0.068	0.716	0.132
BD	0.824	0.066	—	—

3. 指标标准化

采用标准函数对指标进行标准化，SOM、TN、TP、TK、AN、AP、AK、CEC、LT、MBC 符合正 S 形函数，BD、pH 符合抛物线形函数，其各指标标准化的上限、下限和最佳界值参照文献报道进行。对于其他没有明确值的生物学指标而言，采用简单的线性指标评分法，测定的 SI 被看作“越高越好”型，测定结果最高值得分为 1，其他测定值与该最大值的比值等于各自得分。EC 值采用“越低越好”型，测定结果最低值得分为 1，其他测定值为 1 减去该值与最大值的比值。

3.5.3　土壤健康评价综合指数

各指标权重系数及标准化完成以后，利用全量数据集计算土壤健康指数绘制分布直方图（图 3－3）发现，此次调研的浙江省水稻土壤健康指数主要为 0.6～0.8，约占总数的 74.5％，超出 0.8 的仅占 4.5％，低于 0.6 的占 21％，表明极高水平健康土壤占比较少，多数处于中等水平，约 1/5 的稻田需要培育提升健康等级。进一步采用公式计算全量数据集和最小数据集法下的土壤健康指数。结果表明，调研稻田土壤样品的全量数据集综合健康指数为0.4～0.93，最小数据集为0.38～0.99，相关性分析表明，全量数据集基础上计算的土壤健康指数与最小数据集条件下土壤健康指数呈极显著正相关（$R^2=0.803$，$P<0.001$），说明最小数据集法能够代替全量数据集法对土壤健康进行有效、准确的综合评价。

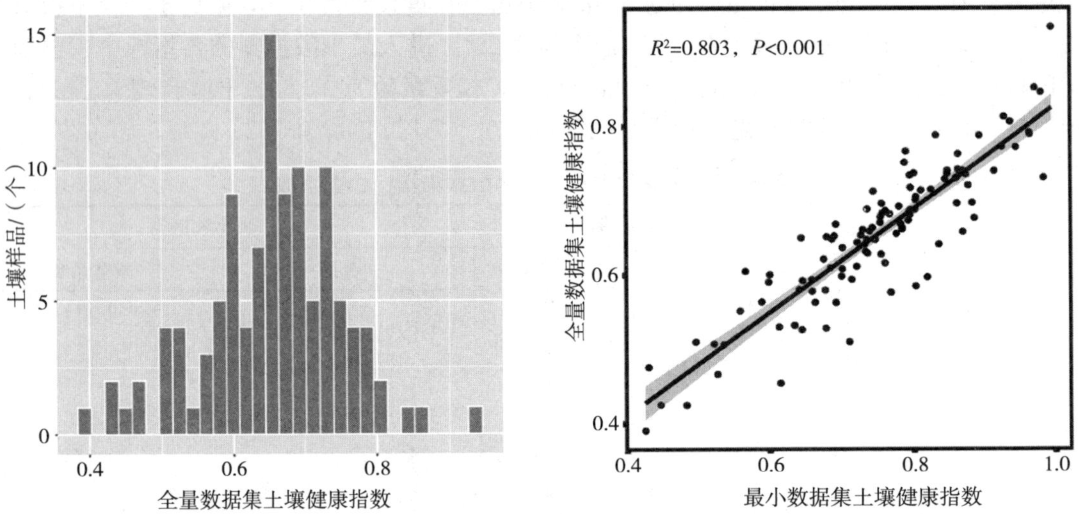

图3-3　全量数据集土壤健康指数及其与最小数据集土壤健康指数的相关性分析

土壤健康指数与水稻产量的相关性分析表明（图3-4），土壤健康指数均与连作晚稻与单季稻产量呈现出显著正相关关系，表明提高稻田土壤健康指数是水稻增产稳产的基础。因此，在农业生产中，可持续土壤的管理还要坚持发展生态绿色的理念，保障或提升土壤健康，促进农业绿色可持续发展。

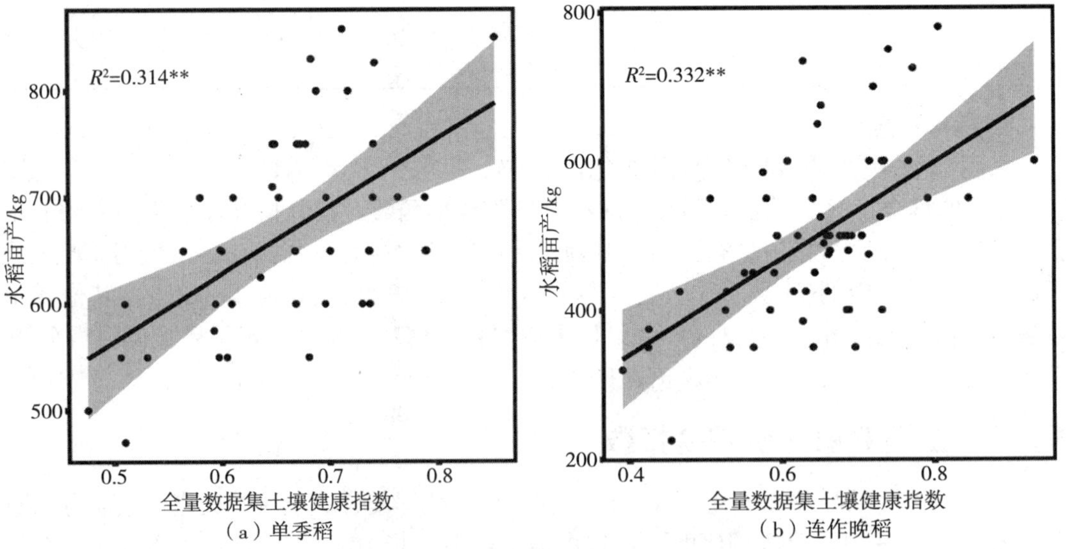

（a）单季稻　（b）连作晚稻

图3-4　全量数据集土壤健康指数与水稻产量相关性分析

参　考　文　献

曹志洪，2001. 解译土壤质量演变规律，确保土壤资源持续利用［J］. 世界科技研究与发展（3）：28-32.

丁世杰，杨文亮，信秀丽，等，2023. 耕层厚度对潮土中化肥氮素转化的影响［J］. 土壤学报，60（6）：1688-1699.

江泽普，黄绍民，韦广泼，等，2007. 不同连作免耕稻田土壤肥力变化与综合评价［J］. 西南农业学报（6）：1250-1254.

李烜桢，骆永明，侯德义，2022. 土壤健康评估指标、框架及程序研究进展［J］. 土壤学报，59（3）：617-624.

梁文举，董元华，李英滨，等，2021. 土壤健康的生物学表征与调控［J］. 应用生态学报，32（2）：719-728.

刘亚龙，王萍，汪景宽，2023. 土壤团聚体的形成和稳定机制：研究进展与展望［J］. 土壤学报，60（3）：627-643.

盛丰，2014. 康奈尔土壤健康评价系统及其应用［J］. 土壤通报，45（6）：1289-1296.

宋超，周杨全，李义强，等，2016. 三种新烟碱类杀虫剂在土壤中的残留降解及影响因子［J］. 农药学学报，18（6）：738-744.

王敬，程谊，蔡祖聪，等，2016. 长期施肥对农田土壤氮素关键转化过程的影响［J］. 土壤学报，53（2）：292-304.

杨梅花，赵小敏，王芳东，等，2016. 基于主成分分析的最小数据集的肥力指数构建［J］. 江西农业大学学报，38（6）：1188-1195.

杨颖，郭志英，潘恺，等，2022. 基于生态系统多功能性的农田土壤健康评价［J］. 土壤学报，59（2）：461-475.

杨越，2018. 黑土不同耕层厚度对作物养分吸收及根系分布的影响［D］. 哈尔滨：东北农业大学.

张海燕，肖延华，张旭东，等，2006. 土壤微生物量作为土壤肥力指标的探讨［J］. 土壤通报（3）：422-425.

张俊伶，张江周，申建波，等，2020. 土壤健康与农业绿色发展：机遇与对策［J］. 土壤学报，57（4）：783-796.

张桃林，潘剑君，赵其国，1999. 土壤质量研究进展与方向［J］. 土壤（1）：2-8.

朱永官，李刚，张甘霖，等，2015. 土壤安全：从地球关键带到生态系统服务［J］. 地理学报，70（12）：1859-1869.

朱永官，彭静静，韦中，等，2021. 土壤微生物组与土壤健康［J］. 中国科学：生命科学，51（1）：1-11.

AYANGBENRO A S，BABALOLA O O，2017. A new strategy for heavy metal polluted environments：a review of microbial biosorbents［J］. International Journal of Environmental Research and Public Health，14（1）：94.

CHAE Y，CUI R，WOONG KIM S，et al.，2017. Exoenzyme activity in contaminated soils before and after soil washing：ß-glucosidase activity as a biological indicator of soil health［J］. Ecotoxicology and Environmental Safety，135：368-374.

CHEN J，CHEN D，XU Q，et al.，2019. Organic carbon quality，composition of main microbial groups，enzyme activities，and temperature sensitivity of soil respiration of an acid paddy soil treated with biochar

[J]. Biology and Fertility of Soils, 55 (2): 185-197.
DUNGAIT J A J, HOPKINS D W, GREGORY A S, et al., 2012. Soil organic matter turnover is governed by accessibility not recalcitrance [J]. Global Change Biology, 18 (6): 1781-1796.
FAN K, DELGADO-BAQUERIZO M, GUO X, et al., 2020. Microbial resistance promotes plant production in a four-decade nutrient fertilization experiment [J]. Soil Biology and Biochemistry, 141: 107679.
FAN K, DELGADO-BAQUERIZO M, GUO X, et al., 2021. Biodiversity of key-stone phylotypes determines crop production in a 4-decade fertilization experiment [J]. The ISME Journal, 15 (2): 550-561.
GRANDY A S, DALY A B, BOWLES T M, et al., 2022. The nitrogen gap in soil health concepts and fertility measurements [J]. Soil Biology and Biochemistry, 175: 108856.
HANEY R L, HANEY E B, SMITHD R, et al., 2018. The soil health tool—theory and initial broadscale application [J]. Applied Soil Ecology, 125: 162-168.
HERMANS S M, BUCKLEY H L, CASE B S, et al., 2020. Using soil bacterial communities to predict physicochemical variables and soil quality [J]. Microbiome, 8: 79.
HERMANS, SYRIE M, CASE B S, et al., 2017. Bacteria as emerging indicators of soil condition [J]. Applied and Environmental Microbiology, 83 (1): 13.
THOMPSON J, JOHANSEN R B, DUNBAR J, et al., 2019. Machine learning to predict microbial community functions: An analysis of dissolved organic carbon from litter decomposition [J]. PloS One, 14 (7): e0215502.
JU X T, ZHANG C, 2017. Nitrogen cycling and environmental impacts in upland agricultural soils in north china: A review [J]. Journal of Integrative Agriculture, 16 (12): 2848-2862.
KAN Z R, LIU W X, LIU W S, et al., 2022. Mechanisms of soil organic carbon stability and its response to no-till: A global synthesis and perspective [J]. Global Change Biology, 28 (3): 693-710.
LAU K E M, WASHINGTON V J, FAN V, et al., 2015. A novel bacterial community index to assess stream ecological health [J]. Freshwater Biology, 60 (10): 1988-2002.
MALIK A A, PUISSANT J, BUCKERIDGE K M, et al., 2018. Land use driven change in soil ph affects microbial carbon cycling processes [J]. Nature Communications, 9 (1): 3591.
MAURYA S, ABRAHAM J S, SOMASUNDARAM S, et al., 2020. Indicators for assessment of soil quality: A mini-review [M]. Cham: Springer International Publishing.
MCKENZIE D C, 2013. Visual soil examination techniques as part of a soil appraisal framework for farm evaluation in australia [J]. Soil and Tillage Research, 127: 26-33.
MOSA K A, ISMAIL S, KUNDAN K, et al., 2016. Potential biotechnological strategies for the cleanup of heavy metals and metalloids [J]. Frontiers in Plant Science, 7 (1035).
MUELLER L, SAPAROV A, LISCHEID G, 2014. Novel measurement and assessment tools for monitoring and management of land and water resources in agricultural landscapes of central asia [M]. Cham: Springer International Publishing.
NAIK D B, 2019. Role of soil physical, chemical and biological properties for soil health improvement and sustainable agriculture [J]. Journal of Pharmacognosy and Phytochemistry, 8 (5): 1256-1267.
POORE G D, KOPYLOVA E, ZHU Q, et al., 2020. Microbiome analyses of blood and tissues suggest cancer diagnostic approach [J]. Nature, 579 (7800): 1-8.
POWLSON D S, 2020. Soil health—useful terminology for communication or meaningless concept? Or

both? [J]. Department of Sustainable Agriculture Systems, 7 (3): 246-250.

QIAO L, WANG X, SMITH P, et al., 2022. Soil quality both increases crop production and improves resilience to climate change [J]. Nature Climate Change, 12 (6): 574-580.

RILLIG M C, LEHMANN A, 2020. Microplastic in terrestrial ecosystems [J]. Science, 368 (6498): 1430-1431.

SCHARFF L B, SALTENIS V L R, JENSEN P E, et al., 2022. Prospects to improve the nutritional quality of crops [J]. Food and Energy Security, 11 (1): e327.

TIAN S, ZHU B, YIN R, et al., 2022. Organic fertilization promotes crop productivity through changes in soil aggregation [J]. Soil Biology and Biochemistry, 165: 108533.

ZHOU T Y, LI Z K, WANG W L, et al., 2022. Optimization of nitrogen fertilization improves rice quality by affecting the structure and physicochemical properties of starch at high yield levels [J]. Journal of Integrative Agriculture, 21 (6): 1576-1592.

VAN ES H M, KARLEN D L, 2019. Reanalysis validates soil health indicator sensitivity and correlation with long-term crop yields [J]. Soil Science Society of America Journal, 83 (3): 721-732.

VON LÜTZOW M, KÖGEL-KNABNER I, 2009. Temperature sensitivity of soil organic matter decomposition—what do we know? [J]. Biology and Fertility of Soils, 46 (1): 1-15.

WAN Y, WU C, XUE Q, et al., 2019. Effects of plastic contamination on water evaporation and desiccation cracking in soil [J]. Science of the Total Environment, 654: 576-582.

WANG J, WU L, XIAO Q, et al., 2023. Long-term manuring enhances soil gross nitrogen mineralization and ammonium immobilization in subtropical area [J]. Agriculture, Ecosystems & Environment, 348: 108439.

WILHELM R C, VAN ES H M, BUCKLEY D H, 2022. Predicting measures of soil health using the microbiome and supervised machine learning [J]. Soil Biology and Biochemistry, 164: 108472.

YUAN J, WEN T, ZHANG H, et al., 2020. Predicting disease occurrence with high accuracy based on soil macroecological patterns of fusarium wilt [J]. The ISME Journal, 14: 2936-2950.

ZHANG J, CHEN J, WU Y F, et al., 2021. Oxidation of organoarsenicals and antimonite by a novel flavin monooxygenase widely present in soil bacteria [J]. Environmental Microbiology, 24: 752-761.

ZHU D, MA J, LI G, et al., 2022. Soil plastispheres as hotspots of antibiotic resistance genes and potential pathogens [J]. The ISME Journal, 16 (2): 521-532.

第4章 粮油产区土壤培肥机制

我国土壤类型和作物种类繁多，不同地区地形地貌气候因子复杂，再加上土壤管理措施和管理目标的差异性，很难统一界定健康土壤的标准，具体应因作物、土壤、气候和管理目标等而定（Karlen et al.，1997）。近年来，一些科学家提出基于“地下革命”的观点，其核心是减少化学品的过度使用，立足于自然生态过程，通过提高生物多样性和强化生物互作，优化系统内部调节过程（Bender et al.，2016）。因此，在农业绿色发展背景下，通过优化土壤内部调节过程，使外部的投入最小化，实现土壤生态系统多功能性的协同是当前健康土壤培育的目标。基于对田块尺度进行讨论，具体的实现途径主要包括以下方面（张俊伶等，2020）。

一是消除土壤障碍因子，构建理想土壤耕层，即找到影响作物产量和品质的限制因子，同时厘清生态环境的障碍因子，有针对性地进行消除。例如，土壤酸化引起的土壤板结、孔隙变小、透气性差和土壤钙、镁、钾等养分有效性下降，导致作物养分吸收降低、土壤铝毒和锰毒增加、土壤微生物多样性和活性受到抑制、土壤重金属生物有效性增加等，从而严重威胁粮食安全和农田可持续发展。

二是增碳提质，培育高质量农田。土壤有机碳有助于保持土壤水分、改善土壤结构、增强土壤动物的活动和物种多样性及加强养分循环，与作物生产力和土壤肥力密切相关。我国土壤有机质含量普遍不高，同时长期高度集约化耕作和过度放牧导致土壤碳储量持续减少，采用合理的管理措施可以保护和重建土壤碳，这是实施土壤健康计划的基础。

三是强化生物过程，提高生态系统服务多样性。土壤健康需要实现土壤生产功能与其他生态系统服务的同步提升。提升土壤生态系统服务的一个重要途径是提高生物多样性，包括土壤生物多样性及地上和地下生物的协同与调控。土壤生物多样性是维持生态系统结构和功能的重要内容，在生态系统乃至整个生物圈的能量流动和物质循环中发挥着关键作用。

土壤调理剂通常使用多种基础原料制造而成，本身可能就含有一定量的氮、磷、钾养分，但是相对于肥料而言其数量有限，更多的是发挥间接作用。土壤调理剂的施用对土壤固定态或缓效养分起到调节或激活作用，其机制包括土壤结构改善、土壤酸碱度调节、土壤生化特性改良等方面（宋佳珅等，2021；Takahashi et al.，2006；Ozturk et al.，2005），多种因素促进了养分元素的释放和植物有效性的提高。作物秸秆作为一种常见的有机资源，富含氮、磷、钾等作物生长所需的营养元素，还田后，腐解所释放的养分能够增加土壤养分含量（李庆军等，2010；Rautaray et al.，2003）。生物炭具有多孔性和高比表面积，因此其施用增加了土壤孔隙度和通气性，还可以吸附和固定土壤中的养分（Cayuela et al.，2013；Khan et al.，2013；Zhang et al.，2010），此外，还可以改善土壤生物肥力（Ameloot et al.，2013；Farrell et al.，2013），从而综合改良土壤。因此，本章通过讨论添加土壤调理剂对酸性土壤培肥、土壤有机培肥和生物炭培肥的影响介绍粮油产区土壤培肥机制。

4.1　土壤调理剂改良酸性土壤

通过田间试验，本章比较矿物和有机土壤调理剂配施对酸性土壤养分、土壤碳氮磷化学计量特征、微生物生物量及胞外酶化学计量特征的影响，探讨矿物和有机土壤调理剂配施对酸化土壤的改良效应，旨在为酸化土壤地力快速提升提供科学依据。

4.1.1　材料与方法

1. 试验区概况

试验地点位于浙江省杭州市太阳镇双庙村。试验地本底土壤 pH 5.32，为酸性土壤，有机质含量为 21.54 g/kg。

2. 供试材料及试验设计

供试材料为矿物土壤调理剂、有机土壤调理剂和商品有机肥（表 4－1）。试验采用随机区组设计，共设置 8 个处理，每个处理 3 个重复（表 4－2）。水稻生长期间的肥料施用次数和用量如表 4－3 所示。

表 4－1　试验材料

序号	材料名称	产地、技术规格等
1	矿物土壤调理剂	衡阳乐圃农业科技有限公司，CaO 含量≥30%，MgO 含量≥8%，SiO_2 含量≥25%，pH 9.5～11.5
2	有机土壤调理剂	浙江丰瑜生态科技股份有限公司，有机质含量≥20.0%，CaO 含量≥15.0%，MgO 含量≥8.0%，pH≥8.5
3	商品有机肥	齐民生物科技有限公司，有机质含量≥45%，NPK 含量≥5%

表 4－2　水稻试验方案

单位：kg

编号	处理	改良剂亩用量		
		矿物调理剂	有机调理剂	有机肥
CK	无改良剂、不施肥	0	0	0
T1	无改良剂＋常规复合肥	0	0	0
T2	矿物调理剂＋常规复合肥	50	0	0
T3	有机调理剂＋常规复合肥	0	80	0
T4	矿物调理剂＋有机调理剂＋常规复合肥	50	80	0
T5	矿物调理剂＋有机肥＋常规复合肥（减氮 10%）	50	0	300
T6	有机调理剂＋有机肥＋常规复合肥（减氮 10%）	0	80	300
T7	矿物调理剂＋有机调理剂＋有机肥＋常规复合肥（减氮 10%）	50	80	300

表 4-3　水稻施肥方案

单位：kg

处理	施肥	养分亩投入量			
		N	P_2O_5	K_2O	总量
常规用量	基肥：20-10-15，25 kg	5	2.5	3.75	11.25
	分蘖肥：尿素 6.4 kg	3	—	—	3
	穗肥：20-10-15，15 kg	3	1.5	2.25	6.75
	合计	11	4	6	21
减氮 10%	基肥：20-10-15，25 kg	5	2.5	3.75	11.25
	分蘖肥：尿素 4.1 kg	1.9	—	—	1.9
	穗肥：20-10-15，15 kg	3	1.5	2.25	6.75
	合计	9.9	4	6	19.9

注：参考临安区主要作物化肥定额制的限量标准《机插水稻大田管理技术规程》（DB33/T 680—2021）执行。

3. 试验小区布置和田间管理

小区布置时间为 2022 年 6 月初。将土壤调理剂与 0～20 cm 土壤充分混匀，搁置 1 周后再进行水稻幼苗移栽。田间水分管理按照当地习惯进行。试验地每个小区面积 80 m^2。供试水稻品种为甬优 5552，2022 年 6 月 8 日施用基肥，6 月 16 日插秧，7 月 21 日施用穗肥。

4. 样品采集及测定

2022 年 10 月中旬水稻收获时采集土壤样品，每个小区随机采集 5 点作为一个混合样品。土壤过筛（ϕ2 mm），混匀，用于土壤理化性质分析。测定指标为水稻生物学性状和产量、土壤 pH、有机质含量、碱解氮、有效磷、速效钾及土壤酶活性（鲁如坤，2000）。

4.1.2　矿物与有机调理剂配施的土壤酸化改良效应

T1～T7 处理下土壤 pH 分别达 6.13、6.43、6.60、6.63、6.96、6.56、6.94，相比对照（CK）（pH＝5.32）平均提高了 0.81、1.11、1.28、1.31、1.64、1.24、1.62 个单位，其中以 T5 和 T7 提高幅度最大，分别提高了 30.8%和 30.5%（图 4-1）。与此同时，与 CK 相比，7 个处理均显著降低了交换性酸、交换性氢及交换性铝含量。其中 T4 处理对于交换性酸、交换性氢及交换性铝含量降低幅度最高，分别降低了 75%、80.6%和 72.2%。

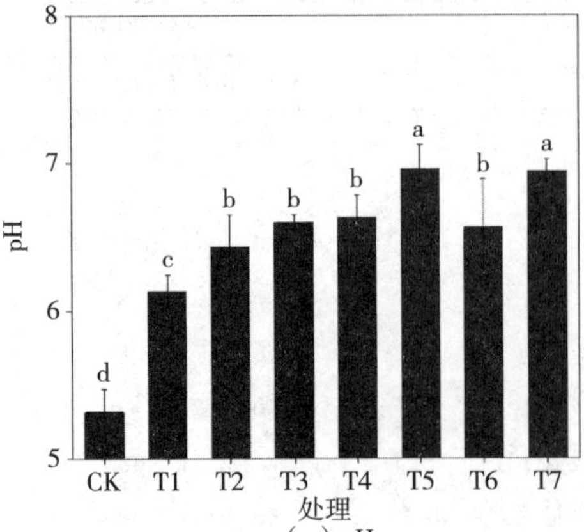

（a）pH

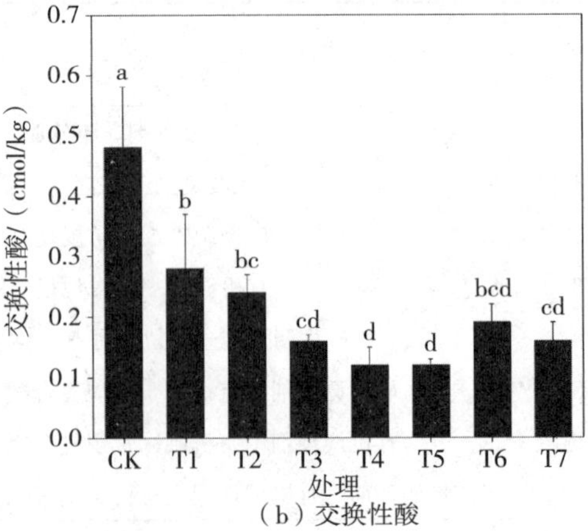

（b）交换性酸

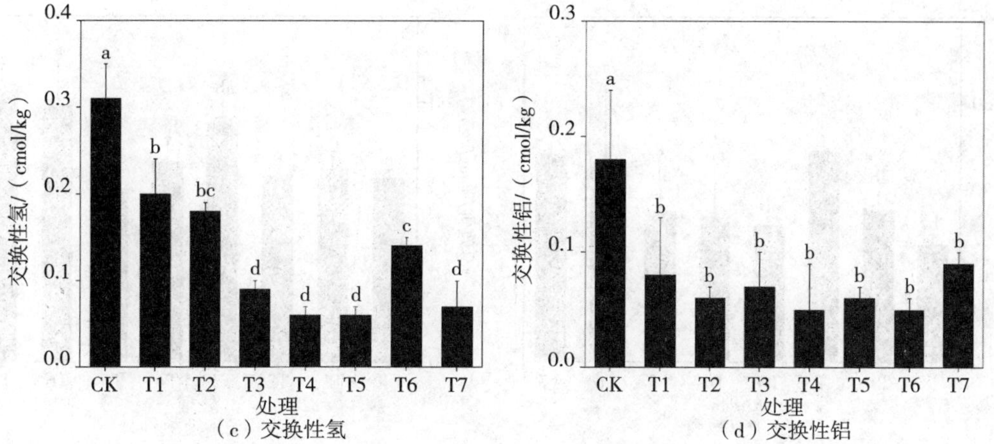

（c）交换性氢　　（d）交换性铝

图 4-1　土壤 pH、交换性酸、交换性氢及交换性铝变化

注：对照（CK）、常规复合肥（T1）、常规复合肥配施矿物调理剂（T2）、常规复合肥配施有机调理剂（T3）、常规复合肥配施矿物调理剂和有机调理剂（T4）、常规复合肥（减氮 10%）和有机肥配施矿物调理剂（T5）、常规复合肥和有机肥配施有机土壤调理剂（T6）、常规复合肥（减氮 10%）和有机肥配施矿物调理剂和有机调理剂（T7）处理。不同小写字母表示处理间差异显著（$P<0.05$）。下同。

4.1.3　矿物与有机调理剂配施的土壤养分改良效应

1. 土壤有机质、碱解氮、有效磷和速效钾变化

T1～T7 处理下土壤有机质含量分别达到 23.1 g/kg、27.1 g/kg、28.0 g/kg、28.6 g/kg、28.5 g/kg、30.0 g/kg 和 30.6 g/kg，与 CK 处理（21.5 g/kg）相比平均升高幅度为 29.8%（图 4-2）。其中，除 T1 处理外，其余处理均达到了显著水平。这说明，每亩 50 kg 矿物调理剂、80 kg 有机调理剂或 300 kg 有机肥配施均能显著提高土壤有机质含量。与 CK 相比，T1～T7 处理均提高了土壤碱解氮、有效磷和速效钾含量。其中，T5 和 T7 处理显著提高了土壤碱解氮含量；T6 和 T7 处理显著提高了土壤有效磷含量和速效钾含量。

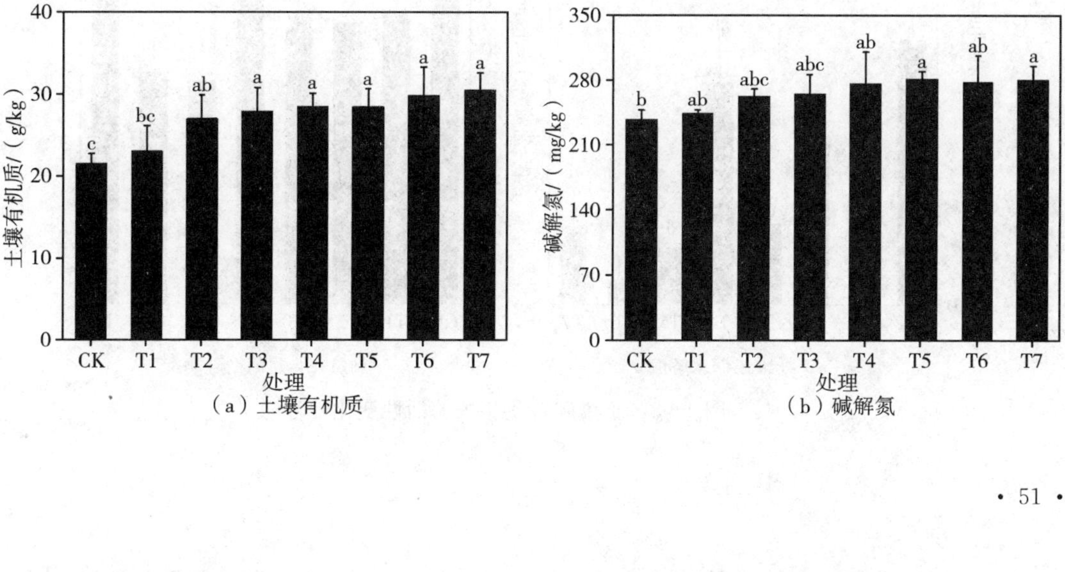

（a）土壤有机质　　（b）碱解氮

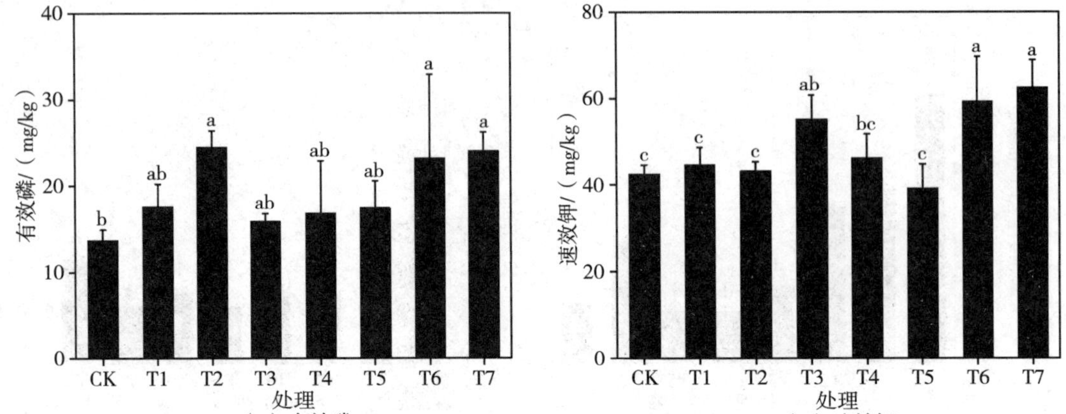

（c）有效磷　　（d）速效钾

图 4-2　土壤有机质、碱解氮、有效磷和速效钾的变化

2. 土壤酶活性变化

与 CK 相比，除 T4 和 T7 处理外，其余处理均显著降低了土壤中碳转化相关酶活性（纤维二糖水解酶活性和 β-葡萄糖苷酶活性）（图 4-3）。通过对土壤氮转化相关酶活性的测定发现，与 CK 相比，仅 T5～T7 处理的亮氨酸氨基肽酶活性显著下降（$P<0.05$），降幅分别为 35.2%、37.1%和 33.6%，其余处理无显著变化（图 4-4）。同时各处理的 β-*N*-乙酰基氨基葡萄糖苷酶活性与 CK 相比均无显著影响。分析土壤磷转化相关酶活性发现，与 CK 相比，T1～T7 处理的酸性磷酸酶活性均显著下降（$P<0.05$），其中以 T5 和 T6 处理降幅最高，分别下降了 58.4%和 60.5%（图 4-5）。

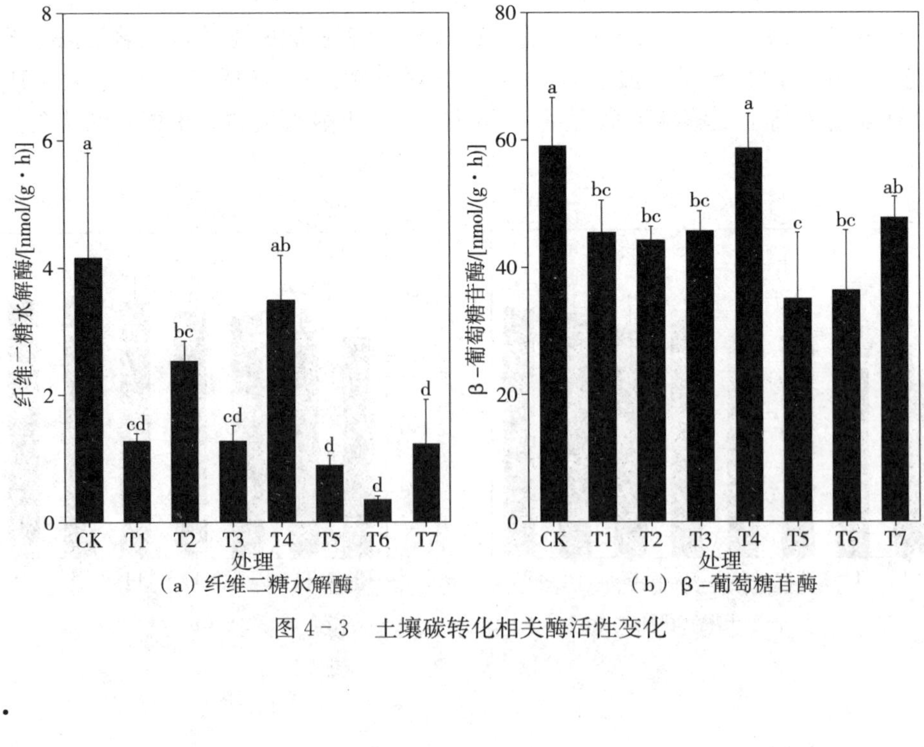

（a）纤维二糖水解酶　　（b）β-葡萄糖苷酶

图 4-3　土壤碳转化相关酶活性变化

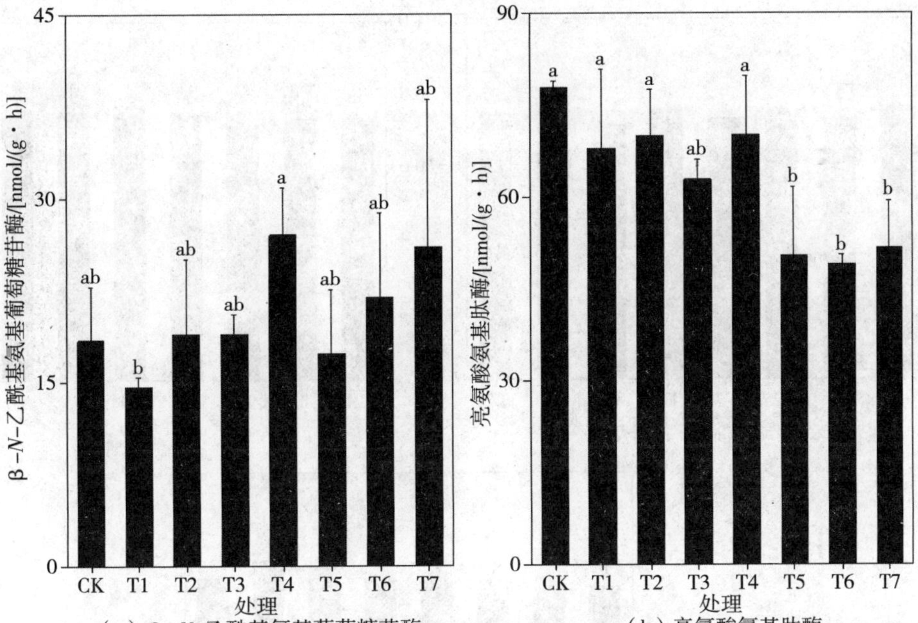

（a）β-N-乙酰基氨基葡萄糖苷酶　　（b）亮氨酸氨基肽酶

图 4-4　土壤氮转化相关酶活性变化

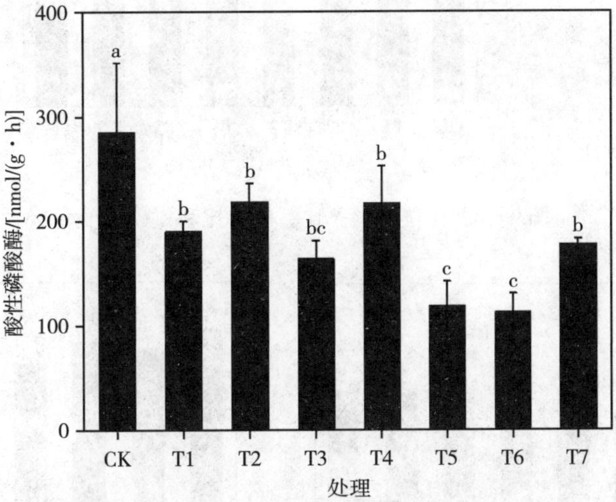

图 4-5　土壤磷转化相关酶活性变化

3. 土壤酶活性的化学计量比变化

与 CK 相比，T1～T7 处理对酶碳氮比和碳磷比均无显著影响，但添加调理剂显著调控了酶氮磷比，表现为 T5 和 T6 处理显著提高了酶氮磷比（$P<0.05$），增幅分别为 8.6%和 11.1%，其余处理对酶氮磷比无影响（图 4-6）。与 CK 相比，添加调理剂对向量长度无显著影响，但显著调控了向量角度，表现为 T3、T5、T6 处理显著降低了向量角度（$P<0.05$），说明这 3 个处理在一定程度上缓解了微生物磷限制状况（图 4-7）。

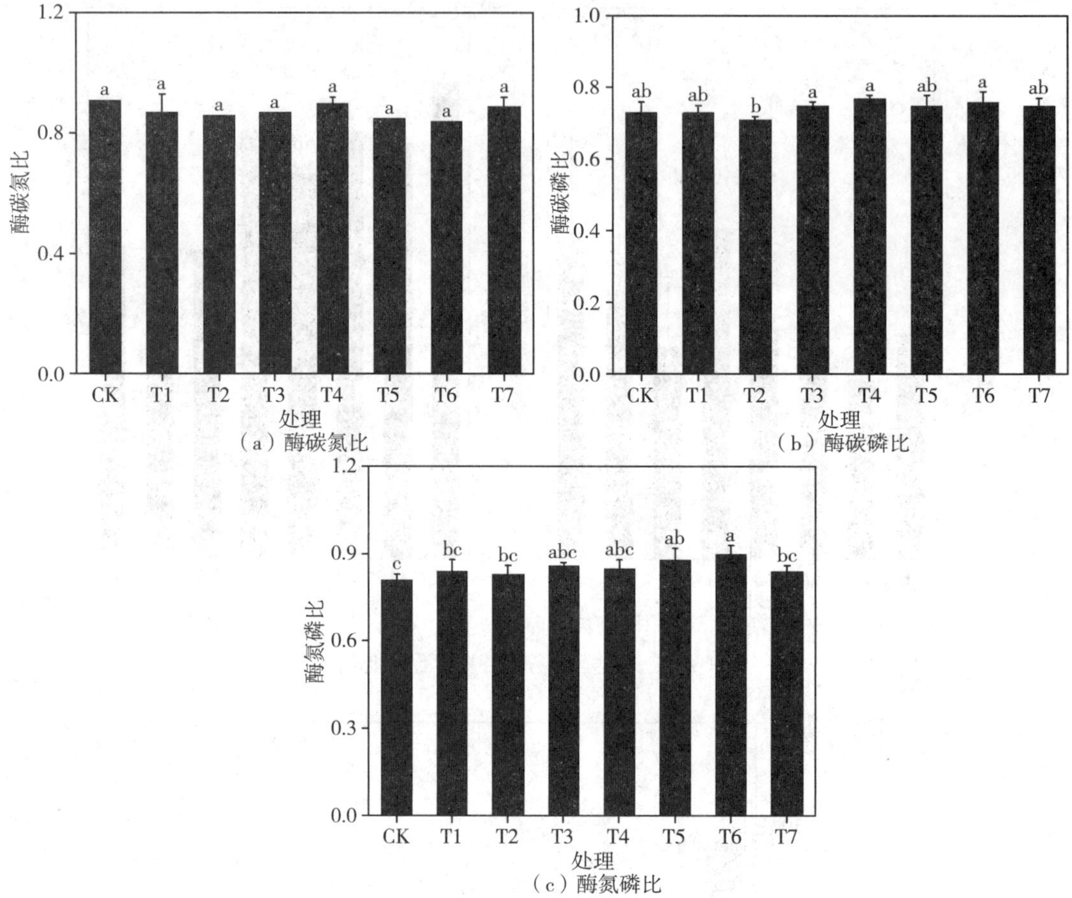

图 4-6　土壤酶碳氮比、碳磷比和氮磷比变化

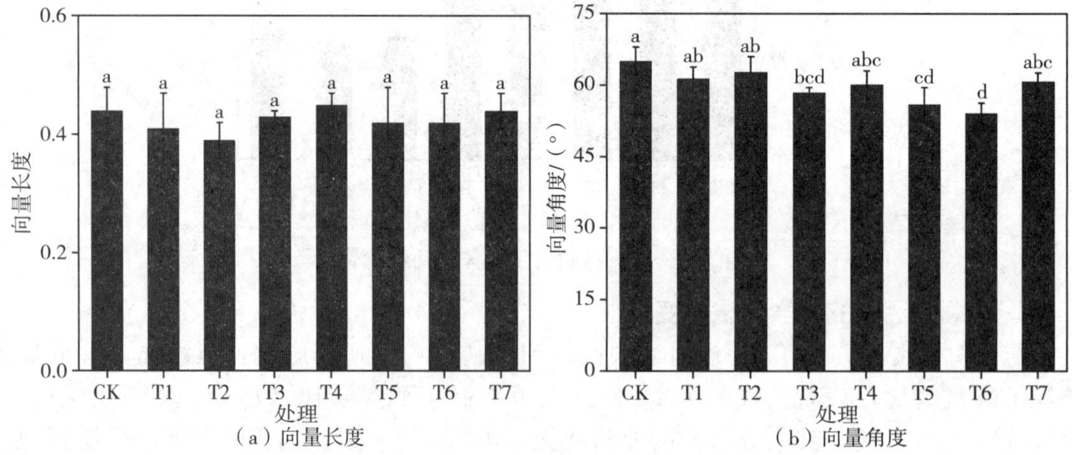

图 4-7　向量长度和向量角度变化

4.1.4　矿物与有机调理剂配施的田间农艺性状比较

与CK相比，T1～T7处理均显著提高了水稻产量（$P<0.05$），其中T4处理下水稻增产效果最好，增产幅度为43.9%（图4-8）。与CK相比，T1～T3处理对水稻有效穗数无显著影响，但T4～T7处理显著提高了水稻有效穗数（$P<0.05$），增幅分别为2.1%、2.0%、2.0%和2.1%。与CK相比，除T1和T3处理外，T2～T7处理均显著提高了千粒重（$P<0.05$），其中T4、T5和T7处理下提高效果最好，增幅分别为9.1%、8.0%和8.0%。与CK相比，除T1和T3处理外，T2和T4～T7处理显著提高了水稻株高（$P<0.05$）。

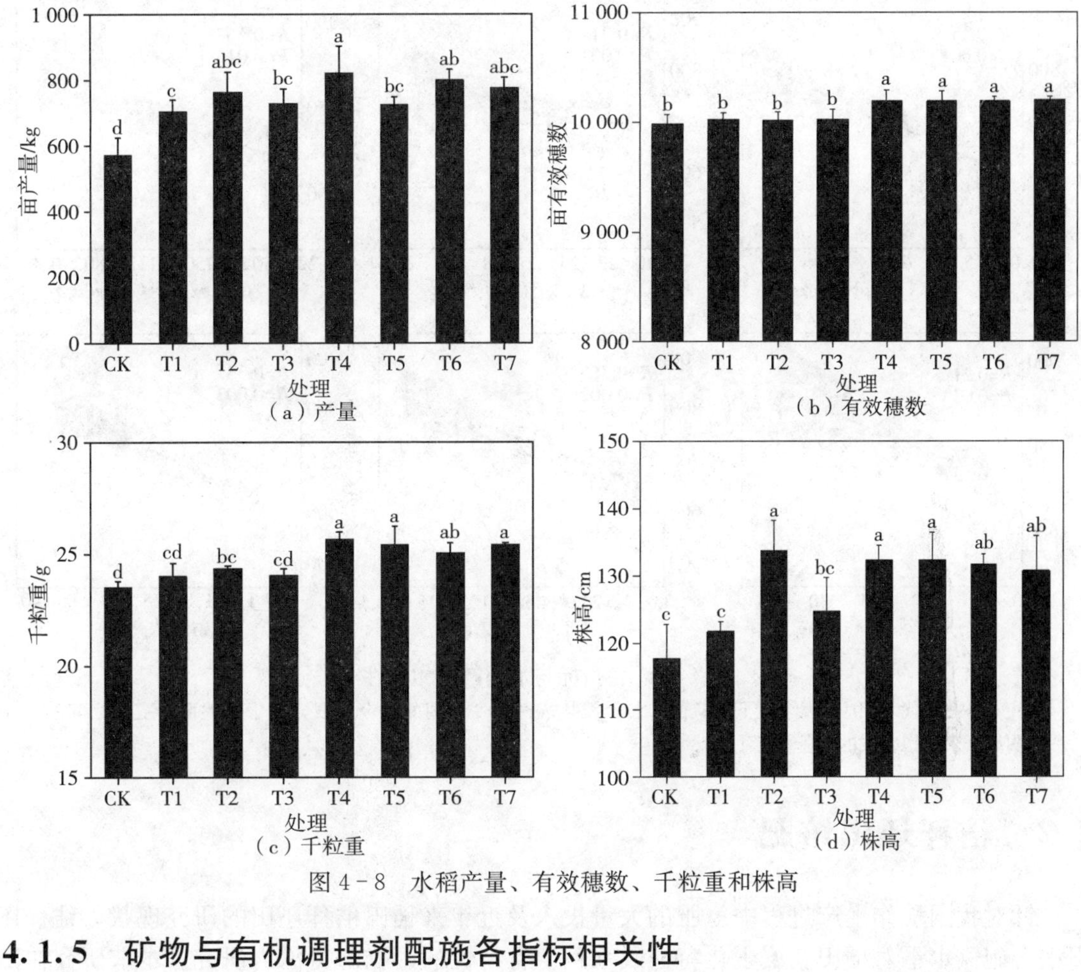

图4-8　水稻产量、有效穗数、千粒重和株高

4.1.5　矿物与有机调理剂配施各指标相关性

通过分析土壤交换性酸、交换性氢及铝、土壤pH、土壤有机质、碱解氮、有效磷及千粒重和株高，表明水稻产量与交换性酸、交换性氢、交换性铝呈显著（$P<0.05$）负相关，而与土壤pH、有机质、碱解氮、有效磷及千粒重和株高呈显著（$P<0.05$）正相关。这表明土壤酸化的治理能显著提高水稻产量，同时土壤养分含量（有机质、碱解氮、有效

磷）的提高同样可以促进水稻的增产（图 4－9）。

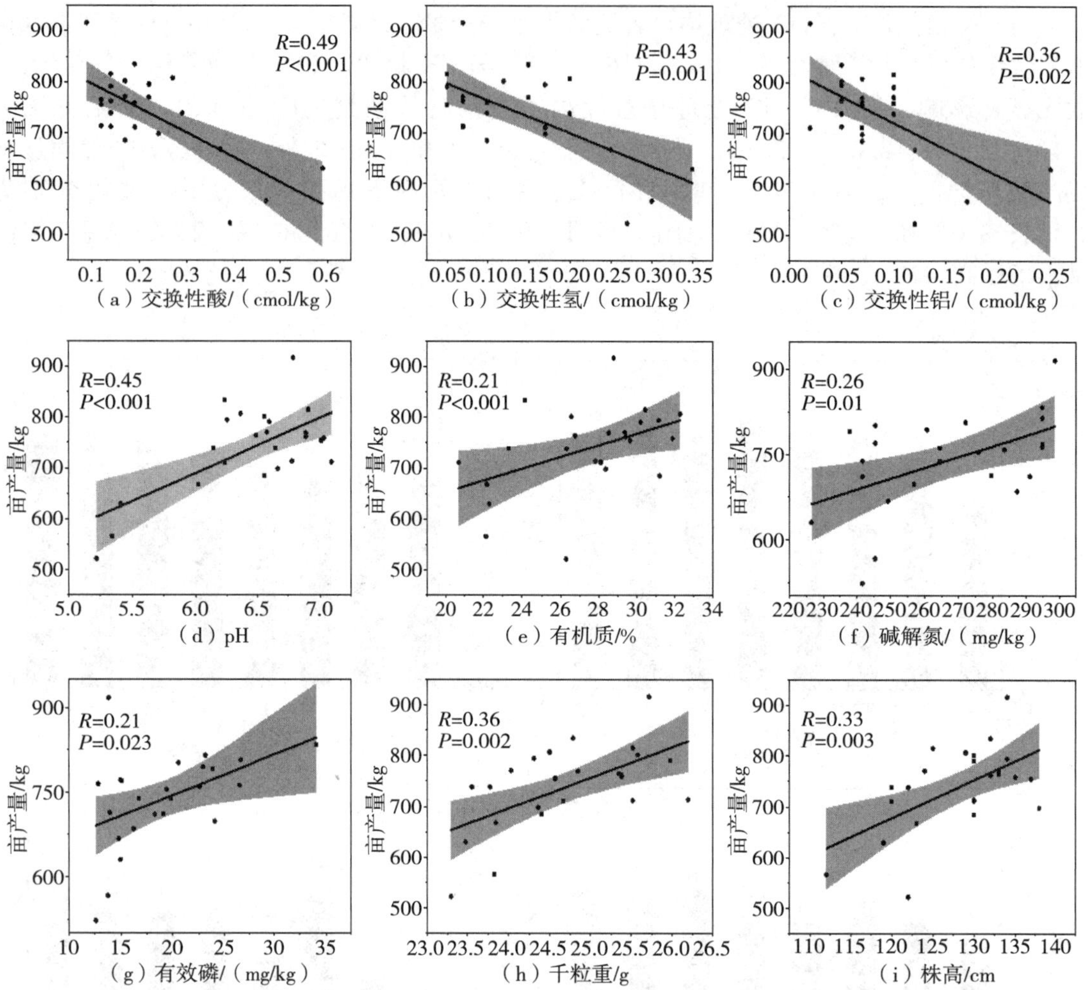

图 4－9　各指标与水稻产量相关性

注：每个点代表相应土壤 pH 下对应的产量。线代表两个变量间的拟合曲线，用于描述两个变量之间的关系。阴影区表示拟合线的 95%置信区间。

4.2　秸秆还田培肥

针对我国稻作生产过程中氮肥的大量投入及近年来稻田秸秆还田的研究现状，秸秆还田耦合施氮水平对稻田土壤生化特征及水稻生育特性的影响值得深入研究。本节研究在田间定位试验条件下，以杂交籼稻中浙优 1 号为材料，于 2012—2013 年研究了秸秆还田量、施氮水平及其互作处理对稻田土壤有机质含量和品质、土壤酶活性、微生物量碳等土壤生化指标的影响，监测了氮素吸收、干物质积累运转等生长趋势变化，解析了稻田土壤生化特征与水稻生理特性的内在联系及其对秸秆还田耦合施氮水平的响应。

4.2.1　材料与方法

1. 试验区概况

2012—2013 年，田间定位试验在中国水稻研究所试验基地（30°4′49″N，119°56′1″E）进行。试验田地处亚热带中部湿润季风气候区，年均温度 16.1℃，年均降雨量 1 441.9 mm，年均日照时数 1 927.7 h，无霜期 231 d，前茬冬闲，土壤类型为青紫泥土。供试水稻品种为中浙优 1 号，全生育期 136.8 d，还田秸秆为上季收获的水稻秸秆。供试土壤及秸秆的基本性质如表 4-4 所示。

表 4-4　试验田及供试秸秆的基本性质

材料	全氮/(g/kg)	碱解氮/(mg/kg)	有效磷/(mg/kg)	速效钾/(mg/kg)	全碳/%	碳氮比(C/N)	pH
土壤	1.58	151.90	24.30	136.59	3.68	23.29	6.90
秸秆	4.05	—	—	—	42.16	104.10	6.30

2. 试验设计

试验采用随机区组设计，秸秆还田量设置 4 个水平：0 kg/hm²、4 000 kg/hm²、6 000 kg/hm²、8 000 kg/hm²，分别记为 S0、S4、S6、S8；氮肥用量设置 4 个水平：0 kg/hm²、90 kg/hm²、180 kg/hm²、270 kg/hm²，分别记为 N0、N90、N180、N270。秸秆还田量与施氮水平耦合，共计 16 个处理，重复 3 次。试验小区位置田间固定，试验小区面积 12.94 m²，小区间筑田埂隔离并用塑料薄膜嵌入耕层以免小区间肥水发生侧渗。所用秸秆切成5～10 cm 长度，均匀撒入小区内，用旋耕机将其与耕层土壤混匀，灌水泡田 7 d 后移栽水稻。以尿素（46% N）、氯化钾（60% K_2O）和复合肥（N∶P_2O_5∶K_2O=16∶16∶16）作为化学肥源，氮肥施用比例为基肥（移栽前 1 d）∶分蘖肥（移栽后 7 d）∶孕穗肥（幼穗分化第三期）=6∶3∶1；磷肥用量为 62 kg/hm²，全部作为基肥；钾肥用量为 120 kg/hm²，基肥∶穗肥=5∶5。水稻育秧方式为大田普通湿润育秧，株行距为 20 cm×30 cm，每丛两本，其他管理措施同丰产田。

3. 测定项目与方法

2012 年和 2013 年分别于水稻收割后，采集耕层 0～20 cm 土壤样品测定速效养分、全量养分含量，同时分析土样的有机质含量、腐殖质含量及组分。每小区按“五点法”采集耕层 0～20 cm 的土壤，带回实验室剔除土壤中可见动、植物残体，混匀后采用“四分法”分取土壤样品，一部分保存于冰箱（4℃）用于土壤微生物量碳和速效氮测定，一部分室内自然风干，磨细过 2 mm 和 0.25 mm 筛备用。土壤养分测定参照常规分析方法（鲁如坤，2000）。秧苗移栽后每处理选择生长一致、具有代表性的 10 株作为定点苗，从始蘖期开始每 7 d 考查定点苗的茎蘖数，直至茎蘖数连续降低 2 次时结束考查，根据考查数据绘制茎蘖动态曲线。在成熟期每小区调查 20 丛水稻有效穗数，与最高苗数结合计算成穗率。齐穗期每小区随机调查 20 丛水稻的有效穗数，计算有效穗平均数，成熟期各小区按平均穗数随机选取 3 丛水稻考种，测定每穗总粒数、实粒数、千粒重和结实率。收获时每小区单打单收，晒干后测定稻谷质量和含水量，按标准含水量 13.5%折算得出水稻产量。

4.2.2 秸秆还田配施氮肥对土壤化学特征的影响

1. 土壤可溶性有机碳与有机质

试验一年后，土壤可溶性有机碳（dissolved organic carbon，DOC）含量处理间差异不显著，但表现出了随着施氮量和秸秆还田量增加而增加的趋势；连续两年试验后，秸秆还田配施氮肥可使土壤可溶性有机碳含量显著增加，以 N180S6 处理最高，达 227.5 mg/kg（图 4－10）。不施氮肥条件下，秸秆还田可增加土壤 DOC 含量，但秸秆还田处理间及与不还田相比差异不显著。氮肥单施条件下，土壤 DOC 含量随施氮量有上升趋势，但各施氮量间差异不显著。同一施氮水平下，秸秆还田有利于土壤 DOC 含量的增加，各秸秆还田量的促进作用总体表现如下：S6＞S4＞S8，秸秆还田量 S6 与氮肥配施处理的土壤 DOC 均显著增加，增幅以与 N180 配施最高。秸秆还田配施氮肥土壤 DOC 含量的增幅明显优于秸秆单独还田或氮肥单施，以 N180S6 配施组合的提高幅度最大，这表明适宜施氮量与秸秆还田配施对土壤有机碳的培肥效果最为理想。方差分析表明（表 4－5），施氮处理和秸秆还田处理显著影响了土壤 DOC 含量（12.16 和 23.13），但施氮与秸秆还田互作效应不显著（1.19）。

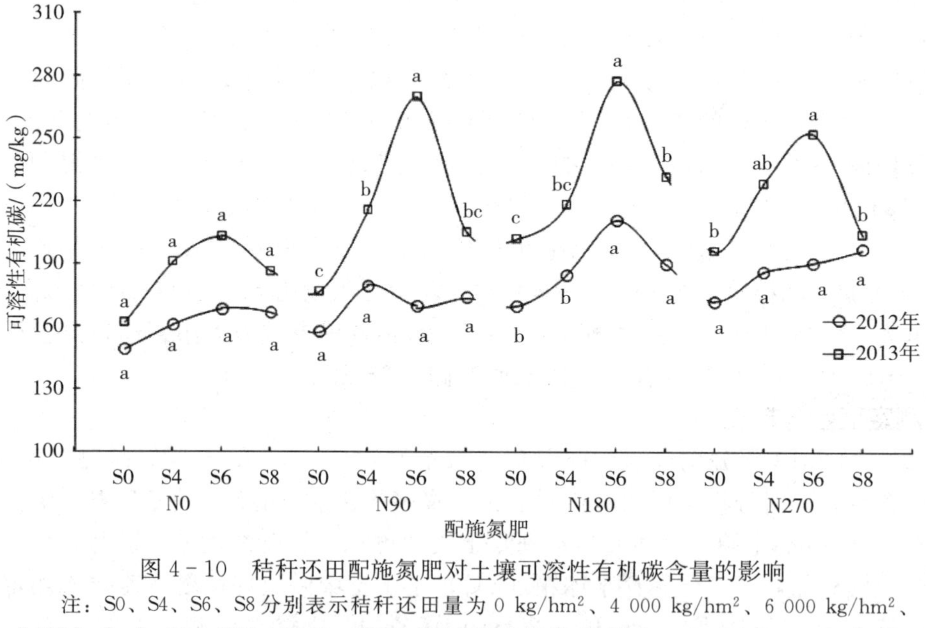

图 4－10 秸秆还田配施氮肥对土壤可溶性有机碳含量的影响

注：S0、S4、S6、S8 分别表示秸秆还田量为 0 kg/hm²、4 000 kg/hm²、6 000 kg/hm²、8 000 kg/hm²；N0、N90、N180、N270 分别表示氮肥用量为 0 kg/hm²、90 kg/hm²、180 kg/hm²、270 kg/hm²。不同小写字母表示处理间差异显著。

表 4－5 秸秆还田配施氮肥对土壤有机碳影响的方差分析（*F* 值）

变异来源	有机质	腐殖质	胡敏酸/富啡酸	可溶性有机碳
N	72.22**	48.24**	11.42**	12.16**
S	52.99**	16.22**	14.81**	23.13**

（续）

变异来源	有机质	腐殖质	胡敏酸/富啡酸	可溶性有机碳
N×S	5.49**	0.8	0.73	1.19

注：N，施氮量；S，秸秆还田量；N×S，施氮量与秸秆还田量的交互作用。

定位试验一年后，施用氮肥、秸秆还田及二者配施土壤有机质含量均高于N0S0，以N270S6最高，N180S6次之，二者均显著高于N0S0；同一施氮水平下，各秸秆还田处理均有利于土壤有机质的增加，但处理间差异不显著（图4-11）。两年定位试验的主要结果如下：①不施氮肥条件下，秸秆还田的土壤培肥效果不显著，有机质含量在还田处理S4、S6和S8与不还田处理间差异不显著。②单施氮肥条件下，随着施氮量的增加土壤有机质含量呈上升趋势，增幅依次为N180>N90>N270，各施氮量间及与不施氮肥相比差异不显著。③同一施氮水平下，与S0相比秸秆还田可显著增加土壤有机质，各秸秆处理的有机质含量依次为S6>S8>S4，秸秆还田与N90、N180、N270配施土壤有机质增幅分别为20.7%、19.0%和24.1%。④与N0S0相比，秸秆还田配施氮肥组合均使土壤有机质含量显著增加，增加幅度为20.3%～33.5%，且氮肥与秸秆还田存在极显著的互作效应；各配施组合中以N180S6处理最高，有机质含量达5.0%，其次为N180S8处理，均显著高于N0S0处理。方差分析表明（表4-5），氮肥施用、秸秆还田及其互作效应对土壤有机质含量的影响均达到极显著水平，显著性表现为施氮量>秸秆还田量>互作效应。田间定位试验结果表明，秸秆还田配施氮肥对土壤有机质含量和品质的提升效应显著优于秸秆或氮肥单施，以N180S6配施组合的土壤有机质培肥效果最优。

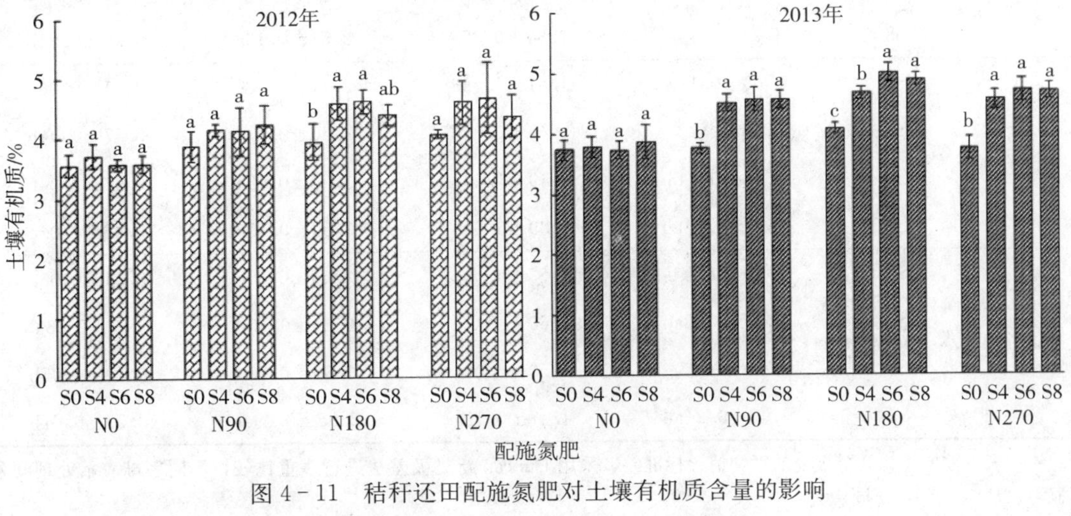

图4-11　秸秆还田配施氮肥对土壤有机质含量的影响

2. 秸秆还田配施氮肥对土壤结合态腐殖质及组成的影响

田间定位试验两年后各处理土壤结合态腐殖质及其组分含量如表4-6所示。试验结果表明：①施用氮肥、秸秆还田及二者配施均能显著影响土壤结合态腐殖质含量；与对照相比，施用氮肥或秸秆还田处理可显著提高土壤结合态腐殖质含量，总体表现为N180>N270>N90，S6>S8>S4；与N0S0相比，秸秆还田配施氮肥对土壤结合态腐殖质含量显著增加，以 N180S6 处理最高。②除秸秆与 N180 配施外，其余各处理对土壤胡敏酸（humic acid，HA）含量的影响均未达到显著水平；秸秆还田及其与氮肥配施可显著提高土壤富啡酸（fulvic acid，FA）含量，以 N180S6 处理增幅最大。③由表 4－6 可见，秸秆单施降低了土壤胡敏酸/富啡酸（HA/FA），但差异不显著；单施氮肥显著降低了土壤 HA/FA，降幅随施氮量的增加而增大，HA/FA 降低有利于土壤腐殖质活性的提高；同一施氮水平下，秸秆还田处理均使土壤 HA/FA 下降，降幅总体表现为 S8＞S6＞S4；秸秆还田氮肥配施均显著降低了土壤 HA/FA，N180S6 处理 HA/FA 最小，显著提高了土壤腐殖质活性，有利于土壤肥力的提升。方差分析表明，秸秆还田量、施氮量极显著影响土壤胡富比（11.42 和 14.81），二者的互作效应不显著（0.73）（表 4－5）。

表 4－6　秸秆还田配施氮肥对土壤结合态腐殖质及组成的影响

处理		腐殖质/(g/kg)	胡敏酸/(g/kg)	富啡酸/(g/kg)	胡敏酸/富啡酸
N	S				
N0	S0	3.53±0.09b	1.64±0.09a	2.26±0.11b	0.73±0.06a
	S4	3.77±0.10a	1.71±0.09a	2.55±0.07a	0.67±0.05ab
	S6	3.86±0.08a	1.65±0.08a	2.61±0.10a	0.64±0.10b
	S8	3.81±0.13a	1.66±0.06a	2.61±0.08a	0.64±0.10b
N90	S0	3.90±0.13b	1.41±0.09a	2.12±0.14b	0.67±0.07a
	S4	4.27±0.08a	1.29±0.07a	2.49±0.08a	0.52±0.09b
	S6	4.26±0.14a	1.33±0.05a	2.53±0.11a	0.53±0.04b
	S8	4.27±0.14a	1.30±0.05a	2.51±0.13a	0.52±0.04b
N180	S0	4.09±0.17b	1.81±0.06a	2.77±0.08c	0.65±0.06a
	S4	4.58±0.22a	1.49±0.03b	2.60±0.07d	0.57±0.04b
	S6	4.73±0.24a	1.49±0.10b	3.24±0.06a	0.46±0.04c
	S8	4.39±0.14ab	1.39±0.05b	3.00±0.10b	0.46±0.01c
N270	S0	4.19±0.24b	1.63±0.06a	2.55±0.09c	0.64±0.05a
	S4	4.40±0.13ab	1.60±0.11a	2.80±0.16b	0.58±0.03ab
	S6	4.59±0.15a	1.50±0.05a	3.09±0.20a	0.49±0.05b
	S8	4.42±0.21ab	1.47±0.10a	2.95±0.09ab	0.50±0.07b

注：表中数据均为 3 个重复的平均值±标准差，采用 Duncan 新复极差法进行多重比较，不同字母表示处理间差异显著（$P<0.05$），下同。

3. 秸秆还田配施氮肥对土壤养分特性的影响

氮肥、秸秆还田及二者配施两年定位试验后，土壤速效养分含量变化如表 4－7 所示。田间定位试验一年后，土壤速效养分含量主要变化如下：①不施氮条件下，随着秸秆还田量的增加，速效氮含量呈下降趋势；有效磷含量随着秸秆还田量的增加而显著增加，增幅依次为 S6＞S8＞S4；速效钾的变化趋势与有效磷相似。②氮肥单施条件下，速效氮含量随着施氮量的增加而增加，N270 施氮量下最高，达 22.51 mg/kg，与 N0 相比差异显著；有效磷和速效钾随着施氮量的增加表现出了先升高后下降的趋势，具体表现为 N90＞N180＞N270，这可能与高施氮量下水稻群体过大养分消耗增加有关。③同一施氮水平下，各秸秆还田处理的速效氮含量均低于不还田处理。

表 4－7　秸秆还田配施氮肥对土壤速效养分含量的影响

处理		速效氮/（mg/kg）		有效磷/（mg/kg）		速效钾/（mg/kg）	
N	S	2012 年	2013 年	2012 年	2013 年	2012 年	2013 年
N0	S0	14.89±0.81a	17.11±1.04a	25.51±1.61c	27.33±4.26c	124.84±5.23c	126.66±8.14c
	S4	10.65±0.71b	17.03±0.78a	33.85±4.47b	33.12±7.55b	133.19±8.49b	132.45±11.55b
	S6	10.00±0.53b	16.67±0.99a	41.76±2.53a	41.24±6.24a	141.43±5.07a	140.58±8.07a
	S8	8.23±1.09c	15.63±0.12b	36.84±5.58bc	36.93±5.41b	136.18±8.94b	136.26±4.45b
N90	S0	15.91±1.05a	19.66±0.96a	31.25±3.73b	34.28±7.43b	130.58±4.50b	133.61±6.69b
	S4	12.54±0.86b	17.84±0.59b	53.91±6.52a	43.42±4.13a	140.70±3.63a	140.09±7.09a
	S6	10.39±0.53c	17.40±1.54b	47.80±1.94a	43.32±5.14a	147.13±7.27a	142.66±3.70a
	S8	9.51±1.09c	17.56±0.89b	44.88±9.12a	44.96±5.26a	140.89±6.23a	144.29±2.68a
N180	S0	16.94±0.71a	18.92±1.70b	23.53±7.06b	26.80±1.18c	122.87±5.53c	121.14±8.68c
	S4	13.76±0.97b	19.53±0.50b	42.74±7.34a	47.79±2.27b	142.08±6.26b	147.12±5.84b
	S6	12.18±1.38bc	22.75±1.21a	53.42±8.28a	69.25±1.14a	152.75±4.47a	168.58±5.11a
	S8	11.25±0.41c	21.2±1.53ab	41.68±3.03a	50.22±6.91b	137.68±1.29b	149.55±3.25b
N270	S0	22.51±1.43a	19.51±0.67a	26.51±3.01c	26.01±1.49c	119.18±2.65c	115.34±3.30c
	S4	14.84±0.76b	20.26±1.19a	42.98±5.35ab	40.83±6.21b	142.31±4.81ab	130.16±8.40b
	S6	12.53±1.24c	21.30±1.47a	47.86±1.86a	48.44±7.41a	147.19±3.91a	147.77±5.41a
	S8	11.06±0.57c	19.51±0.55a	40.43±2.38b	44.97±6.92ab	139.77±3.40b	134.30±3.58b

田间定位试验两年后，施用氮肥、秸秆还田及二者配施均表现出了一定的土壤培肥效果：①与 N0S0 相比，氮肥施用或秸秆与氮肥配施后土壤速效氮含量均有一定提高，以 N180S6 处理最高，差异达显著水平；单施秸秆不利于土壤速效氮含量的增加。②与 N0S0 相比，施氮、秸秆还田及二者配施土壤有效磷、速效钾含量均显著提高，秸秆还田配施氮肥的培肥效果最明显，均以 N180S6 处理最高，增幅分别为 153.4％和 33.1％。上述结果表明，秸秆还田配施氮肥后，还田秸秆得以有效腐解，其所含氮、磷、钾养分释放到土壤环境中，因此提高了稻田土壤的速效养分含量；而秸秆单施因其腐解消耗土壤中的氮素则降低了土壤速效氮含量。

两年田间定位试验后结果表明，施氮、秸秆还田及二者配施均一定程度提高了土壤全量养分含量（表 4－8）。对定位试验两年后土壤全氮、全磷和全钾进行分析，结果表明：①单施秸秆条件下，土壤全氮、全磷含量总体上显著增加，各秸秆处理的增加幅度表现为 S6＞S4＞S8，不同秸秆还田处理间差异不显著；全钾含量略有增加，但差异未达到显著水平。②氮肥单施条件下，土壤全氮含量随着施氮量的增加而大幅度提高；全磷、全钾含量均随着施氮量的增加而呈下降趋势，这与高施氮量条件下水稻群体过大、营养元素吸收增加有关。③同一施氮水平下，与不还田相比，秸秆还田处理的土壤全氮、全磷和全钾含量总体上显著提高，不同秸秆量以 S6 处理增加作用最为明显。④与 N0S0 相比，秸秆还田配施氮肥的土壤全氮、全磷和全钾含量均显著增加，均以 N180S6 处理最高，其中秸秆还田配施氮肥对土壤全氮的提升作用高于全磷与全钾，而且二者配施的土壤全量养分富集效应明显优于秸秆还田与氮肥单施。

表 4-8　秸秆还田配施氮肥对土壤全量养分含量的影响

处理		全氮/（g/kg）		全磷/（mg/kg）		全钾/（mg/kg）	
N	S	2012 年	2013 年	2012 年	2013 年	2012 年	2013 年
N0	S0	1.86±0.09a	2.43±0.28b	652.25±6.27b	662.23±13.27b	718.21±14.24a	710.74±26.62a
	S4	1.63±0.15b	2.90±0.11a	647.19±10.64b	684.99±9.11a	717.87±34.80a	713.21±19.95a
	S6	1.40±0.03b	2.97±0.13a	644.20±17.45b	689.90±11.26a	710.64±31.20a	719.24±13.95a
	S8	1.14±0.19c	2.89±0.12a	671.50±20.67a	677.21±13.94ab	686.94±14.02b	718.28±9.61a
N90	S0	2.30±0.09c	2.99±0.13c	650.84±8.76b	660.31±10.95b	677.38±19.09c	690.06±8.83b
	S4	2.95±0.15a	3.32±0.20a	697.33±5.40a	704.81±11.15a	692.45±9.61b	722.02±7.76a
	S6	2.69±0.16b	3.18±0.06b	693.04±12.67a	702.82±14.67a	719.41±14.33a	723.25±12.06a
	S8	2.73±0.14b	3.15±0.21b	698.46±12.19a	705.71±9.50a	684.10±9.50b	724.70±8.08a
N180	S0	2.63±0.06c	3.12±0.19c	647.72±36.57b	647.97±18.91c	643.11±9.72c	668.97±13.79c
	S4	2.97±0.20b	3.30±0.12b	666.04±47.84a	705.30±18.29ab	691.32±14.69b	723.18±6.25ab
	S6	3.15±0.20a	3.46±0.12a	667.01±46.18a	716.60±12.22a	736.28±7.84a	738.61±5.56a
	S8	2.98±0.12b	3.40±0.11a	669.20±43.58a	695.30±14.16b	688.42±11.29b	712.24±25.64b
N270	S0	2.89±0.14a	3.25±0.09a	642.21±9.63c	653.70±68.44b	651.33±14.69c	631.69±18.49c
	S4	2.98±0.19a	3.32±0.15a	695.08±7.55a	668.46±20.93a	702.07±5.10ab	717.76±18.18ab
	S6	2.98±0.17a	3.37±0.16a	698.33±5.66a	653.94±34.50b	710.48±26.1a	724.28±22.83a
	S8	3.01±0.21a	3.30±0.12a	682.58±12.7b	667.34±20.03a	692.34±4.07b	709.94±29.49b

4.2.3　秸秆还田配施氮肥对土壤生物学特征的影响

1. 秸秆还田配施氮肥对土壤酶活性的影响

秸秆还田配施氮肥两年田间定位试验后，土壤脲酶、蔗糖酶、纤维素酶和 β-葡萄糖苷酶活性变化如表 4-9 所示。土壤脲酶活性的主要变化趋势为：不施氮肥条件下，与 S0 相比秸秆还田 S4、S6 处理的脲酶活性略有上升，S8 处理对酶活性表现出了轻微的抑制作用，差异均不显著。单施氮肥条件下，施用氮肥使土壤脲酶活性由 71.89 U 增至 76.91 U，但与 N0 相比差异均未达到显著水平。同一施氮水平下，适量秸秆还田 S4、S6 处理有利于土壤脲酶活性的增加。秸秆还田 S4、S6 处理耦合 N90、N180、N270 施氮量后土壤脲酶活性均显著高于 N0S0，以 N270S6 最高，N180S6 次之；秸秆还田 S8 处理与氮肥配施则有降低土壤脲酶活性的趋势。

表 4-9　秸秆还田配施氮肥对土壤酶活性的影响

N	S	脲酶/U	蔗糖酶/U	纤维素酶/U	β-葡萄糖苷酶/U
N0	S0	71.89±2.04a	15.93±0.75b	0.56±0.04b	16.48±0.80c
	S4	75.64±1.28a	23.08±0.92a	0.69±0.06a	19.22±0.81b
	S6	77.88±7.78a	24.00±1.78a	0.70±0.08a	21.86±0.61a
	S8	70.87±2.16a	22.47±0.36a	0.68±0.01a	20.36±1.12ab
N90	S0	76.00±7.03b	18.76±2.25c	0.66±0.04a	19.77±1.61c
	S4	81.92±8.78ab	22.42±0.89b	0.67±0.06a	21.60±1.79bc
	S6	85.78±9.58a	25.74±0.47a	0.66±0.05a	24.63±1.23a
	S8	67.60±3.27c	24.14±1.09ab	0.63±0.05a	20.87±1.76b
N180	S0	76.91±2.60c	22.42±0.90c	0.66±0.01b	19.33±0.31d
	S4	80.63±4.60b	24.59±0.67b	0.76±0.05a	23.65±0.69b
	S6	87.79±4.48a	27.01±1.83a	0.79±0.05a	25.06±0.63a
	S8	79.63±5.57b	24.99±1.35b	0.67±0.04b	21.52±1.06c
N270	S0	74.75±4.63c	17.14±1.22b	0.60±0.04c	20.34±1.53a
	S4	82.25±3.18b	22.06±1.56a	0.73±0.01b	22.41±1.37a
	S6	100.39±9.37a	23.25±0.96a	0.82±0.01a	23.14±1.05a
	S8	79.32±2.50bc	21.34±2.01a	0.62±0.05b	21.51±1.77a

各处理对土壤蔗糖酶和纤维素酶活性的影响与脲酶较为相似，氮肥单施、秸秆还田及二者配施均有利于土壤蔗糖酶和纤维素酶活性的提高，不同之处具体如下：①不施氮肥条件下，与S0相比秸秆还田处理的蔗糖酶活性和纤维素酶活性均显著提高，各秸秆处理间差异不显著，增加幅度依次为S6＞S4＞S8。②秸秆还田配施氮肥后土壤蔗糖酶活性均显著高于N0S0，以N180S6处理最高，增幅达69.6%；N90施氮量下，秸秆还田各处理间土壤纤维素酶活性无显著差异，N180、N270施氮量下，秸秆还田处理间土壤纤维素酶活性表现出了显著差异，不同配施组合以N270S6最高、N180S6次之，差异均达到显著水平。

土壤β-葡萄糖苷酶活性变化主要表现如下：不施氮肥条件下，与S0相比秸秆还田处理的β-葡萄糖苷酶活性显著提高16.6%～32.7%，增加幅度依次为S6＞S8＞S4。单施氮肥条件下，土壤β-葡萄糖苷酶随着施氮量的增加而增加。同一施氮水平下，秸秆还田处理的β-葡萄糖苷酶活性总体上显著提高，N270施氮量除外。秸秆还田配施氮肥以N180S6处理的β-葡萄糖苷酶活性最高，与N0S0相比，增加52.1%，差异达显著水平。上述结果表明，秸秆还田配施氮肥显著提高了土壤酶活性，对加快土壤养分循环具有重要意义，并且二者配施对土壤酶活性的提升效应更为显著。

2. 秸秆还田配施氮肥对土壤微生物量碳的影响

不施氮肥条件下，土壤微生物量碳含量随着秸秆还田量的增加而呈上升趋势，与S0

相比，秸秆还田后微生物量碳含量显著增加 20.9%～46.6%，秸秆还田处理间差异不显著（图 4-12）。单施氮肥条件下，与 N0 相比，土壤微生物量碳含量随着施氮量的增加而呈下降趋势，由 196.5 mg/kg 降至 138.1 mg/kg，这表明单施氮肥在一定程度上抑制了土壤微生物的活动和繁殖。同一施氮水平下，与 S0 相比秸秆还田处理显著增加了土壤微生物量碳含量，平均增加 20.0%，增幅依次为 S6>S4>S8；除 N270 施氮水平外，其他施氮水平下各秸秆还田处理间的微生物量碳差异均未达到显著水平。与 N0S0 相比，秸秆还田及其与氮肥配施均可使土壤微生物量碳含量显著增加，秸秆与氮肥配施的增幅更大，以 N180S6 处理微生物量碳含量最高，达 292.8 mg/kg，增幅为 49.0%。秸秆还田及其与氮肥配施为土壤微生物提供了充足的碳源和氮源，微生物得以大量繁殖，大量微生物活动加速了土壤营养循环和有机质转化，从而提高了稻田土壤肥力。

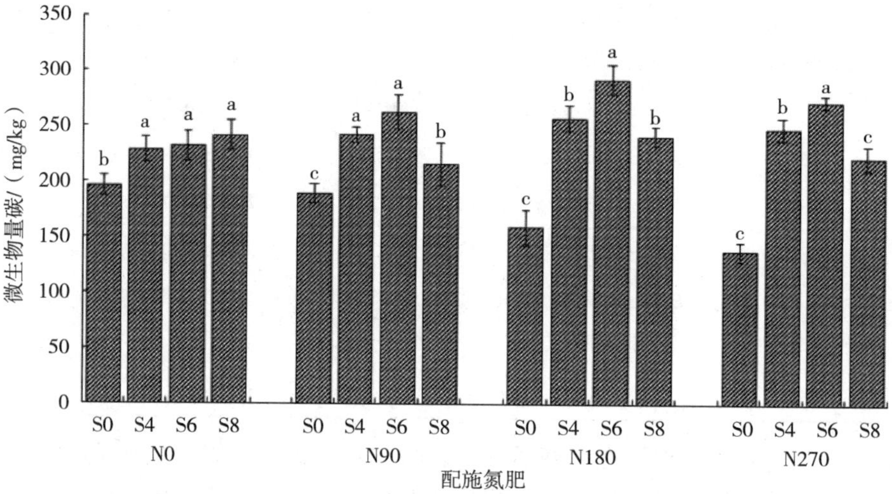

图 4-12　秸秆还田配施氮肥对土壤微生物量碳的影响

3. 秸秆还田配施氮肥对土壤酶活性、微生物量碳的影响

土壤酶活性及其与土壤化学特征因子之间存在着显著或极显著的相关关系（表 4-10）。由表 4-10 可知，土壤β-葡萄糖苷酶、蔗糖酶、纤维素酶和脲酶活性之间（脲酶与蔗糖酶之间除外）均存在着显著或极显著的正相关，土壤酶与微生物量碳、有机质及全氮之间总体也存在着显著或极显著的正相关。土壤脲酶可分解尿素，促其水解成氨和二氧化碳，对土壤氮素循环具有重要作用；土壤蔗糖酶、蔗糖酶可将多糖解聚为小分子的葡萄糖，其活性的高低与土壤碳素循环的速度密切相关，可表征还田后的秸秆腐解速率。β-葡萄糖苷酶属于纤维素酶类，能催化水解芳基或烃基与糖基原子团间的糖苷键生成葡萄糖。微生物量碳仅占土壤全碳的 0.5%～4.6%，但与土壤有机碳呈显著正相关，是评价土壤微生物参与土壤碳素循环的重要指标。秸秆还田配施氮肥后，土壤脲酶活性和水解酶活性及微生物活性提高，土壤氮素循环和碳素循环加速，并促进了秸秆有效腐解和养分释放，从而使土壤全氮、有机质含量和品质状况得到明显改善。综上所述，土壤酶活性和微生物量碳总体上与土壤有机质含量呈显著正相关，因此土壤酶活性和微生物量碳含量可用于表征土壤肥力的高低。

表 4-10　土壤酶活性、微生物量碳及其与土壤化学特征的相关性

项目	β-葡萄糖苷酶	纤维素酶	蔗糖酶	脲酶	微生物量碳	有机质	全氮	全磷	全钾
β-葡萄糖苷酶	1	—	—	—	—	—	—	—	—
纤维素酶	0.70**	1	—	—	—	—	—	—	—
蔗糖酶	0.80**	0.58*	1	—	—	—	—	—	—
脲酶	0.51*	0.69**	0.38	1	—	—	—	—	—
微生物量碳	0.90**	0.79**	0.78**	0.60*	1	—	—	—	—
有机质	0.73**	0.50*	0.67**	0.39	0.65**	1	—	—	—
全氮	0.78**	0.55*	0.59*	0.63*	0.65**	0.79**	1	—	—
全磷	0.16	−0.15	0.35	−0.15	0.12	0.08	−0.03	1	—
全钾	0.29	0.28	0.45	0.13	0.36	0.28	−0.11	0.58*	1

注：* 表示 $P<0.05$；** 表示 $P<0.01$。下同。

4.2.4　秸秆还田配施氮肥对水稻氮素吸收利用特征的影响

1. 秸秆还田配施氮肥对水稻氮素积累量的影响

秸秆还田、施氮量及二者配施条件下，水稻不同生育时期氮素积累状况如图 4-13 所示。由图 4-13 可知，各处理的氮素积累量随着生育进程的推进而增加，在成熟期时达到最高，这与水稻植株干物质量的增加趋势相同。不施氮条件下，S0 处理分蘖盛期的氮素积累量总体上显著高于各秸秆还田处理，齐穗期各处理基本持平，成熟期时 S6 处理的氮素积累量显著高于其他处理，这与适量秸秆还田处理促进水稻生长后期土壤氮素供应能力的提高和干物质积累量的增加有关。单施氮肥条件下，各生育时期的氮素积累量随氮肥施用量的增加而增加，全生育期的氮素也表现出了相同的趋势，均以 N270 施氮水平下的氮素积累量最高。同一施氮水平下，秸秆还田各处理的分蘖盛期氮素积累量均低于秸秆不还田处理；随着水稻生长发育和还田秸秆的腐解，秸秆还田对水稻氮素积累量的提高作用逐渐表现出来，秸秆还田 S4、S6 处理成熟期的氮素积累量总体显著高于不还田处理，增幅分别为 11.9%～17.5%和 15.0%～28.3%，S8 处理的增加作用不明显。秸秆还田配施氮肥对水稻生育前期吸氮量的影响不明显，一般表现为适量秸秆（S4、S6）与氮肥配施的促进作用和高量秸秆（S8）的抑制作用；在生育中后期尤其是成熟期，二者配施显著提高了水稻氮素积累量，平均增加 4.4 g/m^2，以 N270S6 处理最高、N180S6 处理次之，均显著高于 N0S0。

方差分析表明（表 4-11），施氮量和秸秆还田显著影响了水稻各生育时期的氮素积累，二者互作对各生育时期的氮素积累有显著效应；施氮、秸秆还田及二者互作对水稻氮素积累总量的影响均达到显著水平。上述结果表明，施用氮肥可显著促进水稻生长，增加水稻植株群体的干物质量；秸秆还田配施氮肥可提高土壤供氮能力，促进水稻剑叶的光合作用和茎叶干物质转运，同时穗部干物质量有所增加，保证了水稻氮素吸收“源足、流

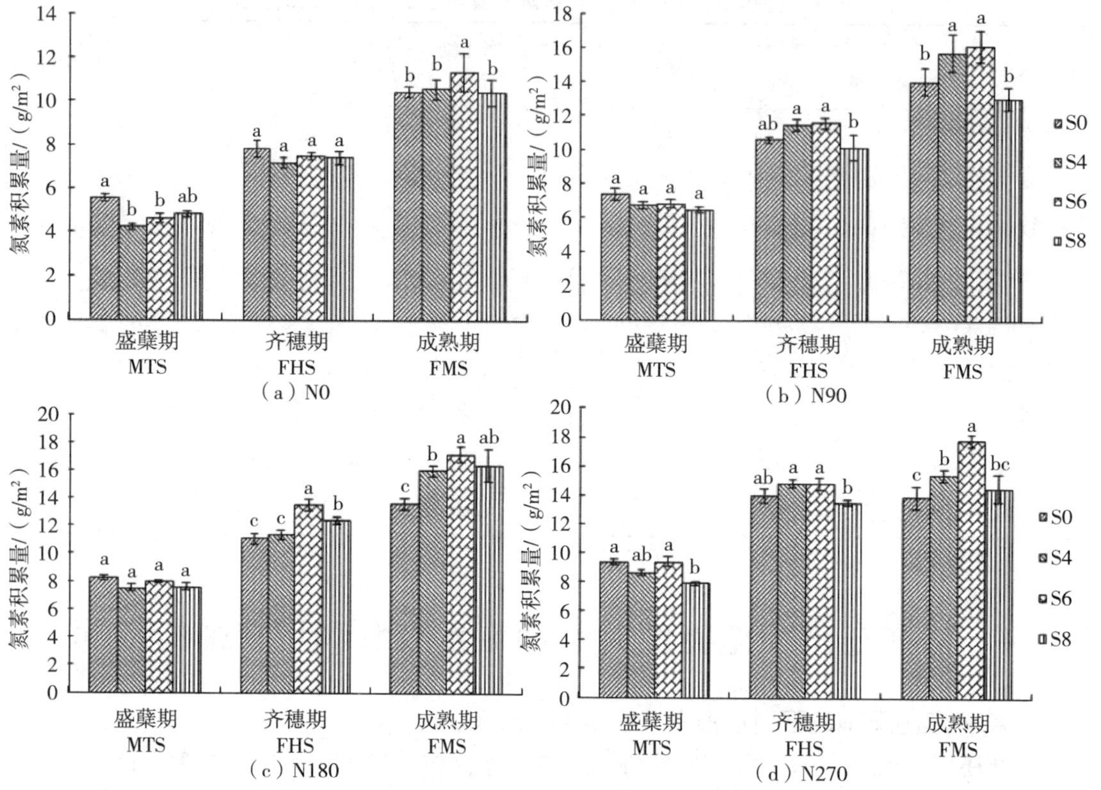

图 4－13　秸秆还田配施氮肥对不同生育时期水稻氮素积累量的影响

畅、库强”，因此，秸秆还田配施氮肥处理的植株含氮率和吸氮量均得以提高。

表 4－11　秸秆还田配施氮肥对水稻氮素积累量影响的方差分析（*F* 值）

生育期	Model	N	S	Block	N×S	Block×N	Block×S
盛蘖期	582.76**	3 029.29**	190.70**	0.21	27.37**	0.91	0.27
齐穗期	1 273.93**	6 756.45**	186.99**	1.31	91.55**	1.65	1.64
成熟期	1 026.96**	4 188.65**	946.66**	0.06	22.84**	0.6	0.99
自由度	17	3	3	2	9	6	6

2. 秸秆还田配施氮肥对水稻氮肥利用率的影响

施氮水平及其与秸秆还田配施组合的不同，导致氮肥利用效率差异较大（表 4－12）。由表 4－12 可知，在单施氮肥的条件下，随着施氮量的增加农学利用率和边际产量呈下降趋势，二者均表现为 N90 显著高于 N180 和 N270；生理利用率和物质生产效率随施氮量的增加呈上升态势，生理利用率以 N180 施氮量最高，达 47.29 kg/kg，物质生产效率以 N270 施氮量最高，为 113.90 kg/kg。在同一施氮水平下，秸秆还田处理的氮肥利用率和边际产量均高于不还田，各秸秆还田处理间一般表现为 S6＞S4＞S8，S6 处理与秸秆不还田相比差异达显著水平。在 N90、N180 施氮量下秸秆还田处理的氮肥生理效率总体低于不还田，在 N270 施氮量下，秸秆还田显著提高了氮肥生理利用率，以 N270S6 配施处理最高，为 60.96 kg/kg。氮肥物质生产效率在 N90 施氮量下随着秸秆还田量的增加而增加（S8 除外），在 N270 施氮量下秸秆还田处理的物质生产效率低于秸秆不还田，物质生产效率以 N90S6 处理最高，为 129.42 kg/kg。上述结果表明，合理的秸秆还田配施氮肥组合一方面可提高氮肥利用效率，另一方面保证高产群体的干物质量，从而可获得较高的水稻产量同时减少氮素大量投入的经济损失和环境负荷。

表 4-12　秸秆还田配施氮肥对水稻氮肥利用率的影响

处理 N	处理 S	农学利用率/(kg/kg)	生理利用率/(kg/kg)	物质生产效率/(kg/kg)	边际产量/(kg/kg)	平均/(kg/kg)
N90	S0	8.09±4.20c	32.20±3.68b	110.19±1.40b	8.09±1.52c	9.06±1.01
	S4	9.19±1.43b	20.19±4.14c	124.74±4.36a	9.19±1.43b	
	S6	10.41±1.31a	20.25±3.38c	129.42±5.01a	10.41±1.31a	
	S8	8.55±5.24bc	46.66±2.46a	119.12±1.90ab	8.55±0.92bc	
N180	S0	6.03±2.12b	47.29±5.99a	112.32±5.77c	5.51±0.54b	6.88±1.33
	S4	6.58±0.28b	24.41±3.86c	101.71±2.99c	6.07±1.19b	
	S6	8.02±1.25a	23.71±2.10c	118.77±4.93a	7.51±0.58a	
	S8	8.94±1.47a	30.78±1.96b	112.94±1.95b	8.43±0.86a	
N270	S0	6.81±0.52b	41.43±0.76c	113.90±2.49a	6.47±1.02b	6.80±0.39
	S4	7.14±1.02ab	46.26±4.03b	105.75±2.79b	6.80±1.43ab	
	S6	7.69±0.62a	60.96±2.10a	99.37±2.48c	7.35±1.06a	
	S8	6.93±0.27b	60.11±3.99a	104.45±1.91b	6.59±0.45a	

综上所述，秸秆还田配施氮肥后，一方面土壤中的碳、氮、磷、钾等元素得到补充，有利于土壤速效养分和全量养分的富集和土壤有机碳含量的增加；另一方面，土壤微生物碳源和氮源的增加促进了微生物大量繁殖，土壤酶反应底物和酶来源的增加刺激了土壤酶活性和微生物活性的提高，加速了土壤养分循环，有利于土壤腐殖质及其组分的形成。N180S6 组合的土壤培肥效果尤为明显，显著提高了土壤有机质含量及品质，既有利于土壤培肥又能显著改善土壤养分供应状况，又避免了氮肥过量施入造成的面源污染和秸秆丢弃或焚烧带来的负面影响。

4.3　生物质炭培肥

本节研究通过 3 个田间试验综合评估生物质炭对土壤物理、化学和生物肥力的改良效应。3 个试验分别如下：试验一，生物质炭对稻田表土细菌丰度和多样性的影响；试验二，生物质炭对贫瘠土壤呼吸和微生物群落组成的影响；试验三，生物质炭配施有机调理剂对土壤肥力和酶计量特征的影响，旨在为土壤肥力科学有效提升提供科学依据。

4.3.1 材料与方法

1. 试验地点和田间试验

(1) 试验一

在华南典型的水稻产区进行了生物质炭改良水稻土的跨区田间试验。本节研究中的3个地点分别是江西省进贤县红壤研究所实验农场的JX（28°15′N，116°20′E）、湖南省长沙市干杉镇的HN（28°08′N，113°12′E）和四川省广汉市西高镇的SC（31°03′N，104°10′E），表4-13列出了3个稻田的环境条件和土壤特性。

表4-13 生物质炭改良前稻田表层土壤的场地条件和基本土壤性质

场地	MAT/℃	MAP/mm	作物轮作	pH	SOC/(g/kg)	总氮/(g/kg)	BD/(g/cm³)	沙粒/(%)	粉粒/(%)	黏粒/(%)
JX	17.7	1 400	双季水稻	4.98±0.08	17.70±0.33	1.59±0.12	1.24±0.03	42	38	20
HN	17.1	1 500	双季水稻	6.21±0.04	18.76±0.46	1.79±0.02	0.91±0.02	54	28	18
SC	16.5	807	水稻—小麦	5.99±0.02	20.11±0.55	1.81±0.04	1.10±0.02	52	32	16

注：MAT（multi-year average temperature，年平均温度）；MAP（multi-year average precipitation，年平均降水量）；SOC（soil organic carbon，土壤有机碳）；BD（bulk density，容重）。

本节研究使用的生物质炭是在一个生物质炭工厂生产的，其技术采用的是河南三利新能源公司的立式窑连续热解技术。来自相同原料的生物质炭材料由机器研磨，使其通过2 mm的试验筛，并在稻田改良时在各个地点一致使用。生物质炭的基本特性在田间使用前被反复测量，平均而言，生物质炭材料中含有的干基有机碳为467 g/kg，总氮为5.9 g/kg，灰分为20.8%，表面积为8.92 m^2/g，体积密度为0.59 g/cm^3，pH（H_2O）为10.42，阳离子交换能力为21.7 cmol/kg。

2010年5月水稻（*Oryza sativa* L.）移植前，以0 t/hm^2（对照C0）、20 t/hm^2（C1）和40（C2）t/hm^{2}的比例添加生物质炭，将生物质炭材料撒在土壤表面，并通过耙子翻耕到0～12 cm的深度。稻谷季节施用尿素作为氮肥，在SC和HN地块总用量为240 kg/hm^2，JX场地为300 kg/hm^2。在各地点的水稻生产中，使用当地栽培品种和常规施肥方法进行一致管理。

(2) 试验二

2011年6月，在我国华北平原东部山东省泰安市（36°10′N，117°09′E）的干旱农田进行了生物质炭改良剂的田间试验。在美国土壤分类中，该土壤被归类为淋溶土，pH为5.93，土壤有机碳含量为8.5 g/kg，总氮含量为0.8 g/kg，具有较好的壤土质地。研究地点为半湿润温带季风气候，近10年年均气温为13.0℃，年平均降雨量为697 mm。土壤通常采用冬小麦和夏玉米轮作。本节研究使用的生物质炭是在350～550℃的垂直窑中热解的小麦秸秆。生产出的生物质炭材料在田间应用前过2 mm筛。

田间处理如下：单一生物质炭添加率为0 t/hm^2（对照C0）、20 t/hm^2（C20）和

40 t/hm² (C40)。选择 40 t/hm² 的施用率是为了放大生物质炭对土壤化学和生物特性的影响，这通常高于农业实践中使用的用量。2011 年 6 月，玉米种植前，人工将生物质炭均匀撒播于土壤表面，用耕田拖拉机将生物质炭彻底翻耕入土，深度为 0～10 cm。在整个 3 年的研究中没有添加更多的生物质炭。每次处理在 4 m×6 m 的小区内进行，小区之间用田埂隔开，以保护其不受外界影响。玉米生产采用当地品种，无机施肥（225 kg N/hm²、90 kg P_2O_5/hm²、180 kg K_2O/hm²）在各处理中保持一致。

(3) 试验三

2022 年 5 月，试验位于浙江省杭州市临安区潜川镇（30°12′N，119°42′E）。该地区属亚热带季风气候，温暖湿润，四季分明，全年降水量 1 420 mm，全年平均气温 15.9℃，全年日照时数 1 774 h，无霜期 236 d。供试土壤为粉砂岩发育的红壤。试验田土壤基本理化性质为 pH 5.11，有机碳 4.65 g/kg，全氮 0.80 g/kg，全磷 0.33 g/kg，碱解氮 61.61 mg/kg，速效钾 161.88 mg/kg，有效磷 14.41 mg/kg。

试验采用随机区组设计，采用双因子试验，共设置 12 个处理：对照，即不施有机调理剂（CK）、12 t/hm² 有机调理剂（Y1）、24 t/hm² 有机调理剂（Y2）、36 t/hm² 有机调理剂（Y3）、48 t/hm² 有机调理剂（Y4）、72 t/hm² 有机调理剂（Y5）（无生物质炭处理，记为－Biochar）及分别与 20 t/hm² 生物质炭配施处理（记为＋Biochar），每个处理设置 3 个重复。试验中有机调理剂的基本理化性质同 3.2.2 节相关内容，试验中的生物质炭是由玉米秸秆在炭化炉 450～500℃厌氧环境下热解 2 h 制备得到，并过 10 目（2 mm）试验筛备用。生物质炭基本理化性质为 pH 9.3，总碳 42.42%，全氮 1.02%，总磷 0.16%，全钾 0.26%，碳氮比 41.74。

2. 土壤取样与分析

3 个试验分别于 2010 年 10 月水稻收割后（试验一），2014 年 10 月（试验二）和 2022 年 9 月底（试验三）取样。在各小区内按照五点法采集 0～15 cm 土壤，剔除其中的植物根系、残体和石子等杂物，充分混匀后形成一份混合样品，置于无菌塑封袋低温带回实验室。每份混合样品过 2 mm 筛子，挑去石粒、根系以及植物残体，并分成 3 份：第 1 份室温自然风干，用于基本理化性质的测定；第 2 份存于 4℃冰箱，用于土壤酶活性和微生物量的测定；第 3 份样品经冷冻干燥后存放于－70℃冰箱。

(1) 土壤理化性质的测定

土壤含水量、表土容重、pH、SOC、DOC、总氮、全磷、速效钾、有效磷、碱解氮、交换性酸、交换性 H^+、交换性 Al^{3+}、土壤微生物生物量碳（microbial biomass carbon，MBC）、土壤微生物生物量氮（microbial biomass nitrogen，MBN）和土壤微生物生物量磷（microbial biomass phosphorus，MBP），测定方法参考鲁如坤（2000）。

(2) 土壤酶活性测定

本节研究测定了 6 种土壤酶活性，包括 β-葡萄糖苷酶（β-*D*-Glucosidase，BG）、纤维二糖水解酶（cellobiohydrolase，CB）、β-木聚糖苷酶（β-Xylosidase，XYL）、β-1,4-*N*-乙酰基氨基葡萄糖苷酶（β-*N*-Acetylglucosaminidase，NAG）、亮氨酸氨基酞酶（leucine aminopeptidase，LAP）、酸性磷酸酶（acid phosphatase，PHOS）。测定方法参考 Saiya-Cork 等（2002）。酶活性以 nmol/（g soil・h^{-1}）表示。

(3) 土壤酶生态化学计量特征分析

土壤微生物群落及其资源之间的化学计量失衡（不平衡性）特征是通过资源（C∶N，C∶P或N∶P）与微生物生物量（C∶N，C∶P或N∶P）的比率计算（分别表示为$B_{C:N}$，$B_{C:P}$和$B_{N:P}$）。本节研究通过两种类型资源比率，即总的和易利用的资源库，来评估土壤-微生物化学计量失衡（imbalance）特征。SOC∶TN（或SOC∶TP或TN∶TP）的比例用于表征总的微生物资源库（分别由$R_{C:N}$，$R_{C:P}$和$R_{N:P}$表示）和DOC∶TDN（或DOC∶AP或TDN∶AP）的比例用于表征易利用的资源库（分别由$R_{DOC:TDN}$，$R_{DOC:AP}$和$R_{TND:AP}$表示）。

采用3种方法评价微生物资源（养分）的限制性状况。第一种方法是计算C、N和P获取酶活性的比值［即BG∶（LAP＋NAG）和BG∶PHOS］。较高的BG∶（LAP＋NAG）和BG∶PHOS比值分别表示N和P限制较低（Waring et al.，2013；Sinsabaugh et al.，2008）。第二种方法使用酶化学计量的载体分析（Ehrenfeld，2010），即向量长度（无单位）和向量角（度）评估，计算公式如下：

$$向量长度=\sqrt{\ln BG/\ln（NAG+LAP）^2+（\ln BG/\ln PHOS）^2}$$

$$向量角度 = Degrees［ATAN^2（\ln BG/\ln PHOS），（\ln BG/\ln（NAG+LAP）］$$

较长的向量长度表示较大的C限制，向量角<45°和>45°分别表示N和P限制。

第三种方法采用以下公式计算C∶N和C∶P（$TER_{C:N}$和$TER_{C:P}$）的元素比率阈值（threshold elemental ratio，TER），以评估微生物资源限制（Ehrenfeld.，2010）：

$$TER_{C:N}=［BG/（NAG+LAP）］\times B_{C:N/n0}$$

$$TER_{C:P}=（BG/AP）\times B_{C:P/p0}$$

式中，$B_{C:N}$、$B_{C:P}$分别为微生物生物量C∶N、C∶P之比，$n0$、$p0$分别为$\ln BG$∶$\ln（NAG+LAP）$、$\ln BG$∶$\ln PHOS$的回归截距。$TER_{C:N}$和$TER_{C:P}$表示可用资源C∶N（DOC∶TDN，$R_{DOC:TDN}$）和C∶P（DOC∶AP，$R_{DOC:AP}$）的阈值，在该阈值之上，N或P相对于分解者对N和P的要求是有限的。换句话说，当$R_{C:N}-TER_{C:N}$或$R_{C:P}-TER_{C:P}$大于零时，微生物受N或P限制。在这种情况下，较高的$R_{C:N}-TER_{C:N}$或$R_{C:P}-TER_{C:P}$表示较高的N或P限制（Sterner et al.，2002）。相反，当$R_{C:N}-TER_{C:N}$或$R_{C:P}-TER_{C:P}$小于零时，土壤微生物不受N或P的限制，而变为C或能量的限制。

(4) 土壤呼吸

为了观察土壤对不同温度的反应，保持土壤水分60%在15℃、20℃和25℃下培养。分别在前8 d、第9～22天每隔1 d和第23～31天每3 d收集顶空产生的二氧化碳，二氧化碳浓度由配备火焰电离检测器的气相色谱仪进行分析（Agilent 7890A，Santa Clara，CA，USA）。呼吸商（respiratory quotient，RQ；SOC对CO_2-C呼吸的百分比）和代谢商（qCO_2，CO_2-C与MBC之比）以25℃的CO_2排放量为基础计算，温度敏感系数考虑两种温度的方程计算：$Q_{10}=（A_2/A_1）\times 10/（T_2-T_1）$，其中$A_2$和$A_1$分别为$T_1$和$T_2$温度下的碳矿化率。

(5) 土壤DNA提取和高通量测序

使用Powersoil1 DNA分离试剂盒（Mo Bio Laboratories Inc.，CA）对每个样品的

0.5 g 土壤中进行两次 DNA 提取。为了估计细菌种群规模，采用通用细菌 16S rRNA 基因引物（primer set 338F/518R）和真菌 ITS 基因引物（5.8 s/ITS1F）进行定量实时 PCR 测定。针对 V4-V5 区域的引物集（515F 和 907R）、ITS 部分的引物集（1737F 和 2043R）结合 8 碱基条形码序列分别用于扩增细菌 16S 核糖体 RNA 和真菌 ITS 基因。对于 T-RFLP 分析，引物 8F［在 5′末端用 6－羧基荧光素（6-FAM）标记］和 926R（Muyzer et al.，1995）用于扩增细菌 16S rRNA 基因片段。使用 Eppendorf PCR 仪（Eppendorf，Hamburg，Germany）扩增每个样品的土壤 DNA。使用 GeneScan ROX 标记的 GS500 内标，通过毛细管电泳（3730 Genetic Analyzer，Applied Biosystems，CA）实现片段分析，所有 T-RFLP GeneScan 读数一式两份重复。确定真正的末端限制片段（T-REX）并将其与最接近的整数对齐，在给定的 T-REX 模式内，真正的 T-RF 的相对丰度是作为相应峰面积的比率产生的。此外，比例低于 1%且大小低于 50 bp 的 T-RF 被排除在后续分析之外。使用引物 515F 和 926R 进行焦磷酸测序的 PCR 扩增。使用琼脂糖凝胶 DNA 提取试剂盒（TaKaRa Biotech，Dalian，China）切割和纯化合适的片段，然后通过光谱法（NanoDrop Technologies，Wilmington，DE）测量纯化片段的浓度。最后，来自不同样品的扩增子在同济大学的罗氏 454 FLX 钛平台（Roche）上进行焦磷酸测序。

3. 数据处理和统计分析

以 97%的序列同一性截止值将高质量序列聚集成操作分类单元（operational taxonomic units，OTU），并为每个 OTU 选择共有序列。使用 QIIME 软件计算了多样性指数，包括观察到的 OTU 丰富度、Chao1 指数、系统发育多样性（phylogenetic diversity，PD）指数和香农指数。基于这两个度量，生成了稀疏曲线以揭示 alpha 多样性：观察到的物种指标仅仅是样本中发现的独特 OTU 的数量，以及香农指数。采用 OTU 方法计算样本的丰富度和多样性指数，包括 Chao1、基于丰度的覆盖估计量（ACE）和香农多样性指数，截断不相似度为 3%。基于 OTU 组成与纯素 2.0 in R（V2.15.3）的成对加权 UniFrac 距离，进行冗余分析（redundancy analysis，RDA），以确定影响微生物群落组成的主要环境因子（土壤湿度、容重、pH、C/N、SOC、TN、DOC 和有效氮含量）。基于 R 中的 999 个排列，用 envfit 检验这些环境变量的显著性。

基于在所有土壤样品中观察到的 T-RF 及其在单个样品中的相对丰度，使用 PRIMER 构建 T-RFLP 剖面的相似性矩阵（Bray-Curtis method）。分层聚类又基于相似性矩阵构建，并使用具有算术平均值（UPGMA）的未加权对群方法来绘制树状图的类型。使用 PRIMER 软件对焦磷酸测序获得的细菌群落进行聚类分析，根据使用 Bray-Curtis 方法生成的相似性矩阵以及细菌门和变形菌类别的相对丰度，阐明微生物群落结构。采用一般线性模型（generalized linear models，GLM）程序进行双向方差分析，并使用 SPSS 16.0 软件在 5%水平下的 Tukey HSD 配对多重比较检验，对生物质炭改良对 3 个位点的生化参数的影响进行统计分析。采用 SPSS 26.0 进行数据处理和数据分析。田间试验采用单因素方差分析（One-way ANOVA）Duncan 法多重比较检验不同处理间差异显著性，显著性水平设为 $P=0.05$。用皮尔逊相关法进行双尾检验相关分析。土壤酶活性、微生物群落主成分分析和环境因子相关性冗余分析采用 Canoco 软件。

4.3.2 生物质炭对稻田表土细菌丰度和多样性的影响

本节研究的目的是探讨生物质炭改良对稻田中细菌丰度、多样性和群落组成的潜在影响，以及不同地点和土壤条件的一致性。因此，我们在3个地点进行了有无生物质炭改良的随机区块设计，以评估生物质炭、地点和它们之间的相互影响。在3块地整个水稻生长季节后，对在生物质炭改良（0 t/hm^2、20 t/hm^{2}和40 t/hm^2）下从稻田中收集的表土样品进行化学和微生物学分析，使用定量实时PCR、T-RFLP和454焦磷酸测序技术评估生物质炭对细菌丰度和多样性的影响。

1. 生物质炭短期添加对土壤特性和细菌基因丰度的影响

不同地点的基本土壤性质不同（表4-13）。JX位点的土壤是黏壤土，另外两个的土壤质地是沙质壤土；SC和HN土壤的土壤有机碳和总氮含量分别高于JX；原始土壤pH大小依次为HN>SC>JX。然而在生物质炭改良之后，不同地点土壤的pH、SOC和总氮含量都有明显的变化（表4-14）。在C1和C2处理下，SOC（50%～55%）和总氮（4%～10%）持续增加，但容重（3%～10%）降低；在生物质炭改良下，C1处理下土壤pH略有增加（2%），但在C2处理下显著增加。详细来说，在40 t/hm^2（C2）下的生物质炭改良在JX、HN和SC中的pH比对照组（C0）分别显著增加0.24、0.28和0.72个单位。

表4-14 3种稻田在生物质炭处理下表土的理化性质

场地	处理	pH（H_2O）	SOC/(g/kg)	总氮/(g/kg)	容重/(g/cm^3)	MBC/(mg/kg)	MBN/(mg/kg)	基因复制数/(×10^{10} copies/g干土)
JX	C0	4.88±0.05	16.48±0.54	1.83±0.02	1.19±0.02	338.86±18.82	20.27±7.59	1.86±0.09
	C1	4.99±0.13	19.29±0.66	1.89±0.02	1.09±0.07	336.775±3.75	42.63±5.37	2.08±0.17
	C2	5.12±0.01	25.43±2.89	1.89±0.04	1.11±0.07	321.703±6.85	32.52±3.15	2.70±0.33
HN	C0	6.01±0.06	18.05±1.20	1.65±0.06	0.87±0.04	397.86±7.37	26.98±6.61	2.60±0.23
	C1	6.15±0.06	23.03±1.42	1.79±0.09	0.81±0.03	481.40±37.69	41.17±2.91	3.32±0.24
	C2	6.29±0.15	28.11±2.14	1.73±0.09	0.79±0.03	483.25±31.04	53.06±11.0	3.56±0.14
SC	C0	5.54±0.23	20.14±0.29	1.80±0.06	1.09±0.01	602.67±52.21	50.47±3.00	1.31±0.06
	C1	5.89±0.05	22.52±2.77	1.87±0.02	1.07±0.04	750.76±78.85	62.35±7.15	1.69±0.20
	C2	6.26±0.17	30.22±3.98	1.98±0.06	1.06±0.01	750.22±46.07	60.41±9.72	2.10±1.22
	Biochar	***	***	**	**	**	***	***
	Site	***	**	***	***	***	***	***
	B×S	*	NS	NS	NS	*	NS	NS

注：Biochar，生物质炭；Site，地点；B×S，生物质炭和地点的交互作用。* 表示 $P<0.05$，**表示 $P<0.01$，***表示 $P<0.001$；NS表示差异不显著。下同。

根据土壤性质的变化，在生物质炭改良处理下观察到微生物生物量碳和氮的变化，与C0相比，除JX位点外，C1和C2处理使HN和SC地块的土壤MBC和MBN含量均明显提高。细菌16S rRNA基因复制数在这3个地点中为1.31×10^{10}～2.60×10^{10} copies/g干土，在40 t/hm^{2}的生物质炭改良下，JX、HN和SC中的对照下分别显著增加45%、37%和60%。如同GLM分析所揭示的，生物质炭改良和位点条件均显著影响土壤理化性质、MBC、MBN 和细菌基因复制数（$P<0.01$）（表 4－14）。成对多重比较进一步表明，C1 和 C2 在 SOC、总氮、堆积密度，MBN 和基因复制数方面均与 C0 有显著差异，而 C1 和 C2 在 SOC 和细菌基因复制数方面也存在显著差异。此外，生物质炭改良和位点条件对 pH 和 MBC 均有显著（$P<0.05$）的相互作用（表 4－14），生物质炭对 pH 和 MBC 的影响，特别是在 SC 位点增强，但在 JX 位点则减弱。

2. 生物质炭短期添加对细菌群落的 T-RFLP 的影响

大多数 T-RFs 在生物质炭改良下相对丰度的变化不大。虽然 T-RFs 的数量因位点而异（范围为 24～33），但在生物质炭改良下，各位点的 T-RFs 数量略有增加。例如，JX 位点的 T-RFs 为 128 bp 和 281 bp，HN 位点的 T-RFs 为 263 bp 和 508 bp，SC 位点的 T-RFs 为 159 bp和 179 bp，427 bp、437 bp 和 444 bp 仅出现在生物质炭改良的土壤中。上述大多数 T-RFs 在总丰度中所占的比例较小（小于 2.5%）。如基于 Bray-Curtis 相似性指数的树状图所示（图 4－14），细菌群落在单个位点的相关性强于生物质炭处理之间的相关性（两种土壤的组平均值仅为 43%），表明位点/土壤条件是水稻土细菌群落组成的主要控制因素。聚类分析还显示出重复的相似细菌群落结构，证实了本节实验处理的可重复性。此外，生物质炭改良下的群落结构在单个地点与非生物质炭改良下的群落结构略有不同。

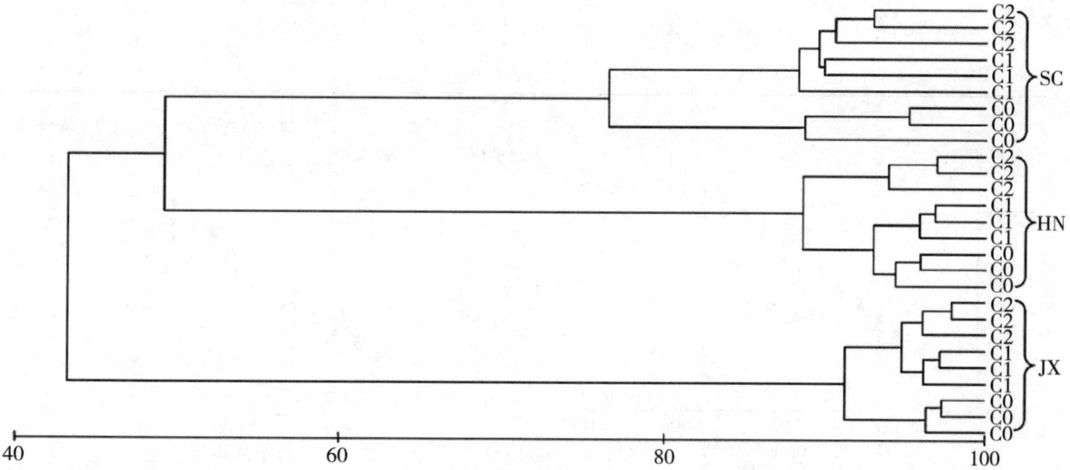

图 4－14　在 3 个位点（JX、HN 和 SC）的生物质炭添加（C1 和 C2）和非添加（C0）水稻中细菌群落扩增的 16S rRNA 基因片段的 T-RFLP 图谱的聚类分析

3. 扩增子焦磷酸测序

如表 4－15 所示，生物质炭改良对细菌 α 多样性具有显著（$P<0.001$）的影响。Tukey HSD 成对多重比较进一步表明，C1 和 C2 处理下的所有多样性指数均显著高于对照（$P<0.05$），而 C2 处理下的 Chao1 和 OTU 丰富度均显著高于 C1 处理。生物质炭改良，特别是在 40 t/hm^{2}时，显著增加了细菌多样性（PD 和香农指数）和丰富度（Chao1 和 OTU 丰富度），而位点效应仅在 PD 和香农指数显著。值得注意的是，JX 中的 PD 值和 HN 中的香农指数显著高于其他两个位点（$P<0.05$）。然而，在所有 4 个多样性指数上都未观察到生物质炭和位点相互作用效应。生物质炭改良下的土壤表现出更高的细菌群

落多样性，通过使用来自单个位点的相同数量的序列进一步证明了每个样品在 0.03 距离处的稀疏性（图 4-15），其中生物质炭改良下的土壤表现出比未改良的土壤更高的 OTU 数量。

表 4-15　生物质炭处理下稻田表土细菌的 α 多样性

场地	处理	系统发育多样性（PD）	Shannon 指数	OTU 丰富度	Chao1
JX	C0	162±5	9.51±0.08	1 496±67	5 307±705
	C1	185±10	9.94±0.16	1 715±94	7 225±989
	C2	187±7	10.04±0.14	1 755±80	7 457±808
HN	C0	147±6	9.94±0.04	1 628±62	5 357±829
	C1	155±9	10.12±0.09	1 736±82	6 108±761
	C2	166±2	10.28±0.01	1 861±18	7 450±317
SC	C0	136±11	8.98±0.74	1 488±142	5 018±694
	C1	153±6	9.99±0.11	1 718±31	6 133±183
	C2	166±10	10.23±0.20	1 851±54	7 191±282
Biochar		***	***	***	***
Site		***	*	NS	NS
B×S		NS	NS	NS	NS

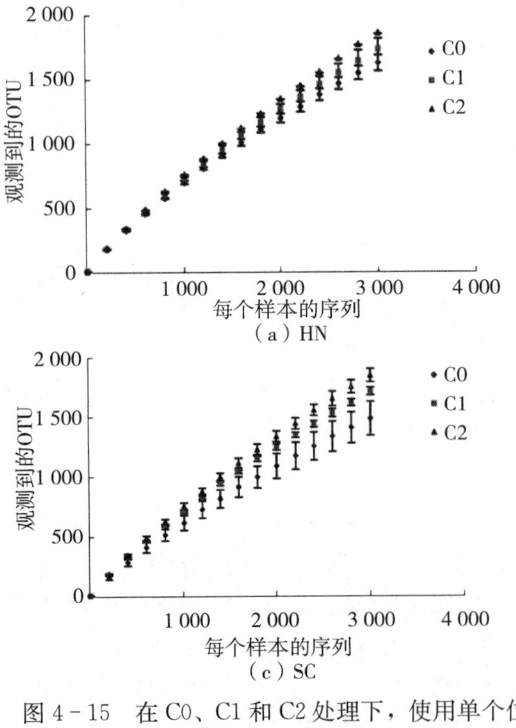

图 4-15　在 C0、C1 和 C2 处理下，使用单个位点中具有相同编号的序列进行 3%异质性的稀疏分析

尽管生物质炭添加率不变，但细菌门和变形菌类别的丰度在各个位点之间发生了显著变化（表4-16）。生物质炭改良对绿湾菌门、β-变形杆菌、δ-变形菌和芽单胞菌没有显著影响。显然，位点对细菌群组的影响最大，其次是生物质炭/位点相互作用。具体而言，在SC中，C2处理下的α-变形菌显著增加了123%，而在C2处理下，JX中硝化螺旋菌和SC中放线菌分别比C0增加了94%和269%；然而，与C0相比，在C2处理下，JX位点绿湾菌门的平均相对丰度降低了5%，但SC位点增加了61%；相比之下，在C1和C2处理下，β-变形杆菌的相对丰度在JX中分别增加了55%和80%，而在SC中则分别大大降低了46%和52%。在不同的位点，δ-变形菌的相对丰度在JX中在C1和C2处理下分别比对照组增加了165%和151%，差异显著。此外，生物质炭改良对螺旋菌（$P<0.01$）和拟杆菌（$P<0.05$）的相对丰度也有显著影响，但C1和C2之间没有显著差异。

表4-16 使用生物质炭处理的所有分类序列的百分比显示了细菌门和变形菌类的改变频率

场地	处理	绿湾菌门	α-变形菌	β-变形杆菌	δ-变形菌	硝化螺旋菌门	放线菌	芽单胞菌	拟杆菌	螺旋菌
JX	C0	19.81	2.96	3.02	2.24	0.71	3.18	1.10	0.57	0.04
	C1	15.51	4.00	4.67	5.93	1.54	1.98	0.72	1.32	0.36
	C2	18.81	3.96	5.43	5.63	1.38	2.53	0.84	1.34	0.34
HN	C0	14.54	4.66	10.68	19.16	3.49	1.32	0.58	3.22	0.37
	C1	14.78	4.98	10.71	17.70	3.23	1.74	0.66	2.80	0.41
	C2	14.90	4.89	12.56	16.78	2.92	1.47	0.59	4.20	0.50
SC	C0	10.12	2.58	32.01	8.27	1.93	1.33	1.49	1.69	0.09
	C1	12.83	2.72	17.17	9.07	2.56	1.30	2.41	2.79	0.16
	C2	16.34	5.74	15.38	9.06	1.52	4.92	1.54	1.50	0.06
Biochar		NS	**	NS	NS	**	***	NS	*	**
Site		**	**	***	***	***	***	***	***	***
B×S		NS	*	**	**	**	***	*	**	**

焦磷酸测序数据的聚类分析结果显示，样品根据它们的位点进行聚类，JX的组平均值与HN和SC两个位点的组平均值之间的相似性为61.7%（图4-16），这远高于T-RFLP的结果。这表明在细菌组成中，位点之间的差异大于生物质炭处理之间的差异。此外，SC位点的群落结构变异系数高于其他两个位点，这表现在C0组平均值与改良土壤（C1和C2）之间的相似性低（73.2%）；然而图4-16还显示，JX位点C0的3个重复被归为一组，并且与生物质炭改良的样品（C1和C2）不同，表明生物质炭对细菌群落组成有影响，但在其他两个位点中看不到这种影响。

表4-17显示了在生物质炭改良处理下土壤样品中最常见的分类细菌属。在3个稻田中，所有列出的属都有显著差异，这在方差分析的结果中表明了这一点，而生物质炭对它们的影响较小，因为19个属中只有5个在生物质炭改良下表现出显著变化。在生物质炭处理、位点和位点/生物质炭相互作用方面发现了显著差异，如*Gp1*、*Gp2*、根瘤菌和地杆菌（表4-18）。*Gp1*（属于酸性细菌）是JX位点中最主要的属，其次是纤线杆菌属和

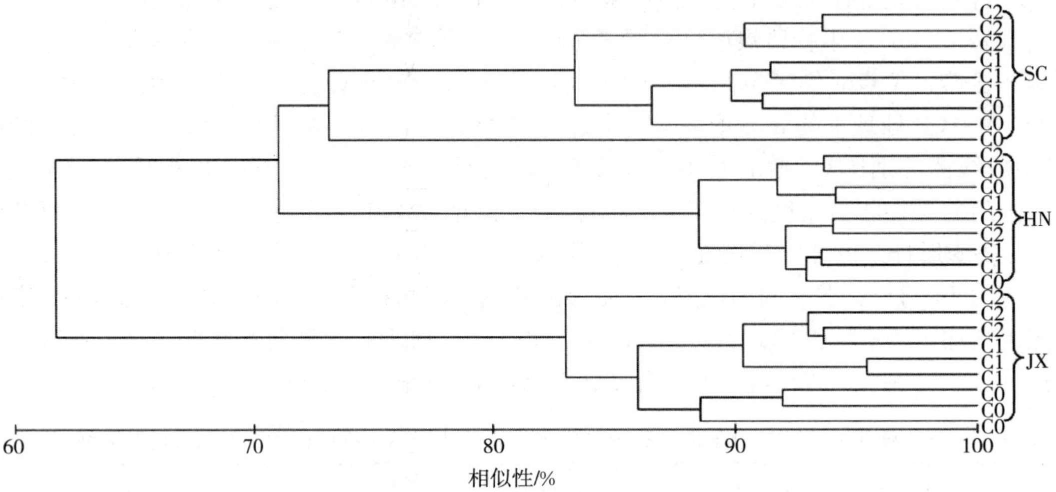

图 4-16　生物质炭改良土壤和未改良土壤中的门和变形菌类别的丰度数据和细菌群落分析

Gp3，在 C2 受到生物质炭改良的显著影响（$P<0.05$），与 JX 和 SC 位点的对照组相比，分别显著降低了 35%和 44%；与在 JX 中 C2 的生物质炭改良下对照相比，氨基单胞菌的相对丰度也显著降低了 75%。相比之下，在 JX 的生物质炭改良下，*Gp2* 和地杆菌属的相对丰度显著增加了 5 倍以上。

表 4-17　生物质炭处理下丰度较高的细菌属

场地	处理	*Gp1*	*Ktedonobacter*	*Gp3*	*Longilinea*	*Aminomonas*	*Gp7*	*Gemmatimonas*	*Leptolinea*	*Thermodesulfovibrio*	*Litorilinea*
	C0	26.26	8.16	3.53	2.78	1.10	1.21	1.10	0.72	0.43	0.51
JX	C1	21.31	5.86	3.09	2.01	1.48	1.26	0.74	0.87	0.87	0.39
	C2	17.07	6.83	3.59	2.67	0.28	1.09	0.84	0.91	0.91	0.33
	C0	0.54	0.02	1.30	3.17	—	0.96	0.58	2.43	2.43	0.18
HN	C1	0.57	0.00	1.41	3.27	—	1.12	0.66	2.04	2.04	0.21
	C2	0.74	0.01	1.19	3.42	—	1.27	0.59	1.93	1.93	0.31
	C0	3.07	0.12	1.17	4.13	—	1.64	1.49	0.49	0.49	0.18
SC	C1	3.98	0.16	1.68	5.38	—	1.84	2.41	1.28	1.28	0.36
	C2	1.71	0.13	1.19	5.50	—	1.89	1.54	0.58	0.58	0.54
Biochar		*	NS	NS	NS	NA	NS	NS	NS	NS	NS
Site		***	***	***	***	NA	**	***	*	***	NS
B×S		*	NS	NS	NS	NA	NS	*	NS	**	NS

场地	处理	*Gp6*	*Telmatobacter*	*Conexibacter*	*Bellilinea*	*Gp2*	*Rhizomicrobium*	*Gp18*	*Geobacter*	*Bryobacter*
	C0	0.33	0.53	0.28	0.34	0.46	0.28	0.28	0.20	0.20
JX	C1	0.42	0.48	0.29	0.36	2.57	0.66	0.61	1.70	0.14
	C2	0.42	0.37	0.44	0.59	3.03	0.42	0.76	1.51	0.12

（续）

场地	处理	Gp6	Telmatobacter	Conexibacter	Bellilinea	Gp2	Rhizomicrobium	Gp18	Geobacter	Bryobacter
HN	C0	1.66	—	0.06	1.56	0.02	0.01	1.40	1.92	0.03
	C1	1.97	—	0.08	1.68	0.06	0.06	1.51	1.71	0.04
	C2	2.03	—	0.07	1.76	0.10	0.09	1.62	1.54	0.09
SC	C0	3.33	0.17	0.03	0.28	0.19	0.16	0.68	0.84	0.19
	C1	3.86	0.20	0.02	0.46	0.10	0.08	0.83	1.69	0.08
	C2	4.86	0.09	0.18	0.53	0.11	0.03	0.44	1.03	0.09
Biochar		NS	NA	**	NS	***	*	NS	*	NS
Site		***	NA	***	***	***	***	***	*	*
B×S		NS	NA	NS	NS	***	**	NS	*	NS

一些已知的功能性细菌属如表 4－18 所示。同样，位点条件对功能性细菌属显示出显著影响，本节研究中的土壤含有大多数硝化细菌，如亚硝基球菌、亚硝基螺旋体和大量的硝基螺旋体；生物质炭改良剂显著（$P<0.05$）影响亚硝基螺旋体的丰度，与 C0 相比，在 C2 的生物质炭改良下，3 个位点的亚硝基螺旋体丰度明显较高，通过成对多重比较未观察到 C1 和 C0 之间的显著差异。值得注意的是，生物质炭改良下在 JX 位点的 C1 和 C2 下，地杆菌属的数量也分别增加了 7.5 倍和 6.5 倍；在 JX、HN 和 SC 位点，还观察到固氮慢生根瘤菌在 C2 下分别增加 228%、137%和 24%；在 JX 和 HN 位点，根瘤菌也显著增加。

表 4－18　在生物质炭处理下功能性细菌属相对丰度

场地	处理	硝细菌化			反硝化细菌			固氮细菌	
		Nitrosococcus	Nitrosospira	Nitrospira	Anaeromyxobacter	Geobacter	Rhizobacter	Rhizomicrobium	Bradyrhizobium
JX	C0	0.67	0.33	2.56	2.22	2.00	—	2.78	0.78
	C1	2.44	1.56	6.44	4.89	17.00	—	6.56	1.44
	C2	2.33	1.00	4.22	6.33	15.11	—	4.22	2.56
HN	C0	0.22	0.89	7.56	6.89	19.22	—	0.11	0.89
	C1	0.33	1.33	9.56	8.11	17.11	0.11	0.56	0.89
	C2	0.44	1.56	8.22	7.44	15.44	0.44	0.89	2.11
SC	C0	—	1.56	14.00	7.89	8.44	0.11	1.56	0.45
	C1	—	3.78	12.33	5.22	16.89	0.33	0.78	0.44
	C2	—	3.11	9.33	7.78	10.33	0.22	0.33	0.56
Biochar		NA	*	NS	NS	*	NA	*	**
Site		NA	**	***	*	*	NA	***	**
B×S		NA	NS	NS	NS	*	NA	**	NS

综上所述，生物质炭在增强细菌丰度、群落多样性以及改变群落组成（尤其是参与 N 循环的细菌）方面具有潜在作用，本节研究的土壤之间的特性不同，因此发现这种变化（尤其是细菌群落组成）是根据环境而变化的。焦磷酸测序技术被认为是深入比较农业土壤中土壤细菌群落组成与生物质炭改良的有力工具。

4.3.3 生物质炭对贫瘠土壤呼吸和微生物群落组成的影响

本节旨在研究一次添加生物质炭3年后对干旱农田土壤理化性质、土壤呼吸及其温度敏感性、微生物群落组成和活性的影响。我们推测，生物质炭的顽固碳在活性碳分解后3年可以改变土壤理化性质，降低土壤碳有效性，这可能导致微生物活性降低，群落组成发生变化。这种改变可能进一步降低了微生物异源呼吸对土壤变暖的敏感性。为此，我们在华北平原干旱低肥力土壤上进行了田间试验，对3年生物质炭改良土壤理化性质进行了研究。在实验室条件下评估了不同温度下的土壤呼吸速率。通过分析β-葡萄糖苷酶和脱氢酶的活性，分别表征活性细胞降解活性有机碳和微生物呼吸过程。通过测定微生物生物量碳（microbial biomass crabon，MBC）来评估微生物丰度并计算代谢商（q CO_2），这与基质利用和扰动的效率有关。细菌和真菌的群落组成和丰度分别通过焦磷酸测序和实时荧光定量聚合酶链式反应（polymerase chain reaction，PCR）测定。

1. 生物质炭对土壤理化性质的影响

改良3年后，生物质炭改变了表土理化性质（表4-19）。C40生物质炭处理的土壤湿度、pH、C/N、SOC、TN、DOC和有效氮含量显著高于对照（$P<0.05$），但大多数参数的增幅相对较小。C20和C40小区的容重均显著（$P<0.05$）低于对照。C20和C40小区的pH、TN、DOC和有效氮含量差异不显著。

表4-19 生物质炭改良对土壤理化性质的影响

处理	容重/(g/cm³)	含水率/%	pH	SOC/(g/kg)	TN/(g/kg)	C/N	DOC/(mg/kg)	有效N (mg/kg)
C0	1.56a	9.35c	5.93b	8.16c	0.87b	9.41b	11.07b	73.97b
C20	1.46b	14.80b	6.11ab	10.00b	0.95ab	10.53b	16.40a	75.72ab
C40	1.47b	19.82a	6.46a	11.71a	0.99a	11.80a	16.53a	83.30a

注：C0，0 t/hm²；C20，20 t/hm²；C40，40 t/hm²。不同的字母表示处理间的显著差异（$P<0.05$）。下同。

2. 生物质炭对微生物生物量碳、土壤基础呼吸、脱氢酶和β-葡萄糖苷酶活性的影响

MBC在C20和C40处理下与对照相比几乎增加了一倍（表4-20），而土壤基础呼吸速率在C20和C40处理下与对照相比分别显著降低了12%和20%（$P<0.05$）。RQ和qCO_2随两种生物质炭添加量的增加而显著降低（$P<0.05$）。C20和C40处理，脱氢酶活性较对照分别降低64%和58%。生物质炭改良后β-葡萄糖苷酶活性无明显变化。

表4-20 微生物量碳（MBC）、土壤呼吸速率、微生物商（MQ）、呼吸商（RQ）、代谢商（q CO_2）和酶活性的变化

处理	MBC/(mg/kg)	土壤呼吸速率/[mg C/(kg soil·d⁻¹)]	微生物商/(mg/g)	呼吸商/[mg C/(g SOC·d⁻¹)]	代谢商/[mg C/(g/MBC·h⁻¹)]	β-葡萄糖苷酶/(nmol dry soil/h)	脱氢酶/[μg TPF/(g soil·h⁻¹)]
C0	34.05b	1.44a	4.19a	0.18a	1.94a	51.85a	0.81a
C20	67.54a	1.26b	6.76a	0.13b	0.79b	66.71a	0.29b
C40	68.6a	1.15b	5.85a	0.10b	0.72b	70.92a	0.34b

3. 生物质炭对土壤呼吸的温度敏感性的影响

在所有处理中，CO_2 累积排放量随着温度的升高而增加（图 4-17）。在整个培养过程中，C20 和 C40 生物质炭添加量下的 CO_2 累积排放量总体上小于所有 3 种温度下的对照。15～20℃和 15～25℃土壤呼吸（Q_{10}）的温度敏感性显著（$P<0.05$）低于对照，而在 20～25℃ Q_{10} 无显著变化。

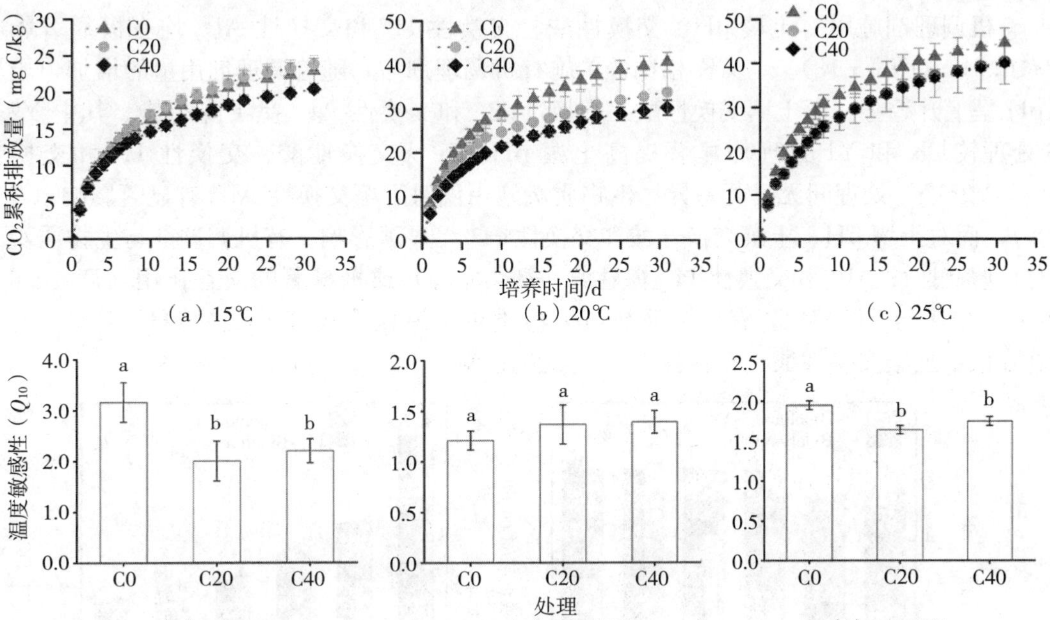

（a）15℃　（b）20℃　（c）25℃

（d）15~20℃　（e）20~25℃　（f）15~25℃

图 4-17　CO_2 累积排放量和基于 3 种温度呼吸率计算的呼吸温度敏感性

4. 生物质炭对细菌和真菌的丰度和 α 多样性的影响

生物质炭添加 3 年后，在 C20 和 C40 条件下，生物质炭土壤添加显著增加了细菌 16S rRNA 基因复制数（$P=0.02$）（表 4-21）。在 C20 和 C40 条件下，生物质炭添加均未改变 OTU 丰富度和多样性指数（包括 Chao1、ACE 和香农指数）。相比之下，当生物质炭添加量为 40 t/hm^{2}时，真菌 ITS rRNA 基因丰度没有改变，但 OTU 丰度和香农指数增加。

表 4-21　生物质炭改良对细菌和真菌群落丰度和 α 多样性的影响

处理	Bacterial 16S rRNA genes					Fungal ITS genes				
	Gene copies ($\times10^8$)	OTUs	ACE	Chao1	Shannon	Gene copies ($\times10^7$)	OTUs	ACE	Chao1	Shannon
C0	3.97b	1 345a	1 658a	1 668a	5.94a	6.92a	208b	246a	247a	2.57b
C20	7.01a	1 412a	1 717a	1 720a	5.99a	7.47a	247ab	263a	264a	3.22a
C40	6.51a	1 411a	1 699a	1 711a	6.04a	8.26a	263a	292a	295a	3.21a

综上所述，本节研究表明，生物质炭改良对贫碳旱地土壤理化性质的影响持续 3 年。生物质炭的添加降低了土壤呼吸、微生物代谢商和土壤呼吸对增温的敏感性，这可能是由于有机-矿物相互作用增强，提高了微生物对碳的利用效率，稳定了土壤有机碳。研究结

果表明，生物质炭改良 3 年后，旱田土壤微生物群落功能向有机碳周转缓慢和变暖稳定转变，可能减少土壤碳流失。

4.3.4 生物质炭配施有机调理剂对土壤肥力和酶计量特征的影响

1. 生物质炭配施有机调理剂对酸性土壤化学计量特征的影响

（1）土壤 pH 和交换性酸含量变化

有机调理剂施用对土壤 pH、交换性酸、交换性 H^+ 和交换性 Al^{3+} 均有极显著影响（$P<0.01$）（图 4－18）。与 CK 相比，单施有机调理剂后，随着调理剂用量的增加，土壤的 pH 呈上升趋势，而土壤交换性酸、交换性 H^+ 和交换性 Al^{3+} 呈下降趋势。其中 Y2～Y5 处理较 CK 和 Y1 处理均显著提高土壤 pH，降低交换性酸、交换性 H^+ 和交换性 Al^{3+}，Y2～Y5 处理间无显著差异。生物质炭施用仅对土壤交换性 Al^{3+} 有显著影响（$P<0.05$），而对土壤 pH、土壤交换性酸和交换性 H^+ 无显著影响。有机调理剂与生物质炭配施对土壤交换性 Al^{3+} 和交换性 H^+ 有显著（$P<0.05$）或极显著的交互作用（$P<0.01$）（表 4－22）。与 CK 相比，有机调理剂与生物质炭配施显著提高了土壤 pH（$P<0.05$），显著降低了土壤交换性酸、交换性 H^+ 和交换性 Al^{3+}（$P<0.05$）。

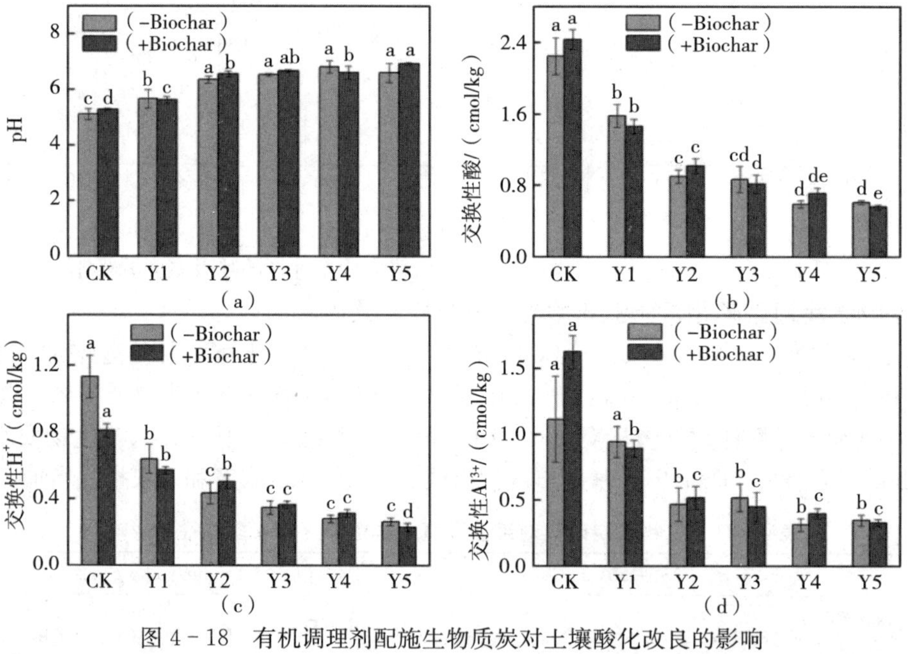

图 4－18 有机调理剂配施生物质炭对土壤酸化改良的影响

注：CK 表示对照；Y1 表示 12 t/hm² 有机调理剂；Y2 表示 24 t/hm² 有机调理剂；Y3 表示 36 t/hm² 有机调理剂；Y4 表示 48 t/hm² 有机调理剂；Y5 表示 72 t/hm² 有机调理剂；－Biochar 表示无生物质炭处理；＋Biochar 表示有生物质炭处理。图中同一指标不同小写字母表示不同处理间差异显著（$P<0.05$）。下同。

表 4－22 双因素方差分析结果

F 值	pH	交换性酸	交换性 Al^{3+}	交换性 H^+
OC	47.88***	166.83***	94.05***	40.93***

（续）

F 值	pH	交换性酸	交换性 Al^{3+}	交换性 H^{+}
B	1.65NS	0.62NS	4.83*	2.78NS
$OC\times B$	1.04NS	1.41NS	6.57**	2.90*

注：* 表示 $P<0.05$，**表示 $P<0.01$，***表示 $P<0.001$，NS 表示差异不显著。OC 表示有机物料因子；B 表示生物质炭因子；$OC\times B$ 表示有机物料与生物质炭的互作效应。下同。

（2）土壤养分变化

有机调理剂施用对土壤有机碳、全磷、碱解氮、速效钾、有效磷、可溶性碳和溶解性氮含量均有极显著影响（$P<0.01$），对土壤全氮有显著影响（$P<0.05$）；生物质炭对有机碳、全磷、碱解氮、速效钾、可溶性碳含量有极显著影响（$P<0.01$），对土壤全氮有显著影响（$P<0.05$）；有机调理剂配施生物质炭对有机碳、全氮、全磷、速效钾、有效磷有极显著交互效应（$P<0.01$）（表 4－23）。

表 4－23　土壤养分双因素方差分析

F 值	有机碳	全氮	全磷	碱解氮	有效磷	速效钾	可溶性碳	溶解性氮
OC	16.00***	3.80*	20.21***	4.05**	78.88***	22.59***	4.18**	19.77***
B	130.58***	5.11NS	102.33***	17.72***	0.00NS	41.92***	89.94***	1.81NS
$OC\times B$	4.31**	4.97**	8.81***	1.22NS	5.19**	4.40**	1.54NS	0.09NS

与 CK 相比，单施有机调理剂（Y1～Y5）均显著提高土壤有机碳含量（$P<0.05$）；有机调理剂配施生物质炭后，土壤有机碳含量呈增加趋势，其中 Y3 和 Y5 处理显著提高了土壤有机碳含量（$P<0.05$），提高程度分别为 51.5%和 75.5%［图 4－19（a）］。与 CK 相比，仅在有机调理剂配施生物质炭后，Y1～Y5 均显著提高了土壤全氮含量（$P<0.05$）［图 4－19（b）］。与 CK 相比，单施有机调理剂的处理中，仅 Y5 处理显著提高土壤全磷含量 12.5%（$P<0.05$）；有机调理剂配施生物质炭后，土壤全磷含量增加，其中在 Y2～Y5 处理下达显著水平（$P<0.05$）［图 4－19（c）］。与 CK 相比，单施有机调理剂后，Y2～Y5 处理显著提高了土壤碱解氮含量（$P<0.05$）；有机调理剂配施生物质炭后，土壤碱解氮含量呈增加趋势，但所有处理对土壤碱解氮含量均无显著影响（$P<0.05$）［图 4－19（d）］。与 CK 相比，无论是单施有机调理剂还是其配施生物质炭，Y2～Y5 处理均显著提高了土壤有效磷和溶解性氮含量（$P<0.05$）［图 4－19（e）和（h）］；Y2、Y3 和 Y5 处理显著提高了土壤速效钾含量（$P<0.05$）［图 4－19（f）］；除 Y5 处理显著提高了土壤可溶性碳含量 89.4%和 84.7%外，其余处理对土壤可溶性碳均无显著影响［图 4－19（g）］。

（3）土壤碳氮磷计量特征

有机调理剂对土壤 C∶P（$R_{C:P}$）、DOC∶AP（$R_{DOC:AP}$）、C∶N（$R_{C:N}$）和 DN∶AP（$R_{DN:AP}$）有显著（$P<0.05$）或极显著的影响（$P<0.01$）；生物质炭施用对土壤C∶N（$R_{C:N}$）、C∶P（$R_{C:P}$）、DOC∶DN（$R_{DOC:DN}$）和 DOC∶AP（$R_{DOC:AP}$）有极显著影响（$P<0.01$）；有机调理剂配施生物质炭对土壤 C∶N（$R_{C:N}$）、C∶P（$R_{C:P}$）、DOC∶AP（$R_{DOC:AP}$）和 N∶P（$R_{N:P}$）有显著（$P<0.05$）或极显著（$P<0.01$）的交互效应（表 4－24）。

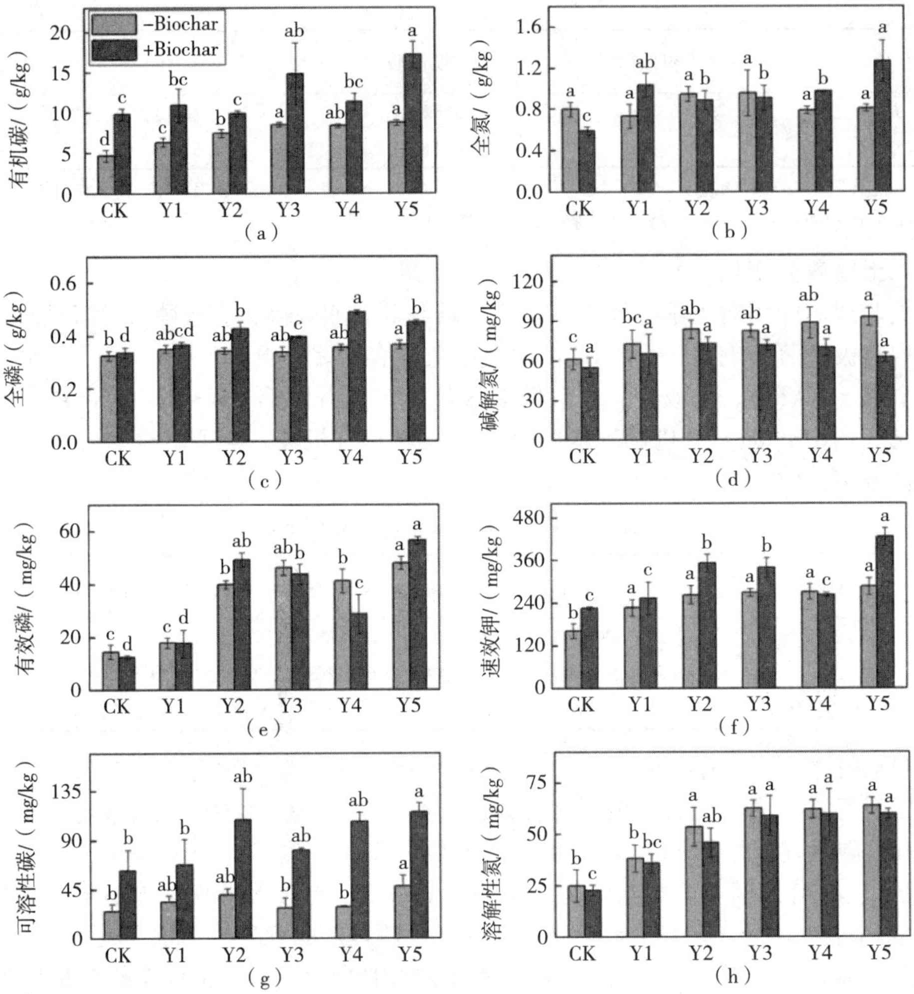

图 4-19　有机调理剂配施生物质炭对土壤养分的影响

表 4-24　土壤碳、氮、磷化学计量特征双因素方差分析

F 值	$R_{C:N}$	$R_{C:P}$	$R_{N:P}$	$R_{DOC:DN}$	$R_{DOC:AP}$	$R_{DN:AP}$
OC	2.85*	13.76***	1.76NS	2.06NS	12.65***	3.83*
B	45.01***	75.19***	1.44NS	37.20***	104.88***	0.04NS
OC×*B*	5.13**	9.18***	3.65*	0.39NS	4.66**	0.98NS

注：$R_{C:N}$、$R_{C:P}$、$R_{N:P}$分别表示土壤总的碳氮比、碳磷比和氮磷比；$R_{DOC:DN}$、$R_{DOC:AP}$、$R_{DN:AP}$分别表示土壤可溶性碳与可溶性氮比、可溶性碳与速效磷比、可溶性氮与速效磷比。下同。

与 CK 相比，单施有机调理剂处理中，Y1、Y3 和 Y5 处理显著提高了土壤 C：N（$P<0.05$），提高程度分别为 49.8%、58.0%和 83.14%；有机调理剂与生物质炭配施后 Y1、Y2 和 Y4 处理显著降低了土壤 C：N（$P<0.05$），降低程度分别为 37.0%、32.5%和 30.3%［图 4-20（a）］。与 CK 相比，仅在有机调理剂配施生物质炭后，Y1 和Y5 处理显著提高了土壤 N：P（$P<0.05$），提高幅度分别为 59.5%和 59.0%

[图 4-20（b）]。与 CK 相比，单施有机调理剂处理中，所有处理均显著提高土壤 C∶P（$P<0.05$）；有机调理剂配施生物质炭后，仅 Y3 和 Y5 处理显著提高了土壤 C∶P 28.9% 和 31.0%（$P<0.05$），Y4 处理降低土壤 C∶P（$R_{C:P}$）28.9% [图 4-20（c）]。与 CK 相比，单施不同用量的有机调理剂后，Y3 和 Y4 处理显著降低了土壤DOC∶DN 62.5% 和 60.1%（$P<0.05$）；有机调理剂配施生物质炭后，所有处理对土壤 DOC∶DN 均无显著影响（$P<0.05$）[图 4-20（d）]。与 CK 相比，单施有机调理剂及其配施生物质炭后，Y2、Y3 和 Y5 处理均显著降低了土壤 DOC∶AP（$P<0.05$）[图 4-20（e）]；而所有处理对土壤 DN∶AP 均无显著影响 [图 4-20（f）]。

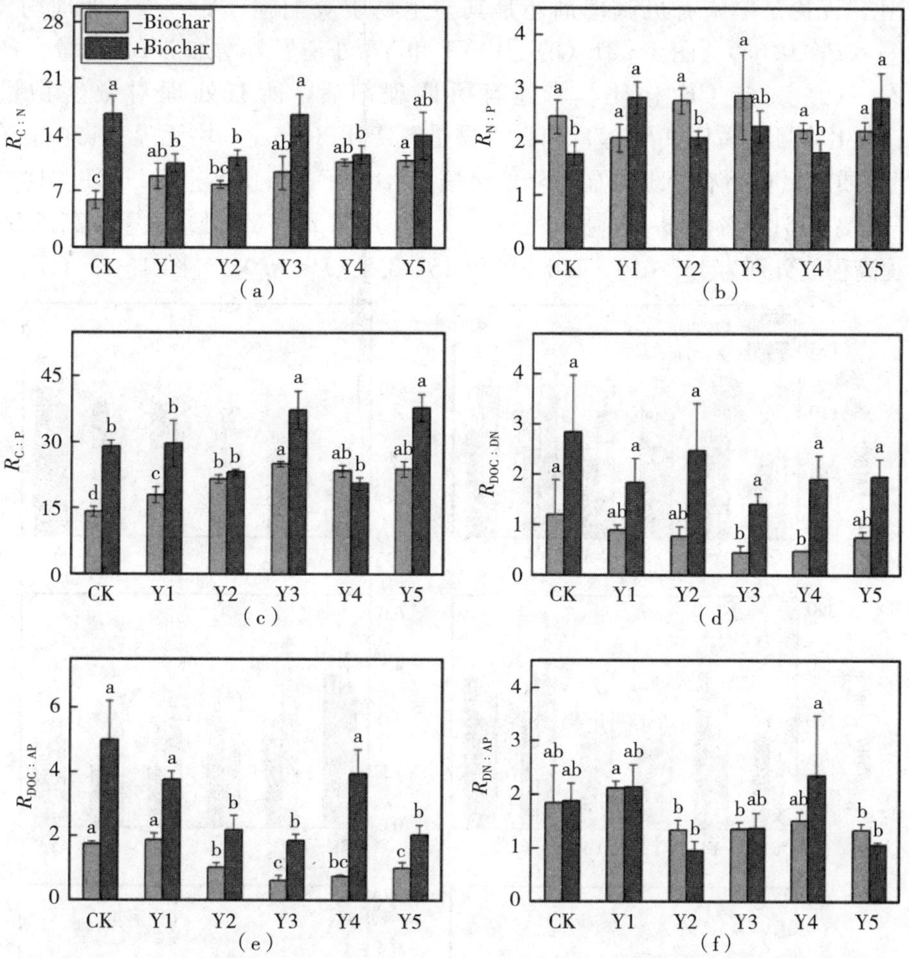

图 4-20　有机调理剂配施生物质炭对土壤碳、氮、磷化学计量特征的影响

2. 生物质炭配施有机调理剂对土壤微生物计量特征的影响

(1) 土壤微生物生物量的变化

有机调理剂施用对 MBN、MBP 和 $B_{N:P}$有极显著影响（$P<0.01$）；生物质炭施用对 MBC、$B_{C:N}$和 $B_{C:P}$有极显著影响（$P<0.01$）；有机调理剂配施生物质炭对 MBP 和 $B_{N:P}$有极显著交互效应（$P<0.01$）（表 4-25）。

表 4-25　微生物量 C、N、P 含量及生态化学计量特征双因素方差分析结果

F 值	MBC	MBN	MBP	$B_{C:N}$	$B_{C:P}$	$B_{N:P}$
OC	2.15NS	21.92***	19.23***	1.58 NS	2.50 NS	5.30**
B	11.50**	3.86 NS	0.23 NS	10.08**	11.39**	0.79 NS
OC×*B*	1.12 NS	1.37 NS	6.01**	1.02 NS	0.72 NS	4.30**

与 CK 相比，单施有机调理剂的所有处理均显著提高 MBC 含量（$P<0.05$），提高程度分别为 19.7%、47.0%、49.1%、96.4%和 78.6%；有机调理剂配施生物质炭后，仅 Y2 和 Y5 处理显著提高 MBC 含量 32.5%和 35.3%（$P<0.05$）［图 4-21（a）］。与 CK相比，无论是单施有机调理剂还是其与生物质炭配施，Y2～Y5 处理均显著提高 MBN 含量（$P<0.05$）［图 4-21（b）］；Y1 和 Y5 处理显著增加 MBP 含量（$P<0.05$）［图 4-21（c）］。与 CK 相比，单施有机调理剂后，所有处理对微生物量碳氮比（$B_{C:N}$）、微生物量碳磷比（$B_{C:P}$）和微生物量氮磷比（$B_{N:P}$）均无显著影响；有机调理剂配施生物质炭后，所有处理均显著降低土壤 $B_{C:N}$（$P<0.05$）［图 4-21（d）］，但 Y2 处理显著提高了 61.5%的 $B_{C:P}$［图 4-21（e）］，并且 Y2～Y4 处理显著提高了 $B_{N:P}$（$P<0.05$），提高程度分别为 155.6%、176.9%和 157.8%（$P<0.05$）［图 4-21（f）］。

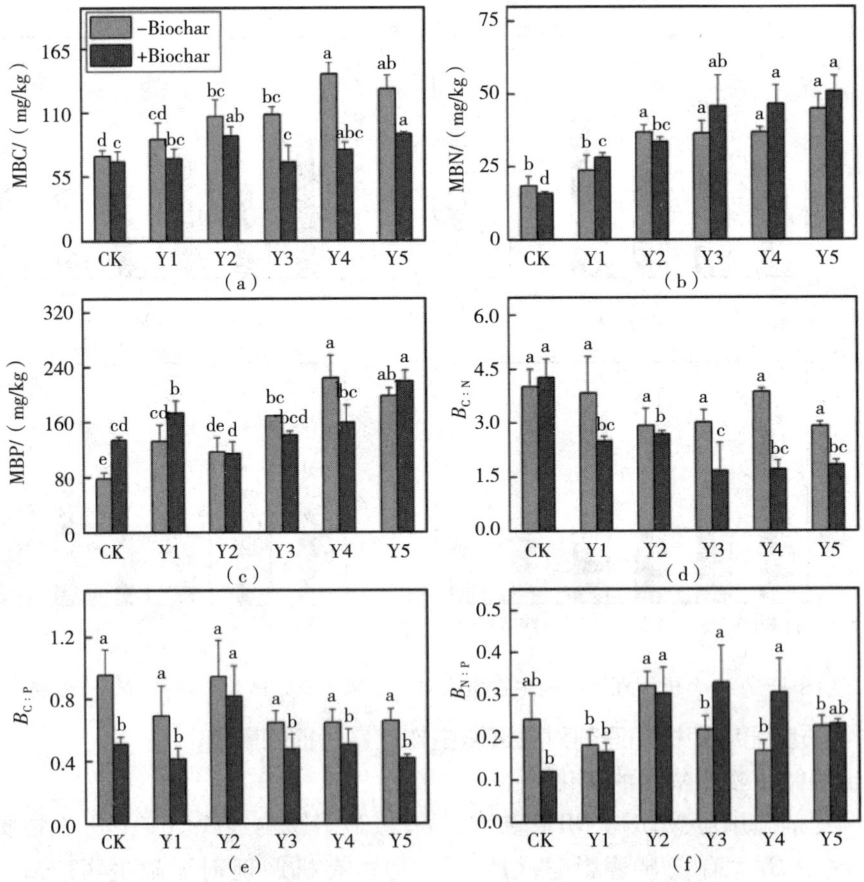

图 4-21　土壤微生物量 C、N、P 含量及生态化学计量特征

(2) 土壤微生物量化学计量特征变化

与CK 相比，有机调理剂施用对 $R_{C:P}/B_{C:P}$、$R_{C:P}/B_{C:P}$、$R_{N:P}/B_{N:P}$、$R_{DOC:AP}/B_{C:P}$和 $R_{DN:AP}/B_{N:P}$有极显著影响（$P<0.01$）；生物质炭施用对 $R_{C:N}/B_{C:N}$、$R_{C:P}/B_{C:P}$、$R_{DOC:DN}/B_{C:N}$和 $R_{DOC:AP}/B_{C:P}$有极显著影响（$P<0.01$）；有机调理剂与生物质炭配施对 $R_{C:P}/B_{C:P}$、$R_{C:P}/B_{C:P}$、$R_{N:P}/B_{N:P}$和 $R_{DOC:AP}/B_{C:P}$有极显著交互效应（$P<0.01$）（表 4-26）。

表 4-26　化学计量失衡特征双因素方差分析结果

F 值	$R_{C:P}/B_{C:P}$	$R_{C:N}/B_{C:N}$	$R_{N:P}/B_{N:P}$	$R_{DOC:DN}/B_{C:N}$	$R_{DOC:AP}/B_{C:P}$	$R_{DN:AP}/B_{N:P}$
OC	7.35***	15.45***	4.27**	0.50 NS	8.13***	11.10***
B	48.99***	132.35***	0.14 NS	66.96***	91.21***	0.40 NS
OC×*B*	4.16**	7.48***	5.35**	1.37 NS	4.03**	2.59 NS

注：$R_{C:N}/B_{C:N}$表示总的资源库 C：N 失衡比值；$R_{C:P}/B_{C:P}$表示总的资源库 C：P 失衡比值；$R_{N:P}/B_{N:P}$表示总的资源库 N：P 失衡比值；$R_{DOC:DN}/B_{C:N}$表示易利用资源 C：N 失衡比值；$R_{DOC:AP}/B_{C:P}$表示易利用资源 C：P 失衡比值；$R_{DN:AP}/B_{N:P}$表示易利用资源 N：P 失衡比值。下同。

与 CK 相比，单施有机调理剂的所有处理均使得总的资源库 C：N 失衡比值（即 $R_{C:N}/B_{C:N}$）显著提高（$P<0.05$），其中 Y5 处理的效果最显著，增幅达 146.0%；有机调理剂配施生物质炭后，仅 Y3 处理使 $R_{C:N}/B_{C:N}$显著提高了 203.1%（$P<0.05$）[图 4-22（a）]。与 CK 相比，单施有机调理剂的处理中，Y1 和 Y3～Y5 处理显著提高了总的资源库 C：P 失衡比值（即 $R_{C:P}/B_{C:P}$）（$P<0.05$），提高程度分别为 81.5%、154.8%、136.9%和 136.7%；有机调理剂配施生物质炭后，Y2 处理下的 $R_{C:P}/B_{C:P}$显著降低了 47.5%（$P<0.05$），而 Y3 和 Y5 显著提高了 $R_{C:P}/B_{C:P}$（$P<0.05$），提高程度分别为 38.4%和 56.8% [图 4-22（b）]。与 CK 相比，单施不同用量有机调理剂后，所有处理对总的资源库 N：P 失衡比值（即 $R_{N:P}/B_{N:P}$）均无显著影响（$P<0.05$）；有机调理剂配施生物质炭后 Y2～Y4 显著降低了 $R_{N:P}/B_{N:P}$（$P<0.05$），降低程度分别为 52.6%、49.5%和 52.5% [图 4-22（c）]。与 CK 相比，单施不同用量有机调理剂后，所有处理对易利用的资源库 C：N 失衡比值（即 $R_{DOC:DN}/B_{C:N}$）、C：P 失衡比值（即 $R_{DOC:AP}/B_{C:P}$）和 N：P 失衡比值（即 $R_{DN:AP}/B_{N:P}$）均无显著影响；有机调理剂配施生物质炭后，Y2、Y3 和 Y5 显著降低了 $R_{DOC:AP}/B_{C:P}$（$P<0.05$）[图 4-22（d）和（e）] 和 $R_{DN:AP}/B_{N:P}$（$P<0.05$）[图 4-22（f）]。

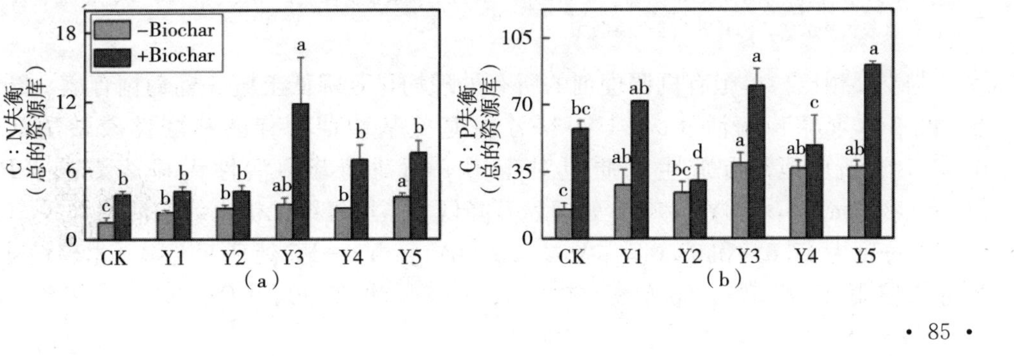

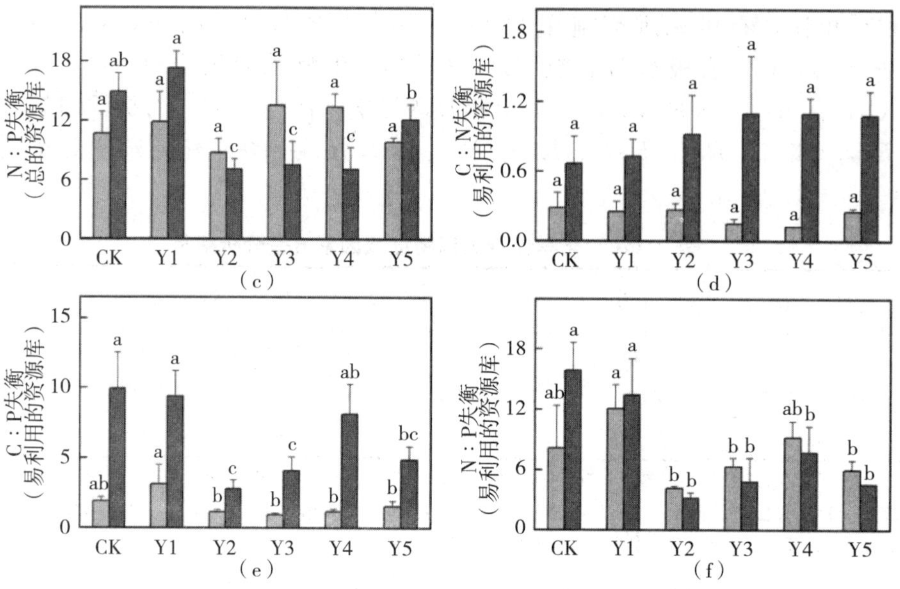

图 4-22　化学计量失衡特征

3. 生物质炭配施有机调理剂对土壤酶活性和微生物状况的影响

（1）有机调理剂配施生物质炭对土壤酶活性的影响

单施有机调理剂对β-葡萄糖苷酶、纤维二糖水解酶、β-木聚糖苷酶、亮氨酸氨基酞酶、β-1,4-*N*-乙酰基氨基葡萄糖苷酶和酸性磷酸酶活性有显著（$P<0.05$）或极显著影响（$P<0.01$）；生物质炭对β-木聚糖苷酶和亮氨酸氨基酞酶活性有极显著影响（$P<0.01$）；有机调理剂配施生物质炭对纤维二糖水解酶和β-*N*-乙酰基氨基葡萄糖苷酶活性有极显著交互作用（$P<0.01$）（表 4-27）。

表 4-27　土壤酶活性双因素方差分析

F 值	BG	CB	XYL	NAG	LAP	PHOS	酶 C∶N	酶 C∶P	酶 N∶P
OC	3.25*	16.86***	17.48***	6.02**	7.77***	11.04***	3.88*	1.75NS	3.30*
B	0.00 NS	1.20 NS	8.41**	0.46 NS	19.89***	3.90 NS	5.24*	0.44 NS	3.71 NS
OC×*B*	1.83 NS	10.42***	1.03 NS	10.37***	0.96 NS	1.59 NS	1.28 NS	1.31 NS	1.09 NS

注：BG，β-葡萄糖苷酶；CB，纤维二糖水解酶；XYL，β-木聚糖苷酶；NAG，β-1,4-*N*-乙酰基氨基葡萄糖苷酶；LAP，亮氨酸氨基酞酶；PHOS，酸性磷酸酶。

与 CK 相比，单施有机调理剂的所有处理均显著降低土壤β-葡萄糖苷酶、纤维二糖水解酶、β-木聚糖苷酶活性、β-1,4-*N*-乙酰基氨基葡萄糖苷酶和酸性磷酸酶活性（$P<0.05$）；有机调理剂配施生物质炭对土壤β-葡萄糖苷酶活性无显著影响（$P<0.05$）[图 4-23（a）]，但 Y2 和 Y5 处理显著降低了土壤纤维二糖水解酶活性（$P<0.05$），降低程度分别为 47.6%和 63.6%[图 4-23（b）]，Y1～Y5 处理下土壤β-木聚糖苷酶活性分别显著降低了 35.5%、56.6%、60.0%、44.1%和 70.4%（$P<0.05$）[图 4-23（c）]，

Y2～Y4 处理显著提高了土壤 β-1,4-*N*-乙酰基氨基葡萄糖苷酶活性（$P<0.05$），提高程度分别为 50.7%、63.7%和 51.3%［图 4-23（e）］，Y3 和 Y5 处理下土壤酸性磷酸酶活性显著降低了 44.6%和 51.9%（$P<0.05$）［图 4-23（f）］。与 CK 相比，无论是单施有机调理剂还是其与生物质炭配施，Y4 和 Y5 处理均显著降低了土壤亮氨酸氨基酞酶活性（$P<0.05$）［图 4-23（d）］。

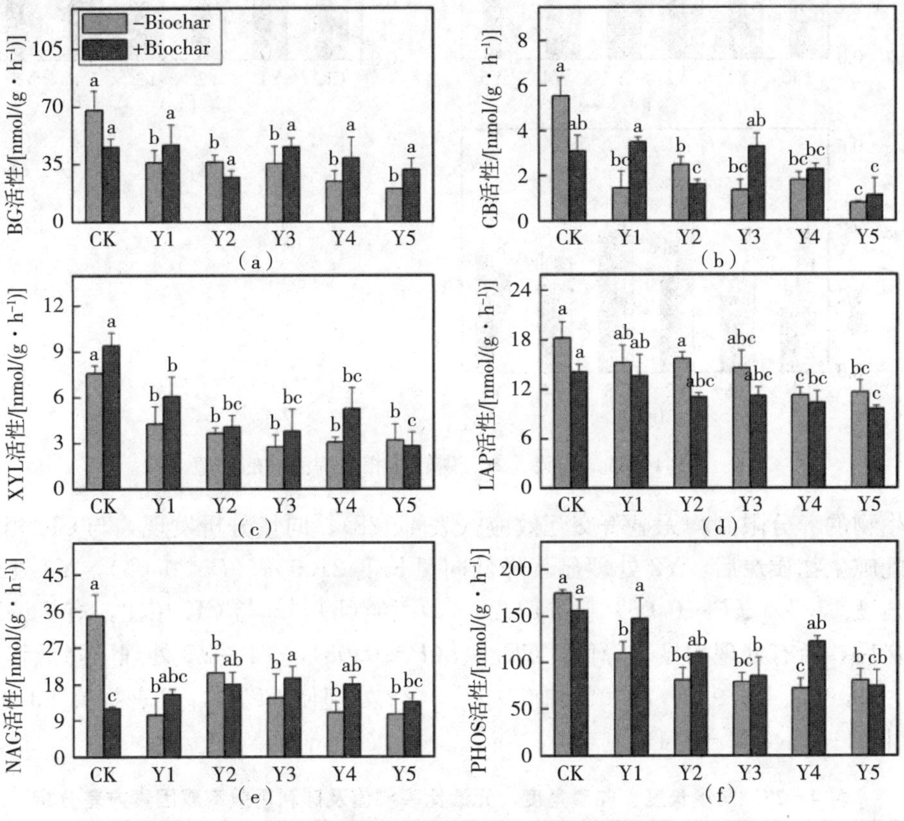

图 4-23　有机调理剂及配施生物质炭对土壤酶活性的影响

(2) 土壤酶计量特征

单施有机调理剂对酶 C∶N 和酶 N∶P 有显著影响（$P<0.05$），生物质炭施用对酶 C∶N 有显著影响（$P<0.05$），有机调理剂配施生物质炭对土壤酶 C∶N、酶 C∶P 和酶 N∶P 无显著交互作用（表 4-27）。与 CK 相比，有机调理剂配施生物质炭后，Y2 处理显著降低了酶 C∶N 46.2%（$P<0.05$）［图4-24（a）］，Y3 处理显著提高了酶C∶P 66.3%（$P<0.05$）［图 4-24（b）］。与 CK 相比，单施有机调理剂的处理中，Y2 处理显著提高了酶 N∶P 52.5%（$P<0.05$）；有机调理剂配施生物质炭后，Y3 和 Y5 处理显著提高了酶 N∶P，提高程度分别为 125.6%和 92.4%（$P<0.05$）［图 4-24（c）］。

4. 生物质炭配施有机调理剂对土壤微生物养分限制状况的影响

有机调理剂施用对向量长度、$TER_{C:N}$和 $CUE_{C:P}$有显著影响（$P<0.05$），生物质炭施用对 $TER_{C:P}$、$CUE_{C:N}$和 $CUE_{C:P}$有极显著影响（$P<0.01$），有机调理剂配施生物质

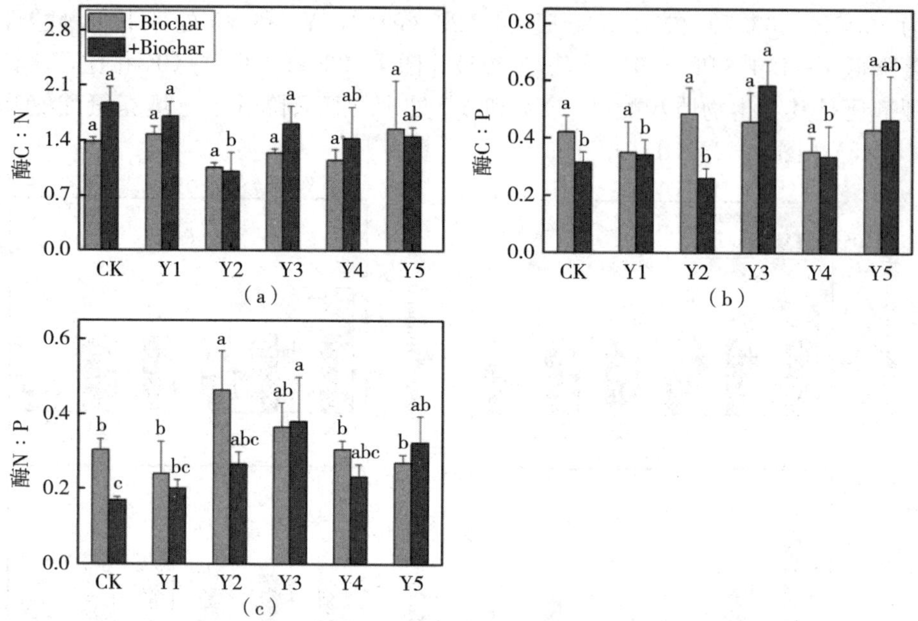

图 4-24　与碳、氮、磷转化相关酶活性的比值

炭对微生物的养分限制均无显著交互效应（表 4-28）。向量分析发现，与 CK 相比，有机调理剂配施生物质炭后，Y2 处理显著降低向量长度 21.9%（$P<0.05$），Y3 处理显著降低向量角度 15.3%（$P<0.05$）[图 4-25（a）和（b）]。与 CK 相比，有机调理剂配施生物质炭后，所有处理均显著降低 $TER_{C:N}$（$P<0.05$），Y1～Y5 处理下降低程度分别为 47.2%、66.9%、65.9%、71.0%和 67.9%，Y2 处理使 $CUE_{C:P}$ 显著提高 83.9%（$P<0.05$）[图 4-25（c）～（f）]。

表 4-28　向量长度、向量角度、元素比率阈值及碳利用效率双因素方差分析

F 值	向量长度	向量角度	$TER_{C:N}$	$TER_{C:P}$	$CUE_{C:N}$	$CUE_{C:P}$
OC	3.79*	2.62 NS	3.46*	2.37 NS	0.73 NS	3.88*
B	1.90 NS	3.07 NS	3.26 NS	13.29**	95.39***	58.57***
OC×*B*	1.43 NS	1.32 NS	1.64 NS	1.03 NS	1.10 NS	1.58 NS

注：$TER_{C:N}$，元素比率阈值（C：N）；$TER_{C:P}$，元素比率阈值（C：N）；$CUE_{C:N}$，碳利用效率（C：N）；$CUE_{C:P}$，碳利用效率（C：P）。下同。

综上所述，有机调理剂配施生物质炭对土壤养分和微生物功能活性具有重要影响。有机调理剂配施生物质炭显著提高了土壤微生物量 C、N、P 含量，显著降低了微生物量 C：N、C：P、N：P，在一定程度上降低了土壤-微生物化学计量之间的不平衡性。有机调理剂配施生物质炭显著降低了 C、N、P 转化相关酶活性，生态酶化学计量学结果也显示，有机调理剂配施生物质炭降低了碳、氮和磷获取酶的活性，降低了向量长度和向量角度，缓解了微生物 N、P 资源限制，同时弥补了单施矿物、有机调理剂造成的 C 限制的不足，

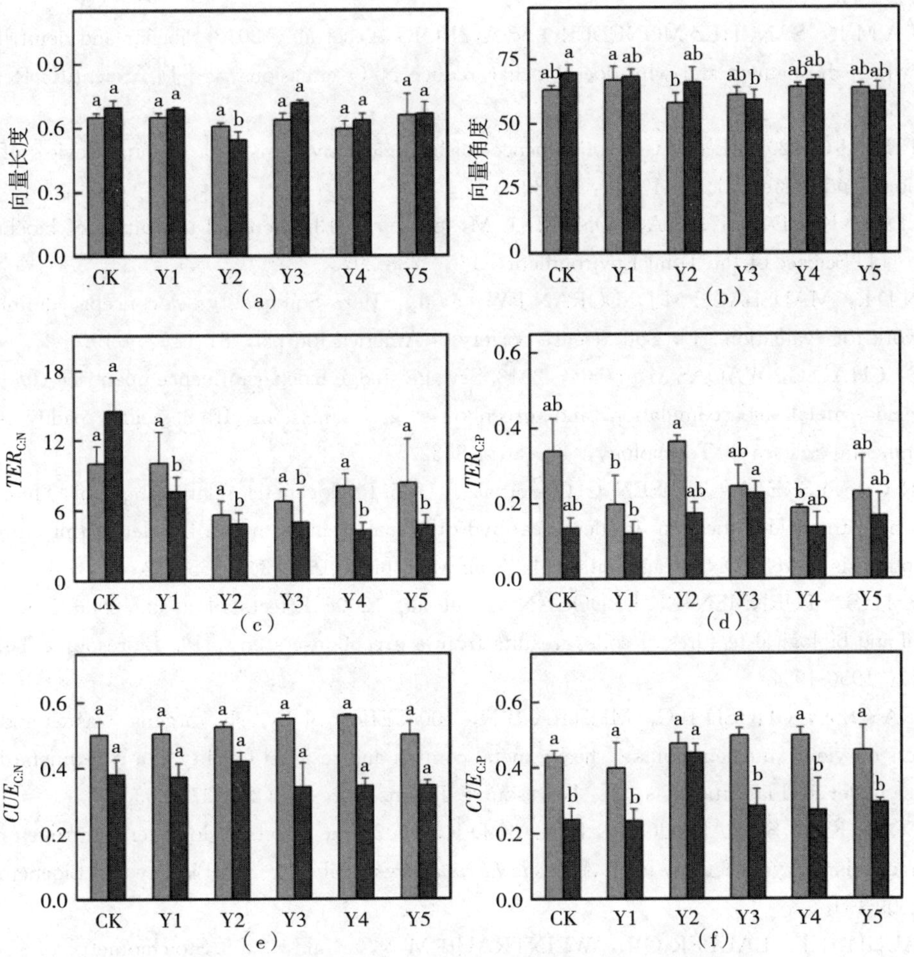

图4-25　向量长度和角度、元素比率阈值及碳利用效率

为微生物生长提供碳源。

参考文献

李庆军，陈玖章，闫颖，2010. 农作物秸秆能源化利用研究探讨［J］. 农业机械，3（S3）：43-45.

鲁如坤，2000. 土壤农业化学分析方法［M］. 北京：中国农业科学技术出版社.

宋佳珅，张晓丽，孔凡磊，等，2021. 生物质调理剂对川西北高寒草地沙化土壤养分和微生物群落特征的影响［J］. 应用生态学报，32（6）：2217-2226.

张俊伶，张江周，申建波，等，2020. 土壤健康与农业绿色发展：机遇与对策［J］. 土壤学报，57（4）：783-796.

AMELOOT N，DE NEVE S，JEGAJEEVAGAN K，et al.，2013. Short-term CO_2 and N_2O emissions and microbial properties of biochar amended sandy loam soils［J］. Soil Biology and Biochemistry. 57：401-410.

BENDER SF，WAGG C，VAN DER HEIJDEN M G A，2016. An underground revolution：Biodiversity and soil ecological engineering for agricultural sustainability［J］. Trends in Ecology & Evolution，31

(6): 440-452.

CAYUELA M L, SÁNCHEZ-MONEDERO M A, ROIG A, et al., 2013. Biochar and denitrification in soils: when, how much and why does biochar reduce N_2O emissions? [J]. Scientific Reports, 3: 1732-1238.

EHRENFELD J G, 2010. Ecosystem consequences of biological invasions [J]. Annual Review of Ecology, Evolution, and Systematics, 41 (1): 59-80.

FARRELL M, KUHN T K, MACDONALD L M, et al., 2013. Microbial utilisation of biochar-derived carbon [J]. Science of the Total Environment, 465: 288-297.

KARLEN D L, MAUSBACH M J, DORAN J W, et al., 1997. Soil quality: A concept, definition, and framework for evaluation [J]. Soil Science Society of America Journal, 61 (1): 4-10.

KHAN S, CHAO C, WAQAS M, et al., 2013. Sewage sludge biochar influence upon rice (*Oryza sativa* L.) yield, metal bioaccumulation and greenhouse gas emissions from acidic paddy soil [J]. Environmental Science & Technology, 47: 8624-8632.

MUYZER G, TESKE A, WIRSEN C O, et al., 1995. Phylogenetic relationships of Thiomicrospira species and their identification in deep-sea hydrothermal vent samples by denaturing gradient gel electrophoresis of 16S rDNA fragments [J]. Arch Microbiol, 164 (3): 165-172.

OZTURK H S, TURKMEN C, ERDOGAN E, et al., 2005. Effects of a soil conditioner on some physical and biological features of soils: results from a greenhouse study [J]. Bioresource Technology, 96 (17): 1950-1954.

RAUTARAY S K, GHOSH B C, MITTRA B N, 2003. Effect of fly ash, organic wastes and chemical fertilizers on yield, nutrient uptake, heavy metal content and residual fertility in a rice-mustard cropping sequence under acid lateritic soils [J]. Bioresource Technology, 90 (3): 275-283.

SAIYA-CORK K R, SINSABAUGH R L, ZAK D R, 2002. The effects of long term nitrogen deposition on extracellular enzyme activity in an *Acer saccharum* forest soil [J]. Soil Biology and Biochemistry, 34 (9): 1309-1315.

SINSABAUGH R L, LAUBER C L, WEINTRAUB M N, et al., 2008. Stoichiometry of soil enzyme activity at global scale [J]. Ecology Letters, 11 (11): 1252-1264.

STERNER R W, ELSER J J, 2002. Ecological stoichiometry: the biology of elements from molecules to the biosphere [J]. Journal of Plankton Research, 25 (9): 1183.

TAKAHASHI T, IKEDA Y, FUJITA K, et al., 2006. Effect of liming on organically complexed aluminum of nonallophanic andosols from northeastern Japan [J]. Geoderma, 130 (1): 26-34.

WARING B G, WEINTRAUB S R, SINSABAUGH R L, 2013. Ecoenzymatic stoichiometry of microbial nutrient acquisition in tropical soils [J]. Biogeochemistry, 117 (1): 101-113.

ZHANG A, CUI L, PAN G, et al., 2010. Effect of biochar amendment on yield and methane and nitrous oxide emissions from a rice paddy from Tai Lake plain, China [J]. Agriculture, Ecosystems & Environment, 139 (4): 469-475.

第5章 粮油作物周年氮养分运筹机制研究

轮作是均衡利用土壤养分、平衡土壤肥力的有效措施。稻—油、稻—麦和稻—稻等周年轮作是浙江省粮油作物的主要种植体系。有研究表明，农作物收获后土壤中仍有一定量的氮素残留，残留量最高可达到当季施氮量的30%。通过水旱轮作，不但可以改善土壤理化性状和养分有效性，而且能发挥前茬施肥的后效，实现土壤养分的高效利用。我国对于轮作周期内养分循环特征和施肥技术开展了长期研究，并提出了“重旱轻水”的肥料管理策略。但是近年来，化肥减施技术研究中重点关注单一作物的化肥减量效应，对于轮作增加养分有效性的研究较少，轮作周期内作物长期化肥减量对土壤养分含量和有效性的影响也不明确。因此，针对粮油作物周年轮作种植体系进行周年肥料减施一体化科学设计，实现复种作物均衡增产和肥料高效利用显得尤为必要。

本章采用常规小区试验和^{15}N示踪微区系统研究轮作周期氮素在作物-土壤系统中的分配比例、回收效率、损失情况及残留肥效对后茬作物产量、营养贡献和耕地质量的影响，明确轮作系统化肥周年投入阈值，以及粮油两熟制养分运筹对作物产量、肥料利用效率和稻米品质的影响。

5.1 单季稻体系氮养分运筹机制及其产量反应

以籼粳杂交稻和常规稻为研究对象，在收集不同区域水稻产量和地上部养分吸收数据的基础上，应用热带土壤肥力的定量评价（quantitative evaluation of the fertility of tropical soils，QUEFTS）模型分别对籼粳杂交稻和常规稻拟合不同目标产量下产量和地上部养分吸收量的关系，比较养分吸收的差异，以期为不同水稻品种养分综合管理提供科学合理的养分吸收参数。

5.1.1 研究区域与方法

1. 试验设计

本节研究采用裂区设计，主处理为肥料，共7个处理，包括5个氮肥梯度处理，即0 kg N/hm^2、150 kg N/hm^2、225 kg N/hm^2、300 kg N/hm^{2}和375 kg N/hm^2，分别记作N_0、N_1、N_2、N_3和N_4，以及缺磷（N_3K）和缺钾（N_3P）处理。副处理为水稻品种，各生育期生长时间和各处理肥料施用量如表5-1和表5-2所示。

表 5-1　4 个品种全生育期生长时间

品种	全生育期时长/d				
	2016 年	2017 年	2018 年	2019 年	2020 年
甬优 12	165	165	166	164	162
甬优 538	163	165	164	162	163
秀水 134	145	146	146	148	145
嘉 58	147	147	146	147	145

表 5-2　各处理肥料用量

处理	施氮量 N /（kg/hm²）	施磷量 P_2O_5/（kg/hm²）	施钾量 K_2O/（kg/hm²）
N_0PK	0	105	180
N_1PK	150	105	180
N_2PK	225	105	180
N_3PK	300	105	180
N_4PK	375	105	180
N_3P	300	105	—
N_3K	300	—	180

2. 计算分析

氮（磷、钾）肥利用率（%）=[施氮（磷、钾）区地上部氮（磷、钾）吸收量－不施氮（磷、钾）区地上部氮（磷、钾）吸收量] / 氮（磷、钾）施用量

氮（磷、钾）偏生产力（kg/kg）= 施氮（磷、钾）区产量 / 氮（磷、钾）施用量

氮转运量（kg/hm²）= 抽穗期秸秆氮吸收量－成熟期秸秆氮吸收量

氮转运贡献率（%）= 氮转运量 / 抽穗至成熟期籽粒氮吸收增加量

5.1.2　水稻产量及其产量构成因子

整体上看，甬优 12 和甬优 538 产量显著高于秀水 134 和嘉 58（$P<0.05$），其中以甬优 12 的产量最高，其次为甬优 538，秀水 134 产量最低（表 5-3）。所有施氮处理的产量均显著高于不施氮处理（N_0PK）（$P<0.05$）。对甬优 12 而言，与 N_0PK 相比，N_1PK、N_2PK、N_3PK、N_4PK、N_3P 和 N_3K 处理的 5 年平均产量分别能增产 40.1%、47.2%、56.5%、63.4%、43.6%和 48.3%；对甬优 538 而言，分别能增产 41.5%、49.6%、57.9%、61.1%、44.4%和 49.1%；对秀水 134 而言，分别能增产 63.5%、84.9%、100.7%、105.9%、65.7%和 76.6%；对嘉 58 而言，分别能增产 52.6%、75.3%、88.0%、83.6%、52.4%和 63.0%。随着施氮量的增加，甬优 12 和秀水 134 这 5 年的产量均随之增加，以 N_4PK 处理的产量最高。甬优 538 试验前 2 年的产量随之增加，以 N_4PK 处理的产量最高，而后 3 年的产量先增加后降低，以 N_3PK 处理产量最高。而嘉 58 这 5 年的产量均先增加后降低，以 N_3PK 处理产量最高。

表 5-3　2016—2020 年不同水稻品种产量

品种	处理	产量/（t/hm²）					
		2016 年	2017 年	2018 年	2019 年	2020 年	平均
甬优 12	N_0PK	8.45 c	6.96 d	7.33 c	6.66 c	5.76 d	7.03 d
	N_1PK	11.51 b	10.39 c	9.50 b	8.81 b	9.07 c	9.85 c
	N_2PK	11.86 b	10.72 bc	9.97 ab	9.41 ab	9.82 ab	10.36 c
	N_3PK	12.67 ab	11.38 ab	11.00 a	9.82 a	10.17 a	11.01 ab
	N_4PK	13.35 a	12.27 a	11.27 a	10.05 a	10.52 a	11.49 a
	N_3P	11.84 b	10.45 bc	10.17 ab	8.86 b	9.18 bc	10.10 c
	N_3K	12.25 ab	10.91 bc	10.30 ab	9.24 ab	9.43 bc	10.43 bc
	平均	11.70 A	10.44 A	9.93 A	8.98 A	9.13 A	10.04 A
甬优 538	N_0PK	7.45 c	7.38 d	7.13 d	6.45 c	4.58 c	6.60 d
	N_1PK	10.99 b	9.72 bc	9.63 c	8.77 b	7.57 b	9.34 c
	N_2PK	11.34 b	9.99 bc	10.20 bc	9.26 ab	8.55 ab	9.87 b
	N_3PK	11.58 ab	10.52 b	11.03 a	9.93 a	9.03 a	10.42 a
	N_4PK	12.35 a	11.49 a	10.67 ab	9.76 a	8.90 a	10.63 a
	N_3P	10.61 b	9.34 c	10.47 ab	8.68 b	8.52 ab	9.53 bc
	N_3K	10.81 b	9.90 bc	10.63 ab	9.10 ab	8.73 a	9.83 b
	平均	10.73 A	9.76 A	9.97 A	8.85 A	7.98 A	9.46 A
秀水 134	N_0PK	3.99 c	4.00 d	3.97 c	4.44 d	3.61 c	4.00 d
	N_1PK	6.38 b	6.32 c	6.71 b	6.48 c	6.81 b	6.54 c
	N_2PK	7.37 ab	7.36 b	7.44 ab	6.97 c	7.84 a	7.40 b
	N_3PK	7.99 a	8.19 a	7.99 a	7.78 ab	8.17 a	8.03 a
	N_4PK	8.04 a	8.45 a	8.13 a	8.06 a	8.50 a	8.23 a
	N_3P	6.72 b	6.79 bc	6.92 b	6.59 c	6.11 b	6.63 c
	N_3K	7.17 ab	7.36 b	7.26 ab	7.18 bc	6.33 b	7.06 b
	平均	6.81 B	6.93 B	6.92 B	6.79 B	6.77 B	6.84 B
嘉 58	N_0PK	4.53 d	4.66 d	4.31 d	4.58 e	3.93 e	4.40 d
	N_1PK	6.80 c	6.38 c	6.69 c	6.53 d	7.19 b	6.72 c
	N_2PK	8.05 b	7.75 ab	7.44 abc	7.44 ab	7.93 ab	7.72 ab
	N_3PK	8.91 a	8.14 a	8.09 a	7.93 a	8.32 a	8.28 a
	N_4PK	8.46 ab	8.12 a	7.78 ab	7.86 a	8.20 a	8.08 a
	N_3P	7.87 b	6.83 c	7.23 bc	6.71 cd	4.90 d	6.71 c
	N_3K	8.22 ab	7.20 bc	7.48 ab	7.24 bc	5.75 c	7.18 bc
	平均	7.55 B	7.01 B	7.00 B	6.90 B	6.60 B	7.01 B

注：同一列不同小写字母表示处理间显著性差异（$P<0.05$，LSD），同一列不同大写字母表示四个品种间显著性差异（$P<0.05$，LSD）。下同。

产量构成因子方面，甬优 12 和甬优 538 的单位面积有效穗随着施氮量的增加而增加，而秀水 134 和嘉 58 的先增加后略微降低（表 5-4）。此外，甬优 12 和甬优 538 的穗粒数显著高于秀水 134 和嘉 58，单位面积有效穗、结实率和千粒重均显著低于常规粳稻（$P<0.05$），所有品种的千粒重处理间均无显著性差异（$P>0.05$）。

表 5-4　2016—2020 年不同水稻品种产量构成因子

品种	处理	有效穗/m^2	穗粒数	结实率/%	千粒重/g
甬优 12	N_0PK	138 d	308 b	85.1 a	21.7 a
	N_1PK	162 c	375 a	83.4 ab	22.1 a
	N_2PK	166 bc	389 a	85.0 a	22.1 a
	N_3PK	184 ab	401 a	81.5 b	22.0 a
	N_4PK	192 a	395 a	83.1 ab	22.2 a
	N_3P	178 abc	373 a	83.8 ab	21.7 a
	N_3K	175 abc	378 a	83.1 ab	22.3 a
	平均	171 B	374 A	83.6 B	22.0 B
甬优 538	N_0PK	141 e	319 b	85.3 a	21.7 a
	N_1PK	168 d	346 ab	82.8 a	21.5 a
	N_2PK	173 cd	355 ab	83.2 a	22.2 a
	N_3PK	187 bc	374 a	81.5 a	21.6 a
	N_4PK	205 a	351 ab	84.2 a	21.3 a
	N_3P	201 ab	335 ab	82.7 a	22.4 a
	N_3K	199 ab	352 ab	83.5 a	21.6 a
	平均	182 B	347 A	83.3 B	21.8 B
秀水 134	N_0PK	166 b	126 b	83.5 c	24.8 a
	N_1PK	274 a	126 b	84.3 bc	25.1 a
	N_2PK	283 a	121 b	91.7 a	26.7 a
	N_3PK	308 a	141 a	87.9 ab	26.8 a
	N_4PK	303 a	136 ab	88.8 a	26.2 a
	N_3P	286 a	126 ab	87.5 abc	26.8 a
	N_3K	273 a	130 ab	88.1 ab	25.1 a
	平均	270 A	129 B	87.4 A	25.9 A
嘉 58	N_0PK	179 c	128 b	86.4 ab	24.9 a
	N_1PK	274 b	131 b	86.9 ab	24.2 a
	N_2PK	292 ab	134 ab	87.1 ab	24.6 a
	N_3PK	318 a	131 b	88.5 a	24.6 a
	N_4PK	315 a	136 ab	88.1 a	25.1 a
	N_3P	294 ab	129 b	89.0 a	24.6 a
	N_3K	276 b	150 a	81.2 b	24.4 a
	平均	278 A	134 B	86.8 A	24.6 A

5.1.3　水稻地上部干物质积累

2017 年和 2018 年，甬优 12 与甬优 538 的地上部干物质积累量高于秀水 134 和嘉

58（图 5－1 和图 5－2）。2017 年，4 个品种所有施氮处理的地上部干物质积累量均显著高于不施氮处理（N_0PK）（$P<0.05$）。2017 年和 2018 年，甬优 12 与秀水 134 在所有生育期的地上部干物质积累量均随着施氮量的增加而增加，以 N_4PK 处理的地上部干物质最高。嘉 58 在所有生育期的地上部干物质积累量均呈先增加后下降的趋势，以 N_3PK 处理的最高。2018 年，甬优 538 在所有生育期的地上部干物质积累量均随着施氮量的增加而增加；2017 年，其在所有生育期的地上部干物质积累量呈先增加后下降趋势。

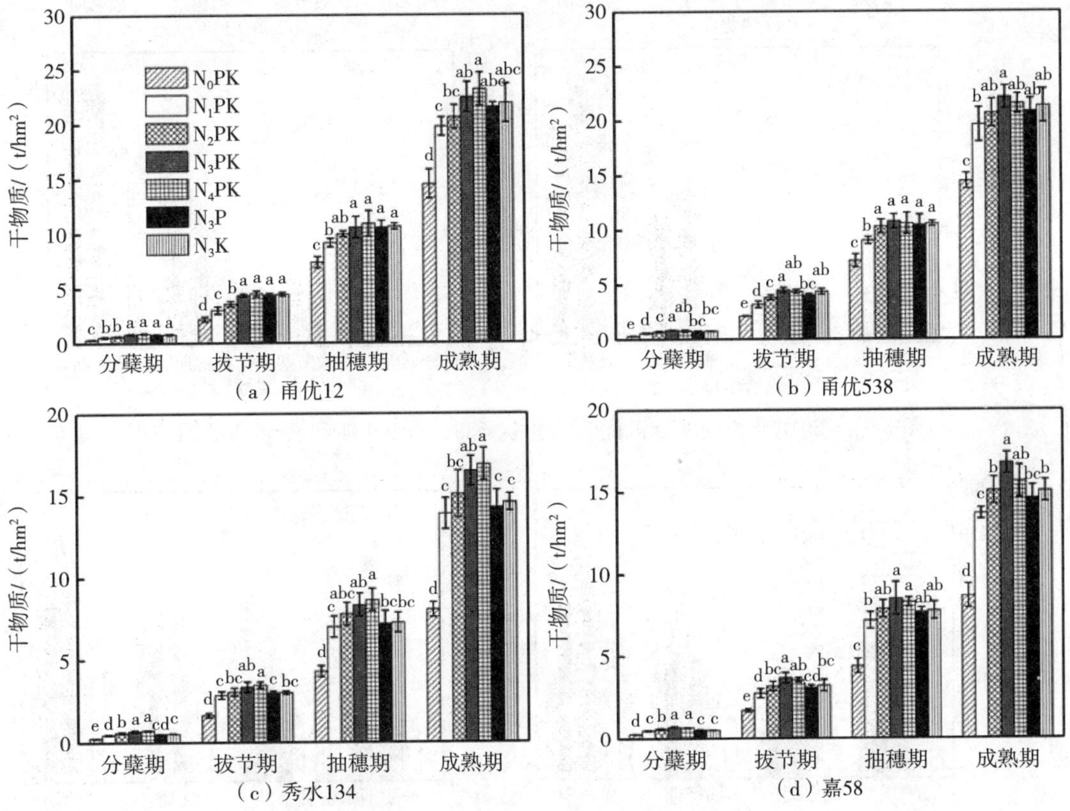

图 5－1　2017 年不同时期甬优 12、甬优 538、秀水 134 和嘉 58 干物质积累

注：同时期不同小写字母表示处理间显著性差异（$P<0.05$，LSD）。下同。

甬优 12 和甬优 538 在 2017 年和 2018 年的地上部氮吸收量高于秀水 134 和嘉 58（图 5－3和图 5－4）。除了 2018 年甬优 12 的拔节期，4 个品种所有施氮处理的地上部氮吸收量均显著高于不施氮处理（N_0PK）（$P<0.05$）。4 个品种在所有生育期的地上部氮吸收量均随着施氮量的增加而增加，以 N_4PK 处理的最高。2017 年，除了嘉 58 的分蘖期和抽穗期，其余生育期中 N_4PK 处理地上部氮吸收量显著高于其余处理（$P<0.05$）。2018 年，甬优 12 分蘖期、抽穗期和成熟期及秀水 134 抽穗期的 N_4PK 处理地上部氮吸收量显著高于其余处理（$P<0.05$）。

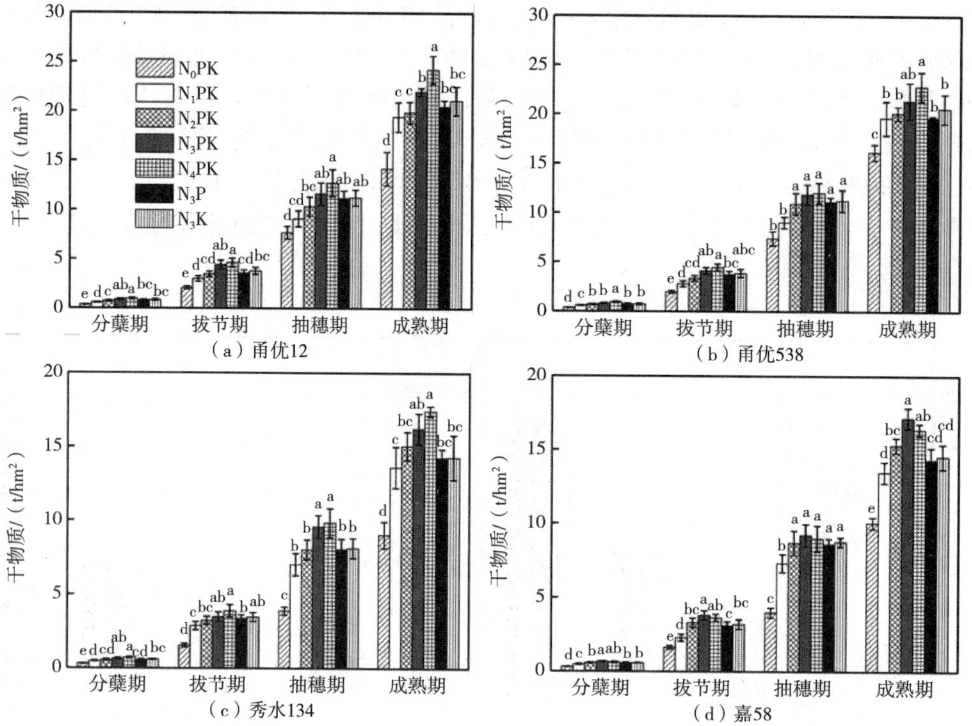

图 5－2　2018 年不同时期甬优 12、甬优 538、秀水 134 和嘉 58 干物质积累

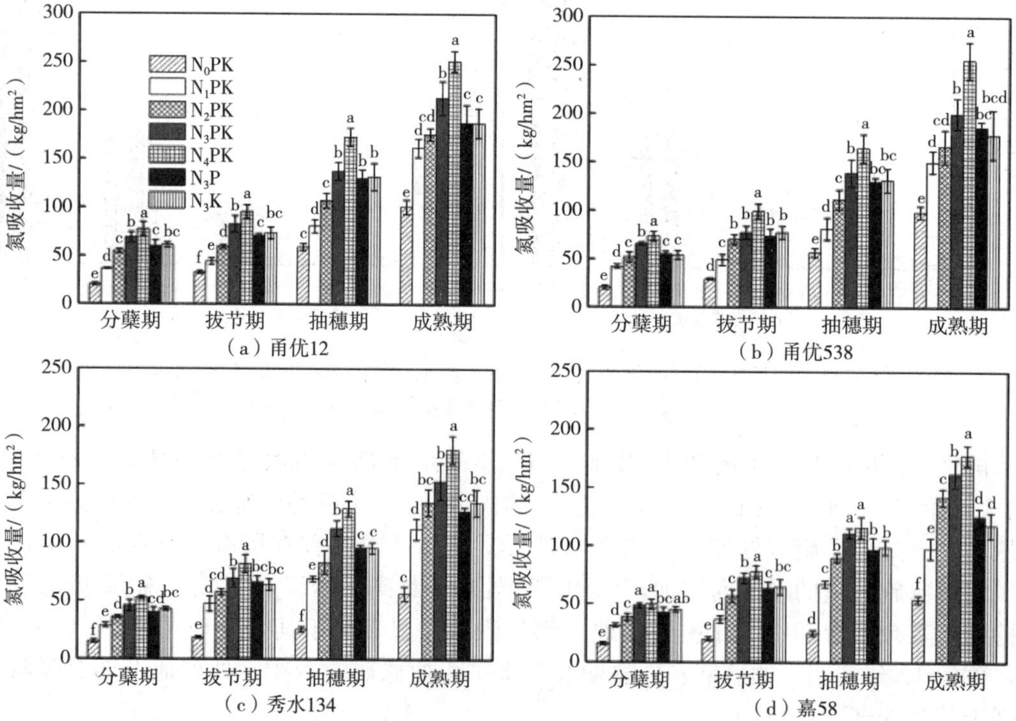

图 5－3　2017 年不同时期甬优 12、甬优 538、秀水 134 和嘉 58 氮吸收量

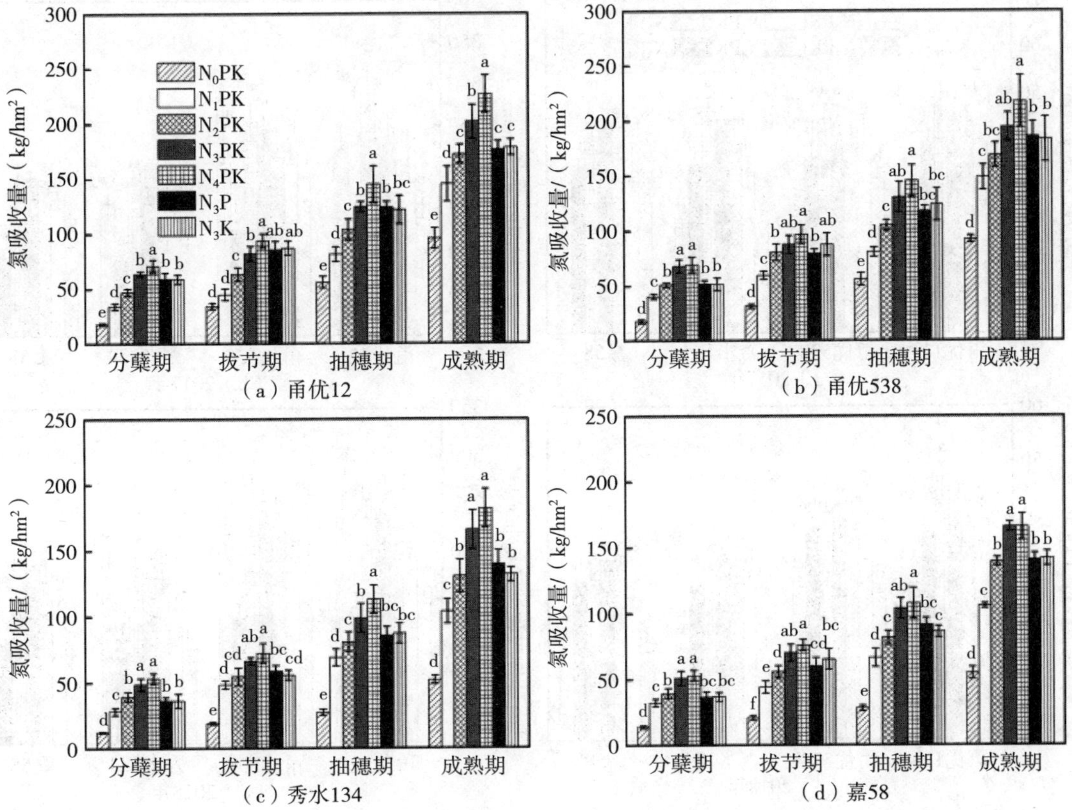

图 5-4　2018 年不同时期甬优 12、甬优 538、秀水 134 和嘉 58 氮吸收量

2017 年和 2018 年，甬优 12 与甬优 538 的地上部磷和钾吸收量均高于秀水 134 和嘉 58（图 5-5）。4 个品种的 N_0PK 和 N_3K 处理的磷吸收量均显著低于其余处理，并且 N_0PK和 N_3P 处理的钾吸收量均显著低于其余处理（$P<0.05$）。对于磷吸收量而言，2017 年和 2018 年，甬优 12 和甬优 538 均随着施氮量的增加而增加，以 N_4PK 处理的最高，而嘉 58 先增加后降低，以 N_3PK 处理的最高。2017 年，秀水 134 的磷吸收量随着施氮量的增加而增加，2018 年，其呈现先增加后降低趋势。对于钾吸收量而言，随着施氮量的增加，2017 年和 2018 年，甬优 12、甬优 538 和秀水 134 均随之增加，以 N_4PK 处理的最高，而嘉 58 先增加后降低，以 N_3PK 处理的最高。

2017 年和 2018 年，甬优 12、甬优 538 和秀水 134 的氮素转运量随着施氮量的增加而增加（表 5-5）。2017 年，嘉 58 的氮素转运量随着施氮量的增加而先增加后降低，2018 年，其随着施氮量的增加而增加。甬优 12 和甬优 538 的处理间平均转运量显著高于秀水 134 和嘉 58（$P<0.05$），而 4 个品种的处理间平均转运贡献率无显著性差异（$P<0.05$）。

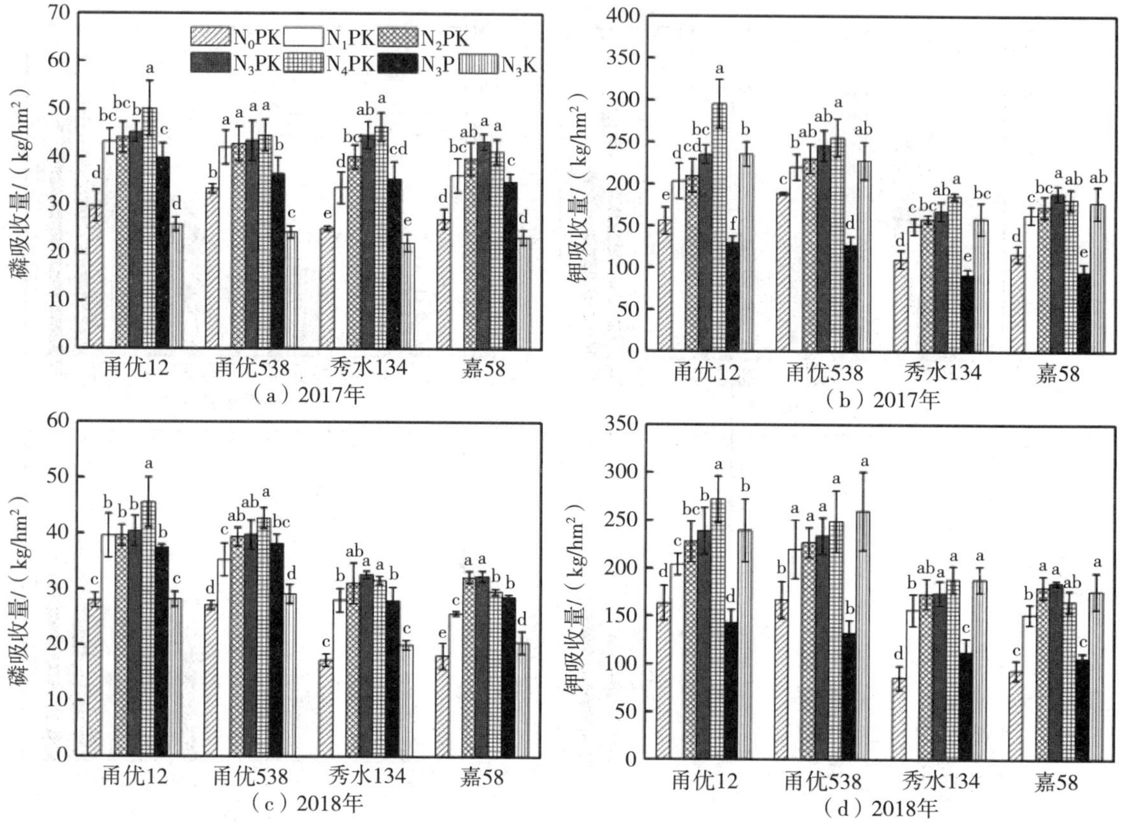

图 5-5　2017 年和 2018 年成熟期甬优 12、甬优 538、秀水 134、嘉 58 的磷吸收量和钾吸收量

表 5-5　2017 年和 2018 年不同水稻品种抽穗至成熟氮转运量和转运贡献率

品种	处理	氮转运量/（kg/hm^2）		氮转运贡献率/%	
		2017 年	2018 年	2017 年	2018 年
甬优 12	N$_0$PK	20.7 c	25.8 c	33.4 bc	39.4 c
	N$_1$PK	31.2 bc	25.0 c	27.9 c	28.2 bc
	N$_2$PK	51.9 ab	36.3 bc	43.1 abc	34.6 abc
	N$_3$PK	57.0 ab	41.6 abc	42.8 abc	35.0 abc
	N$_4$PK	67.3 a	45.9 ab	46.1 abc	35.9 abc
	N$_3$P	63.9 a	55.5 a	52.5 ab	51.3 a
	N$_3$K	69.6 a	50.7 ab	55.5 a	47.2 ab
	平均	51.7 A	40.1 A	43.1 A	38.8 A

（续）

品种	处理	氮转运量/（kg/hm²）		氮转运贡献率/%	
		2017 年	2018 年	2017 年	2018 年
甬优 538	N_0PK	21.2 b	22.8 c	33.7 bc	38.6 ab
	N_1PK	27.4 b	25.3 c	28.5 c	27.2 a
	N_2PK	50.0 a	38.4 b	47.8 abc	37.6 ab
	N_3PK	61.3 a	50.2 a	50.0 ab	44.0 a
	N_4PK	63.4 a	51.0 a	41.0 abc	41.4 a
	N_3P	61.0 a	45.6 ab	51.9 ab	40.2 a
	N_3K	63.3 a	50.2 a	57.2 a	45.8 a
	平均	49.7 A	40.5 A	44.3 A	39.3 A
秀水 134	N_0PK	4.0 e	9.9 b	11.7 d	29.0 a
	N_1PK	26.2 d	29.7 a	37.8 c	46.0 a
	N_2PK	32.8 cd	29.7 a	38.8 bc	37.3 a
	N_3PK	54.6 a	35.3 a	57.5 ab	34.5 a
	N_4PK	54.9 a	38.5 a	51.9 abc	35.8 a
	N_3P	48.9 ab	29.0 a	60.7 a	34.7 a
	N_3K	41.7 bc	38.9 a	51.5 abc	46.5 a
	平均	37.6 B	30.1 B	44.3 A	37.7 A
嘉 58	N_0PK	3.8 d	10.0 e	11.7 d	27.5 b
	N_1PK	24.9 c	28.4 d	45.0 bc	42.0 a
	N_2PK	35.6 bc	30.3 cd	40.7 c	34.4 ab
	N_3PK	44.6 ab	35.5 abc	46.7 bc	36.4 ab
	N_4PK	38.5 bc	41.0 a	38.5 c	41.4 a
	N_3P	48.2 ab	37.5 ab	63.1 ab	43.2 a
	N_3K	58.0 a	33.6 bcd	75.3 a	37.6 a
	平均	36.2 B	30.9 B	45.9 A	37.5 A

5.1.4　水稻氮（磷、钾）肥利用率和偏生产力

2017 年和 2018 年，甬优 12、甬优 538、秀水 134、嘉 58 的氮肥利用率和磷肥利用率均无显著性差异（表 5-6）（$P<0.05$），分别以甬优 12 和秀水 134 最高，2017 年分别为 37.5%和 21.4%，2018 年分别为 37.5%和 12.0%。2017 年和 2018 年的钾肥利用率均是以甬优 538 最高，分别为 66.0%和 56.5%，并且 2018 年显著高于秀水 134 和嘉 58（$P<0.05$）。对偏生产力来说，甬优 12 和甬优 538 显著高于秀水 134 和嘉 58

（$P<0.05$）。

表 5-6 2017 年和 2018 年施氮量 300 kg/hm² 水平下四个品种肥料利用率和偏生产力

品种	氮肥利用率（%）	磷肥利用率（%）	钾肥利用率（%）	氮偏生产力（kg/kg）	磷偏生产力（kg/kg）	钾偏生产力（kg/kg）
			2017 年			
甬优 12	37.5 a	18.3 a	58.9 ab	37.9 a	108.4 a	63.2 a
甬优 538	33.9 a	18.2 a	66.0 a	35.1 a	100.2 a	58.4 a
秀水 134	32.2 a	21.4 a	42.2 b	27.3 b	78.0 b	45.5 b
嘉 58	35.7 a	19.0 a	52.1 ab	27.1 b	77.5 b	45.2 b
			2018 年			
甬优 12	37.5 a	11.6 a	53.3 ab	36.7 a	104.8 a	61.1 a
甬优 538	33.9 a	10.1 a	56.5 a	36.8 a	105.1 a	61.3 a
秀水 134	32.2 a	12.0 a	34.3 c	26.6 b	76.1 b	44.4 b
嘉 58	35.7 a	11.3 a	43.7 bc	27.0 b	77.1 b	45.0 b

总之，不同施氮量显著影响籼粳杂交稻和常规稻产量、地上部干物质重及养分吸收量。从 5 年平均产量来看，甬优 12、甬优 538 和秀水 134 的产量随着施氮量的增加而增加，在施氮量为 375 kg/hm² 时最高，但是与 300 kg/hm² 水平下的产量无显著性差异。而嘉 58 的产量先增加后有所下降，在施氮量为 300 kg/hm² 时最高。因此，4 个品种的适宜施氮量为 300 kg/hm²。相比于秀水 134 和嘉 58，甬优 12 和甬优 538 具有更高的产量，主要是因为杂种优势、更长的生育期和更多的穗粒数，同时其还具有更高的地上部干物质重及氮、磷和钾吸收量，并且甬优 12 和甬优 538 的肥料偏生产力显著高于秀水 134 和嘉 58。

5.2 双季稻轮作体系周年氮养分运筹机制及其产量反应

5.2.1 研究区域和方法

本节研究采用田间小区和 ^{15}N 微区试验相结合的方式，通过测定不同施氮量下水稻的产量、氮素吸收和利用效率及土壤氮素盈余等指标，以期达到如下目的：①评估水稻产量和氮素吸收对不同施氮量的响应特征；②研究不同施氮量下水稻-土壤系统氮素吸收利用、损失和残留特征；③利用表观氮素平衡和 ^{15}N 标记分析计算同步提高双季稻产量和氮肥利用效率的最佳氮肥施用量，以期为双季稻轮作体系适宜氮肥管理提供理论与技术支撑。

1. 试验设计

水稻品种为中早 39（早稻）和天优华占（晚稻）。早稻季包括 6 个不同施氮量处理：不施氮肥（N_0）、90 kg N/hm²（N_{90}）、120 kg N/hm²（N_{120}）、150 kg N/hm²（N_{150}）、180 kg N/hm²（N_{180}）和 210 kg N/hm²（N_{210}），晚稻季包括不施氮肥（N_0）、120 kg N/hm²（N_{120}）、160 kg N/hm²（N_{160}）、200 kg N/hm²（N_{200}）、240 kg N/hm²（N_{240}）和 280 kg N/hm²（N_{280}）。氮肥按照基肥、分蘖肥和穗肥 40%、30%、30%比例施用；早稻和晚稻磷肥施用

量分别为 75 kg P_2O_5/hm^2 和 90 kg P_2O_5/hm^2，作为基肥一次性施用；早稻和晚稻钾肥施用量分别为 60 kg K_2O/hm^2 和 120 kg K_2O/hm^2，作为基肥和穗肥分两次等量施用（50：50）（Cao et al.，2023）。

氮输入监测：大气干湿氮沉降采用 Φ150 mm 降尘筒收集，按照《环境空气　降尘的测定　重量法》（GB/T 15265—94）所述的方法。利用安装在灌溉管道内的流量计（LXSG-50 型流量计，上海水表制造厂）对灌溉水进行控制和监测（Ju et al.，2007）。氮输入总量为干湿沉降和灌溉水中氮含量之和。

^{15}N 同位素示踪：采用直径 50 cm、高度 60 cm 的 PVC 塑料管模拟 ^{15}N 标记微区试验，研究标记 ^{15}N 肥料氮在水稻-土壤系统中流向及其对水稻氮营养贡献（Kaštovská，Šantrucková，2011）。

2. 计算分析

（1）水稻-土壤系统氮素表观平衡

基于表观氮平衡原理计算土壤氮输入和输出（Ju et al.，2006）。根据式（5-1）计算各土层的无机氮累积量（N_{IN}）：

$$N_{IN} = \sum_{i=1}^{n} S_T \times S_{BD} \times N_C / 10 \tag{5-1}$$

式（5-1）中，S_T 为土层厚度（cm）；S_{BD} 为土壤容重（g/cm^3），0～20 cm 为 1.32 g/cm^3，20～40 cm 为 1.35 g/cm^3，40～60 cm 为 1.39 g/cm^3，60～80 cm 为 1.41 g/cm^3，80～100 cm 为 1.43 g/cm^3；N_C 表示不同土层土壤 NO_3^--N 和 NH_4^+-N（mg/kg）含量；n 表示0～20 cm、20～40 cm、40～60 cm、60～80 cm 和 80～100 cm 5 个土层剖面。

$$N_{mine} = N_{uptake} + N_{residual} - N_{initial} \tag{5-2}$$

式（5-2）中，N_{mine} 为氮表观矿化量，是指未施氮处理土壤中的氮矿化量；N_{uptake} 为水稻收获时测定的地上部吸氮量；$N_{residual}$ 和 $N_{initial}$ 分别为收获后和播种前 0～100 cm 土层的 N_{IN} 总量。

$$N_{input}\ (N_{input}) = N_{fertilizer} + N_{initial} + N_{mine} + N_{deposition} + N_{irrigation} \tag{5-3}$$

式（5-3）中，N_{input} 表示早稻季或晚稻季不同氮输入途径氮总量；$N_{fertilizer}$ 表示施入肥料氮量；$N_{deposition}$ 表示大气干湿沉降氮源；$N_{irrigation}$ 表示灌溉水中氮源。

表观氮损失量（apparent N loss，N_{loss}）$= N_{input} - N_{uptake} - N_{residual}$　（5-4）

表观氮残留率（apparent N residual rate,%）＝（$N_{residual}$ in $N_N - N_{residual}$ in N_0）/$N_N \times 100$　（5-5）

表观氮损失率（apparent N loss rate,%）＝（N_{loss} in $N_N - N_{loss}$ in N_0）/$N_N \times 100$　（5-6）

表观氮回收率（apparent N recovery rate,%）＝（$U_N - U_0$）/$N_N \times 100$　（5-7）

式（5-7）中，N_{loss} 表示早季或晚季的氮素损失量；N_N 表示施氮量；U_N 和 U_0 分别表示施氮处理和未施氮处理的水稻地上部氮素吸收量。N_{input}、N_{uptake} 和 $N_{residual}$ 由上述公式计算得到。

（2）氮素利用率

氮肥利用率的各参数，即氮回收利用率（nitrogen recovery efficiency，*NRE*）、氮农学利用率（nitrogen agronomy efficiency，*NAE*）、氮肥偏生产力（N partial factor productivity of applied N，*NPFP*）和氮肥生理利用率（nitrogen physiological efficiency，*NPE*），参照 Pan 等（2017）的方法进行计算。

$$NRE\ (\%) = (G_N - G_0)\ /N_N \times 100 \tag{5-8}$$

$$NAE\ (kg/kg) = (Y_N - Y_0)\ /N_N \times 100 \tag{5-9}$$

$$NPFP\ (kg/kg) = Y_N/N_N \times 100 \tag{5-10}$$

$$NPE\ (kg/kg) = (Y_N - Y_0)\ /\ (N_N - N_0) \times 100 \tag{5-11}$$

式[(5-8)～(5-11)]中，G_N和G_0分别表示施氮处理和不施氮处理水稻籽粒吸氮量；N_N（kg N/hm^2）为各处理施氮量；Y_N和Y_0（kg/hm^2）分别表示施氮处理和不施氮处理籽粒产量。

水稻吸收氮素来源于氮肥和土壤的比例，采用 Hauck 和 Bremner（1976）、Shi 等（2012）的方法计算。

$$N_{dff}\ (kg\ N/hm^2) = N_T \times (A_{rice} - A_0)\ /\ (A_F - A_0) \tag{5-12}$$

$$N_{dfs}\ (kg\ N/hm^2) = N_{uptake} - N_{dff} \tag{5-13}$$

$$^{15}N\ recovery\ efficiency\ (\%) = N_{dff}/N_{rate} \times 100 \tag{5-14}$$

$$^{15}N\ residual\ rate\ (\%) = W_{soil} \times N_{soil} \times (A_{soil} - A_0)\ /N_{rate} \times 100 \tag{5-15}$$

$$^{15}N\ loss\ rate\ (\%) = 100 - {}^{15}N\ recovery\ efficiency - {}^{15}N\ residual\ rate \tag{5-16}$$

$$N_{dff}\,contribution\ (\%) = (A_s - A_0)\ /\ (A_F - A_0) \times 100 \tag{5-17}$$

$$N_{dfs}\,contribution\ (\%) = 100 - N_{dff}\,contribution \tag{5-18}$$

式[(5-12)～(5-18)]中，N_{dff}和N_{dfs}分别表示来自肥料和土壤的水稻氮吸收量；N_T表示水稻籽粒或地上部 N 含量；W_{soil}和 N_{soil}分别表示 0～100 cm 各土层土壤重量及其对应的土壤 N 含量；A_{rice}和 A_{soil}分别表示水稻植株和土壤的^{15}N 原子丰度值；A_0表示未施氮处理植株^{15}N 原子丰度的平均值，本试验为 0.366 atom%；A_F表示供试^{15}N-尿素的^{15}N 原子百分比（20.32%）。

（3）模型分析

通过二次模型和线性-平台模型模拟施氮量与不同氮素利用指标的关系，计算最佳施氮量（Schmidt et al.，2002；Xu et al.，2022）。二次模型方程如下：

$$y = ax^2 + bx + c \tag{5-19}$$

式（5-19）中，y 表示水稻产量（或氮素利用效率、氮素吸收量、土壤氮损失率、氮素残留率、^{15}N 贡献率）；x 表示施氮量（kg N/hm^2）。

线性-平台模型方程如下：

$$y = \begin{cases} ax + b(x < C) \\ P(x > C) \end{cases} \tag{5-20}$$

式（5-20）中，y 表示水稻产量（或氮素吸收量、土壤氮素损失率、氮素残留率、^{15}N 贡献率），x 表示施氮量（kg/hm^2）；a 表示斜率；b 表示截距；C 表示直线与平台的交点，P 为平台指标。参数 C 和 P 分别表示产生最大籽粒产量（或氮素吸收量、土壤氮素损失率、氮素残留率、^{15}N 贡献率）所需的最低施氮量及其对应值。

5.2.2 水稻产量和氮素利用率

水稻产量受施氮量影响差异显著（表 5-7，$P<0.05$），2020 年和 2021 年早稻产量

分别为 6 256.5～7 726.5 kg/hm²、6 523.5～8 044.5 kg/hm²，晚稻产量分别为6 001.5～7 551.0 kg/hm² 和 6 723.0～8 382.0 kg/hm²。早稻季 0～180 kg/hm² 和晚稻季 0～200 kg/hm²施氮量范围内，水稻产量和有效穗数随施氮量的增加而增加，但超过此范围不再显著增加。同时，年份及其与施氮量的交互作用对水稻籽粒产量、千粒重和灌浆速率均无显著影响。

表 5-7　早稻和晚稻产量及其产量构成因子

处理			产量/(kg/hm²)	有效穗/(×10⁴)	穗粒数	千粒重/g	结实率/%
2020 年	早稻	N_0	6 256.5c	9.2c	142.1b	27.3a	84.5a
		N_{90}	7 461.0b	11.2b	152.5b	28.4a	84.5a
		N_{120}	7 510.5b	11.0b	144.3b	28.5a	88.9a
		N_{150}	7 518.0b	11.3b	180.5a	27.6a	87.3a
		N_{180}	7 753.5a	11.4b	177.5a	27.3a	85.6a
		N_{210}	7 726.5a	13.2a	177.9a	27.3a	84.3a
	晚稻	N_0	6 001.5c	9.8c	198.6c	23.0a	83.1a
		N_{120}	6 901.5b	11.4b	194.2c	22.2bc	82.6a
		N_{160}	7 122.0b	11.7b	214.5a	22.2bc	83.1a
		N_{200}	7 456.5a	12.0ab	212.8a	22.6b	82.9a
		N_{240}	7 477.5a	12.7a	208.3ab	21.8c	78.5b
		N_{280}	7 551.0a	12.1ab	206.2b	22.7ab	78.6b
2021 年	早稻	N_0	6 523.5c	10.4c	150.9b	28.0ab	85.8a
		N_{90}	7 761.0b	12.6ab	161.9b	29.1a	85.7a
		N_{120}	7 797.0b	12.4b	153.3b	29.0ab	90.2a
		N_{150}	7 794.0b	12.7ab	191.7a	28.2ab	86.8a
		N_{180}	8 044.5a	12.8a	188.5a	27.9b	88.6a
		N_{210}	8 031.0a	13.1a	188.9a	27.9b	85.6a
	晚稻	N_0	6 723.0c	10.9c	210.8b	22.8a	81.5a
		N_{120}	7 522.5b	13.0b	205.4b	22.3a	79.3ab
		N_{160}	8 049.0b	12.8b	227.2a	22.4a	75.1b
		N_{200}	8 277.0a	13.5ab	226.7a	22.6a	79.9ab
		N_{240}	8 149.5ab	14.3a	221.1a	22.2a	75.8b
		N_{280}	8 382.0a	13.6ab	218.5ab	22.6a	80.5a
ANOVA	施氮量（N）		*	**	*	ns	ns
	年份（Y）		ns	ns	*	ns	ns
	N×Y		ns	*	*	ns	ns

注：每列数据代表平均值加标准差（$n=3$）。ns 代表不显著，* 和**分别代表在 $P<0.05$ 和 $P<0.01$ 水平上差异显著。不同小写字母表示各栽培季处理间差异显著（$P<0.05$）。下同。

双季稻种植体系下 NRE 变化范围为 19.0%～42.3%和 17.9%～36.3%，NAE 变化范围为 7.0～13.9 kg/kg 和 5.5～11.0 kg/kg，NPFP 变化范围为 36.8～87.0 kg/kg 和 27.0～62.7 kg/kg。早稻 NRE、NAE、NPFP 和 NPE 平均值均显著高于晚稻，分别为 30.4%和 25.2%、9.9 kg/kg 和 7.5 kg/kg、42.9 kg/kg 和 30.9 kg/kg、57.0 kg/kg 和 41.6 kg/kg。回归分析表明，水稻 NRE、NAE 和 NPFP 均随施氮量（图 5－6，$P<0.05$）的增加而降低，但 2020 年早稻 NRE 高于 2021 年；早、晚稻季 NPE 随施氮量变化不大。

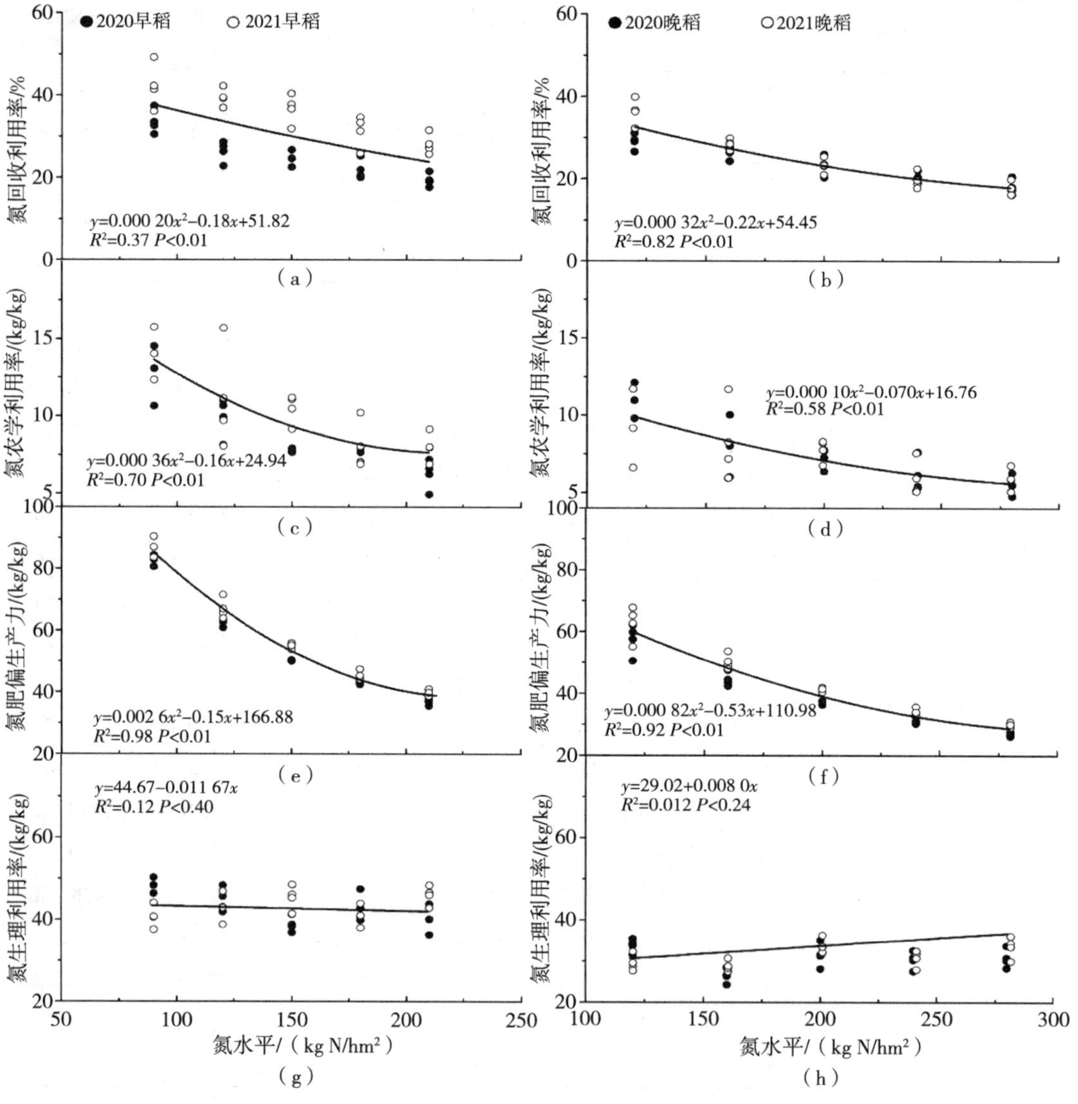

图 5－6　早、晚稻季水稻氮素利用效率

5.2.3　水稻-土壤系统氮素表观平衡

2020 年和 2021 年早稻季干湿沉降氮、灌溉氮和有机氮矿化氮输入量分别为 9.3 kg/hm² 和 9.5 kg/hm²、6.4 kg/hm² 和 6.0 kg/hm²、97.2 kg/hm² 和 124.8 kg/hm²，晚稻季

（表 5 -8 和表 5 - 9）分别为 9.9 kg/hm^2 和 9.6 kg/hm^2、6.8 kg/hm^2 和 7.4 kg/hm^2、140.9 kg/hm^2 和 127.1 kg/hm^2。土壤总氮输入量、氮残留量和氮损失量均随施氮量的增加而增加，但当早稻施氮量超过 180 kg/ hm^2、晚稻施氮量超过 200 kg/ hm^2 时，水稻氮吸收量不再随施氮量增加而增加（表 5 - 10）。

表 5 - 8　早稻季氮输入和氮输出

单位：kg/hm^2

处理		氮输入					氮输出		
		沉降氮	灌溉氮	初始无机氮	矿化氮	肥料氮	氮吸收	氮残留	氮损失
2020 年	N_0	9.3	6.4	107.4	97.2	0	136.8c	67.8e	15.7d
	N_{90}	9.3	6.4	107.4	97.2	90	179.1b	81.6d	49.6c
	N_{120}	9.3	6.4	107.4	97.2	120	184.9b	92.8c	62.5bc
	N_{150}	9.3	6.4	107.4	97.2	150	186.3b	107.7b	76.3b
	N_{180}	9.3	6.4	107.4	97.2	180	200.9a	116.4b	82.9ab
	N_{210}	9.3	6.4	107.4	97.2	210	203.4a	127.6a	99.2a
2021 年	N_0	9.5	6.0	75.9e	124.8	0	134.2d	66.5f	15.5d
	N_{90}	9.5	6.0	96.3d	124.8	90	175.1c	80.0e	71.4c
	N_{120}	9.5	6.0	100.2d	124.8	120	182.3bc	91.0d	87.1c
	N_{150}	9.5	6.0	117.5c	124.8	150	192.8ab	106.0c	108.6bc
	N_{180}	9.5	6.0	128.4b	124.8	180	193.6ab	115.5b	113.4b
	N_{210}	9.5	6.0	139.7a	124.8	210	209.5a	126.0a	141.6a

注：灌溉氮是指灌溉水中氮源；沉降氮是来自大气干湿沉降的氮源；氮残留和初始无机氮分别为收获后和播种前 0～100 cm 土层无机氮总量；矿化氮是指未施氮处理土壤氮矿化量；氮损失和氮吸收是指早稻氮损失和氮吸收。

表 5 - 9　晚稻季氮输入和氮输出

单位：kg/hm^2

处理		氮输入					氮输出		
		沉降氮	灌溉氮	初始无机氮	矿化氮	肥料氮	氮吸收	氮残留	氮损失
2020 年	N_0	9.9	6.8	67.8e	140.9	0	132.8c	75.9e	16.7f
	N_{120}	9.9	6.8	81.6d	140.9	120	186.4b	96.3d	76.5e
	N_{160}	9.9	6.8	92.8c	140.9	160	192.4ab	100.2d	117.8d
	N_{200}	9.9	6.8	107.7b	140.9	200	202.2ab	117.5c	145.6c
	N_{240}	9.9	6.8	116.4b	140.9	240	204.0a	128.4b	181.7b
	N_{280}	9.9	6.8	127.6a	140.9	280	202.7a	139.7a	222.8a
2021 年	N_0	9.6	7.4	66.5f	127.1	0	125.5b	68.1d	17.0f
	N_{120}	9.6	7.4	80.0e	127.1	120	197.9a	98.4c	42.1e
	N_{160}	9.6	7.4	91.0d	127.1	160	205.3a	102.8c	87.0d
	N_{200}	9.6	7.4	106.0c	127.1	200	209.5a	118.5b	122.1c
	N_{240}	9.6	7.4	115.5b	127.1	240	206.1a	128.1ab	165.4b
	N_{280}	9.6	7.4	126.0a	127.1	280	207.3a	136.0a	206.8a

表 5-10 双季稻系统氮素表观平衡

处理		氮输入/(kg/hm²)	氮流向/(kg/hm²)			氮流向比例/%			表观氮回收率/%	表观氮残留率/%	表观氮损失率/%
			氮吸收	氮残留	氮损失	氮吸收	氮残留	氮损失			
早稻	N_{0}	218.2f	135.5e	67.1f	15.6e	62.1a	30.8a	7.2c	—	—	—
	N_{90}	318.4e	177.1d	80.8e	60.5d	55.6b	25.4c	19.0b	23.5c	17.0d	74.2a
	N_{120}	350.4d	183.6c	91.9d	74.8cd	52.4c	26.2bc	21.3ab	26.2bc	27.0c	79.1a
	N_{150}	389.0c	189.0b	106.9c	92.4bc	48.7d	27.5bc	23.8ab	28.3b	37.2ab	83.1a
	N_{180}	424.4b	197.3a	116.0b	98.1b	46.5e	27.3bc	23.1ab	31.3ab	42.2a	84.1a
	N_{210}	460.1a	206.4a	126.8a	120.4a	43.7f	27.6b	26.2a	34.4a	47.1a	87.0a
晚稻	N_{0}	218.0f	129.1c	72.0e	16.9f	59.2a	33.0a	7.7e	—	—	—
	N_{120}	351.6e	192.22b	97.3d	59.3e	54.7b	27.7b	16.8d	32.8b	26.0c	71.5c
	N_{160}	402.8d	198.8ab	101.5d	102.4d	49.4c	25.2c	25.4c	35.1ab	29.1c	83.5b
	N_{200}	457.7c	205.8a	118.0c	133.9c	45.0d	25.8c	29.3c	37.3a	39.0b	87.4ab
	N_{240}	506.8b	205.1a	128.2b	173.5b	40.5e	25.3c	34.2b	37.1a	43.8ab	90.3a
	N_{280}	557.7a	205.0a	137.9a	214.8a	36.8f	24.7c	38.5a	37.1a	47.8a	92.1a

早稻季水稻吸氮量、土壤氮残留量和氮损失量占总氮输入量的比例分别为 43.7%～62.1%、25.4%～30.8%和 7.2%～26.2%，晚稻季分别为 36.8%～59.2%、24.7%～27.2%和 7.7%～38.5%。早稻氮素吸收比例高于晚稻，而氮素损失比例则表现出相反趋势，尤其是高氮处理。早稻和晚稻氮表观回收率和氮表观残留率均随施氮量的增加而显著增加，但当早稻施氮量超过 150 kg/hm²、晚稻施氮量超过 200 kg/hm²时，其表观氮回收率和表观氮残留率不再增加。

土壤 0～100 cm 各土层氮残留量均随施氮量增加而显著增加，早稻氮残留率变化范围为 67.1～126.8 kg N/hm²，晚稻为 73.3～138.6 kg N/hm²（表 5-11）。土壤残留态氮主要集中在 0～40 cm 土层，其分别占早、晚稻季土壤残留矿质氮总量的 81.9%和 78.4%。源自肥料的^{15}N残留量也随施氮量的增加而增加，主要集中在 0～40 cm 土层（图 5-7）。从氮形态来看，不同土层土壤 NH_4^+ 含量均高于 NO_3^- 含量。

表 5-11 水稻收获后 0～100 cm 土壤剖面残留矿质氮平均含量

单位：kg/hm²

处理		0～20 cm 土层		20～40 cm 土层		40～60 cm 土层		60～80 cm 土层		80～100 cm 土层		0～100 cm 土层
		铵态氮 NH_4^+	硝态氮 NO_3^-	铵态氮 NH_4^+	硝态氮 NO_3^-	铵态氮 NH_4^+	硝态氮 NO_3^-	铵态氮 NH_4^+	硝态氮 NO_3^-	铵态氮 NH_4^+	硝态氮 NO_3^-	总无机氮 $NH_4^+ + NO_3^-$
早稻	N_{0}	21.0d	14.3d	10.4c	6.6d	3.4b	2.2b	3.7a	1.7d	2.9b	1.0b	67.1f
	N_{90}	26.0c	16.3d	13.8b	6.9cd	4.0a	2.7ab	4.4a	2.1c	3.4a	1.2b	80.8 e
	N_{120}	28.8c	23.9c	15.3ab	7.7c	3.5b	2.9ab	3.8a	2.2c	2.9b	1.0b	91.9d
	N_{150}	34.5b	31.2b	15.7ab	8.7bc	3.7ab	3.1a	3.8a	2.4bc	2.9b	1.2b	106.9c
	N_{180}	38.3ab	34.5ab	15.6ab	9.0b	3.9a	3.2a	4.1a	2.6ab	3.1ab	1.4ab	116.0b
	N_{210}	40.7a	38.6a	17.3a	10.7a	4.2a	3.3a	4.2a	2.9a	3.2ab	1.7a	126.8a

（续）

处理		0～20 cm土层		20～40 cm土层		40～60 cm土层		60～80 cm土层		80～100 cm土层		0～100 cm土层
		铵态氮 NH_4^+	硝态氮 NO_3^-	铵态氮 NH_4^+	硝态氮 NO_3^-	铵态氮 NH_4^+	硝态氮 NO_3^-	铵态氮 NH_4^+	硝态氮 NO_3^-	铵态氮 NH_4^+	硝态氮 NO_3^-	总无机氮 $NH_4^+ + NO_3^-$
晚稻	N_0	22.4d	12.9d	10.9d	7.3d	4.3b	2.8c	4.5b	2.1d	3.5b	1.3c	73.3e
	N_{120}	28.9c	16.5d	13.8c	9.3c	5.5ab	3.4bc	5.6a	2.6c	4.3a	1.6bc	97.3d
	N_{160}	32.9bc	21.1c	14.5c	9.5c	4.9ab	3.7abc	4.7b	2.8bc	3.6a	1.3c	101.5d
	N_{200}	35.0ab	31.5b	15.7bc	10.8c	5.1a	3.9ab	4.9ab	3.1b	3.8b	1.4c	118.2c
	N_{240}	37.3ab	34.8ab	17.5ab	13.0b	5.5a	4.3ab	5.3a	3.4a	4.0ab	1.8ab	128.5b
	N_{280}	39.9a	37.5a	18.8a	14.9a	5.8a	4.6a	5.7a	3.7a	4.3a	2.0a	138.6a

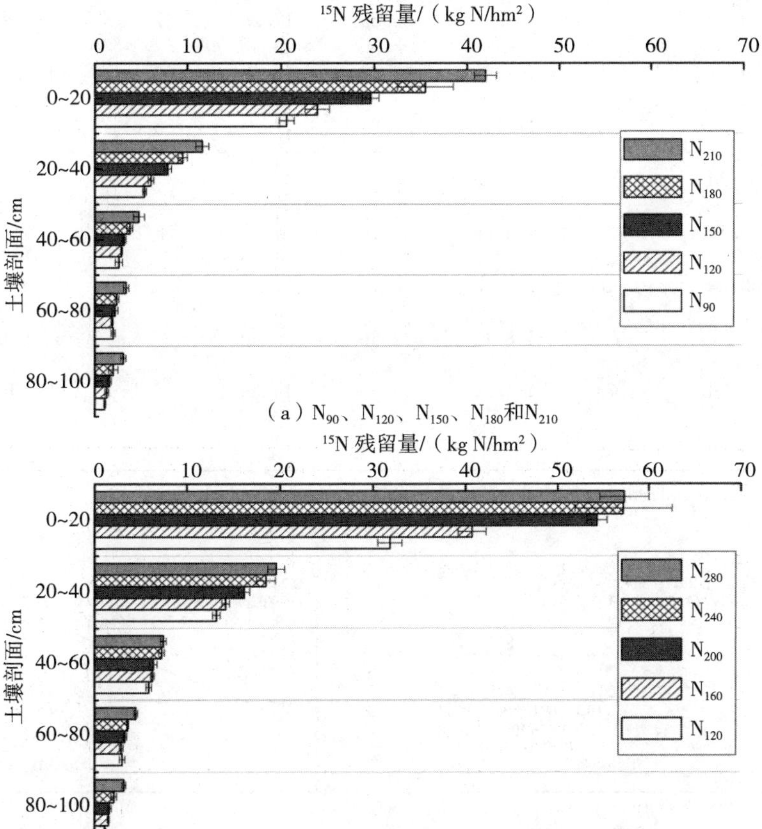

（a）N_{90}、N_{120}、N_{150}、N_{180}和N_{210}

（b）N_{120}、N_{160}、N_{200}、N_{240}和N_{280}

图5-7　不同施氮处理土壤^{15}N残留量

5.2.4　肥料和土壤来源氮对水稻氮营养贡献

早稻地上部^{15}N吸收量变化范围为23.3～38.9 kg/hm^2，晚稻为16.2～29.9 kg/hm^2（表5-12）。具体而言，早稻和晚稻对肥料^{15}N的吸收量和^{15}N回收效率均随施氮量的增加呈上升趋势，但当施氮量分别达到150 kg/hm^{2}和200 kg/hm^{2}时达到平台期。相比之下，水稻地上部^{15}N吸收来源于土壤氮素、^{15}N残留率和^{15}N损失率在不同施氮量（除N_0

外，N 的吸收来源于土壤）之间差异不显著。同时，早稻^{15}N 损失率为 56.1%～64.3%，晚稻^{15}N 损失率为 54.9%～58.4%，均显著高于土壤和水稻^{15}N 吸收比例。

表 5-12　2021 年早稻和晚稻地上部肥料^{15}N 吸收量

处理		氮吸收	肥料氮吸收量	土壤氮吸收量	氮残留率	氮回收比例	氮损失率	肥料氮贡献	土壤氮贡献
			kg/hm²				%		
早稻	N_0	125.5b	—	125.5b	—	—	—	—	—
	N_{90}	197.9a	23.3c	174.6a	25.2a	11.8c	63.0a	19.4a	80.6a
	N_{120}	205.3a	28.8b	176.5a	21.7a	14.0b	64.3a	18.0a	82.0a
	N_{150}	209.5a	36.1a	173.4a	25.2a	17.2a	57.6a	18.1a	82.0a
	N_{180}	206.1a	38.9a	167.2a	25.0a	18.9a	56.1a	16.1a	83.8a
	N_{210}	207.3a	35.6a	171.7a	24.2a	17.2a	58.6a	12.7b	87.3a
晚稻	N_0	134.2d	—	134.2b	—	—	—	—	—
	N_{120}	175.1c	16.2c	158.9a	35.2a	9.3c	55.6a	18.0a	82.0a
	N_{160}	182.3bc	20.9b	161.4a	30.2b	11.5b	58.4a	17.4ab	82.6a
	N_{200}	192.8ab	24.7ab	168.1a	29.6b	12.8ab	57.6a	16.5ab	83.5a
	N_{240}	193.6ab	27.7a	165.9a	29.6b	14.3a	56.1a	15.4b	84.6a
	N_{280}	209.5a	29.9a	179.6a	30.9b	14.3a	54.9a	14.2b	85.8a

注：氮吸收量表示收获时测定的水稻地上部分氮吸收量；肥料氮贡献和土壤氮贡献分别表示水稻从肥料和土壤中吸收氮量。

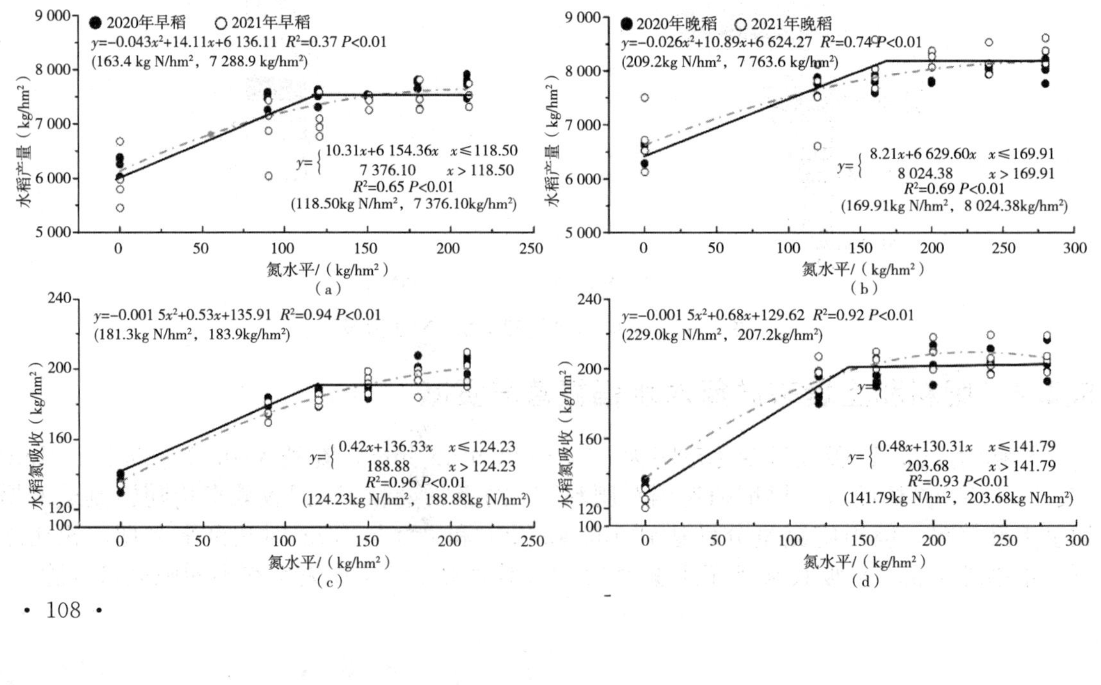

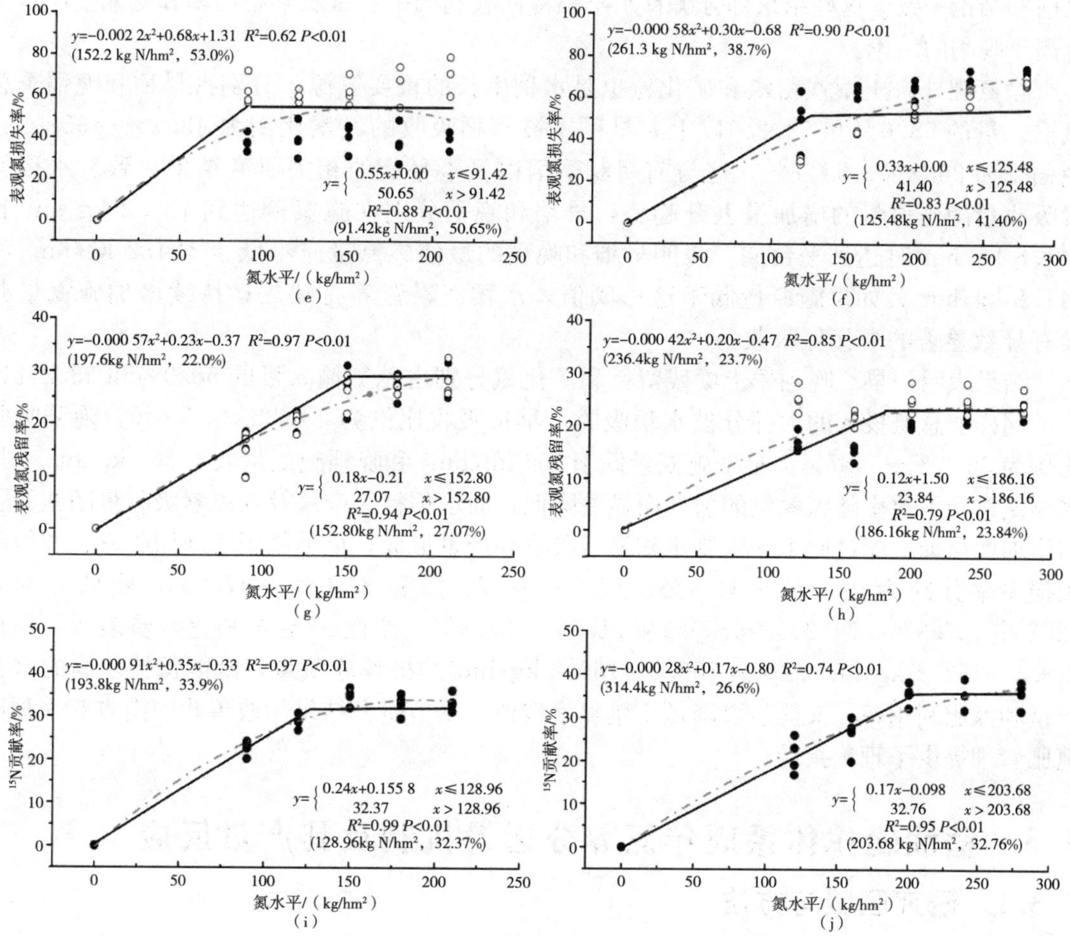

图 5－8　2020 年和 2021 年早稻和晚稻施肥量与产量等性状的关系

5.2.5　水稻最优施氮量模型构建

在二次回归模型中，早稻和晚稻获得最大产量和氮肥残留率的推荐施氮量分别为 163.4 kg/hm² 和 209.2 kg/hm²、197.6 kg/hm² 和 236.4 kg/hm²；在线性-平台模型中，早稻和晚稻获得最大产量和氮肥残留率的推荐施氮量分别为 118.5 kg/hm² 和 169.9 kg/hm²、152.8 kg/hm² 和 186.2 kg/hm²（图 5－8）。尽管两个模型确定的优化施氮量之间存在差异，但水稻产量没有显著差异。这表明，早稻 118.5～152.8 kg/hm² 和晚稻 169.9～186.2 kg/hm² 可作为双季稻获得较高产量和较低氮损失的适宜施氮量。

根据回归分析，水稻氮回收利用率、氮农学利用率和氮偏生产力均随着施氮量的增加而降低。早稻和晚稻平均氮肥利用率分别为 30.1%、24.3%，低于全国作物平均氮肥利用率。在本节研究中，N_0 处理的籽粒产量和吸氮量较高，这可能是前期农田土壤中残留大量的氮素，其可能以矿化有机 N 的形式释放，被作物吸收。此外，水稻生长季内较高的温度和降雨量也易诱导氮素挥发和淋溶，造成严重的氮肥损失和较低的氮肥利用率。本书研究也表明，在早稻季超过 27.5% 的施入氮残留在土壤中，其可供晚稻季使用，这与之前的结论一致。这些结果部分解释了早稻氮回收利用率、氮农学利用率和氮偏生产力显著高于晚稻的结论。

除氮肥外，土壤残留氮和矿化氮也是水稻生长的重要氮源，分别占早稻和晚稻季总氮输入量的58.0%和53.2%以上。早稻季被水稻吸收的氮素比例为43.7%～55.6%，晚稻季为36.8%～54.7%，这与前期双季稻田氮素平衡的相关研究结果一致。水稻氮素吸收量随施氮量的增加呈上升趋势，早稻和晚稻分别在施氮量达到124.2 kg/hm^{2}和141.8 kg/hm^{2}时达到平台期。表明早稻和晚稻的最佳施氮量应不低于124.2 kg/hm^{2}和141.8 kg/hm^2。如果施氮量低于这一阈值，水稻氮素营养将缺乏；持续增加施氮量并没有导致显著的奢侈氮吸收。

结果表明，早、晚稻季土壤残留氮和矿化氮分别占总氮输入量的58.0%和53.2%以上。同样，总氮投入的大部分被水稻吸收，早稻吸收比例为43.7%～55.6%，晚稻吸收比例为36.8%～54.7%。早稻施氮量低于150 kg/hm^{2}和晚稻施氮量低于200 kg/hm^{2}时，水稻氮素利用效率随施氮量的增加而显著降低，而水稻籽粒产量及其氮素吸收量随施氮量的增加而增加，超过此水平限制水稻氮素吸收和产量形成。早稻氮肥表观回收率、残留率和损失率分别为23.5%～34.4%、17.0%～47.1%和26.0%～47.8%，晚稻分别为32.8%～37.3%、74.2%～87.0%和71.5%～92.1%。线性-平台分析进一步表明，早稻118.5～152.8 kg/hm^2、晚稻169.9～186.2 kg/hm^{2}的推荐施氮量，既能保持较高的水稻产量和氮肥利用率，又能显著降低土壤氮素残留。本节研究结果为改善我国南方双季稻田氮肥管理提供了理论指导。

5.3 稻油轮作体系周年氮养分运筹机制及其产量反应

5.3.1 研究区域与方法

通过研究水稻季不同氮肥用量对水稻及后季油菜产量、肥料利用率的影响，明确稻油轮作条件下氮肥的当季效应及后效，寻求稻油轮作的最佳施肥量，从而为制定周年水旱轮作的氮肥最优施用量、提高肥料利用率等提供理论依据。

1. 试验设计

试验为水稻—油菜轮作，水稻季包含5个氮肥水平，分别如下：N_0（不施氮）、N_1（82.5 kg N/hm^2）、N_2（165 kg N/hm^2）、N_3（247.5 kg N/hm^2）和N_4（330 kg N/hm^2）。水稻收获后将每个试验小区裂成两个副区，其中一半小区为油菜季不施氮处理，另一半小区为油菜季施氮处理，施氮量为165 kg N/hm^2。水稻季氮肥按照基肥∶分蘖肥∶穗肥为50%∶35%∶15%比例分3次施用，油菜季氮肥按照基肥∶越冬肥∶薹肥为60%∶20%∶20%比例分3次施用。水稻季和油菜季各处理磷、钾肥施用量分别为60 kg P_2O_5/hm^{2}和75 kg K_2O/hm^2。

2. 计算分析

氮回收利用率（NRE,%），$NRE=(U-U_0)/F\times 100$，其中U、U_0分别为施氮、不施氮时作物收获期地上部总吸氮量，F代表氮肥投入量（卜容燕等，2012）。

氮农学效率（N agronomic efficiency，NAE，kg/kg），$NAE=(Y-Y_0)/F$，其中

Y、Y_0分别为施氮、不施氮时作物收获期籽粒产量。

氮肥贡献率（%）=（N contribute efficiency，*NCE*，%），$NCE=(Y-Y_0)/Y\times 100$。

氮肥残留利用率（%）=（N residual efficiency，*REN*，%），$REN=(Y'-Y'_0)/F\times 100$，其中$Y'$为水稻季施氮油菜季不施氮，$Y'_0$为两季都不施氮时作物收获期油菜籽粒产量。

纯收入（net income，*NT*，元/hm^2），$NT=(Y-Y_0)\times PS-CF$，其中*PS*、*CF*分别为籽粒的价格、相应氮肥的成本。

5.3.2　水稻、油菜产量和氮素利用率

施用氮肥能明显地提高水稻的产量（表5-13），其中以N_2（165 kg N/hm^2）处理水稻产量最高，达到9 694 kg/hm^2。但是，当氮肥用量超过165 kg N/hm^2后，水稻产量则随氮肥用量的增加而降低。水稻氮素吸收量随着氮肥用量的增加而增加，以N_4（330 kg N/hm^2）处理氮素吸收量最大，比不施氮处理增加116.2 kg N/hm^2。随着氮肥用量增加，水稻氮肥贡献率、农学效率和氮肥利用率均呈现先增加后降低的趋势，以N_2（165 kg N/hm^2）处理最高，分别为32.3%、19.0 kg/kg和41.2%。

表5-13　不同施氮量对水稻产量、氮素吸收量以及氮肥利用率的影响

处理	产量/（kg/hm^2）	增产量/（kg/hm^2）	氮吸收量/（kg/hm^2）	吸氮增量/（kg/hm^2）	氮肥贡献率/%	农学利用率/（kg/kg）	回收利用率/%
N_0	6 565c	—	143.8c	—	—	—	—
N_1	7 495bc	930	162.1c	18.3	12.4	11.3	22.1
N_2	9 694a	3 129	211.8b	68.0	32.3	19.0	41.2
N_3	8 374ab	1 809	223.8ab	80.0	21.6	14.6	32.3
N_4	8 122abc	1557	260.0a	116.2	19.2	9.4	35.2

注：5.3章节图表中部分数据引自卜容燕等（2012）相关内容。

从表5-14中可知，随着水稻季氮肥用量的增加，油菜季不施氮肥各处理油菜产量呈现逐渐增加的趋势，其中水稻季施氮量为330 kg N/hm^2时油菜产量最高，比不施氮肥处理显著增产280 kg/hm^2，然而水稻季施用氮肥各处理油菜产量无显著差异。与不施用氮肥处理相比，油菜季施用氮肥处理油菜产量显著提高，平均增产1 618 kg/hm^2。水稻季不施氮处理油菜产量明显低于施用氮肥处理，并且油菜的产量随着前季水稻氮肥用量的增加而增加，以水稻氮肥用量330 kg N/hm^2处理油菜产量最高，达到3 152 kg/hm^2。无论油菜季氮肥施用与否，油菜氮素吸收量均随着水稻季氮肥用量的增加而增加，均以水稻季施氮量为330 kg N/hm^2时油菜氮素吸收量最高，油菜季不施氮和施氮处理分别较水稻季不施氮肥处理增加了9.6 kg/hm^2和35.2 kg/hm^2。

表 5-14 不同施氮量对油菜产量和氮素吸收量的影响

油菜处理	水稻处理	油菜产量/(kg/hm²)	增产量/(kg/hm²)	增产率/%	氮吸收量/(kg/hm²)	吸氮增量/(kg/hm²)	吸氮增加率/%
-N 不施氮	N_0	1 059b	—	—	41.4b	—	—
	N_1	1 166a	107	10.1	45.3a	3.9	9.4
	N_2	1 300ab	241	22.8	47.2a	5.8	14.0
	N_3	1 324a	265	25.0	50.5a	9.1	22.0
	N_4	1 339a	280	26.4	51.0a	9.6	23.2
+N 施氮	N_0	2 508c	—	—	112.3c	—	—
	N_1	2 663bc	155	6.2	127.3b	15.0	13.4
	N_2	2 944ab	436	17.4	142.1a	29.8	26.5
	N_3	3 011ab	503	20.1	145.8a	33.5	29.8
	N_4	3 152a	644	25.7	147.5a	35.2	31.3

注：-N 表示油菜季不施氮肥，+N 表示油菜季施氮 165 kg N/hm²。

5.3.3 水稻季肥料氮利用率和残留氮后效

由表 5-15 可知，水稻—油菜轮作体系水稻季土壤残留态氮肥能够明显增加油菜季产量和氮素吸收量，有 2.9%～4.7%水稻季残留氮素仍可被下季油菜所吸收利用。综合考虑水稻季氮肥后效，水稻季氮肥累积利用率为 26.9%～44.7%，其中以 165 kg N/hm² 处理最大，为 44.7%。在水稻季施用氮肥的基础上，油菜季施用氮肥能明显提高油菜产量，增幅为 1 449～1 813 kg/hm²。进一步，以水稻季不施氮肥前提下油菜施用氮肥的增产量作为评估水稻季氮肥后效的依据，如果油菜要增为 1 449 kg/hm²，油菜季的氮肥用量可以在现有的基础上减少 5～33 kg/hm²（表 5-16）。

表 5-15 水稻季不同施氮量氮肥残留及其叠加利用率

单位：%

水稻处理	氮肥利用率	残留氮利用率	累积氮利用率
N_1	22.2	4.7	26.9
N_2	41.2	3.5	44.7
N_3	32.3	3.7	36.0
N_4	35.2	2.9	38.1

表 5-16 水稻季不同施氮处理氮肥后效

水稻处理	油菜施氮增产量/(kg/hm²)	油菜氮农学利用率/(kg/kg)	目标产量施氮量/(kg/hm²)	替代施氮量/(kg/hm²)
N_0	1 449	8.8	165	—
N_1	1 497	9.1	160	5
N_2	1 644	10.0	145	20

（续）

水稻处理	油菜施氮增产量/（kg/hm²）	油菜氮农学利用率/（kg/kg）	目标产量施氮量/（kg/hm²）	替代施氮量/（kg/hm²）
N_3	1 687	10.2	142	23
N_4	1 813	11.0	132	33

注：目标产量施氮量（kg/hm²）=1 449（kg/hm²）/油菜季氮农学利用率；替代施氮量（kg/hm²）=165（kg/hm²）－目标产量施氮量。

5.3.4　稻油轮作体系经济效益分析

稻油轮作体系中合理的氮肥运筹能够提高作物产量，增加农民经济收益（表 5-17），其中以前茬水稻 165 kg N/hm² 后茬油菜 165 kg N/hm² 施氮组合处理中作物经济效益最高，较水稻油菜季均不施氮处理纯增收 11 131 元/hm²。但是，水稻季氮肥用量超过 165 kg N/hm² 时，各处理虽然增加了油菜的产量，但是降低了水稻产量，并且水稻—油菜轮作体系作物总经济效益降低。

表 5-17　氮肥对水稻—油菜轮作系统不同氮用量的经济效益分析

油菜处理	水稻处理	水稻产量/（kg/hm²）	油菜产量/（kg/hm²）	纯收入/（元/hm²）
－N	N_0	6 565	1 059	15 629
	N_1	7 495	1 166	17 367
	N_2	9 694	1 300	21 486
	N_3	8 374	1 324	18 874
	N_4	8 122	1 339	18 153
＋N	N_0	6 565	2 508	20 202
	N_1	7 495	2 663	22 112
	N_2	9 694	2 944	26 760
	N_3	8 374	3 011	24 304
	N_4	8 122	3 152	24 036

当施氮量为 165 kg N/hm² 时，水稻产量最高、氮肥利用率和经济效益最大，施氮不足或者过高均会降低水稻产量及其经济效益；同时，水稻季氮肥施用量对后茬油菜具有显著后效，相当于油菜季施氮 5～33 kg N/hm² 的增产效果，且其氮肥后效与施氮量成正比。因此，在稻油轮作周年养分运筹时，应该在充分考虑前茬作物水稻氮肥后效的基础上进行推荐施肥。从整个轮作体系看，当水稻和油菜季施氮量均为 165 kg N/hm² 时，作物经济效益最高，可作为该地区稻油轮作适宜氮肥运筹模式。

5.4　稻麦轮作体系周年氮养分运筹机制及其产量反应

5.4.1　研究区域与方法

通过多年小区定位试验，研究了不同施氮量对稻麦轮作系统下作物产量及作物氮素利用率的影响，以期为制定轮作系统作物周年合理氮肥施用量、提高肥料利用率等提供理论依据（刘学军等，2002；郭天财等，2008；晏娟等，2009；李欣欣等，2020）。

1. 试验设计

试验设置 7 个氮肥处理，施 N 量分别为 0 kg/hm^2、100 kg/hm^2、150 kg/hm^2、200 kg/hm^2、250 kg/hm^2、300 kg/hm^2 和 350 kg/hm^2，分别以 N_0、N_{100}、N_{150}、N_{200}、N_{250}、N_{300}和 N_{350}表示。氮肥为尿素，按基肥、分蘖期和穗肥比例为 4∶3∶3 分 3 次施用。磷、钾肥分别为过磷酸钙（P_2O_5，60 kg/hm^2）和氯化钾（K_2O，120 kg/hm^2），磷、钾肥作基肥一次性施用（晏娟等，2009；石祖梁等，2012）。

2. 计算方法

氮累积总量（total nitrogen accumulation，TNA）：成熟期单位面积地上部植株（茎叶和穗）氮素累积量的总和。

氮回收利用率（nitrogen recovery efficiency，NRE）：施氮肥区与不施氮肥区氮素累积量之差占施氮量的百分比。

氮生理利用率（nitrogen physiological efficiency，NPE）：作物因施用氮肥而增加的产量与相应的氮素累积量的增加量的比值。

氮农学利用率（nitrogen agronomy efficiency，NAE）：施氮肥区与不施氮肥区作物产量之差与施氮水平之比，即单位施氮量的产量增加量。

氮偏生产力（partial factor productivity of applied N，NPFP）：单位面积作物产量与单位面积施氮量的比值。

5.4.2 施氮量对作物产量的影响

由表 5－18 可知，低氮肥施用条件下氮肥施用量对水稻呈现很好的增产作用，产量随氮肥施用量增加而增加；但是当施 N 量超过 150 kg/hm^2，水稻产量增加并不显著。第 1 年水稻产量增加幅度从 4 700 kg/hm^{2}上升到 6 640 kg/hm^2，显著低于后两年（6 320 kg/hm^{2}到 9 150 kg/hm^2；6 470 kg/hm^{2}到 9 190 kg/hm^2）。第 2 年和第 3 年水稻产量对氮肥的响应相似，但当施氮量超过 100 kg/hm^{2}后，增施氮肥带来的增产效应并不显著。同水稻相似，当氮肥用量大于 150 kg/hm^{2}时，两季小麦平均产量没有显著增加。第 1 年，小麦各施氮处理（100 kg/hm^2、150 kg/hm^2、200 kg/hm^2、250 kg/hm^2、300 kg/hm^2 和 350 kg/hm^2）产量较无肥区增产分别为 92.3%、117.3%、125.5%、130.3%、137.0% 和 108.2%，第 2 年增产 68.8%、93.6%、102.3%、118.3%、120.6%和 118.3%。

表 5－18　不同施氮处理下水稻和小麦的产量

单位：kg/hm^2

施氮量	水稻			小麦	
	第 1 季	第 2 季	第 3 季	第 1 季	第 2 季
N_0	4 700c	6 320c	6 470c	2 080d	2 180d
N_{100}	5 630b	7 990b	8 370b	4 000c	3 680c
N_{150}	6 260a	8 570ab	8 620ab	4 520ab	4 220b

（续）

施氮量	水稻			小麦	
	第 1 季	第 2 季	第 3 季	第 1 季	第 2 季
N_{200}	6 640a	8 810a	9 180a	4 690ab	4 410ab
N_{250}	6 420a	9 150a	9 190a	4 790a	4 760a
N_{300}	6 520a	8 540ab	8 750ab	4 930a	4 810a
N_{350}	6 420a	8 100b	8 830ab	4 330bc	4 760a

注：5.4 章节图表中部分数据引自晏娟等（2009）相关内容。

从第 3 年水稻产量构成因子来看（表 5 - 19），随着施氮量增加水稻高峰苗增多，但成穗率下降。各施氮量（100 kg/hm^2、150 kg/hm^2、200 kg/hm^2、250 kg/hm^2、300 kg/hm^2 和 350 kg/hm^2）处理下，水稻成穗数比对照分别增加 24.6%、33.3%、44.9%、46.4%、56.5%和 52.2%，但成穗率从不施氮的 90.5%下降到 350 kg/hm^{2}高施氮量时的 77.8%。随着施氮量增加，水稻总粒数和实粒数呈现先上升后下降趋势，水稻结实率和千粒重随施氮量的增加而下降。

表 5 - 19　氮肥用量对水稻产量构成因子的影响

施氮量/（kg/hm^2）	最高苗/（×10^4/hm^2）	有效穗（×10^4/hm^2）	成穗率/%	总粒数	实粒数	结实率/%	千粒重/g
N_0	254	230	90.5	122	117	96.0	25.4
N_{100}	325	287	88.3	133	121	91.3	24.5
N_{150}	355	307	86.4	136	120	88.2	24.2
N_{200}	399	334	83.7	135	119	87.9	24.1
N_{250}	408	337	82.5	129	114	88.7	23.5
N_{300}	454	360	79.4	129	110	85.2	22.3
N_{350}	450	350	77.8	122	104	85.0	22.9

5.4.3　水稻、小麦氮素利用率

由表 5 - 20 和表 5 - 21 可知，氮肥施用量显著影响成熟期水稻和小麦氮素累积量、氮肥吸收利用率、农学利用率、生理利用率和氮肥偏生产力。水稻和小麦的氮素累积量随施氮量增加而增加，但作物氮回收利用率、农学利用率、生理利用率和氮肥偏生产力随施氮量增加呈现显著降低趋势，且水稻氮肥吸收利用率显著高于小麦。当施氮量从 100 kg/hm^2 提高到 350 kg/hm^{2}时，水稻的平均氮肥生理利用率从 33.1 kg/kg 下降到 17.5 kg/kg；而小麦则是从 49.1 kg/kg 下降到 25.1 kg/kg。水稻施氮量为 350 kg/hm^{2}的平均氮肥农学利用率最低（5.56 kg/kg），较 100 kg/hm^2 时下降了 62.8%。同样，小麦最大氮肥农学利用率在 100 kg/hm^{2}时最高，达 17.1 kg/kg。随施氮量增加，水稻平均氮肥偏生产力从 73.3 kg/kg 下降到 22.2 kg/kg，小麦从 38.4 kg/kg 降低到 13.0 kg/kg，并且水稻氮肥偏生产力显著高于小麦。

表 5 - 20　水稻季不同氮肥施用量对氮素利用率的影响

施氮量/(kg/hm²)		平均产量/(kg/hm²)	TNA(kg/hm²)	NRE/%	NPE/(kg/kg)	NAE/(kg/kg)	NPFP/(kg/kg)
N_0		5.86d	98.2e	—	—	—	—
N_{100}		7.33c	144d	46.1a	33.1b	15.0a	73.3a
N_{150}		7.82b	151d	35.3bc	38.5a	13.2b	52.1b
N_{200}		8.21a	176c	39.1b	31.3b	11.9b	41.1c
N_{250}		8.25a	184c	34.2bc	28.7b	9.70c	33.0d
N_{300}		7.94ab	201b	34.4bc	20.7c	7.02d	26.5e
N_{350}		7.78b	212a	32.4c	17.5c	5.56d	22.2f
变异来源	年份（Y）	361**	324**	22**	1ns	30**	345**
	氮水平（N）	62**	160**	9**	19**	41**	1 123**
	Y×N	2ns	2ns	1ns	1ns	3**	18**

注：* 表示方差分析达到 $P<0.05$ 水平，** 表示方差分析达到 $P<0.01$ 水平，ns 表示方差分析未达到显著水平。TNA、NRE、NPE、NAE、NPFP 分别代表氮累积总量、氮回收利用率、氮生理利用率、氮农学利用率和氮偏生产力。下同。

表 5 - 21　小麦季不同氮肥施用量对氮素利用率的影响

施氮量/(kg/hm²)		平均产量/(kg/hm²)	TNA/(kg/hm²)	NRE/%	NPE/(kg/kg)	NAE/(kg/kg)	NPFP/(kg/kg)
N_0		2.13e	44.9f	—	—	—	—
N_{100}		3.84d	80.9e	36.0a	49.1a	17.1a	38.4a
N_{150}		4.37c	96.9d	34.6ab	44.3b	14.9b	29.1b
N_{200}		4.55bc	108c	31.6abc	38.6c	12.1c	22.7c
N_{250}		4.77ab	117c	28.9bc	37.2c	10.6cd	191.1d
N_{300}		4.87a	130b	28.3c	32.6d	9.14d	16.2e
N_{350}		4.55bc	142a	27.8c	25.1e	6.91e	13.0f
变异来源	年份（Y）	1ns	77**	24**	25**	9**	4ns
	氮水平（N）	83**	94**	3**	40**	40**	246**
	Y×N	2ns	1ns	2ns	1ns	2ns	2ns

5.4.4　水稻和小麦经济适宜施氮量

根据上述试验结果，对水稻和小麦产量（y）和施氮量（x）之间的关系进行一元二次方程拟合。经计算，当经济效益最大时，水稻和小麦的施氮量分别是 209 kg/hm² 和 219 kg/hm²。进一步，根据施氮量与上述各种氮肥利用率拟合函数可得出水稻经济适宜施氮量时的氮回收利用率、氮生理利用率、氮农学利用率和氮肥偏生产力分别是 37.6%、29.5 kg/kg、11.0 kg/kg 和 44.5 kg/kg，而小麦的则分别是 31.4%、38.4kg/kg、12.0 kg/kg和 23.7 kg/kg。

研究结果表明，稻麦轮作体系下作物产量随着施氮量增加而显著增加，但是当施氮量超过 150 kg/hm^2 后作物产量增加较少。当施氮量从 100 kg/hm^2 增加到 350 kg/hm^2，水稻平均氮肥回收利用率为 32.4%～46.1%，小麦平均氮肥回收利用率为 27.8%～36.0%。相应的水稻和小麦的氮肥农学利用率分别为 5.56 ～15.0kg/kg 和 6.91～17.1 kg/kg。进一步，建立一元二次方程模拟方程，提出适合该区域稻麦轮作下的水稻、小麦经济适宜施氮量分别为 209 kg/hm^2、219 kg/hm^2，其相应的作物产量可分别达到 8 200 kg/hm^2 和 4 700 kg/hm^2。

参　考　文　献

卜容燕，任涛，鲁剑巍，等，2012. 水稻—油菜轮作条件下氮肥效应及其后效［J］. 中国农业科学，45（24）：5049-5056.

郭天财，宋晓，冯伟，等，2008. 高产麦田氮素利用、氮平衡及适宜施氮量［J］. 作物学报，34（5）：886-892.

李欣欣，石祖梁，王久臣，等，2020. 长江流域稻麦轮作条件下冬小麦适宜施氮量［J］. 应用生态学报，31（9）：3015-3022.

刘学军，赵紫娟，巨晓棠，等 . 2002. 基施氮肥对冬小麦产量、氮肥利用率及氮平衡的影响［J］. 生态学报，33（7）：1122-1128.

石祖梁，顾克军，杨四军，2012. 氮肥运筹对稻茬小麦干物质、氮素转运及氮素平衡的影响［J］. 麦类作物学报，32（6）：1128-1133.

晏娟，尹斌，张绍林，等，2009. 太湖地区稻麦轮作系统中氮肥效应的研究［J］. 南京农业大学学报，32（1）：61-66.

CAO X，QIN B，MA Q，et al.，2023. Predicting the nitrogen quota application rate in a double rice cropping system based on rice-soil nitrogen balance and ^{15}N labelling analysis［J］. Agriculture，13：612.

HAUCK R D，BREMNER J M，1976. Use of tracers for soil and fertilizer nitrogen research［J］. Advances in Agronomy，28（23）：219-266.

JU X，KOU C，ZHANG F，et al.，2006. Nitrogen balance and groundwater nitrate contamination：comparison among three intensive cropping systems on the North China Plain［J］. Environmental Pollution，143（1）：117-125.

JU X，LIU，X，PAN J，et al.，2007. Fate of ^{15}N-labeled urea under a winter wheat-summer maize rotation on the north china plain［J］. Pedosphere，17：52-61.

KAŠTOVSKÁ E，ŠANTRUCKOVÁ H，2011. Comparison of uptake of different N forms by soil microorganisms and two wet-grassland plants：a pot study［J］. Soil Biology and Biochemistry，43：1285-1291.

PAN J，LIU Y，ZHONG X，et al.，2017. Grain yield，water productivity and nitrogen use efficiency of rice under different water management and fertilizer-N inputs in South China［J］. Agricultural Water Management，184：191-200.

SCHMIDT J P，DEJOIA A J，FERGUSON R B，et al.，2002. Corn yield response to nitrogen at multiple in-field locations［J］. Agronomy Journal，94：798-806.

SHI Z L，JING Q，CAI J，et al.，2012. The fates of ^{15}N fertilizer in relation to root distributions of winter wheat under different N splits［J］. European Journal of Agronomy，40：86-93.

第6章 粮油作物周年养分施用限量标准

水稻、小麦是我国两大主要粮食作物，维持其作物产量水平对保障我国粮食安全意义重大（何萍等，2021；石祖梁，2011）。化肥的使用极大地促进了粮油作物产量的提高。然而在水稻生产中，化肥特别是氮肥的投入往往会过量，造成产量和肥料利用率的降低及氮素的损失，从而引起环境污染等问题（Zhang et al.，2019；Feng et al.，2016）。因此，科学合理地施用氮肥对增加粮油作物产量，提高氮肥利用效率和减少环境污染具有重要意义（朱德峰等，2015；彭少兵等，2002）。评估地上部养分吸收量是养分综合管理的重要组成部分。根据田间试验可以计算出养分需求量，但是由于田块之间的肥力、农业管理措施和气候存在较大的差异，依据少量的数据很难为养分综合管理提供科学合理的指导（黄进宝等，2007；刘艳妮等，2018）。

近些年，QUEFTS（quantitative evaluation of the fertility of tropical soils）模型考虑了N、P和K之间的交互作用，可用于评估一定目标产量下地上部养分。此外，QUEFTS模型对大量数据进行分析，能够避免由于数据量少而产生的偏差，已成为养分综合管理服务的有效工具（孙涛，2021；Sun et al.，2020，2021；Xu et al.，2013，2015）。本章研究在长期定位试验基础上，在收集大量一熟、两熟制作物产量和地上部养分吸收数据的基础上，应用QUEFTS模型分别拟合不同目标产量下产量和地上部养分吸收量的关系，比较养分吸收差异，以期为不同种植制度下作物养分综合管理提供科学合理的养分吸收参数和施用限量标准。

6.1 单季稻体系养分需求特征参数与施用限量标准

6.1.1 研究区域与方法

本章以籼粳杂交稻和常规稻为研究对象，收集布置于浙江省的湖州市、嘉兴市、绍兴市、杭州市、金华市、台州市、宁波市和衢州市长期定位试验数据，包括产量、生物量、籽粒和秸秆的氮、磷和钾养分含量。在收集不同区域水稻产量和地上部养分吸收数据的基础上，应用QUEFTS模型分别对籼粳杂交稻和常规稻拟合不同目标产量下产量和地上部养分吸收量的关系，比较养分吸收的差异，以期为不同水稻品种养分综合管理提供科学合理的养分吸收参数。

1. 试验设计

试验设置农民习惯施肥、不同施氮量处理及缺素处理，各试验点的土壤化学性质和水稻品种如表6-1和表6-2所示。

表 6-1　各试验点土壤化学性质

试验点	pH	有机质/(g/kg)	全氮/(g/kg)	碱解氮/(mg/kg)	有效磷/(mg/kg)	速效钾/(mg/kg)
湖州	6.3	22.2	1.4	91.5	11.2	71.4
嘉兴	4.9～5.7	21.5～32.5	1.8～2.2	99.4～166.4	14.7～36.5	64.6～80.7
绍兴	5.5	35.1	2.4	176.9	50.6	76.3
杭州	5.4～6.1	23.5～34.3	1.6～2.1	124.2～155.2	19.6～22.4	58.7～98.1
衢州	5.3～5.6	26.9～35.6	1.5～2.1	103.5～149.7	8.0～27.1	46.3～65.5
金华	5.3	24.8	1.8	93.8	8.8	86.6
台州	5.2	40.2	2.2	174.2	16.3	72.0
宁波	5.7	30.5	1.9	102.4	21.2	116.3

表 6-2　各试验点水稻品种

试验点	籼粳杂交稻品种	常规稻品种
湖州	甬优 538	嘉 58、绍粳 18、宁 88、祥湖 13、秀水 14、秀水 134、秀水 519、浙粳 59、浙粳 88
嘉兴	长优 2 号、春优 927、华中优 1 号、嘉优中科 3 号、嘉优中科 10 号、秀优 4913、甬优 12、甬优 1540、甬优 538、甬优 540、甬优 7753、甬优 7850、甬优 7860、甬优 7861、甬优 8050、中嘉优 9 号	丙 709、春江 157、沪 LPR18、嘉 58、嘉 67、嘉禾 218、嘉禾 236、嘉禾 239、南粳 46、南粳 5055、南粳 9108、宁 84、软香 2 号、甜粳 1 号、秀水 14、秀水 134、甬粳 695、浙辐粳 83、浙湖粳 25、浙粳 100、中嘉 8 号
绍兴	甬优 12、甬优 538	秀水 134、嘉 58
杭州	甬优 12、甬优 538	秀水 134、嘉 58
衢州	甬优 12、甬优 1540	—
金华	甬优 12、甬优 538	秀水 134、嘉 58
台州	华中优 1 号、甬优 12、甬优 1540、甬优 7850、甬优 7 860、甬优 7 861	嘉禾 247
宁波	甬优 12	—

2. 计算分析

(1) 模型改进

养分内在效率（internal efficiency，*IE*，kg/kg）定义为地上部吸收单位养分所产生的籽粒产量，可以用来评估养分向产量的转运能力（Witt et al.，1999）。当目标产量达到潜在产量的 70%～80%，养分内在效率是恒定的（Dobermann and Witt，2004）。选择养分内在效率上下的 2.5%、5.0%和 7.5%作为最大养分累积边界（maxumun nutrient accumulation，*a*）和最大养分稀释边界（maxumun nutrient dilution，*d*）评估最佳养分吸收量（Janssen et al.，1990）。但是由于收获指数小于 0.4 kg/kg 的数据被认为受到养分投入之外的其他影响，这部分数据需要被剔除（Janssen et al.，1990）。

关于 QUEFTS 模型的计算步骤已有报道（Liu et al.，2006；Witt et al.，

1999)。QUEFTS模型在 Microsoft Office Excel 的求解程序基础上评估在一定潜在产量下，不同目标产量的养分吸收量，主要步骤包括：选择符合模型条件的数据；计算不同水稻品种的N、P和K的 a 值和 d 值；拟合不同目标产量和潜在产量下最佳养分吸收量。

(2) 模型验证

根据试验点不同水稻品种氮、磷、钾对模型进行验证。

均方根误差（root mean square error，*RMSE*）、标准化均方根误差（normalized root mean squared error，*n-RMSE*）及模拟值和实测值差异用来评价 QUEFTS 模型模拟值和实测值之间的偏离度。计算公式如下：

$$RMSE = \sqrt{\frac{\sum_{i=1}^{n}(s_i - m_i)^2}{n}} \tag{6-1}$$

$$n\text{-}RMSE = \frac{RMSE}{\overline{m}} \tag{6-2}$$

式中，s_i表示模拟值；m_i表示实测值；n 表示数据个数；$\overline{m}$ 表示实测值的平均值。

如果模拟值和实测值相等，则数据位于1∶1线上，两者之间的差异越大，数据越偏离1∶1线。如果模拟值和实测值之间具有显著性差异（$P<0.05$），表明两者之间的差异较大，则数据会偏离1∶1线；如果模拟值和实测值之间无显著性差异（$P>0.05$），表明两者之间的差异较小，则数据会接近1∶1线，此时模拟值和实测值的吻合度较高，QUEFTS模型模拟结果较合理。

6.1.2 水稻产量和养分吸收特性

籼粳杂交稻和常规稻的籽粒产量和秸秆产量均存在较大差异（表6-3和表6-4）。平均籽粒产量分别为9.92 t/hm^{2}和8.02 t/hm^2，变化范围分别为4.37～13.85 t/hm^{2}和3.74～11.60 t/hm^2；平均秸秆产量分别为9.57 t/hm^{2}和8.92 t/hm^2，变化范围分别为4.26～15.18 t/hm^{2}和3.78～15.97 t/hm^2。籼粳杂交稻平均收获指数为0.51 kg/kg，变化范围为0.39～0.62 kg/kg；常规稻平均秸秆产量为0.46 kg/kg，变化范围为0.37～0.56 kg/kg。

籼粳杂交稻的平均籽粒含N量为0.93%、含P量为0.25%和含K量为0.20%，平均秸秆含N量为0.65%，含P量为0.14%和含K量为2.04%。平均籽粒N吸收量为92.0 kg/hm^2、P吸收量为24.7 kg/hm^{2}和K吸收量为19.1 kg/hm^2，平均秸秆N吸收量为63.9 kg/hm^2、P吸收量为14.9 kg/hm^{2}和K吸收量为189.3 kg/hm^2。地上部N、P和K总吸收量分别为155.9 kg/hm^2、39.7 kg/hm^{2}和208.4 kg/hm^2。常规稻的平均籽粒含N量为1.07%、含P量为0.26%和含K量为0.23%，平均秸秆含N量为0.76%、含P量为0.19%和含K量为1.99%。平均籽粒N吸收量为89.5 kg/hm^2、P吸收量为21.2 kg/hm^{2}和K吸收量为17.8 kg/hm^2，平均秸秆N吸收量为70.9 kg/hm^2、P吸收量为17.6 kg/hm^{2}和K吸收量为166.9 kg/hm^2。地上部N、P和K总吸收量分别为160.5 kg/hm^2、38.8 kg/hm^{2}和184.7 kg/hm^2。

表6-3　籼粳杂交稻产量和养分吸收特征

参数	单位	样本数	平均值	标准差	最小值	最大值
籽粒产量	t/hm^2	683	9.92	1.66	4.37	13.85
秸秆产量	t/hm^2	683	9.57	2.20	4.26	15.18
收获指数	kg/kg	683	0.51	0.04	0.39	0.62
籽粒含N量	%	683	0.93	0.18	0.18	1.47
籽粒含P量	%	518	0.25	0.04	0.03	0.44
籽粒含K量	%	518	0.20	0.04	0.06	0.43
秸秆含N量	%	683	0.65	0.22	0.13	1.27
秸秆含P量	%	518	0.14	0.05	0.04	0.33
秸秆含K量	%	518	2.04	0.48	0.48	4.50
籽粒N吸收量	kg/hm^2	683	92.0	24.8	22.2	155.6
籽粒P吸收量	kg/hm^2	518	24.7	6.4	2.9	44.6
籽粒K吸收量	kg/hm^2	518	19.1	6.1	5.5	40.1
秸秆N吸收量	kg/hm^2	683	63.9	24.5	11.8	151.9
秸秆P吸收量	kg/hm^2	518	14.9	5.9	3.4	34.2
秸秆K吸收量	kg/hm^2	518	189.3	50.9	73.5	309.2
地上部N吸收	kg/hm^2	683	155.9	46.2	49.7	280.7
地上部P吸收	kg/hm^2	518	39.7	11.6	13.4	68.6
地上部K吸收	kg/hm^2	518	208.4	54.6	84.0	348.4
N收获指数	kg/kg	683	0.60	0.07	0.39	0.84
P收获指数	kg/kg	518	0.64	0.08	0.17	0.84
K收获指数	kg/kg	518	0.09	0.02	0.03	0.17

表6-4　常规稻产量和养分吸收特征

参数	单位	样本数	平均值	标准差	最小值	最大值
籽粒产量	t/hm^2	508	8.02	1.67	3.74	11.60
秸秆产量	t/hm^2	508	8.92	2.10	3.78	15.97
收获指数	kg/kg	508	0.46	0.04	0.37	0.56
籽粒含N量	%	508	1.07	0.23	0.67	2.05
籽粒含P量	%	382	0.26	0.04	0.14	0.40
籽粒含K量	%	382	0.23	0.06	0.05	0.46
秸秆含N量	%	508	0.76	0.21	0.24	1.50
秸秆含P量	%	382	0.19	0.04	0.06	0.28
秸秆含K量	%	382	1.99	0.48	0.81	4.29
籽粒N吸收量	kg/hm^2	508	89.5	28.4	26.8	171.0

（续）

参数	单位	样本数	平均值	标准差	最小值	最大值
籽粒 P 吸收量	kg/hm^2	382	21.2	6.8	9.2	43.6
籽粒 K 吸收量	kg/hm^2	382	17.8	6.2	3.3	33.0
秸秆 N 吸收量	kg/hm^2	508	70.9	27.2	11.6	152.1
秸秆 P 吸收量	kg/hm^2	382	17.6	6.0	6.0	40.7
秸秆 K 吸收量	kg/hm^2	382	166.9	58.0	56.8	385.0
地上部 N 吸收	kg/hm^2	508	160.5	53.3	44.9	295.1
地上部 P 吸收	kg/hm^2	382	38.8	12.1	15.6	68.1
地上部 K 吸收	kg/hm^2	382	184.7	62.5	65.9	410.3
N 收获指数	kg/kg	508	0.55	0.06	0.39	0.76
P 收获指数	kg/kg	382	0.55	0.06	0.38	0.78
K 收获指数	kg/kg	382	0.09	0.02	0.03	0.16

6.1.3 水稻养分内在效率特征

籼粳杂交稻和常规稻的养分内在效率（Internal efficiency，*IE*，kg/kg）和吨粮养分吸收量（reciprocal internal efficiency，*RIE*，kg/t）如表 6-5 所示。*RIE* 定义为生产1 000 kg 籽粒产量地上部吸收的养分。籼粳杂交稻 N、P 和 K 的平均 *IE* 值分别为 67.3 kg/kg、265.7 kg/kg 和 46.4 kg/kg，常规稻 N、P 和 K 的平均 *IE* 值分别为 53.3 kg/kg、212.5 kg/kg 和 41.3 kg/kg。每生产 1 000 kg 籽粒产量，籼粳杂交稻地上部需吸收 15.8 kg N、3.9 kg P 和 23.4 kg K，常规稻地上部需吸收 19.6 kg N、4.9 kg P 和 26.5 kg K。

表 6-5 籼粳杂交稻和常规稻的 *IE* 和 *RIE*

数据组	参数	单位	样本数	平均值	标准差	25%点位值	中值	75%点位值
籼粳杂交稻	*IE*-N	kg/kg	683	67.3	17.1	54.5	64.4	77.2
	IE-P	kg/kg	518	265.7	59.1	223.5	255.4	306.0
	IE-K	kg/kg	518	46.4	14.0	37.5	45.0	52.2
	RIE-N	kg/t	683	15.8	3.7	12.9	15.5	18.4
	RIE-P	kg/t	518	3.9	0.8	3.3	3.9	4.5
	RIE-K	kg/t	518	23.4	6.8	19.2	22.2	26.7
常规稻	*IE*-N	kg/kg	508	53.3	11.4	45.8	52.7	59.0
	IE-P	kg/kg	382	212.5	44.9	180.9	202.5	229.9
	IE-K	kg/kg	382	41.3	12.9	33.1	40.0	47.7
	RIE-N	kg/t	508	19.6	4.2	16.9	19.0	21.8
	RIE-P	kg/t	382	4.9	0.9	4.4	4.9	5.5
	RIE-K	kg/t	382	26.5	8.2	20.9	25.0	30.2

6.1.4　水稻 QUEFTS 养分吸收模型构建

去除 *IE* 值上下 2.5%、5%和 7.5%的数分别计算籼粳杂交稻和常规稻的 N、P 和 K 的 *a* 值和 *d* 值（表 6-6）。同时应用 QUEFTS 模型在目标产量为 13 t/hm² 时模拟籼粳杂交稻和常规稻在 3 组参数下的养分吸收。从图 6-1 可知，无论是籼粳杂交稻还是常规稻，3 组参数下的最佳养分吸收曲线几乎是重合的，只是缩短了 *a* 值和 *d* 值之间的距离。参数 *I* 包含更大的变异性范围，因此采用参数 *I* 作为评估养分吸收的最终参数。

表 6-6　籼粳杂交稻和常规稻地上部养分最大累积边界和最大稀释边界

数据组	养分	参数Ⅰ		参数Ⅱ		参数Ⅲ	
		a（2.5th）	*d*（97.5th）	*a*（5th）	*d*（95th）	*a*（7.5th）	*d*（92.5th）
籼粳杂交稻	N	43	110	45	101	47	95
	P	173	389	187	362	191	350
	K	25	84	28	74	29	67
常规稻	N	34	82	36	75	39	69
	P	155	334	162	309	165	290
	K	22	75	24	63	25	58

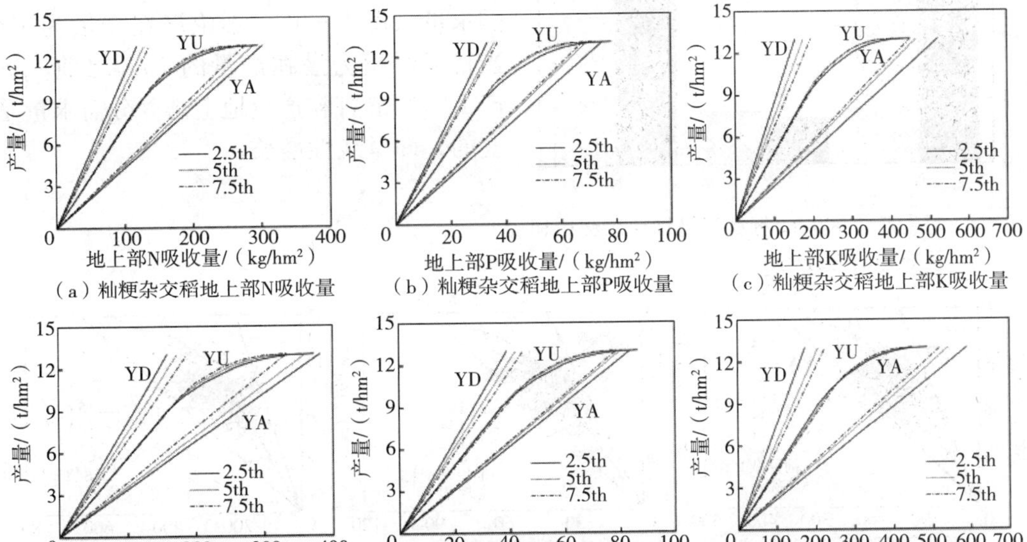

图 6-1　QUEFTS 模型模拟的籼粳杂交稻和常规稻的地上部养分需求

注：YD、YU 和 YA 分别代表养分最大稀释边界、最佳吸收曲线和最大累积边界；收获指数小于 0.4 的数据已剔除，潜在产量为 13 t/hm²。下同。

当潜在产量为 13 t/hm²时，常规稻的地上部养分需求高于籼粳杂交稻（图 6-2），即当产量范围为 0～13 t/hm²时，要获得相同产量，常规稻需要吸收更多的养分。每生产 1 000 kg 籽粒产量，籼粳杂交稻需要吸收 13.5 kg N、3.6 kg P 和 20.4 kg K，N∶P∶K 比例为 3.8∶1.0∶5.7，常规稻需要吸收 17.6 kg N、4.1 kg P 和 23.0 kg K，N∶P∶K 比例为 4.3∶1.0∶5.6（图 6-3）。

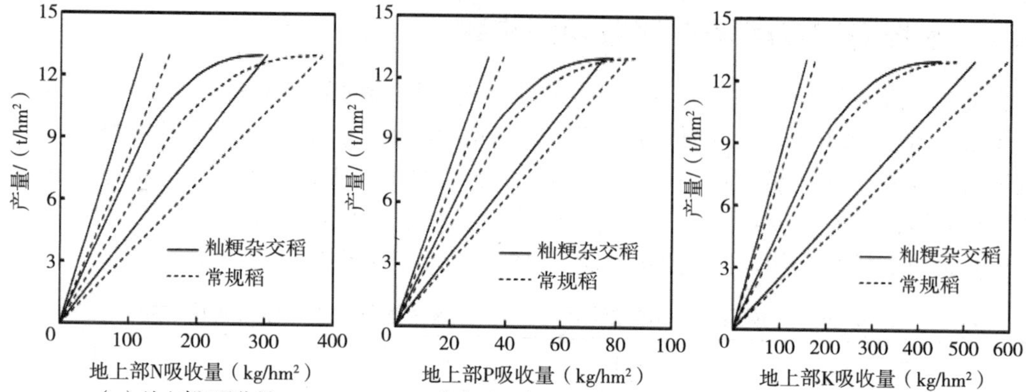

（a）地上部N吸收量　（b）地上部P吸收量　（c）地上部K吸收量

图 6－2　基于参数Ⅰ下潜在产量为 13 t/hm²时籼粳杂交稻和常规稻的地上部养分需求比较

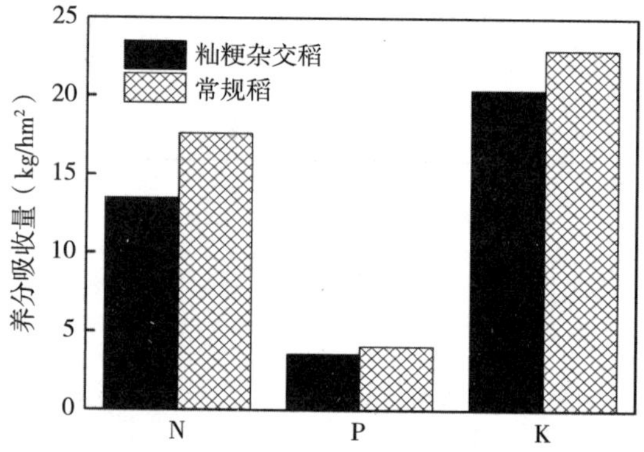

图 6－3　每生产 1 000 kg 籽粒产量籼粳杂交稻和常规稻的养分需求

利用 QUEFTS 模型分别拟合籼粳杂交稻和常规稻在不同潜在产量（9～15 t/hm²）和目标产量下的地上部 N、P 和 K 养分最佳需求量（图 6－4）。不论潜在产量为多少，当目标产量为潜在产量的 70%之前，每生产 1 000 kg 籽粒产量地上部养分需求量是不变的，即呈线性增长。

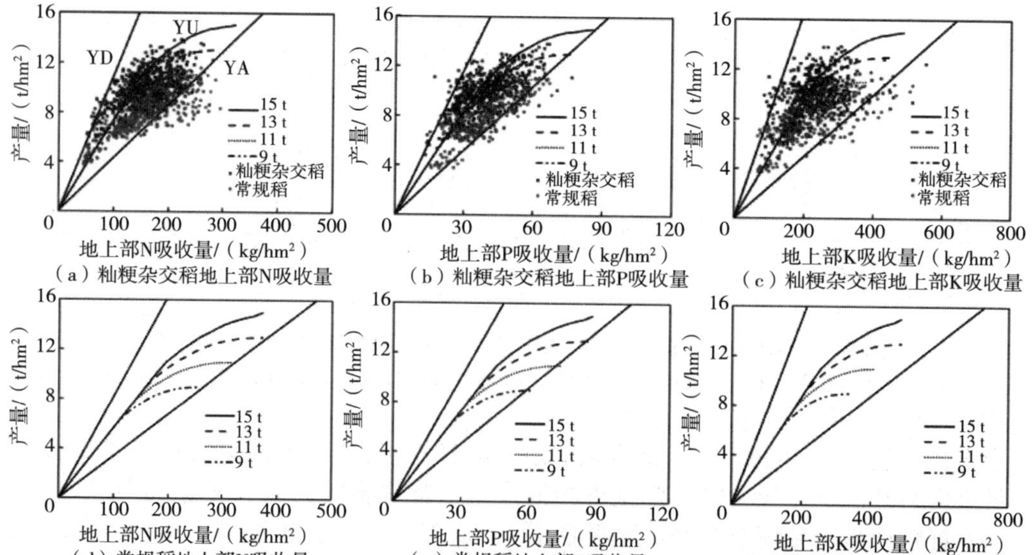

（d）常规稻地上部N吸收量　（e）常规稻地上部P吸收量　（f）常规稻地上部K吸收量

图 6－4　QUEFTS 模型模拟的籼粳杂交稻和常规稻产量和地上部养分吸收量的关系

6.1.5　水稻养分吸收模型验证

以 2018—2019 年在金华和杭州田间试验的部分数据验证 QUEFTS 模型的可行性（图 6－5）。*RMSE* 和 *n-RMSE* 用来评估 QUEFTS 模拟值和实测值之间的吻合度。从图 6－5中可看出，N、P 和 K 的 *RMSE* 值分别为 19.4 kg/hm^2、5.8 kg/hm^2 和 36.2 kg/hm^2，*n-RMSE* 值分别为 11.7%、13.8%和 15.6%。

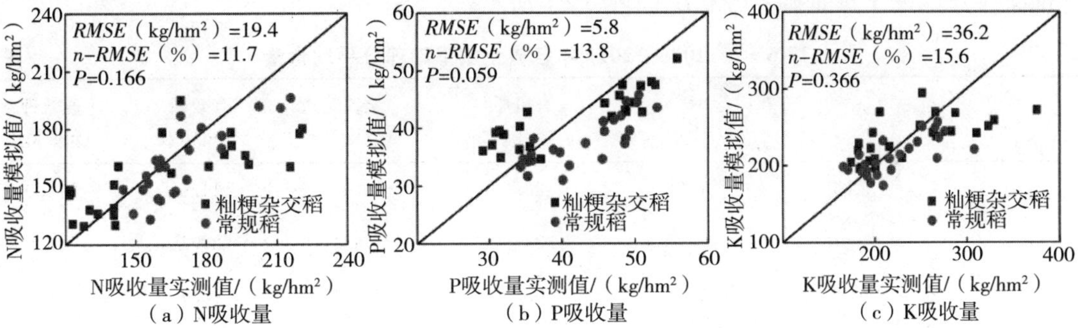

图 6－5　籼粳杂交稻和常规稻地上部养分吸收模拟值和实测值的关系

结果表明，籼粳杂交稻和常规稻的产量和养分吸收均有较大差异。每生产 1 000 kg 籽粒产量，籼粳杂交稻地上部 N、P 和 K 的吸收量分别为 13.5 kg、3.6 kg 和 20.4 kg，N∶P∶K为 3.8∶1.0∶5.7，相应的 *IEs* 分别为 74.1 kg/kg、277.8 kg/kg 和 49.0 kg/kg；常规稻地上部 N、P 和 K 的吸收量分别为 17.6 kg、4.1 kg 和 23.0 kg，N∶P∶K 为 4.3∶1.0∶5.6，相应的 *IEs* 分别为 56.8 kg/kg、243.9 kg/kg 和 43.5 kg/kg。田间验证试验表明，QUEFTS 模型可用于模拟不同水稻品种在一定目标产量下的养分吸收。同时，应该考虑水稻品种间的产量、养分含量和养分吸收量之间的差异，以期更准确地评估水稻地上部养分吸收和产量之间的关系，为养分综合管理和推荐施肥提供更科学合理的依据。

6.2　油菜体系养分需求特征参数与施用限量标准

6.2.1　研究区域与方法

收集 2005—2016 年田间试验数据建立数据库。试验点分布在我国长江流域重要的冬油菜种植区，包括四川、重庆、贵州、湖北、湖南、江西、河南、安徽、江苏、浙江 10 个省（直辖市）的 213 个田间试验。另外，还从相关文献中搜集了 1990—2019 年的长江流域冬油菜的养分田间试验数据，共计 535 个田间试验的养分数据。品种均为当地油菜主栽品种（邹娟等，2010；田昌等，2012；刘波，2016；丛日环等，2019；李小坤等，2021；何萍等，2021）。

1. 试验设计

模型构建类试验处理为：T_1（不施肥）、T_2（不施氮肥）、T_3（不施磷肥）、T_4（不施钾肥）、T_5（氮磷钾肥平衡施用）、T_6（当地农户习惯施肥）。油菜营养特性试验：设置不施肥、氮磷钾肥平衡施用两个处理，用于整个生育期采样。氮肥量级试验设置 6 个水平，分别为 N_0、N_1（T_5基础上减 40% N）、N_2（T_5基础上减 20% N）、N_3（氮肥平衡施用）、N_4（T_5基础上增 20% N）、N_5（T_5基础上增 40% N）；磷肥量级试验设置 6 个水平，分别为 P_0、P_1（T_5基础上减 20% P）、P_2（T_5基础上减 40% N）、P_3（磷肥平衡施用）、P_4（T_5基础上增 20% P）、P_5（T_5基础上增 40% P）。田间试验种类主要包括减素试验、肥料量级试验、长期定位试验、耕作措施试验、油菜品种筛选试验、“3414”试验及肥料品种试验等，测定指标包括生物产量、籽粒和秸秆 N、P、K 养分吸收等。长江流域冬油菜主产区的土壤基础养分状况如表 6-7 所示。

表 6-7　2016—2017 年各省土壤基础养分平均含量

试验点		pH	有机质 (g/kg)	全氮 (g/kg)	有效磷 (mg/kg)	速效钾 (mg/kg)
长江上游	四川	7.08	26.3	1.58	11.6	114.0
	云南	7.45	24.9	1.44	20.1	113.5
	贵州	6.45	65.8	3.83	12.7	151.5
	平均	7.03	33.9	2.00	13.5	121.4
长江中游	湖北	6.13	25.2	1.42	14.5	74.4
	湖南	5.70	20.7	1.32	15.6	144.0
	江西	5.18	38.4	1.57	23.2	87.4
	平均	5.78	27.3	1.43	17.0	95.0
长江下游	安徽	5.58	20.6	1.22	16.4	77.0
	江苏	7.30	18.8	1.25	7.4	66.3
	浙江	6.93	22.0	1.17	20.2	129.6
	平均	6.65	20.7	1.21	15.4	96.5
平均		6.40	26.7	1.50	15.6	102.1

2. 计算方法

在收集不同区域稻油轮作体系油菜产量、地上部养分吸收和氮素利用效率数据的基础上，应用 QUEFTS 模型拟合不同油菜目标产量下产量和地上部养分吸收量的关系，以期为稻油轮作体系油菜养分施用限量标准和养分综合管理提供理论依据和技术支撑。

6.2.2　油菜养分吸收特征

油菜养分吸收特征如表 6-8 所示，基于 2016 年数据分析结果结合本年度各试验点试验数据，确定参数 a、b 值。研究发现，长江流域油菜产量均值为 1 813 kg/hm^2，变幅为 28～4 732 kg/hm^2。地上部 N、P、K 养分吸收量平均为 91.9 kg/hm^2、16.4 kg/hm^2 和 116.8 kg/hm^2。总体而言，约 70%的氮素和 77%的磷素积累在籽粒中，而钾素在籽粒中的比例仅占 12%。

表 6－8　油菜养分吸收特征

参数	单位	均值	*SE*	最小值	25%点位值	中值	75%点位值	最大值
产量	kg/hm²	1 813	26.9	28	1 158	1 820	2 437	4 732
干物质量	kg/hm²	6 177	89.3	105	4 030	6 145	8 102	17 324
HI	kg/kg	0.29	0.001 4	0.06	0.27	0.3	0.32	0.4
籽粒吸 N 量	kg/hm²	64.3	1.02	0.8	38.2	64.3	87.7	160.2
茎秆吸 N 量	kg/hm²	15.7	0.39	0.2	7.6	13.4	20.1	154.7
总吸 N 量	kg/hm²	91.9	1.51	1.1	53.9	91.5	123.9	319.6
N 收获指数	kg/kg	0.71	0.003 1	0.24	0.67	0.74	0.78	0.86
籽粒吸 P 量	kg/hm²	12.5	0.2	0.2	7.8	12.5	16.8	34.6
茎秆吸 P 量	kg/hm²	1.9	0.059	0.1	0.8	1.3	2.3	17.4
角壳吸 P 量	kg/hm²	2	0.048	0.1	0.8	1.6	2.6	12.8
总吸 P 量	kg/hm²	16.4	0.26	0.3	10.5	15.9	21.8	47.9
P 收获指数	kg/kg	0.77	0.003 7	0.25	0.72	0.8	0.85	0.98
籽粒吸 K 量	kg/hm²	13.7	0.23	0.2	8	13.5	18.7	39.9
茎秆吸 K 量	kg/hm²	61.6	1.22	1.4	30.6	55.3	86.2	262.4
角壳吸 K 量	kg/hm²	41.5	0.69	0.7	25.2	39.4	54.9	154.7
总吸 K 量	kg/hm²	116.8	1.92	2.3	69	110.9	158.8	349.6
K 收获指数	kg/kg	0.12	0.001 4	0.026	0.1	0.12	0.14	0.51

长江流域冬油菜养分内部利用效率、千公斤籽粒养分吸收量如表 6－9 所示。油菜的养分利用效率变幅较大，与产量表现一致。其中氮素养分内部利用效率变幅为 5.5～36.5 kg/kg，磷素养分内部利用效率变幅为 21.7～267.4 kg/kg，钾素养分内部利用效率变幅为 1.9～70.0 kg/kg。氮、磷、钾养分内部利用效率均值分别为 20.9 kg/kg、116.5 kg/kg、16.7 kg/kg。每生产 1 000 kg 油菜籽所需的氮、磷、钾养分均值分别为 51.3 kg、9.5 kg、68.5 kg。其中缺素处理的养分内部利用效率均值分别为23.8 kg/kg、136.4 kg/kg、20.1 kg/kg。

表 6－9　油菜养分内部利用效率、千公斤籽粒养分吸收量

样本	参数	单位	个数	均值	*SE*	最小值	25%点位值	中值	75%点位值	最大值
所有样本	*IE*-N	kg/kg	1 035	20.9	0.16	5.5	17.6	20.9	24.2	36.5
	IE-P	kg/kg	1 035	116.5	1.1	21.7	93.4	113.6	132.4	267.4
	IE-K	kg/kg	1 035	16.7	0.2	1.9	13.2	16	18.9	70
	RIE-N	kg/t	1 035	51.3	0.51	27.4	41.3	47.8	56.9	182.3
	RIE-P	kg/t	1 035	9.5	0.11	3.7	7.6	8.8	10.7	46.2
	RIE-K	kg/t	1 035	69	1.1	14	53	63	76	519

（续）

样本	参数	单位	个数	均值	*SE*	最小值	25%点位值	中值	75%点位值	最大值
OPT样本	*IE*-N	kg/kg	211	20.2	0.3	8.2	17.1	20	22.9	31.5
	IE-P	kg/kg	211	113.1	1.9	39.7	95.5	114.8	128.9	182
	IE-K	kg/kg	211	16	0.33	4.1	13	15.3	18.3	36.3
	RIE-N	kg/t	211	52.3	0.91	31.7	43.6	50.1	58.6	122
	RIE-P	kg/t	211	9.5	0.2	5.5	7.8	8.7	10.5	25.2
	RIE-K	kg/t	211	69	1.8	28	55	65	77	242

注：*IE*、*RIE* 分别指不同氮、磷、钾养分的养分内在效率和千公斤籽粒养分吸收量。下同。

6.2.3 土壤养分供应能力和养分吸收利用率

长江流域冬油菜种植区土壤供氮能力均值为 57 kg/hm^2，变幅为 1～142 kg/hm^2；土壤供磷能力均值为 14.6 kg/hm^2，土壤供钾能力为 120 kg/hm^2。氮、磷、钾养分吸收利用率平均分别为 36%、20%和 43%（表 6-10）。

表 6-10 长江流域油菜土壤基础养分供应能力与养分吸收效率

参数	个数	均值	*SE*	最小值	25%点位值	中值	75%点位值	最大值
土壤基础养分供应能力/（kg/hm^2）								
N	174	57	2.3	1	31	56	77	142
P	185	14.6	0.56	0.6	8.5	14.6	19.2	39.2
K	186	120	4	18	74	115	161	271
养分吸收利用率/%								
N	174	36	1.3	0.1	24	34	46	102
P	185	20	1.1	−18	9	18	27	69
K	186	43	2.4	−36	20	40	58	162

6.2.4 冬油菜养分最佳需求量估算

1. 油菜产量反应

（1）油菜产量反应分布特征

通过分析施用氮、磷、钾的油菜产量反应分布特征，发现施氮产量反应最高，平均值为 1.08 t/hm^2 [图 6-6（a）]；磷、钾施用后产量反应较低，平均值分别为 0.63 t/hm^2 和 0.41 t/hm^2 [图 6-6（b）和（c）]。表明氮素仍然是油菜产量的首要限制因子。

（2）油菜相对产量与产量反应系数

相对产量是基于缺素试验表征土壤基础地力重要指标。相对产量频数分布结果表明，施氮相对产量低于 0.80 的占全部观察数据的 89.1%，而施磷和施钾相对产量高于 0.80 的分别占全部观察数据的 55.2%和 69.0%。施用氮、磷、钾相对产量平均值分别为 0.57、0.75 和 0.84，进一步证实施氮的增产效果最为显著（图 6-7）。

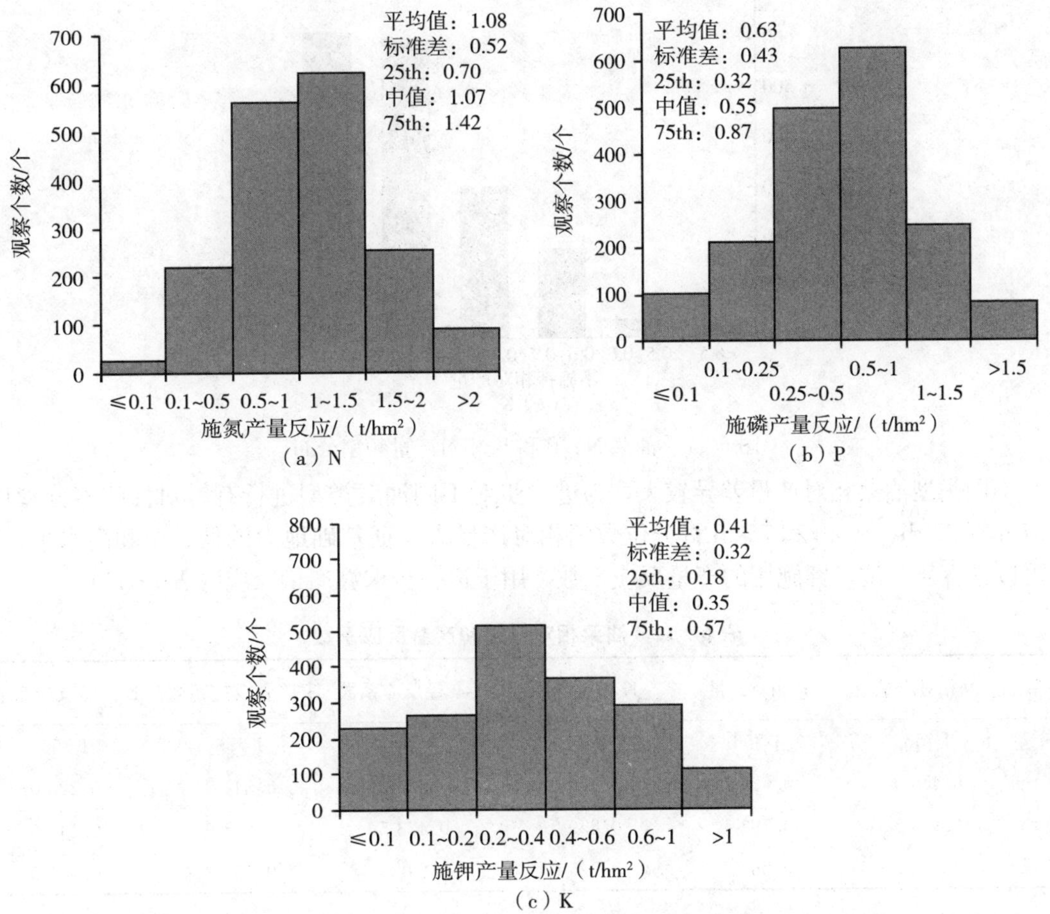

图 6－6　油菜 N、P 和 K 产量反应频率分布

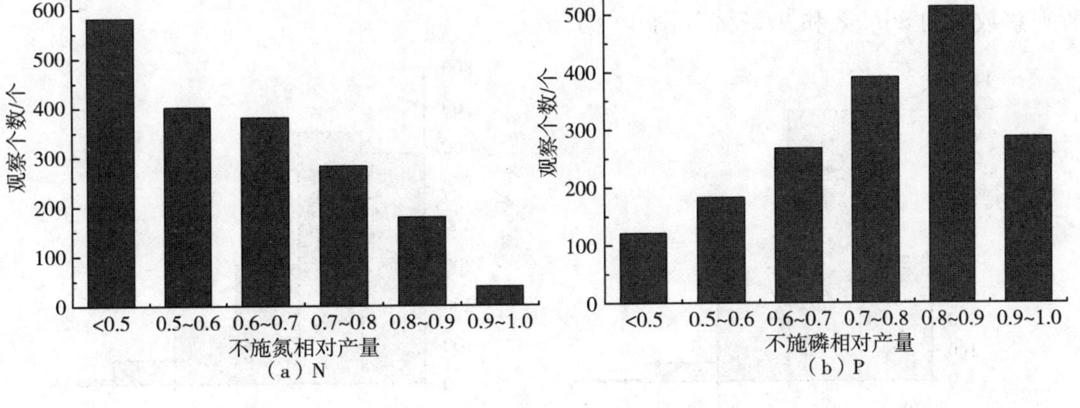

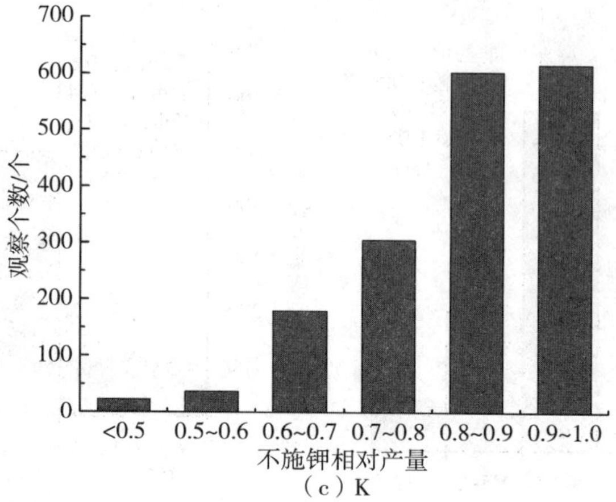

(c) K

图 6-7　油菜 N、P 和 K 相对产量频率分布

不同类型油菜相对产量差异较大，为进一步对不同油菜类型进行有针对性的养分管理，本节分析 25 th、50 th 和 75 th 百分位数的相对产量来表征基础地力的低、中和高水平，这样可以求算氮、磷、钾施用的产量反应系数，用于进一步求算产量反应（表6-11）。

表 6-11　油菜相对产量和产量反应系数

参数	N 相对产量	P 相对产量	K 相对产量	N 产量反应系数	P 产量反应系数	K 产量反应系数
n	1 756	1 756	1 756	1 756	1 756	1 756
25 th	0.455 0	0.658 1	0.775 0	0.545 0	0.341 9	0.225 0
50 th	0.576 5	0.782 4	0.859 0	0.423 5	0.217 6	0.141 0
75 th	0.701 5	0.863 8	0.925 0	0.298 5	0.136 2	0.075 0

2. 冬油菜农学效率

农学效率是反映肥效的重要指标之一，在推荐施肥中是不可或缺的指标。优化施肥处理下，氮、磷、钾的农学效率分别为 6.3 kg/kg、8.3 kg/kg 和 4.8 kg/kg，氮的农学效率低于 12 kg/kg 的占全部观察数据的 95.7%，而磷和钾的农学效率低于 15 kg/kg 的分别占所观察数据的 86.9%和 97.7%（图 6-8）。

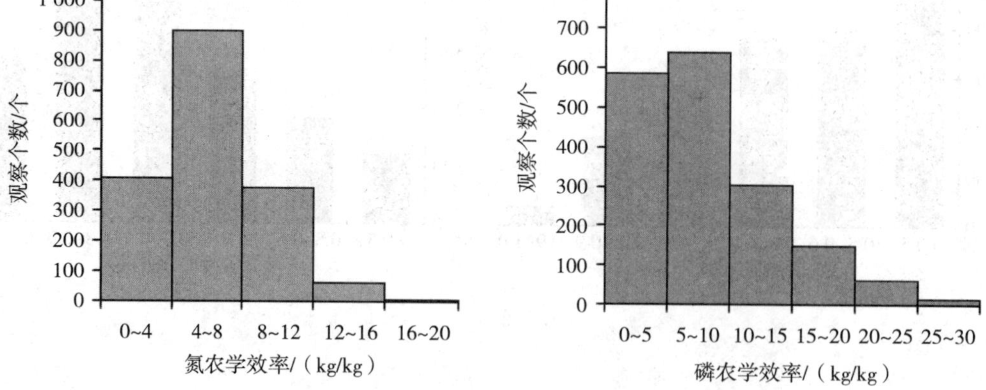

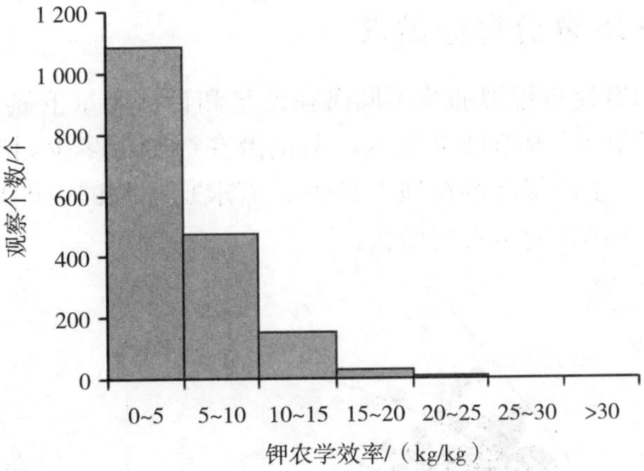

图6-8　油菜N、P和K农学效率频率分布

产量反应和相对产量反映了土壤的基础养分供应能力，而农学效率反映肥料效应。产量反应和农学效率二者间存在显著的二次曲线关系，随着产量反应的不断增加，农学效率也随之增加，产量反应再继续增加，农学效率增加的幅度则逐渐降低。该关系包含了不同的环境条件、地力水平及油菜品种信息，因此可以依此进行推荐施肥（图6-9）。

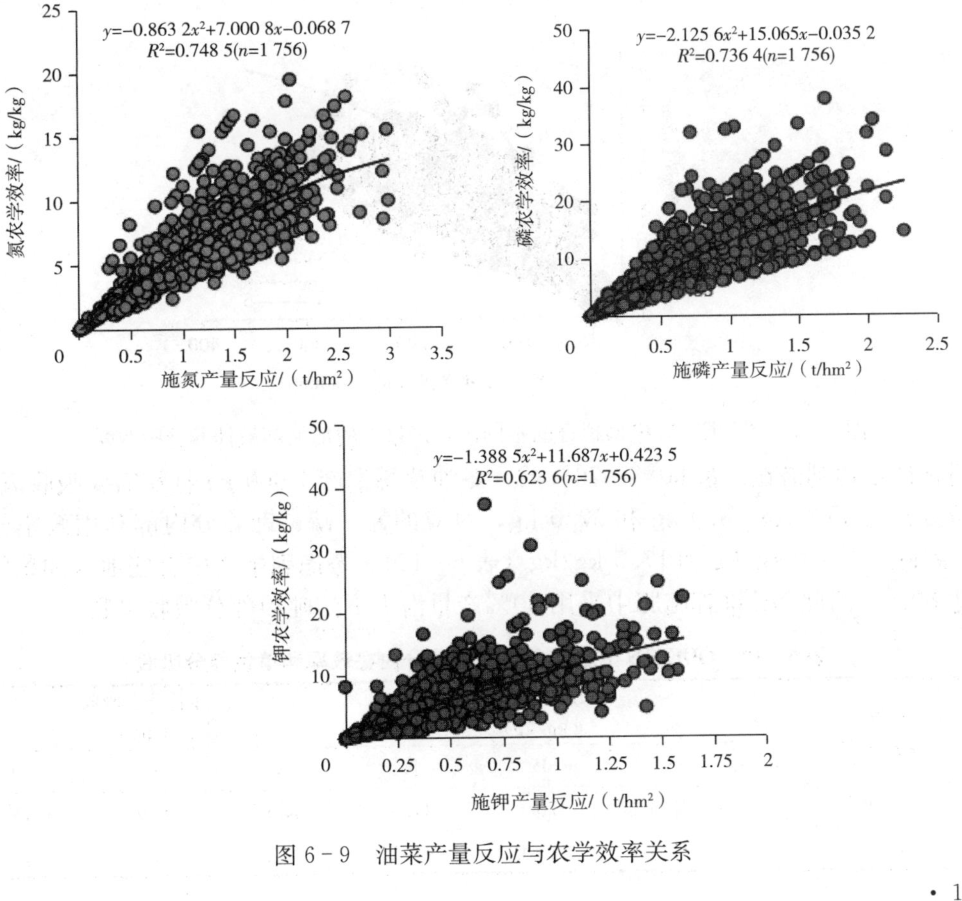

图6-9　油菜产量反应与农学效率关系

6.2.5 QUEFTS 养分最佳需求

应用 QUEFTS 模型模拟油菜不同潜在产量和目标产量下氮、磷、钾地上部最佳养分吸收需求（图 6-10）。模拟结果显示，不论潜在产量为多少，当目标产量达到潜在产量的 60%～70%时，生产每吨籽粒地上部养分需求是一致的，即目标产量所需的养分在达到潜在产量 60%～70%前呈直线增长。

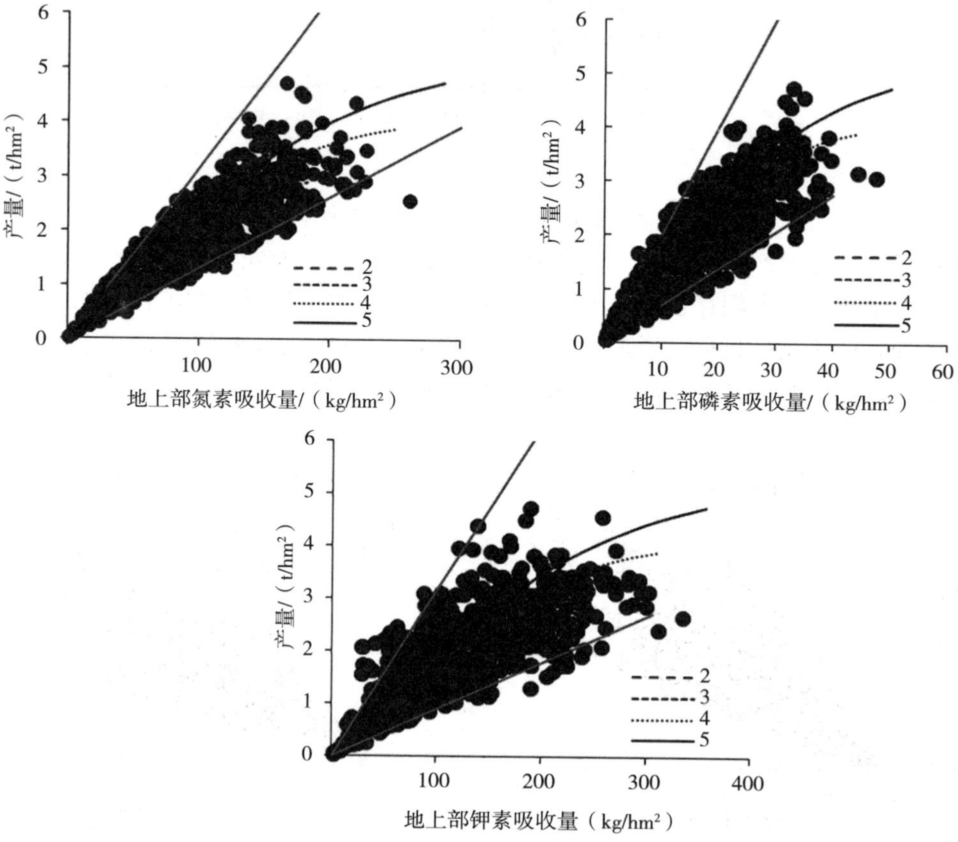

图 6-10　QUEFTS 模型拟合的不同潜在产量下的地上部最佳养分吸收量

目标产量达到潜在产量 60%～70%前，冬油菜每生产 1 000 kg 籽粒需要吸收氮、磷、钾养分分别为 45.9 kg、8.0 kg 和 57.0 kg，对应的氮、磷、钾养分内部利用效率分别为 21.8 kg/kg、125.0 kg/kg 和 17.5 kg/kg（表 6-12）。考虑到生产中有些地区油菜的产量能到达 80%，因此 NE 推荐施肥中采用 80%产量潜力下的吨粮养分吸收参数。

表 6-12　QUEFTS 模型拟合的油菜养分内在效率和单位养分吸收

产量/(kg/hm²)	养分内在效率/(kg/kg)			单位养分吸收/(kg/t)		
	N	P	K	N	P	K
1 000	21.8	125.0	17.5	45.9	8.0	57.0
1 500	21.8	125.0	17.5	45.9	8.0	57.0

（续）

产量/（kg/hm²）	养分内在效率/（kg/kg）			单位养分吸收/（kg/t）		
	N	P	K	N	P	K
2 000	21.8	125.0	17.5	45.9	8.0	57.0
2 500	21.8	125.0	17.5	45.9	8.0	57.0
3 000	21.8	125.0	17.5	45.9	8.0	57.0
3 500	21.4	123.1	17.3	46.6	8.1	57.9
4 000	20.0	114.6	16.1	50.1	8.7	62.2
4 500	18.0	103.3	14.5	55.6	9.7	69.0

6.2.6 油菜推荐施肥模型和养分专家系统构建

1. 基于作物产量反应和农学效率方法的施肥推荐原理

基于产量反应与农学效率的油菜推荐施肥方法，主要依据油菜目标产量和产量反应，并综合考虑养分平衡，建立油菜不同目标产量下氮、磷、钾养分推荐用量。依据气候特征和种植类型，如北方的春油菜和长江流域的冬油菜最佳养分吸收参数不同，在推荐施肥时区分对待。

对于氮肥用量，主要基于预估不同地力条件下的产量反应和已知农学效率间的关系确定，由产量反应除以农学效率获得。磷、钾肥用量主要根据作物产量反应、作物秸秆和籽粒养分移走量、上季作物养分残效和土壤养分平衡确定。在考虑养分平衡时，磷肥维持土壤养分平衡的变化范围为±10 kg P_2O_5/hm^2，钾肥维持土壤养分平衡的变化范围为±50 kg K_2O/hm^2，即生产 1 t 油菜所需的 P_2O_5 和 K_2O 量，此量考虑了养分回收率。

油菜磷、钾用量主要考虑产量反应和作物地上部移走量的归还两部分。北方春油菜和长江流域冬油菜作物最佳养分吸收量和秸秆还田量不同，因此在推荐磷、钾用量时分别对待。

施磷量的确定：作物移走量的归还部分考虑土壤磷素平衡在合理范围内（±10 kg P_2O_5/hm^2），当秸秆还田比例<60%时，作物移走量的归还部分考虑籽粒磷素移走量的 100%；当秸秆还田比例≥60%时，作物移走量的归还部分考虑籽粒移走的 75%。

施钾量的确定：对于冬油菜，作物移走量的归还部分考虑籽粒钾素移走量的 100%计算。对于春油菜，作物移走量的归还部分考虑土壤钾素平衡在合理范围内（±50 kg K_2O/hm^2），作物移走量的归还部分考虑籽粒钾素移走量的 100%及秸秆移走钾素的 10%。

基于以上养分管理原则，应用计算机软件技术，把复杂的施肥原理研发成方便科研人员和农技推广人员使用的冬油菜养分专家系统（Nutrient Expert for Oilseed rapeseed，养分专家推荐系统 http：//china-zh. ipni. net/library/nutrient-expert）。NE 系统采用问答式界面，只需按照操作流程回答几个简单的问题，系统就能给出基于用户地点信息的个性化施肥方案。

2. 最优施肥量的确定

基于产量反应与农学效率的油菜推荐施肥方法，主要依据油菜目标产量和产量反应，并综合考虑养分平衡，建立油菜不同目标产量下氮、磷、钾养分推荐用量。

（1）施氮量的确定

在油菜养分专家系统中，氮肥用量根据产量反应和氮肥的农学效率确定，即

施氮量（kg N/hm^2）＝产量反应（t/hm^2）/农学效率（kg/kg）×1 000

根据土壤地力不同，确定冬油菜不同目标产量下的推荐施氮量的最高限量、最低限量和推荐用量。

（2）施磷量的确定

施磷量主要根据产量反应、作物移走量（维持土壤平衡）和上季磷素残效3部分来考虑。作物移走量的归还部分在考虑土壤磷素平衡在合理范围内（±10 kg P_2O_5/hm^2）；施磷量除考虑归还100%的籽粒移走量以外，还需考虑部分秸秆移走的归还。

（3）施钾量的确定

施钾量主要根据产量反应、作物移走量（维持土壤平衡）和上季钾素残效3部分来考虑。施钾量除了考虑归还100%的籽粒移走量以外，还需考虑部分秸秆移走的归还。

（4）中微量元素的推荐

如果土壤存在中微量元素不足问题，选择缺乏的相关元素，系统将会给出纠正中微量元素缺乏的推荐施肥方法（表6-13）。

表6-13　纠正中微量元素缺乏的推荐施肥方法

元素	施用方法及施用量
硼	基施11.25～15 kg/hm^2的硼砂，或者在苗后期、抽薹期喷施0.2%硼砂溶液
锌	基施15～30 kg/hm^2硫酸锌
镁	基施15～30 kg/hm^2硫酸镁
钼	基施2～3 kg/hm^2七钼酸铵
硫	基施15～30 kg/hm^2硫肥，硫肥来源一般为硫黄、普通过磷酸钙等

3. 肥料种类

基于产量反应和农学效率的推荐施肥方法推荐有机肥和无机肥相结合，NE系统用户可以根据需要选择有机肥和无机肥，无机肥不仅可以选择单质肥，还可以选择复合肥，NE系统会根据推荐的养分量进行匹配肥料的实物量。

4. 施肥时间及比例

（1）氮肥施用时间和比例

分3次施肥，分别采用60%作基肥、20%～30%越冬肥、10%～20%作薹肥；如果采用控释肥料，那么全部采用基肥一次性施入。

（2）磷肥施用时间和比例

全部采用基肥一次性施入。

（3）钾肥施用时间和比例

分2次施肥，分别为60%作基肥施用、40%作薹肥。

（4）硼肥施用时间和比例

全部采用基肥一次性施入。

5. 施肥位置

NE油菜施肥位置建议：基肥进行播前撒施，然后与土混合，深度为8～10 cm；追肥进行撒施灌水，以水调氮。

6.2.7　冬油菜化肥施用限量标准

采用基于产量反应和农学效率的推荐施肥法及NE系统，提出了不同目标产量下油菜施肥的N、P（P_2O_5）、K（K_2O）养分限量（表6-14至表6-16）。在NE系统养分推荐中，目标产量＝农民习惯施肥产量×1.15，低的土壤肥力水平对应养分施用最高限量，高的土壤肥力水平对应养分施用最低限量，中等土壤肥力水平对应养分推荐的推荐用量。

表6-14　不同目标产量下油菜推荐施氮量

目标产量/（t/hm²）	施肥量	产量反应/（t/hm²）	施氮量/（kg/hm²）	目标产量/（t/hm²）	施肥量	产量反应/（t/hm²）	施氮量/（kg/hm²）
2.25	最高限量	1.24	171	3.25	最高限量	1.79	184
	推荐用量	0.95	165		推荐用量	1.37	173
	最低限量	0.68	161		最低限量	0.98	166
2.50	最高限量	1.38	174	3.50	最高限量	1.93	187
	推荐用量	1.05	167		推荐用量	1.47	176
	最低限量	0.75	162		最低限量	1.05	167
2.75	最高限量	1.51	177	3.75	最高限量	2.06	191
	推荐用量	1.16	169		推荐用量	1.58	178
	最低限量	0.83	163		最低限量	1.13	168
3.00	最高限量	1.65	180	4.00	最高限量	2.20	195
	推荐用量	1.26	171		推荐用量	1.68	181
	最低限量	0.90	164		最低限量	1.20	170

表6-15　不同目标产量下冬油菜推荐施磷量

目标产量/（t/hm²）	施肥量	产量反应/（t/hm²）	施磷量/（kg P_2O_5/hm²）	目标产量/（t/hm²）	施肥量	产量反应/（t/hm²）	施磷量/（kg P_2O_5/hm²）
2.25	最高限量	0.77	78	3.25	最高限量	1.11	105
	推荐用量	0.50	53		推荐用量	0.72	72
	最低限量	0.32	37		最低限量	0.46	50
2.50	最高限量	0.85	86	3.50	最高限量	1.19	106
	推荐用量	0.55	59		推荐用量	0.77	73
	最低限量	0.35	41		最低限量	0.49	51
2.75	最高限量	0.94	95	3.75	最高限量	1.28	107
	推荐用量	0.61	65		推荐用量	0.83	74
	最低限量	0.39	45		最低限量	0.53	52
3.00	最高限量	1.02	104	4.00	最高限量	1.36	108
	推荐用量	0.66	71		推荐用量	0.88	75
	最低限量	0.42	49		最低限量	0.56	53

表 6-16 不同目标产量下油菜推荐施钾量

目标产量/（t/hm²）	施肥量	产量反应/（t/hm²）	施钾量/（kg K_2O/hm²）	目标产量/（t/hm²）	施肥量	产量反应/（t/hm²）	施钾量/（kg K_2O /hm²）
2.25	最高限量	0.52	65	3.25	最高限量	0.75	95
	推荐用量	0.32	50		推荐用量	0.46	74
	最低限量	0.18	28		最低限量	0.26	41
2.50	最高限量	0.58	72	3.50	最高限量	0.81	102
	推荐用量	0.35	56		推荐用量	0.49	79
	最低限量	0.20	31		最低限量	0.28	44
2.75	最高限量	0.63	80	3.75	最高限量	0.86	120
	推荐用量	0.39	62		推荐用量	0.53	88
	最低限量	0.22	34		最低限量	0.30	51
3.00	最高限量	0.69	87	4.00	最高限量	0.92	128
	推荐用量	0.42	67		推荐用量	0.56	94
	最低限量	0.24	37		最低限量	0.32	54

6.2.8 冬油菜养分专家系统田间验证与效应评价

1. 施肥量

为验证构建的油菜养分专家系统推荐施肥的精准性和实用性，在浙江省油菜主产区绍兴、金华、淳安、平湖等地布置大田模型校正试验。结果表明（表 6-17 和表 6-18），养分专家系统（nutrient expert，NE）、农民习惯施肥（farmer practice，FP）和测土配方施肥（soil testing，ST）的施氮量平均值分别为 209 kg/hm²、219 kg/hm² 和 203 kg/hm²，NE 处理施氮量略少于 FP，与 ST 处理差异不大。NE 处理的施磷量平均值为 86 kg/hm²，与 FP 和 ST 处理差异很小。NE 处理的施钾量平均值为 53 kg/hm²，而 FP 和 ST 处理施钾量平均值分别为 110 kg/hm²、135 kg/hm²。与 FP、ST 处理相比，NE 施钾量分别减少 51.8%和 60.7%，极大地降低了肥料成本。大田缺素试验结果也表明，氮的产量反应为 1 646 kg/hm²，磷和钾的产量反应分别为 591 kg/hm² 和 135 kg/hm²，相对氮肥而言较低，施钾在个别试验点对油菜籽产量影响较低。试验结果表明，NE 系统的推荐结果与生产实际是相符的。

表 6-17 油菜养分专家系统与农民习惯施肥的节肥效益比较

地点	施氮量/（kg N/hm²）				施磷量/（kg P_2O_5/hm²）				施钾量/（kg K_2O/hm²）			
	NE	FP	Δ	$P>[T]$	NE	FP	Δ	$P>[T]$	NE	FP	Δ	$P>[T]$
浙江绍兴	230	205	25	0.459	88	67.5	20.5	0.009	30	135	−105	<0.000 1
浙江金华	200	189	11	0.732	76	69	7	0.661	62	124	−62	0.038
浙江淳安	180	240	−60	<0.001	90	72	18	0.034	60	90	−30	0.052

（续）

地点	施氮量/（kg N/hm²）				施磷量/（kg P_2O_5/hm²）				施钾量/（kg K_2O/hm²）			
	NE	FP	Δ	P>［T］	NE	FP	Δ	P>［T］	NE	FP	Δ	P >［T］
浙江平湖	225	240	−15	0.87	90	135	−45	0.008 1	60	90	−30	0.042
全部	209	219	−10	<0.834	86	86	0	<0.994	53	110	−57	0.050

注：产量、化肥消耗和经济效益为 2010—2019 年试验的平均值；NE 为养分专家系统；FP 为农民习惯施肥措施；Δ 为 $NE-FP$；$P>[T]$ 为 NE 和 FP 在 0.05 水平的配对法 T 检验。下同。

表 6－18　油菜养分专家系统与测土施肥的节肥效益比较

地点	施氮量/（kg N/hm²）				施磷量/（kg P_2O_5/hm²）				施钾量/（kg K_2O/hm²）			
	NE	ST	Δ	P>［T］	NE	ST	Δ	P>［T］	NE	ST	Δ	P >［T］
浙江绍兴	230	180	50	0.032	88	90	−2	0.981	30	120	−90	<0.000 1
浙江金华	200	180	20	0.071	76	90	−14	0.078	62	120	−58	0.009
浙江淳安	180	225	−45	0.026	90	90	0	1.000	60	150	−90	<0.000 1
浙江平湖	225	225	0	1.000	90	90	0	1.000	60	150	−90	<0.000 1
全部	209	203	6	0.774	86	90	−4	<0.320	53	135	−82	0.002

2. 产量和经济效益

在浙江省 NE 处理的油菜籽平均产量为 2.54 t/hm²。与农民习惯施肥相比，NE 增产 7.2%，化肥成本降低 14.7%，增加经济效益 1 150 元/hm²，增收 10.3%（表 6－19）。与测土配方施肥处理相比，NE 增产 11.8%，降低化肥成本 17.6%，增加经济效益 1 734 元/hm²，增收 16.4%（表 6－20）。大田试验结果表明，油菜养分专家系统对油菜生产中化肥减量、农民增收具有显著效果。

表 6－19　油菜养分专家系统与农民习惯施肥的产量和经济效益比较

地点	产量/（t/hm²）				化肥消耗/（元/hm²）				经济效益/（元/hm²）			
	NE	FP	Δ	P>［T］	NE	FP	Δ	P>［T］	NE	FP	Δ	P >［T］
浙江绍兴	2.23	2.13	0.10	0.345	1 424	1602	−179	0.034	10 618	9 900	719	0.135
浙江金华	2.71	2.54	0.17	0.663	1 367	1 515	−148	0.067	13 267	12 201	1 066	0.041
浙江淳安	2.48	2.32	0.16	0.534	1 371	1 585	−214	0.039	12 021	10 943	1 078	0.043
浙江平湖	2.75	2.51	0.24	0.135	1 528	1 953	−425	0.008 1	13 322	11 601	1 721	0.018
全部	2.54	2.38	0.17	0.010	1 422	1 667	−245	<0.031	12 308	11 158	1 150	0.012

表 6－20　油菜养分专家系统与测土施肥的产量和经济效益比较

地点	产量/（t/hm²）				化肥消耗/（元/hm²）				经济效益/（元/hm²）			
	NE	ST	Δ	P>［T］	NE	ST	Δ	P>［T］	NE	ST	Δ	P>［T］
浙江绍兴	2.23	1.79	0.44	0.009	1 424	1 592	−168	0.079	10 618	8 075	2 544	<0.000 1
浙江金华	2.71	2.32	0.39	0.029	1 367	1 592	−225	0.046	13 267	10 937	2 331	<0.000 1

（续）

地点	产量/（t/hm²）				化肥消耗/（元/hm²）				经济效益/（元/hm²）			
	NE	ST	Δ	$P>[T]$	NE	ST	Δ	$P>[T]$	NE	ST	Δ	$P>[T]$
浙江淳安	2.48	2.52	−0.04	0.642	1 371	1 858	−487	0.006	12 021	11 750	271	0.782
浙江平湖	2.75	2.48	0.27	0.096	1 528	1 858	−330	0.009	13 322	11 534	1 788	0.028
全部	2.54	2.28	0.27	0.043	1 422	1 725	−303	0.023	12 307	10 574	1 734	0.043

3. 肥料利用率

油菜养分专家系统（NE）的氮素农学效率在浙江省的平均值为 7.9 kg/kg，氮素回收率为 32.3%，NE 的氮素偏生产力为 12.3 kg/kg（表 6 - 21）。与农民习惯施肥（FP）相比，NE 显著提高了氮素农学效率、氮素回收率和氮素偏生产力。但与测土施肥（ST）相比（表 6 - 22），其氮肥利用率差异不显著，这表明油菜养分专家系统具有与测土配方施肥相同的肥料利用率，对油菜生产中化肥减施具有重要作用。

表 6 - 21　油菜养分专家系统与农民习惯施肥的氮肥利用率比较

试验地点	氮素农学效率/（kg/kg）				氮素回收率 /%				氮素偏生产力/（kg/kg）			
	NE	FP	Δ	$P>[T]$	NE	FP	Δ	$P>[T]$	NE	FP	Δ	$P>[T]$
浙江绍兴	7.1	5.8	1.3	0.031	27.8	23.3	4.5	0.028	10.2	8.5	1.7	0.020
浙江金华	7.8	6.0	1.8	0.108	36.0	30.4	5.6	0.246	13.9	10.5	3.4	0.064
浙江淳安	8.2	6.6	1.7	<0.001	38.2	33.3	4.9	<0.001	12.2	10.3	1.9	0.124
浙江平湖	8.6	6.7	1.8	0.031	27.1	26.0	1.1	0.693	12.9	10.8	2.1	0.095
全部	7.9	6.3	1.6	<0.001	32.3	28.3	4.0	0.028	12.3	10.0	2.3	<0.001

表 6 - 22　油菜养分专家系统与测土施肥的氮肥利用率比较

试验地点	氮素农学效率/（kg/kg）				氮素回收率 /%				氮素偏生产力/（kg/kg）			
	NE	ST	Δ	$P>[T]$	NE	ST	Δ	$P>[T]$	NE	ST	Δ	$P>[T]$
浙江绍兴	7.1	6.5	0.6	0.230	27.8	33.6	−5.8	0.306	10.2	10.6	−0.4	0.093
浙江金华	7.8	6.6	1.2	0.463	36.0	31.7	4.3	0.085	13.9	13.4	0.5	0.671
浙江淳安	8.2	7.9	0.3	0.562	38.2	31.7	6.5	0.032	12.2	12.9	−0.7	0.684
浙江平湖	8.6	9.2	−0.6	0.612	27.1	29.3	−2.2	0.312	12.9	14.0	−1.2	0.630
全部	7.9	7.5	0.4	0.401	32.3	31.6	0.7	0.401	12.3	12.7	−0.4	0.3

4. 养分表观平衡

从养分平衡分析（表 6 - 23），NE 处理的氮盈余量平均为 104.3 kg/hm²，FP 处理氮盈余量平均为 161.5 kg/hm²，ST 处理氮盈余量为平均为 99.9 kg/hm²。FP 处理的氮盈余量显著高于 NE 和 ST 处理，NE 和 ST 处理差异不明显。表明农民习惯施肥会导致氮供应过多，浪费严重，同时带来面源污染。NE 处理磷的盈余量平均为 51.6 kg/hm²，FP 处理磷的盈余量平均为 52.1 kg/hm²，ST 处理磷的盈余量平均为 70.0 kg/hm²。3 个处理间差异不显著。NE 处理钾的盈余量平均为－106.9 kg/hm²，FP 处理钾的盈余量平均为－33.7 kg/hm²，ST 处理钾的盈余量平均为－9.2 kg/hm²。处理间差异不显著。NE 的钾亏损最大，但可通过上茬作物水稻秸秆还田弥补。NE 推荐施肥充分考虑了稻草秸秆还田而减少钾肥的用量。

表 6－23　浙江省冬油菜养分专家系统与农民习惯施肥的养分表观平衡比较

单位：kg/hm²

地区	处理	N		P_2O_5		K_2O	
		移走量	盈余	移走量	盈余	移走量	盈余
绍兴	NE	51.1	116.9b	13.6	70.4b	59.2	−0.2c
	ST	87.5	92.5c	15.6	74.4a	46.1	73.9a
	FP	44.1	195.9a	12.3	59.7c	57.8	32.2b
金华	NE	103.3	64.7b	30.7	1.3c	207.7	−200.7a
	ST	99.2	80.8b	27.7	62.3a	258	−138a
	FP	103.8	136.2a	27.6	44.4b	229.7	−139.7a
淳安	NE	75.4	96.6c	21.4	62.6b	195	−188b
	ST	61.7	118.3b	18.5	71.5a	189.1	−69.1a
	FP	84.9	155.1a	19.8	52.2c	184.5	−94.5a
平湖	NE	113	139.0ab	17.8	72.2a	158.9	−38.9b
	ST	71.9	108.1b	18.3	71.7a	23.6	96.4a
	FP	81.1	158.9a	20.1	51.9b	22.8	67.2a
平均值	NE	85.7	104.3b	20.9	51.6a	155.2	−106.9a
	ST	80.1	99.9b	20.0	70.0a	129.2	−9.2a
	FP	78.5	161.5a	19.9	52.1a	123.7	−33.7a

研究结果表明，长江流域油菜产量均值为 1 813 kg/hm²，长江流域冬油菜种植区土壤供氮能力均值为 57.3 kg/hm²，土壤供磷能力均值为 14.6 kg/hm²，土壤供钾能力为 119.8 kg/hm²。氮、磷、钾养分吸收利用率（RE）平均为 36%、20%和 43%。根据产量反应和农学效率，以及油菜地上部的养分吸收量和养分内在效率，结合 QUEFTS 模型构建油菜养分专家系统（NE），并经过田间校正试验进行优化。基于产量反应与农学效率的油菜推荐施肥方法，主要依据油菜目标产量和产量反应，并综合考虑养分平衡，根据土壤肥力水平，确定不同目标产量下施肥的最低限量、最高限量和推荐用量。

6.3　小麦体系氮养分施用限量标准

6.3.1　研究区域与方法

通过研究不同施氮水平对冬小麦产量、土壤硝态氮运移和氮素平衡影响，结合氮素平衡理论进行进一步分析，以期为稻茬冬小麦合理氮肥运筹提供理论支撑。

1. 试验设计

试验设 4 个施氮水平，全生育期施氮量分别为 0 kg/hm²、120 kg/hm²、210 kg/hm² 和 300 kg/hm²，分别用 N_0、N_{120}、N_{210} 和 N_{300} 表示，氮肥分播种前和拔节期两次施用，基追比例为 5∶5。磷肥（P_2O_5）和钾肥（K_2O）施用量分别为 100 kg/hm²、150 kg/hm²，作为基肥一次性施入。

2. 计算分析

本节研究相关计算分析具体如下：

土壤硝态氮积累量=单位土地面积×土层厚度×土壤容重×硝态氮含量/10

不同生育阶段土壤氮素净矿化量=不施氮肥小区植株氮素积累量+不施氮肥小区土壤无机氮残留量－土壤无机氮起始量

氮表观损失量=施入氮肥量+土壤无机氮起始量+氮素净矿化量－植株吸氮量－土壤无机氮残留量

植株氮积累量=植株干物重×氮素含量

边际产量=单位面积增加的籽粒产量/单位面积增加的施氮量

6.3.2 冬小麦籽粒产量及其产量构成因子

由表 6-24 可知，与 N_0 处理相比，施用氮肥能显著增加小麦籽粒产量，但施氮量超过 210 kg/hm² 时产量增加不显著。进一步分析产量构成因素，发现水稻产量差异主要受有效穗数影响，受穗粒数和千粒重影响较小。边际产量随施氮量的增加迅速降低，其中 N_{300} 处理为 0.8 kg/hm²，表明过量施用氮肥会造成经济效益的下降和资源的浪费。

表 6-24 施氮量对冬小麦籽粒产量及其构成因素的影响

处理	有效穗/（×10⁴）	穗粒数	千粒重/g	实际产量/（kg/hm²）	边际产量/（kg/hm²）
N_0	267.0c	42.5a	35.7a	3 706.2c	—
N_{120}	362.3b	42.4a	36.6a	5 544.3b	15.3a
N_{210}	459.0a	43.3a	36.4a	6 680.3a	12.6a
N_{300}	474.3a	43.3a	35.4a	6 748.7a	0.8b

6.3.3 冬小麦拔节期和成熟期土壤硝态氮积累量

由表 6-25 可知，拔节期 N_0 处理以 20～40 cm 土层 NO_3^--N 积累量最高，而其余各处理均表现为 40～60 cm ＞20～40 cm ＞0～20 cm 土层。成熟期，0～20 cm 和 20～40 cm 土层 NO_3^--N 积累量各处理间差异显著，并且高于 40～60 cm 土层，表明成熟期 NO_3^--N 大量主要积累在上层土壤，这有利于后茬水稻植株的吸收利用，但也增加了向土壤深层运移和径流损失的风险。

表6-25　施氮量对冬小麦拔节期和成熟期土壤硝态氮累积量的影响

处理	拔节期/（mg/kg）				成熟期/（mg/kg）			
	0～20cm	20～40cm	40～60cm	0～60cm	0～20cm	20～40cm	40～60cm	0～60cm
N_0	4.9c	13.3b	11.2c	29.4c	9.4c	6.7c	6.8b	23.0c
N_{120}	6.1c	16.6b	23.5b	46.6bc	13.5bc	15.5c	9.9ab	38.8c
N_{210}	11.8b	20.4ab	31.5ab	63.7ab	23.0b	30.2b	11.5ab	64.7b
N_{300}	16.4a	31.9a	36.2a	84.5a	34.6a	43.1a	17.9a	95.5a

6.3.4　施氮量对土壤-冬小麦系统氮素平衡的影响

由表6-26可知，从播种到越冬期，土壤出现氮的净固定，固定值为5.5 kg/hm²，施氮处理的氮表观损失为20.8～68.5 kg/hm²，表明该阶段施肥促进了土壤固持氮的释放。从越冬期至拔节期，土壤氮的净矿化量分别为18.5 kg/hm²，植株氮积累量、土壤无机氮残留量均随施氮量的增加而增加，氮表观损失量为41.1～113.5 kg/hm²。从拔节期至开花期，土壤氮的矿化作用也明显增强，为30.5 kg/hm²，随施氮量增加氮表观损失逐渐增加，损失范围为14.3～35.6 kg/hm²。开花至成熟期，土壤氮矿化再次加强，达27.2 kg/hm²，表明土壤固持的肥料氮持续释放以满足籽粒灌浆对氮素的需求。

表6-26　施氮量对小麦不同生育阶段氮素平衡的影响

单位：kg/hm²

生长期	处理	氮输入			氮输出		氮表观损失
		施氮量	无机氮初始量	净氮矿化	氮吸收量	氮残留量	
播种—越冬	N_0	0	67.9	−5.5	12.5c	49.9d	—
	N_{120}	60	67.9	−5.5	13.3bc	129.8c	−20.8a
	N_{210}	105	67.9	−5.5	14.2ab	181.4b	−28.2a
	N_{300}	150	67.9	−5.5	15.3a	265.6a	−68.5b
越冬—拔节	N_0	0	49.9d	18.5	22.2d	46.2c	—
	N_{120}	0	129.8c	18.5	40.9c	66.4b	41.1c
	N_{210}	0	181.4b	18.5	53.5b	83.6b	62.8b
	N_{300}	0	265.6a	18.5	64.4a	106.3a	113.5a
拔节—开花	N_0	0	46.2c	30.5	44.5d	32.2d	—
	N_{120}	60	66.4b	30.5	77.7c	64.9c	14.3b
	N_{210}	105	83.6b	30.5	100.2b	97.0b	21.9b
	N_{300}	150	106.3a	30.5	111.1a	140.1a	35.6a
开花—成熟	N_0	0	32.2d	27.2	10.9b	48.5c	—
	N_{120}	0	64.9c	27.2	20.4a	74.4b	−2.8c
	N_{210}	0	97.0b	27.2	26.1a	92.8ab	5.3b
	N_{300}	0	140.1a	27.2	33.2a	108.3a	25.8a

进一步对整个生育时期土壤-小麦系统的氮素平衡进行分析（表6-27），两个生长季

平均结果，土壤净氮矿化量为70.7 kg/hm²，加上播前土壤供氮量67.9 kg/hm²，土壤自身供氮量为138.6 kg/hm²，无法满足小麦全生育期的总需氮量。成熟期氮表观损失量为31.9～106.4 kg/hm²，表观损失率为26.6%～35.5%，氮素边际表观损失为0.3～0.5 kg/kg，均随施氮量的增加而显著增加，其中 N_{300} 处理近一半的肥料氮被土壤固定或损失。

表 6-27 不同施氮量下小麦全生育期氮素平衡

处理	施氮量/(kg/hm²)	起始无机氮/(kg/hm²)	净氮矿化/(kg/hm²)	氮吸收量/(kg/hm²)	氮残留量/(kg/hm²)	氮表观损失/(kg/hm²)	氮素表观损失率/%	氮素边际表观损失/(kg/kg)
N_0	0	67.9	70.7	90.1d	48.5c	—	—	—
N_{120}	120	67.9	70.7	152.4c	74.4b	31.9c	26.6b	0.3b
N_{210}	210	67.9	70.7	194.0a	92.8ab	61.8b	29.4b	0.3b
N_{300}	300	67.9	70.7	224.0a	108.3a	106.4a	35.5a	0.5a

6.3.5 冬小麦适宜施氮量的确定

利用农业技术经济学边际效益原理进行分析，当边际成本等于边际收益时，氮肥投入可获得最佳的经济收益，因此可得经济效益最佳时氮肥用量为250 kg/hm²左右，计算得知稻茬小麦籽粒产量为6 840 kg/hm²。进一步，根据环境经济学的Coase（科斯）原理分析，兼顾生产、生态效益比较合理的施肥点即是边际产量和边际氮素损失量随施氮量变化的交点。经计算，当施氮量为266 kg/hm²时，能够兼顾生产和环境效益的施肥量临界值，该数值高于获得经济效益最佳的施氮量，相应的籽粒产量为6 861 kg/hm²。综合以上结果，兼顾稻茬小麦的生产、生态和经济效益的施氮范围为250～266 kg/hm²。在实际生产中可推荐采取下限值250 kg/hm²，既可以获得较高的籽粒产量，又可以降低土壤硝态氮损失。

氮素平衡分析结果表明，氮素吸收、残留、损失因小麦不同生育阶段而异，越冬至拔节期是氮素表观损失的主要时期；小麦全生育期植株氮素积累量、无机氮残留量和土壤氮素表观损失量均随施氮量的增加而显著增加。通过环境经济学的Coase原理和边际收益综合分析，稻茬小麦兼顾生产、生态和经济效益的推荐氮肥用量为250 kg/hm²，基肥与拔节肥的比例为5∶5，相应获得的籽粒产量为6 840 kg/hm²。

参 考 文 献

丛日环，张智，鲁剑巍，2019. 长江流域不同种植区气候因子对冬油菜产量的影响［J］. 中国油料作物学报，41（6）：894-903.

李小坤，任涛，鲁剑巍，2021. 长江流域水稻—油菜轮作体系氮肥增产增效综合调控［J］. 华中农业大学学报，40（30）：13-20.

刘波，2016. 冬油菜氮素营养调控技术及相关机制研究［D］. 武汉：华中农业大学.

刘艳妮，马臣，于昕阳，等，2018. 渭北旱塬兼顾冬小麦产量和环境效益的农田适宜氮肥用量［J］. 应用生态学报，29（8）：2509-2516.

何萍，徐新朋，周卫，等，2021. 肥料养分推荐原理及应用［M］. 北京：科学出版社.
黄进宝，范晓晖，张绍林，等，2007. 太湖地区黄泥土壤水稻氮素利用与经济生态适宜施氮量［J］. 生态学报，27（2）：588-595.
石祖梁，2011. 土壤—小麦植株系统氮素运移及高效利用的生态基础［D］. 南京：南京农业大学.
孙涛，2021. 籼粳杂交稻养分高效利用及其根际微生物特征［D］. 杭州：浙江大学.
彭少兵，黄见良，钟旭华，等，2002. 提高中国稻田利用率的研究策略［J］. 中国农业科学，35（9）：1095-1103.
田昌，彭建伟，宋海星，等，2012. 有机肥化肥配施对冬油菜养分吸收，籽粒产量和品质的影响［J］. 中国土壤与肥料，470：70-74.
朱德峰，张玉屏，陈惠哲，等，2015. 中国水稻高产栽培技术创新与实践［J］. 中国农业科学，48（17）：3403-3414.
邹娟，2010. 冬油菜施肥效果及土壤养分丰缺指标研究［D］. 武汉：华中农业大学.
DOBERMANN A，WITT C，2004. The evolution of site-specificnutrient management in irrigated rice systems of Asia［M］// Dobermann A，Witt C，Dawe D. Increasing Productivity of Intensive Rice Systems Through Site-SpecificNutrient Management. Enfield，NH（USA）and Los Ba os（Philippines）：Science Publishers，Inc.，and InternationalRice Research Institute（IRRI）：75-100.
FENG J F，DENG A X，ZHANG W J，et al.，2016. Integrated assessment of the impact of enhanced-efficiency nitrogen fertilizer on N_2O emission and crop yield［J］. Agriculture，Ecosystems & Environment，231：218-228.
JANSSEN B H，GUIKING F C T，VANDEREIJK D，et al.，1990. A system for quantitative-evaluation of the fertility of tropical soils（QUEFTS）［J］. Geoderma，46（4）：299-318.
LIU M，YU Z，LIU Y，et al.，2006. Fertilizer requirements for wheat and maize in China：the QUEFTS approach［J］. Nutrient Cycling in Agroecosystems，74（3）：245-258.
SUN T，YANG X，TAN X，et al.，2020. Comparison of agronomic performance between japonica/indica hybrid and japonica cultivars of rice based on different nitrogen rates［J］. Agronomy，10（2）：171.
SUN T，YANG X，TANG S，et al.，2021. Genotypic variation in nutrient uptake requirements of rice using the QUEFTS model［J］. Agronomy，11（1）：26.
WITT C，DOBERMANN A，ABDULRACHMANS，et al.，1999. Internal nutrient efficiencies of irrigated lowland rice in tropical and subtropical Asia［J］. Field Crops Research，63（2）：113-138.
XU X，HE P，PAMPOLINO M F，et al.，2013. Nutrient requirements for maize in China based on QUEFTS analysis［J］. Field Crops Research，150：115-125.
XU X，XIE J，HOU Y，et al.，2015. Estimating nutrient uptake requirements for rice in China［J］. Field Crops Research，180：37-45.
ZHANG H Y，HU K L，ZHANG L J，et al.，2019. Exploring optimal catch crops for reducing nitrate leaching in vegetable greenhouse in North China［J］. Agricultural Water Management，212：273-282.

第 7 章 粮油作物绿色高效定额制施肥技术

稻田两熟制是长江流域主要轮作模式，主要包括小麦—水稻、油菜—水稻和早稻—晚稻 3 种轮作方式，是保障我国粮食安全的重要体系之一。近年来，长江流域农田土壤养分流失、不平衡及肥料利用率低的问题越来越被关注。该区域土地高度集约化且复种指数高，致使土壤养分消耗量大、水—旱季节轮换氮素养分损失大和局部施肥量过高，导致农田面源污染和温室气体排放增加等诸多营养和环境问题（Muschietti-Piana et al.，2018；Shi et al.，2012；Tian et al.，2012）。此外，其也与农作物体系中肥料养分运筹不合理、土壤培肥技术和综合施肥体系不完善等因素有关。因此，优化建立氮素运筹对提高作物产量和氮素利用率、改善籽粒品质、维持土壤肥力等方面的科学和实践意义日益凸显。

氮素在提高作物产量和氮素利用上研究颇多，但大多数局限在单季作物的氮素调控研究，涉及两熟制模式下农田氮素运筹对作物产量、品质、氮素吸收利用、土壤肥力方面仍需进一步研究（Zhang et al.，2019，王玉雯，2016；张宣，2014；刘彦伶，2013；刘彦伶等，2013；Buresh et al.，2010；Tang et al.，2007）。从前季作物到后季作物转换过程中，如何通过养分运筹管理使土壤既能满足当季作物养分需求又能兼顾后季作物的生长要求也是目前亟待解决的问题。

7.1 浙江省粮油作物肥料投入与养分平衡现状分析

7.1.1 研究区域与方法

根据浙江省农业农村厅标准农田质量调查及标准农田质量提升项目试点工作，依托全省建立了 351 个集“自动监测功能区、耕地质量监测功能区、培肥改良试验监测功能区”和“墒情、地情、肥情、环情”于一体的“三区四情”省级标准化耕地土壤长期定位监测点，省级监测点的布设充分考虑了各县（市、区）主要耕作制度、土壤类型、生产能力、地力状况、管理水平、技术投入等因素，实行地力状况动态监测和评价，初步形成了全省耕地质量监测网络。

施肥处理时，水田监测点设置四个处理，分别如下：①处理 1，长期无肥区（空白区），不施用任何化学肥料，不种植绿肥、不进行秸秆还田、不施用有机肥；②处理 2，常规施肥区，施肥量与当地作物主要施肥量、施肥品种保持一致；③处理 3，测土配方施肥纯化肥区，根据土壤养分情况和作物需肥量确定最佳施肥量；④处理 4，测土配方施肥化肥＋有机肥区，有机肥根据当地实际情况施用，相对固定，如商品有机肥（每季每亩 200 kg）、秸秆还田（上茬作物秸秆 50%～75%的量）、农家肥（每季每亩 750 kg）。

旱地监测点设置两个处理，分别如下：①处理 1，常规施肥区；②处理 2，测土配方施肥化肥＋有机肥区。有机肥每年每亩 1 500 kg 或每季每亩 750 kg，商品有机肥每年每亩 500 kg 或每季每亩 250 kg。各处理除施肥不同外，其他措施均保持一致。小区间以排水沟和水泥板相隔，水泥板厚度 5 cm，埋深 40 cm，其中高出畦面 10 cm。

重点调查监测点立地条件和农业生产概况，主要包括气象要素、地形、坡度、排灌条件、种植制度、和土壤理化性状等内容。

7.1.2　肥料投入现状

以常规施肥处理数据来分析全省农田土壤化肥投入情况，经济作物按每季化肥投入量计算，氮、磷、钾以纯量养分计。从表 7－1 可见，2021 年，浙江省粮油作物单季化肥施用总量平均值为每亩 23.47 kg（折纯，下同），N、P_2O_5、K_2O 投入比例为1∶0.33∶0.48，其中单季稻年施肥总量平均值为每亩 26.05 kg，N、P_2O_5、K_2O 投入比例为 1∶0.33∶0.47。油稻轮作年施肥总量平均值为每亩 49.23 kg，其中油菜季施肥量平均为每亩 23.32 kg，N、P_2O_5、K_2O 投入比例为 1∶0.29∶0.40；水稻季施肥量平均为每亩 25.91 kg，N、P_2O_5、K_2O投入比例为 1∶0.33∶0.56。麦稻轮作年施肥总量平均值为每亩 44.32 kg，其中麦季施肥量平均为每亩 20.24 kg，N、P_2O_5、K_2O 投入比例为1∶0.35∶0.46；水稻季施肥量平均为每亩 24.08 kg，N、P_2O_5、K_2O 投入比例为1∶0.23∶0.41。双季稻年施肥总量平均值为每亩 46.84 kg，其中，早稻平均为每亩 22.90 kg，N、P_2O_5、K_2O 投入比例为 1∶0.31∶0.49；晚稻平均为每亩 23.94 kg，N、P_2O_5、K_2O 投入比例为 1∶0.29∶0.51。

表 7－1　不同种植制度下平均每亩施肥量

单位：kg

种植制度	氮、磷、钾投入量			氮、磷、钾投入比例			化肥投入总量
	N	P_2O_5	K_2O	N	P_2O_5	K_2O	
粮油作物	13.01	4.23	6.23	1	0.33	0.48	23.47
单季稻	14.54	4.74	6.77	1	0.33	0.47	26.05
稻油—油菜季	13.74	4.05	5.53	1	0.29	0.40	23.32
稻油—水稻季	13.72	4.46	7.73	1	0.33	0.56	25.91
稻麦—小麦季	11.17	3.91	5.16	1	0.35	0.46	20.24
稻麦—水稻季	14.69	3.39	6.00	1	0.23	0.41	24.08
双季稻—早稻	12.75	3.91	6.24	1	0.31	0.49	22.90
双季稻—晚稻	13.3	3.8	6.84	1	0.29	0.51	23.94

从施肥总量看，双季作物化肥年投入量明显高于单季作物；从粮油作物分季来看，单季稻施肥总量与油稻轮作水稻季相当，高于麦稻轮作水稻季和双季稻晚稻季；各轮作制度中，施肥总量油稻轮作＞双季稻＞麦稻轮作。

7.1.3　耕层土壤主要养分盈亏变化趋势

农田系统中，养分的盈亏是决定土壤养分消长的根本原因，因此农田养分平衡是判断土壤养分水平发展趋势的根本依据。土壤养分平衡主要包括养分投入和支出两个方面，当投入小于支出时，说明施肥量不足，耕地养分亏缺；当投入大于支出时，说明耕地养分有盈余。本年度监测所指的土壤养分平衡不考虑降水、肥料损失等方面的影响，仅限于养分被作物消耗（作物收获带走）和施肥投入之间的平衡，用盈亏量（肥料养分的投入量一作物养分的吸收量）来衡量（表 7－2）。

表 7－2　2021 年度不同种植制度下每亩养分盈亏情况表

单位：kg

种植制度	肥料投入量			作物带走量			养分盈亏量			盈亏总量
	N	P_2O_5	K_2O	N	P_2O_5	K_2O	N	P_2O_5	K_2O	
单季稻	14.54	4.47	6.77	10.38	4.73	12.33	4.16	0.01	－5.56	－1.4
稻油—油菜季	13.74	4.05	5.53	6.42	1.85	4.51	7.32	2.2	1.02	10.54
稻油—水稻季	13.72	4.46	7.73	6.29	2.34	9.39	7.43	2.12	－1.66	7.88
稻麦—小麦季	11.17	3.91	5.16	8.34	2.70	5.77	2.83	1.21	－0.61	3.43
稻麦—水稻季	14.69	3.39	6.00	13.55	4.75	15.66	1.14	－1.36	－9.66	－9.88
双季稻—早稻	12.75	3.91	6.24	10.45	3.91	14.15	2.3	0	－7.91	－5.61
双季稻—晚稻	13.3	3.8	6.84	13.02	4.32	12.80	0.28	－0.52	－5.96	－6.2

由表 7－2 可见，2021 年，浙江省监测点常规施肥水平基本呈现氮盈余、磷基本平衡、钾亏缺较多的总体状况。各种植制度水稻季、小麦季均表现氮盈余和钾亏损，油菜季表现氮、磷、钾均盈余状况。

从氮元素盈亏情况看，各种植制度下氮元素均有不同程度盈余，其中以油稻轮作氮盈余最多，每亩年盈余量 14.75 kg，水稻季和油菜季每亩分别盈余 7.43 kg 和 7.32 kg。其次是单季稻，每亩盈余 4.16 kg。麦稻轮作氮每亩年盈余量 3.97 kg，小麦季和水稻季每亩分别盈余 2.83 kg 和 1.14 kg。双季稻氮每亩年盈余量 2.58 kg，早稻季每亩氮盈余 2.3 kg，晚稻季氮投入与消耗基本持平，每亩盈余仅 0.28 kg。

从磷元素盈亏情况看，各种植制度下磷元素盈亏各异，油稻轮作油菜季和水稻季磷有盈余，每亩分别盈余 2.2 kg 和 2.12 kg。单季稻磷投入量与消耗量持平。麦稻轮作小麦季磷有盈余，水稻季磷亏缺，总体略有亏缺。双季稻早稻季磷投入与消耗持平，晚稻季磷略亏缺，每亩总体亏缺 0.52 kg。

从钾元素盈亏情况看，各种植制度下钾元素均有不同程度亏缺，其中以双季稻钾亏缺量最多，每亩年度亏缺 13.87 kg，其中早稻季亏缺 7.91 kg、晚稻季亏缺 5.96 kg。其次是麦稻轮作，每亩年度亏缺 10.27 kg，其中水稻季亏缺 9.66 kg、小麦季亏缺 0.61 kg。单季稻钾每亩亏缺 5.56 kg。油稻轮作钾略有亏缺，油菜季每亩盈余 1.02 kg，水稻季每亩亏缺 1.66 kg。

各种植制度中，钾年度亏缺量为双季稻＞麦稻轮作＞单季稻＞油稻轮作。从 3 种养分元素盈亏总量来看，除单季稻、麦稻轮作水稻季和双季稻早、晚稻外，其他各季作物肥料投入量均大于作物带走量，表现为养分盈余。其中以油稻轮作油菜季每亩盈余量最多，为

10.54 kg，水稻季每亩盈余 7.88 kg，年总盈余 18.42 kg，麦稻轮作小麦季略有盈余，盈余 3.43 kg。

据研究报道，不同作物对氮、磷、钾的需求比例不同。水稻氮、磷、钾吸收比例约为 1∶0.5∶1.2；油菜氮、磷、钾吸收例约为 1∶0.35∶0.8；小麦氮、磷、钾吸收比例约为 1∶0.4∶0.8。通过对 2021 年浙江省不同种植制度下粮油作物施肥情况分析显示，粮油作物氮、磷、钾投入比例不尽合理，各季的化肥投入中对氮素的投入量普遍偏高，均有盈余，以油稻轮作氮盈余量最多，每亩年盈余量达 14.75 kg。磷素施用总体趋于合理，除油稻轮作磷盈余（每亩年盈余量 4.32 kg）外，其他各种植制度磷素年投入量与年消耗量基本持平，双季稻晚稻磷素略有亏缺。各种植制度中，水稻钾素投入量普遍低于消耗量，以麦稻轮作水稻季每亩亏缺量最多，达 9.66 kg，其次是双季稻，早稻、晚稻钾亏缺量分别为 7.91 kg 和 5.96 kg。

研究结果表明，从施肥总量看，双季作物化肥年投入量明显高于单季作物；从粮油作物分季施肥量来看，水稻季施肥量普遍高于旱季作物，单季稻施肥总量与油稻轮作水稻季相当，高于麦稻轮作水稻季和双季稻晚稻季；各轮作制度中，施肥总量油稻轮作＞双季稻＞麦稻轮作；2021 年，浙江省监测点常规施肥水平基本呈现氮盈余、磷基本平衡、钾亏缺较多的总体状况。从 3 种养分元素盈亏总量来看，除单季稻、麦稻轮作水稻季和双季稻早、晚稻外，其他各季作物肥料投入量均大于作物带走量，表现为养分盈余，以油稻轮作油菜季盈余量最多。

7.2　浙江省粮油轮作体系耕地地力与作物产量现状分析

7.2.1　研究区域与方法

同 7.1.1。

耕地基础地力是在土壤自然产出基础上加上长期投入积累形成的，由耕地土壤的地貌类型、成土母质特征、农田基础设施及培肥水平等综合构成的耕地生产力。耕地基础地力量化指标采用在常规的生产水平下不施肥区的产量与常规施肥区作物产量之比，又称为地力贡献率。它是农田土壤养分供给力的一种相对评价方式。土壤地力贡献率低，则表明土壤肥力差，作物对肥料依赖性强，反之亦然。根据定位监测点的无肥区和常规施肥区产量比较，得到土壤基础地力贡献率。

7.2.2　不施肥处理年度间产量变化

各种植制度下不施肥处理水稻产量均不高，处于较低水平，并且随着时间的推移，水稻产量呈下降趋势。由于不同年份间光照、降雨等环境条件差异，水稻产量年度间有起伏变化。各种植制度中，水稻产量以单季稻最高，年均亩产量 420.2 kg，显著高于油稻轮作（390.5 kg），极显著高于麦稻轮作（375.3 kg）、双季稻晚稻（309.6 kg）和双季稻早稻（247.6 kg）。

以定位试验开始前 3 年平均产量作为作物初始产量，分析表明，经过连续 13 年不施肥处理，油稻轮作水稻季产量与初始产量基本保持平衡。其他各种植制度下水稻产量均呈下降趋势，其中以双季稻晚稻季下降幅度最大，年均下降 1.6%；其次是麦稻轮作水稻季，年均下降 1.2%；单季稻降幅最小，年均下降 0.3%（图 7－1）。

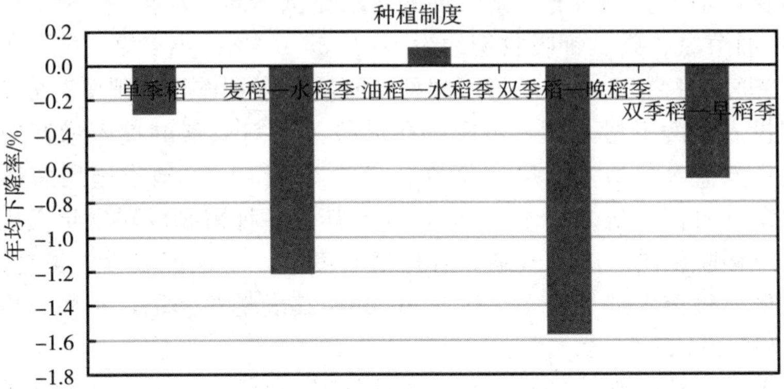

图 7－1　不施肥处理水稻年均产量变化情况

由图 7－2 可知，在不施肥的情况下，各种植制度下年度总产量呈现下降趋势，但各种植制度下降幅度存在一定差异。其中单季稻、麦稻轮作和油稻轮作整体呈逐年缓慢下降趋势，年均下降分别为 0.3%、0.6%和 0.6%。双季稻产量表现为前期下降后期回升趋势，在 2008—2014 年呈下降趋势，年均下降 4.2%，随后呈缓慢上升趋势，年均上升 1.7%。

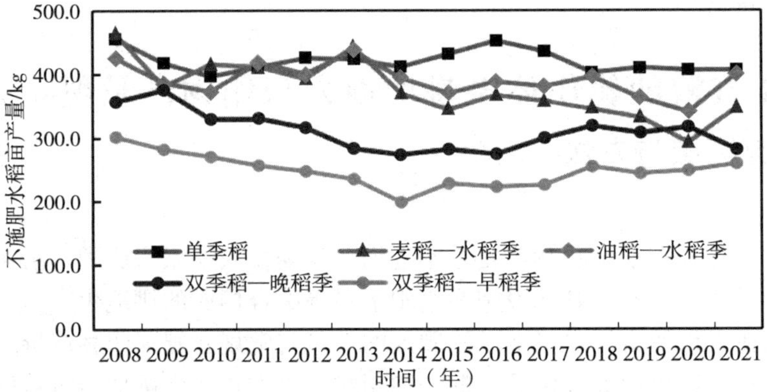

图 7－2　不施肥处理年度间总产量变化情况

各种植制度下，不施肥处理年度总产量均处于较低水平，相较下，以双季稻年度产量略高，年度平均亩产量 556.5 kg，极显著高于麦稻轮作（492.4 kg）、油稻轮作（443.1 kg）和单季稻（420.2 kg）。麦稻轮作年度总产量极显著高于油稻轮作和单季稻，单季稻和油稻轮作差异不显著。

7.2.3　常规施肥处理年度间产量变化

从整体趋势上看，常规施肥条件下，水稻产量基本能维持在较高水平上，尽管不同年份间气候条件影响导致产量有所波动，但总体上并不会因耕地种植年限增加而使得产量降低，甚至略有增加，说明肥料是维持地力、保证产量的必要补充，对实现增产稳产具有重要作用。

从平均产量上看，单季稻年均亩产量 548.6 kg、麦稻轮作水稻年均亩产量 547.9 kg、油稻轮作水稻年均亩产量 543.2 kg，三者差异不明显，但都极显著高于双季稻早稻(414.6 kg)、晚稻（475.8 kg)，较双季稻早稻高 128.7～134.0 kg，较双季稻晚稻高 67.3～72.7 kg。

在常规施肥情况下，各种植制度水稻产量总体趋势稳定，与定位试验初期（前 3 年平均）相比，单季稻、麦稻轮作和油稻轮作水稻产量总体呈上升趋势，年均上升幅度分别为 0.2%、1.0%和 2.2%；双季稻早稻和双季稻晚稻产量呈下降趋势，以双季稻晚稻下降幅度最大，年均下降 1.1%，双季稻早稻年均下降 0.3%，具体如图 7-3 和图 7-4 所示。

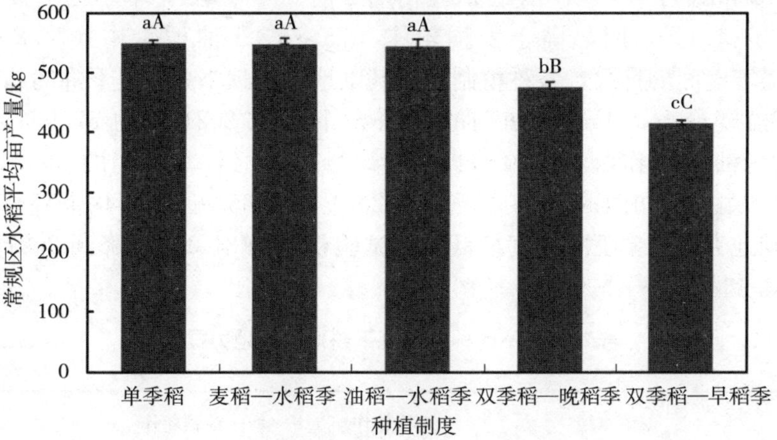

图 7-3　常规施肥处理水稻年均产量变化情况

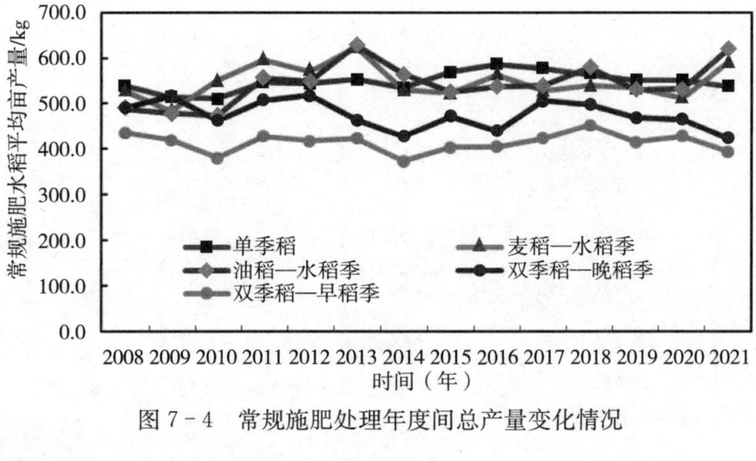

图 7-4　常规施肥处理年度间总产量变化情况

7.2.4　常规施肥处理年度间总产量变化

常规施肥下，各种植制度年度总产量变化趋势较为平缓。单季稻、麦稻轮作和油稻轮作年总产量总体呈上升趋势，单季稻年总产量维持在每亩 511.0～587.0 kg，年均上升 0.2%；麦稻轮作年总产量维持在每亩 697.6～886.2 kg，年均上升 1.5%；油稻轮作年总产量维持在每亩 623.0～766.2 kg，年均上升 1.4%；双季稻年度产量略有降低，年均下降 0.3%。

各种植制度年总产量平均值差异较明显，其中以双季稻最高，为每亩 890.4 kg，极显著高于其他种植制度，分别较麦稻轮作（781.8 kg）、油稻轮作（680.4 kg）和单季稻（548.6 kg）高出 13.9%、30.9%和 62.3%。

7.2.5 耕地基础地力贡献率

地力贡献率是指不施肥作物产量与施肥作物产量之比，它是农田土壤养分供给力的一种相对评价方式，其值越大，表明土壤养分供应能力越强，通过研究其时间上的变化大小可反映土壤供应养分的稳定性。

由表 7－3 和图 7－5 可知，定位试验初期（前 3 年平均），单季稻土壤基础地力贡献率最高，约为 81.1%，明显高于麦稻轮作（75.8%）、油稻轮作（74.8%）和双季稻（74.7%）。随着时间的推移，各种植制度下基础地力贡献率总体呈下降的趋势。其中以麦稻轮作下降幅度最大，由试验初期的 75.8%下降到 2021 年的 57.9%，年均下降约 1.4%。其次是油稻轮作，由试验初期的 74.8%下降到 2021 年的 58.2%，年均下降 1.3%。双季稻由试验初期的 74.7%下降到 2021 年的 65.9%，年均下降率 0.7%。单季稻种植下基础地力贡献率下降幅度最低，由试验初期的 81.1%下降到 2021 年的 75.5%，年均下降率 0.4%。

表 7－3　不同种植制度下耕地基础地力贡献率

单位：%

时间	单季稻	麦稻轮作	油稻轮作	双季稻
2008 年	84.5	81.5	76.7	77.1
2009 年	81.1	75.9	74.0	74.0
2010 年	77.6	70.0	73.6	73.0
2011 年	75.1	61.1	70.5	69.0
2012 年	78.0	62.0	68.7	68.0
2013 年	76.5	63.3	67.4	60.5
2014 年	76.7	62.1	61.3	56.4
2015 年	75.8	58.1	60.9	56.4
2016 年	77.0	58.7	64.5	57.3
2017 年	75.7	60.4	61.3	59.7
2018 年	71.4	59.2	60.9	54.8
2019 年	74.3	60.8	62.8	62.2
2020 年	73.8	54.1	53.4	63.1
2021 年	75.5	57.9	58.2	65.9

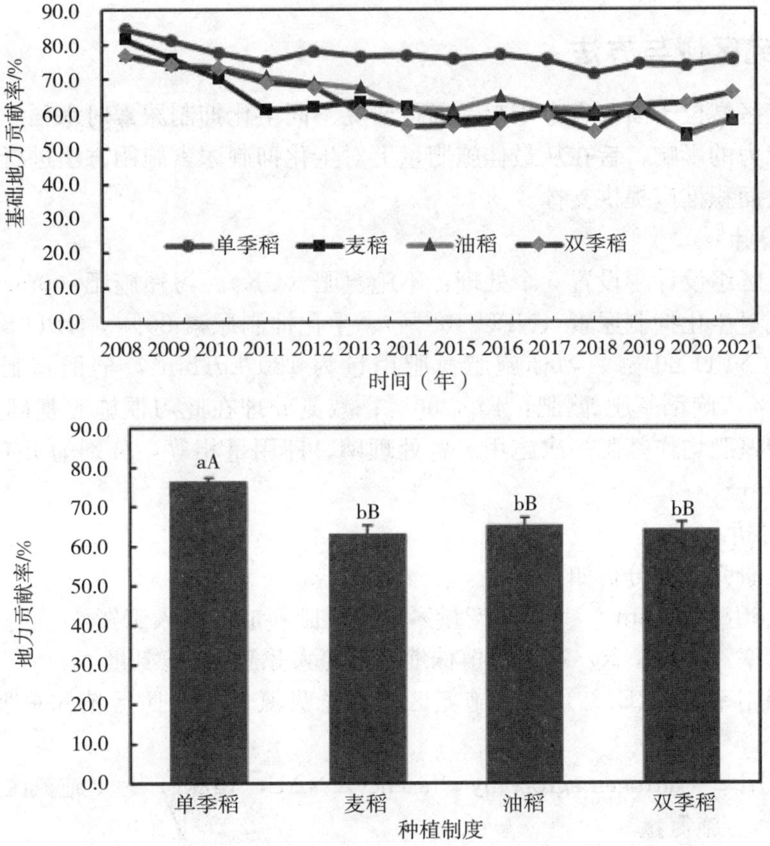

图 7-5　不同种植制度下基础地力贡献率年度变化

上述结果表明，基础地力贡献率随年度种植频次和耕作年限的增加呈降低趋势，复种指数越高，地力贡献率越低，下降越快。因此要保持耕地的永续生产力，必须注重土壤养分补充和耕地用养结合，通过合理施肥和定期进行土壤培肥，保持耕地基础地力稳定。

研究结果表明，在各种种植制度下，施肥均有提高作物产量的作用。不施肥处理下，作物仅能维持在较低产量水平，通过施肥补充作物从土壤中带走的养分，能够有效提高或稳定耕地产出能力；基础地力贡献率随年度种植频次和耕作年限的增加呈降低趋势，复种指数越高，地力贡献率越低，下降越快。因此要保持耕地的永续生产力，必须注重土壤养分补充和耕地用养结合，通过合理施肥和定期进行土壤培肥，保持耕地基础地力稳定。

7.3　新型稳定性肥料对双季稻产量和氮吸收利用的影响

本节通过研究不同生化抑制尿素对水稻产量、氮素吸收利用和土壤肥力的影响，旨在从最佳施肥量上对生化抑制尿素施用方法进行优化，以便为其在水稻上大面积推广提供支撑（Tang et al.，2007；陈贤友等，2010；何佩华等，2011；胡春花等，2011；顾艳等，

2013；郭晨，2018）。

7.3.1 研究区域与方法

本节研究区域位于浙江省金华市，通过研究不同生化抑制尿素对水稻产量、氮素吸收利用和土壤肥力的影响，旨在从最佳施肥量上对生化抑制尿素施用方法进行优化，以便为其在水稻上大面积推广提供支撑。

1. 试验设计

采用随机区组设计，设置5个处理：不施氮肥（CK）、习惯施肥（practice urea，PU 100%）、等氮量生化抑制尿素（NPU 100%）、生化抑制尿素80%（NPU 80%）、生化抑制尿素60%（NPU 60%）。习惯施肥氮肥用量为180 kg/hm²，早稻基肥-蘖肥-穗肥：40%-30%-30%，晚稻基肥-蘖肥：40%-60%；减氮处理在此习惯施肥基础上进行，生化抑制尿素处理氮肥均作基肥一次施用。各处理磷、钾用量相等，分别为P_2O_5 90 kg/hm²、K_2O 120 kg/hm²。

2. 计算分析

本节相关研究计算分析如下：

效益（profit，元/hm²）=水稻产量×单价－肥料成本－人工费

氮吸收效率（NUE，kg/kg）=植株地上部氮素累积量/施氮量

氮回收利用率（NRE,%）=（施氮区植株总吸氮量－对照区植株总吸氮量）/施氮量×100

氮农学利用率（nitrogen agronomy efficiency，NAE，kg/kg）=（施氮区籽粒产量－对照区籽粒产量）/施氮量

氮肥偏生产力（N partial factor productivity of applied N，NPFP，kg/kg）=施氮处理产量/施氮量

7.3.2 双季稻产量及其产量构成因子

从图7-6可以看出，与CK处理相比，2011年晚稻其他各处理产量均显著提高，增幅从28.8%（NPU 60%）到47.2%（NPU 100%）不等；NPU 100%和NPU 80%处理产量显著高于其他处理，较PU 100%增产8.2%。2012年在早稻上其他各处理产量较CK均显著提高，增幅从87.0%（NPU 60%）到122.2%（NPU 80%）不等；NPU 100%处理和NPU 80%处理、PU 100%处理产量高于NPU 60%处理，但

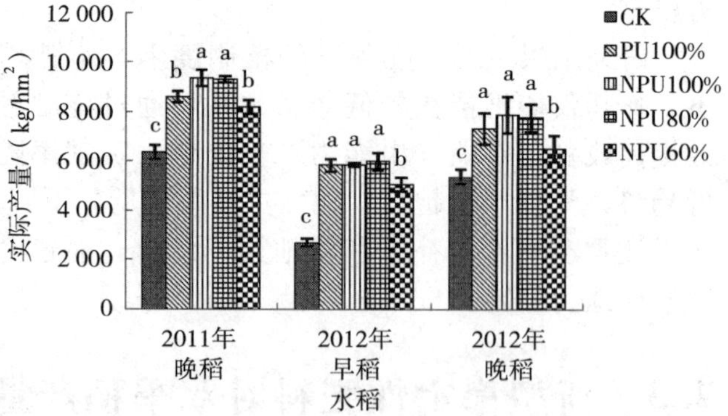

图7-6 不同生化抑制尿素用量对水稻产量的影响

注：不施氮肥（CK）、习惯施肥（PU 100%）、等氮量生化抑制尿素（NPU 100%）、生化抑制尿素80%（NPU 80%）、生化抑制尿素60%（NPU 60%）。下同。

差异不显著。2012 年晚稻上，其他施肥处理较 CK 产量明显提高，提高幅度从 21.7%（PU 100%）到 46.5%（NPU 100%）。PU 100%、NPU 100%、NPU 80%处理产量显著高于 NPU 60%处理，分别提高了 11.9%、20.4%和 18.9%。综上所述，NPU 100%和 NPU 80%能够维持甚至超越 PU 100%水稻产量，NPU 80%产量与 NPU 100%相当，NPU 60%则会严重减产。

由表 7-4 可知，与 NPU 100%处理相比，NPU 80%处理虽然能显著增加晚稻千粒重，但有效穗、穗粒数无显著差异，导致二者产量无显著差异；PU 100%处理水稻有效穗显著低于 NPU 100%和 NPU 80%处理，但其穗粒数高使三者产量无显著差异。NPU 60%处理氮肥供应不足造成其有效穗、穗粒数均较低，产量较 PU 100%下降显著。早稻与晚稻相比，早稻各施肥处理穗粒数差异不大，而晚稻则差异显著。

表 7-4　不同生化抑制尿素用量对水稻产量构成因子的影响

处理		有效穗/（$\times10^4$/hm^2）		穗粒数		结实率/%		千粒重/g	
		早稻	晚稻	早稻	晚稻	早稻	晚稻	早稻	晚稻
2011 年	CK	—	226c	—	121c	—	84.8b	—	28.9a
	PU 100%	—	267b	—	157a	—	72.9d	—	28.2c
	NPU 100%	—	302a	—	136b	—	89.5a	—	28.4c
	NPU 80%	—	299a	—	136b	—	89.6a	—	28.6b
	NPU 60%	—	265b	—	141b	—	81.6c	—	28.3c
2012 年	CK	131d	257c	85b	115cd	92.6a	71.9a	26.7a	25.6c
	PU 100%	215b	286b	125a	130ab	88.6ab	78.8a	25.2ab	25.8bc
	NPU 100%	239a	332a	130a	125bc	83.1b	75.4a	24.1b	26.3b
	NPU 80%	244a	340a	120a	138a	84.3ab	75.3a	24.9b	26.9a
	NPU 60%	188c	293b	124a	112d	89.0ab	75.8a	25.6ab	25.8bc

7.3.3　双季稻氮素吸收和氮素利用率

由表 7-5 可知，2011 年，NPU 100%处理晚稻氮素收获指数（nitrogen horvest index，NHI）显著高于 PU 100%，但不同生化抑制尿素用量之间差异不显著。NPU 100%处理水稻氮回收利用率（NRE）与 PU 100%无显著差异，NPU 80%显著高于其他两个处理。除 NPU 80%显著高于 PU 100%处理外，晚稻氮农学利用率（NAE）在其他各处理之间无显著差异。随着施氮量增加，晚稻氮肥偏生产力（NPFP）呈下降趋势，NPU 100%处理比 NPU 60% PFPN 显著下降了 17.3 kg/kg，NPU 100%比 PU 100%处理间无显著差异。氮素吸收效率（NUE）也随着施氮量的增加而下降，但 NPU 60%与 NPU 80%处理间无显著差异，均显著高于 NPU 100%。

表 7-5 不同生化抑制尿素用量对双季稻氮素吸收和利用的影响

	处理	NHI/%		NRE/%		NAE/(kg/kg)		NPFP/(kg/kg)		NUE/(kg/kg)	
		早稻	晚稻	早稻	晚稻	早稻	晚稻	早稻	晚稻	早稻	晚稻
2011年	CK	—	79.1a	—	—	—	—	—	—	—	—
	PU 100%	—	53.3c	—	30.9b	—	12.4b	—	47.9c	—	0.71b
	NPU100%	—	71.7b	—	31.7b	—	16.7ab	—	52.2bc	—	0.72b
	NPU 80%	—	72.0b	—	43.6a	—	20.5a	—	60.6ab	—	0.94a
	NPU 60%	—	67.8b	—	28.3b	—	17.0ab	—	69.5a	—	0.96a
2012年	CK	70.6ab	73.9b	—	—	—	—	—	—	—	—
	PU 100%	75.7ab	74.0b	29.8c	28.9b	17.2c	10.8a	32.6c	40.8b	0.53d	0.64c
	NPU100%	68.5b	75.7ab	31.8b	26.9b	17.8c	13.9a	32.7c	43.8b	0.55c	0.62c
	NPU 80%	70.6ab	80.4a	37.0a	35.8a	23.9a	16.7a	41.8b	54.2a	0.66b	0.80b
	NPU 60%	79.7a	77.0ab	29.5c	29.0b	20.8b	10.8a	46.8a	60.7a	0.69a	0.88a

注：NHI 表示氮收获指数；NRE 表示氮回收利用率；NAE 表示氮农学利用率；NPFP 表示氮肥偏生产力；NUE 表示氮吸收效率。下同。

2012 年，早稻氮素收获指数（NHI）以 NPU 100%处理最低，其他处理无显著差异。施用生化抑制尿素比习惯施肥能显著提高 NAE，但施用量过少反而会造成 NAE 降低，趋势为 NPU 80%＞NPU 100%＞PU 100%、NPU 60%。NAE 以 NPU 80%最高，NPU 100%、PU 100%最低，NPFP 和 NUE 均以 NPU 60%最高。与 PU 100%、NPU100%处理相比，NPU 80%处理 NPFP 分别增加 9.2 kg/kg、9.1 kg/kg，而 NPU 80%处理中 NUE 分别增加 0.13 kg/kg、0.11 kg/kg。在晚稻上，NPU 80%处理 NHI 显著高于 PU 100%，NRE 表现为 NPU 80%显著高于其他处理；与早稻不同的是，NPU 100%处理晚稻 NRE 与 PU 100%无显著差异，说明 NPU 100%养分未得到充分利用，适当减量会增加氮肥利用率。NAE 各处理差别不大，NPFP、NUE 均随着施氮量增加而降低。

综上所述，与 PU 100%处理相比，NPU 100%处理均能提高早稻和晚稻氮素吸收和利用，NPU 80%处理较 PU 100%能够提高氮素收获指数（平均提高 6.7%），说明其利于氮素向籽粒中转运。NPU 80%处理能够显著提高早稻和晚稻 NRE、NAE、NPFP 和 NUE 等氮素利用率指标，较 PU 100%处理平均分别高 9.0%、6.9 kg/kg、11.8 kg/kg、0.17 kg/kg，较 NPU 100% NRE、NPFP、NUE 分别平均提高 8.7%、9.3 kg/kg、0.17 kg/kg。NPU 80%对早稻氮素吸收利用的促进作用小于晚稻。

7.3.4 双季稻土壤养分特征

从表 7-6 可以看出，2011 年晚稻各处理间土壤有机质和全氮无显著差异。等氮量条件下，PU 100%处理土壤碱解氮显著高于 NPU 100%；不同施氮量处理相比，NPU 100%处理土壤碱解氮显著低于 NPU 80%、NPU 60%。PU 100%与 NPU 80%土壤有效磷最高，NPU 100%最低。上述结果表明，NPU 100%处理土壤速效养分含量较 PU 100%低，原因可能是 PU 100%深度吸收养分较少，土壤养分消耗不多。

表7-6 不同生化抑制尿素用量对土壤养分的影响

	处理	有机质/(g/kg)		全氮/(g/kg)		碱解氮/(mg/kg)		有效磷/(mg/kg)		速效钾/(mg/kg)	
		早稻	晚稻	早稻	晚稻	早稻	晚稻	早稻	晚稻	早稻	晚稻
2011年	CK	—	41.8a	—	2.07a	—	121.3b	—	18.6b	—	94.0a
	PU 100%	—	41.5a	—	1.89a	—	139.5a	—	23.5a	—	82.3b
	NPU100%	—	39.9a	—	2.07a	—	114.1b	—	14.1c	—	81.3b
	NPU 80%	—	41.7a	—	2.09a	—	133.8a	—	23.1a	—	71.0b
	NPU 60%	—	40.3a	—	2.06a	—	131.5a	—	19.1b	—	71.3b
2012年	CK	37.3a	37.0ab	2.26a	2.31a	94.3b	92.4b	25.8b	29.4c	104.7a	107.0a
	PU 100%	36.9a	37.2ab	2.07a	2.45a	95.4b	96.9ab	29.3a	38.0a	61.7c	63.0c
	NPU100%	36.3a	34.9b	2.16a	2.11a	92.4b	92.4b	28.7a	32.6b	74.7bc	58.5bc
	NPU 80%	35.3a	37.7ab	2.24a	2.31a	96.8b	107.5a	25.1b	30.8c	81.3b	70.5b
	NPU 60%	38.2a	39.0a	2.22a	2.16a	102.8a	95.7ab	24.1b	24.1d	82.0b	59.0c

2012年，早稻各处理间土壤有机质和全氮无显著差异，碱解氮含量在NPU 60%处理最高，其他处理间差异不显著；PU 100%和NPU 100%处理有效磷含量显著高于CK、NPU 80%和NPU 60%处理；速效钾含量以CK处理最高，NPU 80%处理较PU 100%处理增加31.8%，而NPU 100%与PU 100%处理间无显著差异。晚稻各处理间土壤有机质和全氮无显著差异，NPU 80%处理土壤碱解氮含量较NPU 100%处理增加16.3%，NPU 80%处理有效磷含量显著低于PU 100%和NPU 100%；NPU 80%处理速效钾含量较PU 100%和NPU 60%处理分别增加11.9%、19.5%。

综上所述，不同生化抑制尿素用量对土壤有机质和全氮的影响较小，NPU 80%处理碱解氮含量高于NPU 100%处理，但与PU 100%处理相比无显著差异。随着种植年限的增长，NPU 80%处理土壤有效磷呈下降趋势；NPU 80%速效钾含量较PU 100%处理显著提高11.9%～31.8%；氮NPU 100%处理无显著差异。

研究结果表明，缓（控）释肥料——生化抑制尿素具有较好的田间应用效果，等氮量情况下效果优于习惯施肥。不同氮肥用量中，减氮20%配施生化抑制尿素（NPU 80%）处理与PU 100%处理水稻产量相当，且能够显著提高收获指数、氮肥利用效率和土壤养分有效性。因此，推荐NPU 80%（144 kg/hm^2）处理为南方稻田水稻最佳施用量。

7.4 双季稻轮作体系绿色高效定额施肥技术

以双季稻轮作区中的早稻和晚稻为研究对象，基于双季稻化肥施用限量标准，研究在不同氮素水平、类型及周年养分统筹条件下双季稻的农艺性状、产量、氮盈余与氮素利用率、土壤肥力以及土壤微生物等方面的综合响应，明确适合该地区绿色高效施肥技术模式，为双季稻轮作区科学施肥提供应用指导和理论支撑（张宣，2014；刘彦伶，2013；刘彦伶等，2013；罗兰芳，2008；鲁艳红等，2008）。

7.4.1 研究区域与方法

1. 试验设计

试验设置 6 个处理：①不施氮肥（CK）；②习惯施肥（PU 100%）；③硫黄加树脂双包膜尿素 100%（SPCU 100%）；④生化抑制尿素（NPU 100%）；⑤脲甲醛（UF 100%）；⑥硫黄加树脂双包膜尿素 70%+普通尿素 30%（SPCU 70%+PU 30%）。所有处理为等磷、等钾处理，全部作基肥施入，施用量为 P_2O_5 90 kg/hm²、K_2O 120 kg/hm²。处理 2 至处理 6 为等氮量处理，施用量为 180 kg/hm²，处理 2 按当地习惯早稻分 3 次、晚稻分 2 次施肥，处理 3 至处理 6 于移栽前一天全部作基肥施入（表 7－7）。

表 7－7 试验处理及肥料施用方式

处理	N/(kg/hm²)	P_2O_5/(kg/hm²)	K_2O/(kg/hm²)	施肥方式
CK	0	90	120	不施氮肥
PU 100%	180	90	120	早稻基肥：分蘖肥：穗肥按 4：3：3 比例施用；晚稻基肥：分蘖肥按 4：6 比例施用
SPCU 100%	180	90	120	一次性基施
NPU 100%	180	90	120	一次性基施
UF 100%	180	90	120	一次性基施
SPCU 70%+PU 30%	180	90	120	一次性基施

注：SPCU 表示硫黄加树脂双层包膜尿素；PU 表示普通尿素；NPU 表示生化抑制尿素；UF 表示脲甲醛。下同。

2. 计算分析

本节相关研究计算分析如下：

花后干物质积累量（PSDW，kg/hm²）＝成熟期地上部干物质重－开花期地上部干物质重

花后氮素积累量（PSNA，kg/hm²）＝成熟期地上部氮素累积量－开花期地上部氮素累积量

经济效益（profit，元/hm²）、氮素吸收效率（NUE，kg/kg）、氮回收利用率（NRE,%）、氮农学利用率（NAE，kg/kg）和氮肥偏生产力（NPFP，kg/kg）测定方法同上。

7.4.2 不同施肥模式对双季稻产量及其构成因子的影响

由图 7－7 可知，不同氮肥运筹模式对水稻成熟期剑叶 SPAD 值影响显著，早稻为 SPCU 100%>PU 100%、SPCU 70%+PU 30%>UF 100%>NPU 100%>CK；晚稻为 SPCU 100%>SPCU 70%+PU 30%>PU 100%、UF 100%>NPU 100%>CK。不同氮肥运筹也显著影响水稻株高，早稻为 NPU 100%>PU 100%>SPCU 100%、UF 100%、SPCU 70%+PU 30%>CK；晚稻为 SPCU 100%>NPU 100%>UF 100%>PU 100%>SPCU 70%+PU 30%>CK。其中，生化抑制尿素在早稻、晚稻上均能促进植株营养生长，SPCU 100%处理在早稻上与其他处理差异不显著，但晚稻株高高于早稻，说明 SPCU 能够促进下一季作物生长。综上所述，NPU 在水稻生长阶段肥效释放较完全，SPCU 肥效释放较慢，水稻营养生长过剩，UF 中等。

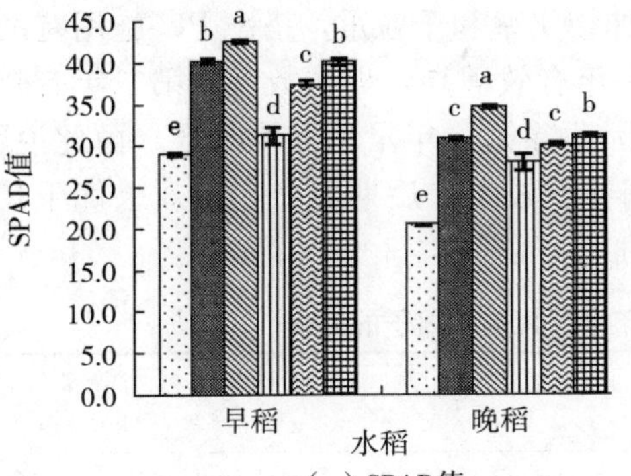

（a）SPAD值

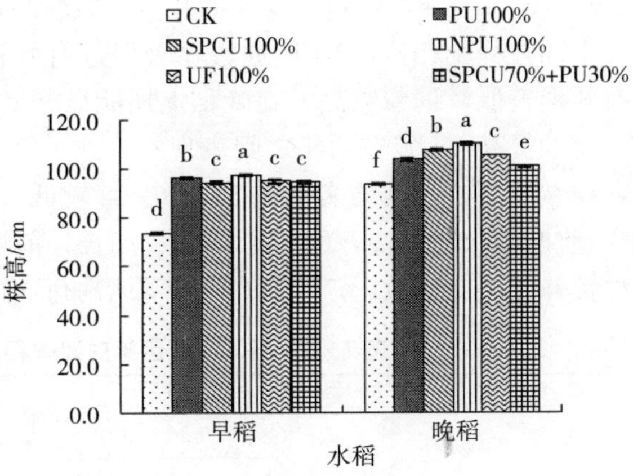

（b）株高

图 7-7　2012 年不同氮肥运筹对双季稻 SPAD 值和株高的影响

由表 7-8 可以看出，与 CK 处理相比，2011 年早稻各施氮处理产量均显著增加，增幅从 77.7%（SPCU 100%）到 103.6%（UF 100%）不等；与 PU 100%相比，SPCU 100%与 SPCU 70%+PU 30%处理产量差异不大，NPU 100%与 UF 100%早稻产量均显著高于 PU 100%，增幅达 10.1%。晚稻各施氮处理产量均比 CK 显著增加，增幅从 56.4%（PU 100%）到 72.9%（SPCU 70%+PU 30%）不等；NPU 100%和 SPCU 70%+PU 30%处理间无显著差异，并且产量显著高于其他各处理，较 PU 100%处理增产 9.9%；PU 100%、UF 100%处理间产量无显著差异。

与 CK 处理相比，2012 年各施氮处理均显著增加早稻产量，增幅从 100.3%（PU 100%）到 127.9%（NPU 100%），以 NPU 100%和 SPCU70%+PU 30%处理增产最多。PU 100%、SPCU 100%和 UF 100%处理间产量无显著差异；NPU 100%与 SPCU 70%+PU 30%产量均显著高于 PU 100%，增幅在 13.3%左右。与 2011 年相比，脲甲醛的肥效下降至与 PU 100%无明显差异，而 SPCU 70%+PU 30%的产量显著提升至与 NPU 100%处理相当。晚稻各施肥处理产量显著高于 CK，增幅从 27.7%（PU 100%）到 42.8%（SPCU 70%+PU 30%）不等，SPCU100%、NPU 100%、SPCU 70%+PU 30%增产效果最显著，分别比 PU 100%增产 9.6%、9.4%、11.7%，但三者处理间无显著差异。UF 100%与 PU 100%无明显差异。与早稻相比，SPCU 100%的增产效果明显提高，脲甲醛肥效依然不高。

综上所述，NPU 100%与 SPCU 70%+PU 30%处理间产量无显著差异，但均显著高于 UF 100%处理。NPU 100%和 SPCU 70%+PU 30%处理在早稻和晚稻上表现均较好，并且年际间变化较稳定，其较 PU 100%处理早稻分别增产 11.8%和 7.5%，晚稻增产 9.2%和 11.1%。SPCU 100%前期产量较低，但有后效，致使第二年晚稻与 NPU 100%、SPCU 70%+PU 30%差异不大。UF 100%产量低于 PU 100%，效果较差。

与 CK 处理相比，各施氮处理主要通过提高水稻有效穗和穗粒数从而增产，对结实率和千粒重影响不大。与 PU 100%处理相比，NPU 100%处理有效穗和千粒重显著增加。SPCU 100%前期有效穗和穗粒数偏低产量不高，后期结实率和千粒重较高使产量有所上升。SPCU 70%+PU 30%有效穗和穗粒数较高而增产。

不同控释肥相比，NPU 通过显著促进有效穗的形成而增产，SPCU 单独施用在早稻上有效穗较低，穗粒数高，在晚稻上还能显著增加结实率和千粒重，搭配 PU 施用有助于有效穗的提高。UF 在两年之间表现不一致，第一年有效穗高，穗粒数低，第二年有效穗低，穗粒数高，但其结实率和千粒重一直较低，因此除第一年早稻外均减产。由此说明，NPU 前期养分释放快，而 SPCU 释放期长，前期释放较慢，后期养分释放效果优于其他品种控释肥，有后效，产量随种植年限增加而增加。

表 7-8　不同氮肥运筹对双季稻产量及其构成因子的影响

处理		有效穗/（×10⁴/hm²）		穗粒数		结实率/%		千粒重/g		产量/（kg/hm²）	
		早稻	晚稻	早稻	晚稻	早稻	晚稻	早稻	晚稻	早稻	晚稻
2011 年	CK	210e	207e	74c	105e	83.5a	91.6a	28.2a	27.2bc	3 625d	5 296d
	PU 100%	272c	276d	119a	131a	77.3c	86.4bc	27.0b	27.0c	6 661bc	8 284c
	SPCU 100%	258d	270d	115b	128b	82.3ab	91.5a	26.9b	27.4b	6 440c	8 537b
	NPU 100%	294b	312a	119a	125c	78.6c	84.6cd	27.3b	27.9a	7 336a	9 103a
	UF 100%	316a	304b	118a	121d	77.4c	83.3d	26.1c	27.5b	7 379a	8 291c
	SPCU70%+PU30%	278c	287c	118a	133a	81.5b	88.7b	25.9c	27.5b	6 776b	9 155a
2012 年	CK	104d	211e	78c	125c	94.0a	89.2a	26.0b	27.5ab	2 681c	6 436c
	PU 100%	195c	274c	129b	142b	87.1b	79.8c	24.9e	26.8c	5 370b	8 225b
2012 年	SPCU 100%	210b	242d	125b	158a	86.8b	88.2a	26.2a	27.6a	5 488b	9 015a
	NPU 100%	255a	310a	121b	145b	85.9b	84.8b	25.6c	27.2bc	6 111a	8 999a
	UF 100%	191c	267c	143a	156a	83.6c	73.7d	25.8c	27.2bc	5 372b	8 417b
	SPCU70%+PU30%	211b	288b	147a	144b	87.9b	87.9a	25.2b	27.0c	6 083a	9 190a

7.4.3　不同施肥模式对双季稻干物质、氮素累积与转运的影响

由图 7-8 可知，不同施肥处理各时期干物质积累量不同，各施氮处理较 CK 处理差异显著。分蘖期和成熟期 NPU 100%处理和 UF 100%处理早稻干物质积累量显著高于 PU 100%处理，其中成熟期分别增加了 19.6%和 22.9%，在齐穗期差异不显著。分蘖期 PU 100%处理晚稻干物质积累量高于施用缓（控）释肥料一次性施用各处理，但在齐穗期和成熟期均显著低于其他各施肥处理，其中在成熟期 NPU 100%和 SPCU 70%+PU 30%处理分别增加了 37.6%和 43.0%。结果表明，适量的缓（控）释肥料一次基施能促进水稻生长，增加地上部生物量，从而为水稻高产奠定基础。

不同施氮处理各时期氮素积累量不同，且 CK 处理在各个时期均显著低于各施氮处理。在早稻上，PU 100%处理除在分蘖期氮素积累量较低外，在齐穗期和成熟期都较高，NPU 100%处理能显著提高植株对氮素的吸收量。在晚稻上，除分蘖期 PU 100%处理氮素积累量较高外，齐穗期和成熟期都低于各缓（控）释肥料一次基施处理，NPU 和 SPCU 两种缓（控）释料肥能显著促进晚稻植株对氮素的吸收。

图 7-9 可知，早稻花后干物质积累量（PSDW）占总干物质比例高达 50%以上，晚

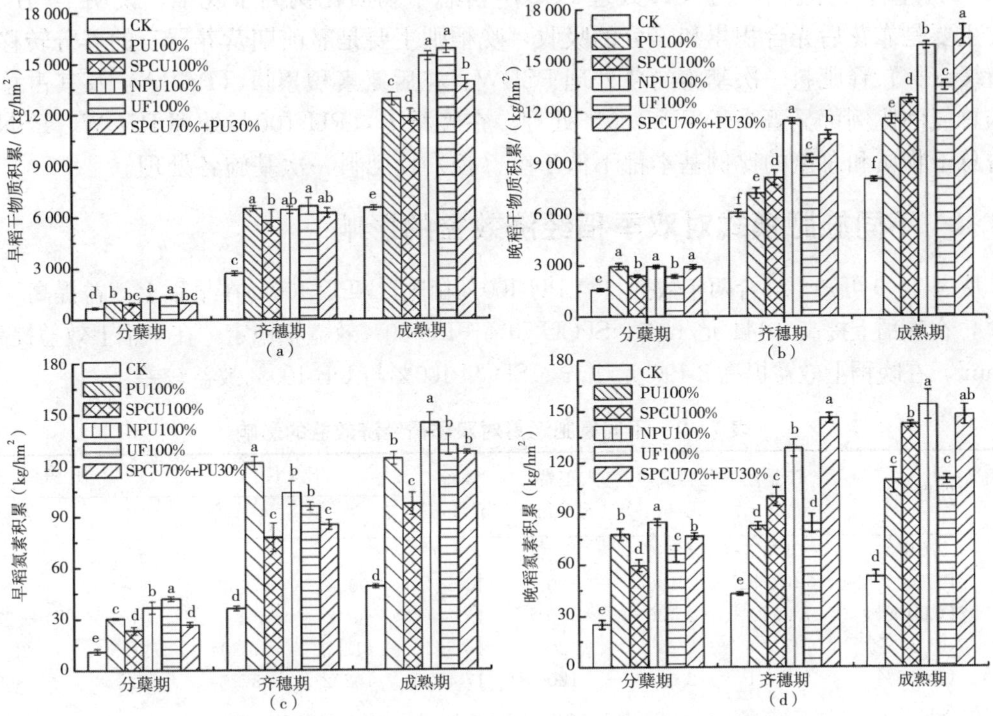

图 7-8　不同氮肥类型对双季稻干物质和氮素积累量的影响

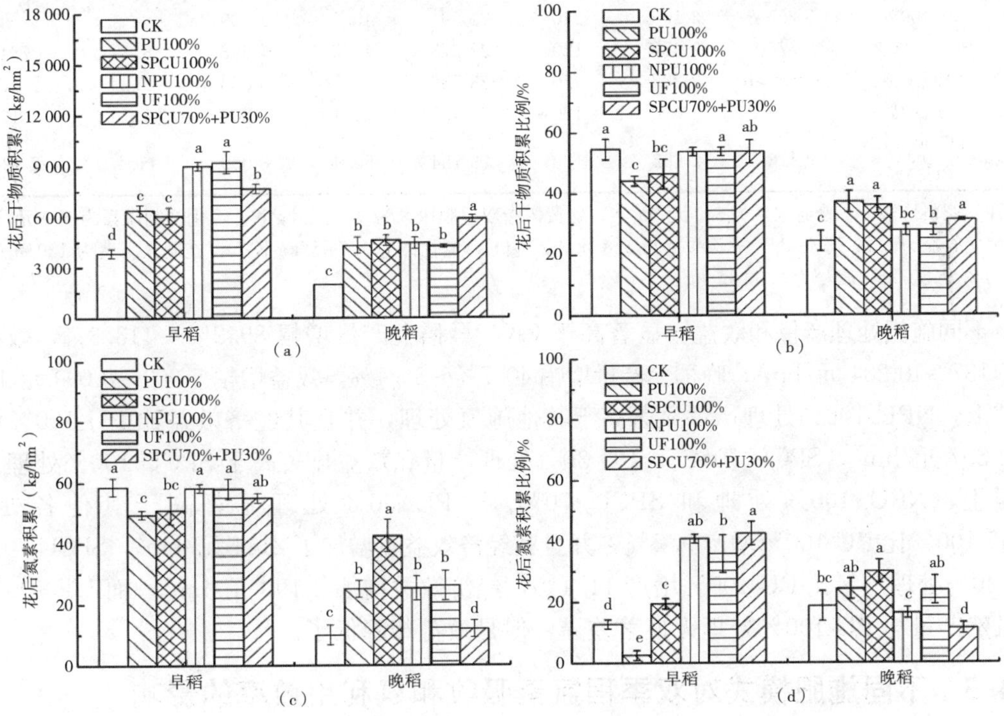

图 7-9　不同氮肥类型对双季稻花后干物质和氮素积累的影响

稻为30%左右，并且早稻上CK处理PSDW占总干物质比例高于晚稻，说明早稻产量的形成主要是靠花后光合积累和养分的吸收，晚稻则主要是靠前期营养器官的养分转移。早稻上缓（控）释肥料一次基施的各处理PSDW、花后氮素积累量（PSNA）及其占总干物质和总氮的比例都显著高于PU 100%处理；在晚稻上，PU 100%处理PSDW、PSNA及其占总干物质和总氮的比例基本都不低于缓（控）释肥料一次基施各处理。

7.4.4 不同施肥模式对双季稻经济效益的影响

从表7-9可知，综合两年数据，与PU 100%相比，NPU 100%在早稻上效益提高2 297元/hm²，在晚稻上提高2 144元/hm²；SPCU 70%+PU 30%效益不稳定，在早稻上效益提高956元/hm²，在晚稻上效益提高2 190元/hm²。SPCU 100%与UF 100%效益较差。

表7-9 不同氮肥运筹对双季稻经济效益的影响

处理		产量/(kg/hm²)	肥料成本/(元/hm²)	人工费/(元/hm²)	效益/(元/hm²)	比CK		比PU	
						%	元/hm²	%	元/hm²
早稻	CK	3 153 d	1 206	120	8 637	—	—	—	—
	PU100%	6 016 bc	2 106	360	16 544	90.8	7907	—	—
	SPCU100%	5 964 c	2 106	120	15 774	89.2	7 137	−0.9	−770
	NPU100%	6 724 a	2 286	120	18 841	113.3	10 204	11.8	2297
	UF100%	6 376 b	2 616	120	17 412	102.2	8775	6.0	868
	SPCU70%+PU30%	6 430 b	2 698	120	17 500	103.9	8 863	6.9	956
晚稻	CK	5 866 d	1 206	120	15 685	—	—	—	—
	PU100%	8 255 c	2 106	240	21 594	40.7	5 909	—	—
	SPCU100%	8 776 b	2 952	120	22 378	49.6	6 693	6.3	784
	NPU100%	9 015 ab	2 286	120	23 738	53.7	8 053	9.2	2 144
	UF100%	8 354 c	2 616	120	21 491	42.1	5 806	1.2	−103
	SPCU70%+PU30%	9 173 a	2 698	120	23 784	56.4	8 099	11.1	2 190

注：肥料价格——普通尿素为5.0元/kg N，硫黄树脂双包膜尿素为9.7元/kg N，生化抑制尿素为6.0元/kg N，脲甲醛复合肥为12.7元/kg N，过磷酸钙为5.8元/kg P_2O_5，氯化钾为5.7元/kg K_2O。施肥人工费为120元/hm²，早稻为3.16元/kg，晚稻为2.90元/kg。

不同施氮处理产量和效益均显著高于CK，早稻上产量增幅89.2%～113.3%，效益增幅7 137～10 204元/hm²，晚稻上产量增幅40.7%～56.4%，效益增幅5 909～8 099元/hm²。早稻上，NPU 100%处理产量显著高于其他施氮处理，并且其经济效益比PU 100%增加至2 297元/hm²。SPCU 70% + PU 30%处理产量和效益显著高于SPCU 100%处理。在晚稻上，NPU 100%处理和SPCU 70% + PU 30%处理显著高于其他各处理，NPU 100%比PU 100%增产9.2%，并且其经济效益也增加了2144元/hm²，SPCU 70%+PU 30%处理产量比PU 100%增产11.1%，经济效益增加2 190元/hm²，而UF 100%处理虽然产量与PU 100%处理无显著差异，但是效益却降低了。

7.4.5 不同施肥模式对双季稻氮素吸收和氮利用效率的影响

从表7-10可以看出，比PU 100%处理相比，NPU 100%处理水稻氮回收利用率

(NRE)、氮农学利用率（NAE)、氮肥偏生产力（NPFP）和氮素吸收效率（NUE）分别提高 10.8%、4.1 kg/kg、4.2 kg/kg、0.11 kg/kg。但随着种植年限增长，第二季晚稻 NPU 100%处理 NRE 和 NUE 有所下降。SPCU 100%、UF 100%各氮素利用指标均较低。

表 7-10　不同氮肥运筹对双季稻氮素吸收和利用的影响

	处理	NRE/%		NAE/(kg/kg)		NPFP/(kg/kg)		NUE/(kg/kg)	
		早稻	晚稻	早稻	晚稻	早稻	晚稻	早稻	晚稻
2011 年	CK	—	—	—	—	—	—	—	—
	PU 100%	41.8b	31.4b	16.9b	16.6c	37.0bc	46.0c	0.69b	0.61c
	SPCU 100%	26.8c	49.7a	15.6c	18.0b	35.8c	47.4b	0.54c	0.79b
	NPU 100%	53.2a	56.0a	20.6a	21.1a	40.8a	50.6a	0.80a	0.85a
	UF 100%	46.1b	31.8b	20.9a	16.6c	41.0a	46.1c	0.73b	0.61c
	SPCU 70%+PU 30%	43.8b	52.8a	17.5b	21.4a	37.6b	50.9a	0.71b	0.82ab
2012 年	CK	—	—	—	—	—	—	—	—
	PU 100%	30.7b	30.8c	15.8b	9.9b	29.8b	45.7b	0.51b	0.73c
	SPCU 100%	40.8a	37.7b	16.5b	14.3a	30.5b	50.1a	0.61a	0.80b
	NPU 100%	41.7a	27.1d	20.0a	14.2a	34.0a	50.0a	0.62a	0.70d
	UF 100%	31.3b	19.9e	15.9b	11.0b	29.8b	46.8b	0.52b	0.62e
	SPCU 70%+PU 30%	40.8a	39.8a	19.8a	15.3a	33.8a	51.1a	0.61a	0.82a

2011 年，与 PU 100%处理相比，NPU 100%处理早稻 NUE 显著增加，SPCU 100%处理显著降低，其他施氮处理差异不显著；在晚稻上则相反，除 UF 100%处理 NUE 较低之外，其他各施氮处理 NUE 均显著增加。与 PU 100%相比，NPU 100%处理早稻 NRE显著提高 11.4%，UF 100%处理虽提高 4.3%，但是差异不显著；NPU 100%和含有 SPCU 的晚稻各处理 NRE 都显著高于 PU 100%，增幅为 18.3%～24.6%，但 UF 100%与 PU 100%处理间无显著差异。各处理 NAE 表现与产量基本一致，早稻 NPU 100%、UF 100%处理较 PU 100%处理分别增加了 3.7 kg/kg、4.0 kg/kg，晚稻 NPU 100%、SPCU 70%＋PU 30%处理分别提高了 4.5 kg/kg、4.8 kg/kg。早稻 NPFP 以NPU 100%和 UF 100%处理最高，较 PU 100%处理分别增加了 3.8 kg/kg、4.0 kg/kg；晚稻 NPFP 以 NPU 100%和 SPCU 70%＋PU 30%处理最高，较 PU 100%处理分别增加了 4.6 kg/kg、4.9 kg/kg。

2012 年，NPU 100%、SPCU 100%、SPCU 70%＋PU 30%处理早稻 NRE 显著高于 PU 100%和 UF 100%处理，但在晚稻上以 SPCU 70%＋PU 30%处理 NRE 最高。早稻 NAE NPU 100%与 SPCU 70%＋PU 30%显著高于其他处理，其中 NPU 100%比 PU 100%高 4.2 kg/kg；晚稻 NPU100%、SPCU100%、SPCU 70%＋PU 30%显著高于 PU 100%和 UF 100%。NPFP NPU 100%和 SPCU70%＋PU 30%在早稻和晚稻上均显著高于 PU 100%和 UF 100%。

7.4.6　不同施肥模式对双季稻土壤养分和微生物学特性的影响

由表 7-11 可知，2011 年，早稻收获后 SPCU 100%、NPU 100%、SPCU 70%＋PU 30%处理碱解氮含量显著高于 PU 100%处理，但是 UF 100%碱解氮含量却显著降低。

CK、SPCU 70%+PU 30%、SPCU 100%、NPU 100%处理有效磷显著高于PU 100%处理，其中以SPCU 70%+PU 30%处理最高，并且UF 100%处理显著低于PU 100%处理。与PU 100%相比，CK和SPCU 100%处理速效钾含量显著提高，NPU 100%和SPCU 70%+PU 30%处理无显著差异，UF 100%处理则显著降低。由此可知，晚稻UF 100%处理产量下降可能与土壤速效养分显著下降有关。与PU 100%相比，晚稻收获后CK、SPCU 100%处理碱解氮显著提高，NPU 100%处理低于SPCU 70%+PU 30%处理，并且UF 100%最低。CK、NPU 100%、SPCU 70%+PU 30%处理有效磷较高，SPCU 100%高于UF 100%处理，UF 100%最低。试验进行一年后，CK和SPCU 70%+PU 30%处理有机质和全氮含量显著增加，其他变化不显著。

表7-11　不同氮肥运筹对双季稻土壤养分的影响

处理		有机质/(g/kg)		全氮/(g/kg)		碱解氮/(mg/kg)		有效磷/(mg/kg)		速效钾/(mg/kg)	
		早稻	晚稻	早稻	晚稻	早稻	晚稻	早稻	晚稻	早稻	晚稻
2011年	CK	—	37.9b	—	2.03a	129.8c	129.0ab	9.2b	14.2a	83.3a	70.3a
	PU 100%	—	32.0c	—	1.92a	125.5c	124.4c	8.1c	8.6cd	57.7cd	52.0c
	SPCU 100%	—	38.1bc	—	1.98a	147.3a	129.7a	8.9b	9.7bc	69.7b	54.3bc
	NPU 100%	—	37.3bc	—	1.89a	137.2b	125.8bc	9.1b	10.6b	55.7d	55.7bc
	UF 100%	—	29.1c	—	1.72a	112.3d	106.1d	7.0d	7.6d	47.0e	53.3c
	SPCU70%+PU30%	—	39.4a	—	2.08a	141.8ab	126.4bc	10.4a	10.7b	61.7c	57.7b
2012年	CK	30.6ab	38.7a	1.86b	1.96a	71.8c	70.4d	12.5ab	24.0a	108.3a	93.3a
	PU 100%	30.6ab	40.2a	1.80b	2.00a	72.7c	74.2cd	11.5bc	15.9bc	59.0bc	47.0b
	SPCU 100%	36.4a	38.4a	1.95ab	1.81ab	86.6b	94.5b	12.9ab	10.6d	54.7cd	38.0c
	NPU 100%	31.9ab	38.6a	2.17a	1.61ab	86.8b	97.1ab	13.5a	18.8b	55.3cd	42.7bc
	UF 100%	27.0b	32.4b	1.66b	1.74b	64.6d	80.5c	10.3d	10.8d	64.7b	44.3bc
	SPCU70%+PU30%	31.6ab	40.2a	1.93ab	2.00a	97.5a	103.4a	12.5ab	13.8cd	49.3d	37.7c

2012年，早稻收获后UF 100%处理土壤有机质、全氮含量均较低，施用控释肥与PU 100%、不施氮肥处理间差异不大。土壤碱解氮含量以SPCU 70%+PU 30%>NPU 100%、SPCU 100%>CK、PU 100%。NPU 100%处理有效磷最高，显著高于PU 100%，但与CK、SPCU 100%和SPCU 70%+PU 30%处理无显著差异。速效钾含量在CK处理最高，SPCU 70%+PU 30%最低。晚稻收获后，UF 100%处理土壤有机质、全氮含量较低，碱解氮以NPU 100%和SPCU 70%+PU 30%处理最高，并且均显著高于PU 100%和UF 100%。NPU 100%处理有效磷显著高于SPCU 100%、SPCU 70%+PU 30%和UF 100%处理。

综合2011年和2012年早、晚稻数据可以得出，与PU 100%相比，NPU 100%和SPCU 70%+PU 30%处理能够增加土壤速效养分，其碱解氮含量分别提高9.3%～30.8%和−1.61%～39.4%，有效磷含量分别提高12.3%～23.3%和8.6%～28.3%，速效钾含量无显著差异，但不同处理对土壤有机质、全氮影响不大。SPCU 100%施用前期土壤速效养分较高，但后期与其他处理差异不大。

从图7-10可知，不同氮肥类型处理土壤微生物量碳（MBC）、土壤微生物量氮（MBN）含量差异显著。早稻收获后，NPU 100%处理MBC和MBN均显著高于其他各处理，比 PU 100%处理增加 60.1%、45.3%；SPCU 70%+PU 30%处理土壤 MBN 显著高于 PU 100%处理，并且 SPCU 100%、UF 100%处理土壤 MBC 和 MBN 含量均较 PU 100%有所降低。晚稻收获后，NPU 100%处理土壤 MBC 显著高于其他各处理，较 PU 100%提高 51.5%；此外，UF 100%处理 MBC 也显著高于 PU 100%处理，MBN 则表现为各施用缓（控）释肥料一次基施处理显著高于 PU 100%处理，而不同缓（控）释肥料处理之间无显著差异。上述结果表明，不论是早稻还是晚稻上，NPU 100%都能提高土壤中的 MBC 和 MBN，改善土壤微生物状况。

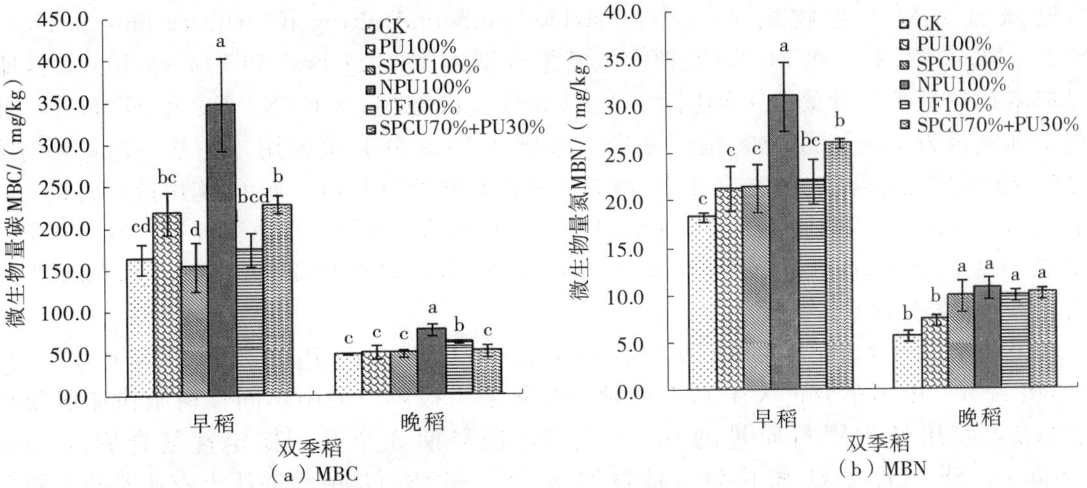

图 7－10　不同氮肥类型对双季稻土壤微生物量碳、氮的影响

研究结果表明，NPU 100%处理养分释放能够满足本试验区域早稻和晚稻对养分的需求规律，UF 100%处理在早稻上表现较好，硫黄树脂双包膜尿素在早稻上由于温度较低养分释放缓慢不能满足早稻植株对养分的需求。与 PU100%处理相比，早稻 NPU 100%或 UF 100%处理，晚稻 NPU 100%或 SPCU 70%+PU 30%处理可促进水稻生长和对氮素的吸收和利用，增加植株生物量和有效穗，显著提高产量、氮回收利用率、氮农学利用率和氮肥偏生产力；并且一次性施肥比分次施肥节约劳动成本，但是 UF 100%处理有降低土壤养分的趋势。从各方面综合考虑，NPU 100%可作为早稻、NPU 100%或 SPCU 70%+PU 30%作为晚稻的适合南方区域双季稻最佳氮肥管理模式。

7.5　单季稻绿色高效定额施肥技术

7.5.1　研究区域与方法

通过探究不同灌溉和施肥模式对水稻产量、氮吸收利用和稻田氮迁移转化特征的影响及其与水稻产量的关系，以期为南方稻区单季水稻绿色高效栽培技术集成研究提供理论依据和技术支撑（虞铁俊等，2023；Cao et al.，2022；曹小闯等，2021；杨丞等，2021；Sun et al.，2019；Yousaf et al.，2016；程建峰等，2010）。

1. 试验设计

试验采用裂区设计，以灌溉模式为主区、施肥模式为裂区，各处理重复 3 次，主区间做水泥埂保证单独排灌。2 种灌溉模式如下：①干湿交替（alternate wet and dry irrigation，AWD）灌溉；②常规淹灌（flood irrigation，FI），除分蘖期外整个生育期田面保持 2～3cm 水层，分蘖期晒田，收获前自然落干。5 种施肥模式如下：①空白对照（zero nitrogen，N_0）；②常规施氮（practice nitrogen level，PUN_{100}）；③减氮 20%（80% of practice nitrogen level，PUN_{80}）；④缓（控）释复合肥减氮 20%+生物炭（80% of control-released nitrogen fertilizer plus biochar，$CRFN_{80}$-BC）；⑤稳定性复合肥减氮 20%+生物炭（80% of stable compound nitrogen fertilizer plus biochar，SFN_{80}-BC）。PUN_{100}和 PUN_{80}处理中施氮量分别为 180 kg/hm^2 和 144 kg/hm^2，氮肥以尿素计按基肥：分蘖肥：穗肥＝4：3：3 分 3 次施用；$CRFN_{80}$-BC 和 SFN_{80}-BC 处理中施氮量为 144 kg/hm^2，按照基肥：穗肥＝7：3 分 2 次施用［一基一追，基施缓（控）释/稳定性复合肥，追施尿素］。所有 5 种施肥处理中 P_2O_5、K_2O 施用量均为 90 kg/hm^2、150 kg/hm^2，磷肥（以过磷酸钙计）一次性基施，钾肥（以氯化钾计）按照基肥：穗肥＝6：4 分两次施入。其中，$CRFN_{80}$-BC 和 SFN_{80}-BC 处理肥料用量包含生物炭中的氮、磷和钾养分含量。

缓（控）释复合肥（control-released fertilizer，CRF，N、P_2O_5和 K_2O 含量为 22%、8%和 12%）由山东金正大生态工程股份有限公司提供，采用热固性树脂快速成膜技术制备，膜用量为肥料质量的 0.2%左右，控释期 3 个月。稳定性复合肥（stable fertilizer，SF，N、P_2O_5和 K_2O 含量为 21%、8%和 18%）由绍兴沃土农业科技有限公司提供，含有 2-氯-6-三氯甲基吡啶（CP）作为硝化抑制剂，其含量为氮养分含量的 1.5%。生物炭为水稻秸秆在 500℃隔氧裂解 1 h 烧制而成，施用量为 1 800 kg/hm^2，其基本理化性状如下：pH 9.1、全氮 4.3 g/kg、全磷 0.7 g/kg、全钾 15.5 g/kg、速效氮 4.3 mg/kg、有效磷 154.0 mg/kg、速效钾 8 730 mg/kg，插秧前一天同基肥一起施于稻田。

稻田渗漏液采用带有具微孔陶土头的 PVC 管收集（华元刚等，2012）。预先用外径 1.8 cm 的土钻垂直打孔，将 PVC 管插入至距表土层 15 cm、30 cm 和 60 cm 深度处。使用便携式电动真空泵在收集渗滤液前天下午 18：00 进行抽气，负压收集 12 h 后收集渗滤水。返青前渗滤液在水稻移栽后的第 1、3、5、7、9 天收集，秧苗返青—成熟期每隔 7 d 收集一次，用定性滤纸过滤后置于 4℃冰箱保存备用。同时，在水稻分蘖盛期、齐穗期和收获期采集 15 cm、30 cm 和 60 cm 剖面深度土壤样品，自然风干后过 20 目（0.85 mm）试验筛备用。

2. 计算分析

成熟后，每小区随机调查 10 株水稻有效穗，取 3 丛考察每穗粒数、千粒重和结实率，各小区实收测产。

在分蘖盛期、齐穗期和成熟期采集 3 穴水稻样品，分成茎鞘（包含茎和叶鞘）、叶片和穗 3 部分，烘干至恒重后称重、粉碎，采用 H_2SO_4-H_2O_2 消煮凯氏定氮法测定各器官氮含量。水稻氮累积量、氮转运量、氮转运率、转运氮对籽粒贡献率，以及氮素农学利用率、回收效率、生理利用率和偏生产力等的测定采用霍中洋等（2012）所述方法。

不同剖面深度土壤及渗滤液中的可溶性总氮（dissolved total nitrogen，DTN）采用过硫酸钾氧化—紫外分光光度法测定（金树权等，2020），NH_4^+ 和 NO_3^- 含量采用流动分析仪检测（Bran & Luebe，Norder-stedt，德国）。

7.5.2　不同灌溉和施肥模式对水稻产量及产量构成因子的影响

由表7-12可知，灌溉和施肥模式显著影响水稻产量及其构成因子，二者呈显著交互效应（$P<0.05$）。与常规淹灌（FI）相比，干湿交替灌溉（AWD）显著增加了各处理水稻产量，N_0、PUN_{100}、PUN_{80}、$CRFN_{80}$-BC和SFN_{80}-BC处理水稻两年平均产量分别较FI处理增产8.6%、9.7%、6.1%、11.9%和13.8%。FI和AWD灌溉方式下，PUN_{80}处理水稻产量较PUN_{100}在2018年和2019年分别显著降低6.9%和8.8%、4.7%和8.9%；相反，$CRFN_{80}$-BC和SFN_{80}-BC处理产量显著高于PUN_{100}，且以AWD灌溉下SFN_{80}-BC处理最高。从2018年和2019年产量构成因子来看，AWD灌溉可通过增加有效穗、穗粒数和结实率提高$CRFN_{80}$-BC处理水稻产量，而SFN_{80}-BC主要通过增加穗粒数和结实率增加产量。与PUN_{80}相比，无论是AWD模式还是FI模式，$CRFN_{80}$-BC和SFN_{80}-BC处理均通过增加有效穗提高水稻产量。2018年和2019年各施肥和灌溉模式下水稻产量无显著差异，并且年份与施肥、灌溉模式交互作用不显著，表明2018年和2019年结果基本一致且相对独立，因此后面相关内容采用2019年数据进行分析。

表7-12　不同处理水稻产量和产量构成因子

年份	处理：氮肥类型	处理：灌溉模式	有效穗/（万/hm²）	千粒重/g	穗粒数/个	结实率/%	产量/（kg/hm²）
2018年	N_0	FI	15.9±0.1f	24.7±0.1a	139.1±1.1f	80.9±0.3b	6 851±148h
		AWD	14.3±0.1g	24.4±0.1bc	154.3±2.9e	85.2±0.2a	7 440±84g
	PUN_{100}	FI	21.4±0.3b	24.3±0.1c	155.4±1.8e	73.3±0.3d	8 385±138e
		AWD	21.9±0.1ab	23.9±0.1e	164.3±3.9cd	77.2±0.2c	9 105±216c
	PUN_{80}	FI	18.0±0.1e	24.5±0.1bc	165.9±4.9cd	74.1±0.2d	7 806±87f
		AWD	19.1±0.1d	24.6±0.1ab	171.7±4.3abc	77.0±0.4c	8 301±138e
	$CRFN_{80}$-BC	FI	20.6±0.1c	24.5±0.1bc	168.2±2.7bcd	70.6±0.3e	8 690±260de
		AWD	22.2±0.2a	24.1±0.1d	174.7±1.1ab	76.6±0.4c	9 721±200b
	SFN_{80}-BC	FI	21.5±0.1b	24.7±0.1a	167.8±3.7bcd	70.8±0.4e	8 810±109cd
		AWD	22.2±0.2a	24.3±0.1c	176.6±1.2a	76.6±0.4c	10 056±115a
	F值	W	17.8**	31.1**	39.9**	571.7**	82.9**
		N	637.3**	11.5**	45.3**	331.3**	77.9**
		$W \times N$	28.5**	4.0*	1.3ns	9.6**	4.0*

（续）

年份	处理 氮肥类型	处理 灌溉模式	有效穗/（万/hm²）	千粒重/g	穗粒数/个	结实率/%	产量/（kg/hm²）
2019年	N_0	FI	15.3±0.1f	24.4±0.1a	130.0±1.8d	87.0±0.5b	6 554±151h
		AWD	13.8±0.2g	24.2±0.1bc	147.6±1.3c	91.6±0.4a	7 119±98g
	PUN_{100}	FI	20.6±0.3b	24.1±0.2bcd	146.6±1.6c	78.9±0.7d	8 061±226e
		AWD	20.8±0.1ab	23.6±0.1de	155.7±2.7b	83.0±0.4c	8 927±188c
	PUN_{80}	FI	17.3±0.1e	24.3±0.1ab	155.8±2.2b	79.7±0.5d	7 684±76g
		AWD	18.3±0.1d	24.4±0.1a	163.5±2.5a	82.8±0.3c	8 136±227e
	$CRFN_{80}$-BC	FI	19.8±0.2c	24.3±0.1ab	157.2±1.2b	76.0±0.6e	8 475±188d
		AWD	21.3±0.1a	23.9±0.1cd	163.3±1.8a	82.4±0.8c	9 492±151b
	SFN_{80}-BC	FI	20.8±0.1ab	24.5±0.1a	156.9±1.2b	76.2±0.8e	8 739±76cd
		AWD	21.3±0.1a	24.1±0.1bcd	165.0±2.0a	82.4±0.7c	9 907±188a
	F 值	*W*	11.0**	33.0**	202.0**	574.7**	186.0**
		N	560.7**	12.9**	153.3**	336.1**	216.0**
		W×*N*	23.8**	3.8*	8.8**	9.5**	5.1**
F 值	*Y*		1.2ns	10.5**	11.9**	21.8**	0.7ns
	W×*Y*		0.4ns	0.04ns	0.2ns	1.2ns	0.04ns
	N×*Y*		0.8ns	0.04ns	0.7ns	0.8ns	0.47ns
	W×*N*×*Y*		0.2ns	0.08ns	0.1ns	0.02ns	0.14ns

注：N_0表示空白对照；PUN_{100}表示常规施氮；PUN_{80}表示减氮20%；$CRFN_{80}$-BC表示缓（控）释肥减氮20%+生物炭；SFN_{80}-BC表示稳定性复合肥减氮20%+生物炭。FI表示常规淹灌；AWD表示干湿交替灌溉。表中不同处理数据后不同字母表示有显著性差异（$P<0.05$），显著性分析采用LSD多重比较。*Y*表示年份；*W*表示水分管理；*N*表示氮肥管理。*和**分别表示*F*值达显著（$P<0.05$）和极显著（$P<0.01$）水平，ns表示方差分析未达到显著性水平。下同。

7.5.3 不同灌溉和施肥施用模式对水稻各器官氮含量的影响

分蘖期PUN_{100}和PUN_{80}处理水稻叶片、茎鞘氮含量较N_0处理显著降低（$P<0.05$，图7-11），但受灌溉模式影响差异不显著（除PUN_{100}处理茎鞘）；与FI相比，AWD灌溉显著增加$CRFN_{80}$-BC和SFN_{80}-BC处理叶片、茎鞘氮含量。AWD灌溉显著增加齐穗期N_0处理水稻叶片、茎鞘和穗氮含量（$P<0.05$），但对其他处理（除PUN_{80}处理叶片、SFN_{80}-BC穗外）无显著影响，$CRFN_{80}$-BC和SFN_{80}-BC处理叶片、茎鞘氮含量显著高于PUN_{100}和PUN_{80}（$P<0.05$）。水稻成熟期AWD灌溉降低了N_0处理茎鞘氮含量，但增加了N_0和SFN_{80}-BC处理穗部氮含量。

7.5.4 不同灌溉和施肥模式对水稻氮累积和转运的影响

随生育期推进各处理（N_0除外）水稻叶片、茎鞘氮积累量均呈现先增加后降低趋势，穗氮积累量明显增加（表7-13）。与FI相比，AWD灌溉显著增加了分蘖期和齐

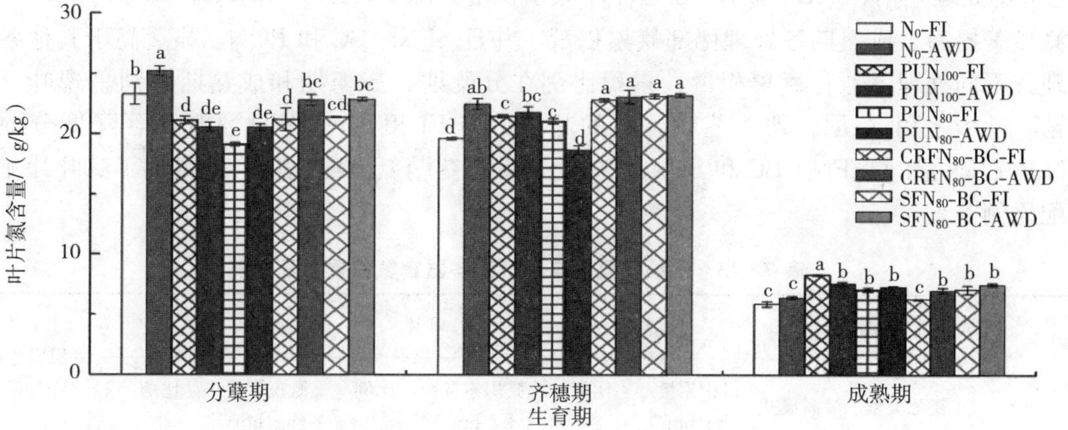

（a）叶片

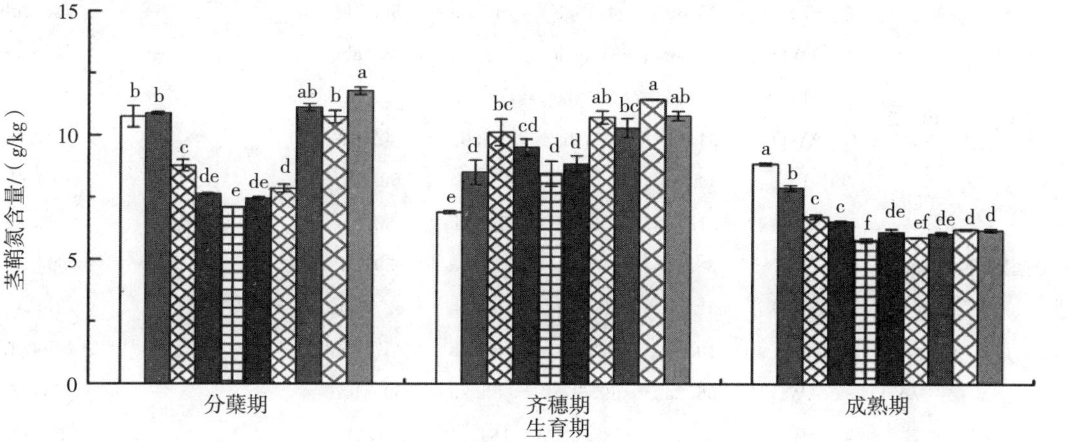

（b）茎鞘

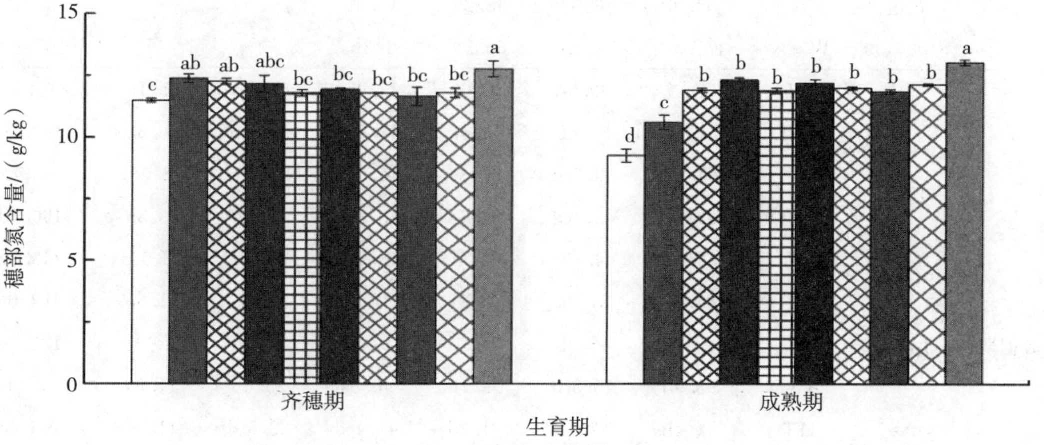

（c）穗部

图 7－11　水稻各生育期叶片、茎鞘和穗部氮含量

穗期 N_0、$CRFN_{80}$-BC 和 SFN_{80}-BC 处理水稻茎鞘、叶片氮累积量（$P<0.05$），且以 SFN_{80}-BC 处理最高；相反，显著降低了成熟期 N_0处理叶片、茎鞘氮累积量，但增加了

PUN_{80}处理茎鞘、$CRFN_{80}$-BC处理叶片氮累积量。除PUN_{80}和$CRFN_{80}$-BC外，AWD灌溉显著提高了成熟期各处理穗部氮累积量，并且SFN_{80}-BC和PUN_{100}显著高于其他各处理。不同处理各器官氮累积量、累积比例在分蘖期、齐穗期和成熟期分别呈现叶>茎鞘、叶≈茎鞘>穗、穗>茎鞘>叶的趋势。与FI相比，AWD灌溉显著降低分蘖期N_0、PUN_{100}、$CRFN_{80}$-BC和SFN_{80}-BC处理水稻茎鞘氮分配比例，但增加了其叶片氮分配比例。

表7-13　水稻主要生育期群体各器官氮积累量及比例

生育期	处理		茎鞘		叶片		穗		氮积累总量/(kg/hm²)
	氮肥类型	灌溉模式	氮积累量/(kg/hm²)	比例/%	氮积累量/(kg/hm²)	比例/%	氮积累量/(kg/hm²)	比例/%	
分蘖盛期	N_0	FI	35.0g	41.5ab	49.2e	58.5de	—	—	84.2gh
		AWD	41.3e	37.9cde	67.8b	62.1abc	—	—	109.0d
	PUN_{100}	FI	45.3d	39.8bc	68.6b	60.2cd	—	—	113.7c
		AWD	34.1g	37.4e	57.0c	62.6a	—	—	91.0f
	PUN_{80}	FI	30.5h	37.6de	50.5d	62.4ab	—	—	80.9h
		AWD	31.4h	36.8e	54.0de	63.2a	—	—	85.3g
	$CRFN_{80}$-BC	FI	38.8f	40.7b	56.9c	59.3d	—	—	95.6e
		AWD	51.3b	38.0cde	83.7a	62.0abc	—	—	135.0b
	SFN_{80}-BC	FI	49.0c	42.8a	65.4b	57.2e	—	—	114.4c
		AWD	56.2a	39.6bcd	85.7a	60.4bcd	—	—	141.8a
	F 值	*W*	106.1**	37.2**	184.0**	37.2**	—	—	303.4**
		N	555.0**	10.0**	95.2**	10.0**	—	—	336.4**
		W×*N*	171.9**	1.3ns	66.3**	1.3ns	—	—	167.2**
齐穗期	N_0	FI	37.2f	39.0e	40.9h	42.9bc	17.3e	18.1a	95.2i
		AWD	51.5e	39.8e	53.8g	41.6cd	24.1bcd	18.6a	129.3h
	PUN_{100}	FI	89.1b	43.7cd	90.3c	44.3ab	24.5bc	12.0cd	203.9cd
		AWD	82.7c	43.4cd	82.6d	43.3bc	25.3b	13.3b	190.6d
	PUN_{80}	FI	66.7d	44.8bc	64.4f	43.2bc	17.8e	12.0cd	148.8g
		AWD	84.8c	51.7a	60.7f	37.0e	18.6e	11.3d	164.0f
	$CRFN_{80}$-BC	FI	82.7c	46.9b	71.2e	40.4d	22.3d	12.6bc	176.1e
		AWD	92.9b	42.5cd	99.7b	45.8a	25.6b	11.7d	218.2bc
	SFN_{80}-BC	FI	92.4b	47.1b	81.2d	41.4cd	22.5cd	11.5d	196.0d
		AWD	98.3a	42.2d	104.0a	44.6ab	30.9a	13.2b	233.1a
	F 值	*W*	59.4**	0.6ns	142.6**	0.1ns	96.0**	5.3*	372.4**
		N	266.7**	32.9**	377.8**	8.0**	54.7**	210.8**	960.3**
		W×*N*	133.5**	18.9**	64.9**	19.8**	14.4**	9.4**	72.5**

（续）

生育期	处理		茎鞘		叶片		穗		氮积累总量/(kg/hm²)
	氮肥类型	灌溉模式	氮积累量/(kg/hm²)	比例/%	氮积累量/(kg/hm²)	比例/%	氮积累量/(kg/hm²)	比例/%	
成熟期	N_0	FI	59.0a	30.9a	19.5d	10.2f	112.3g	58.9g	190.7g
		AWD	46.7d	25.3b	16.8e	9.1g	121.8f	65.7cde	185.3g
	PUN_{100}	FI	57.1ab	22.5c	38.6a	15.2a	157.7de	62.3f	253.2cd
		AWD	55.7b	20.8d	37.7a	14.1bc	174.6ab	65.1de	268.0a
	PUN_{80}	FI	43.3e	19.2e	30.2bc	13.4cd	151.8e	67.4ab	225.1f
		AWD	49.2c	20.9d	27.6c	11.7e	158.2de	67.3ab	234.9e
	$CRFN_{80}$-BC	FI	49.7c	20.2de	31.5b	15.3a	165.0cd	67.0e	246.2d
		AWD	51.6c	20.4de	38.9a	12.8d	162.6cd	64.3abc	253.0cd
	SFN_{80}-BC	FI	49.1c	19.0e	39.0a	15.1ab	170.1bc	65.9bcd	258.2bc
		AWD	43.8e	16.7f	39.2a	15.0ab	179.2a	68.3a	262.1ab
	F 值	W	19.9**	31.4**	0.3ns	1.8ns	23.8**	36.8**	11.2**
		N	59.4**	155.8**	180.5**	82.4**	155.3**	41.0**	233.4**
		$W\times N$	38.5**	20.1**	10.3**	12.1**	3.7*	26.9**	3.6*

由表 7-14 可知，灌溉和施肥模式对水稻叶、茎鞘和穗氮累积量以及氮转运量、转运率和转运贡献率均存在显著交互效应（$P<0.05$）。AWD 灌溉显著增加了 $CRFN_{80}$-BC 和 SFN_{80}-BC 处理茎鞘、叶片氮转运量和氮转运率，并且显著高于 PUN_{100} 和 PUN_{80} 处理。AWD 灌溉显著增加各处理（除 PUN_{100} 外）转运氮对穗部氮贡献率，SFN_{80}-BC 显著高于其他各处理。从叶片和茎鞘贡献率看，AWD 灌溉显著增加 N_0、$CRFN_{80}$-BC 和 SFN_{80}-BC 处理叶片和茎鞘氮转运贡献率，且叶片氮转运贡献率明显高于茎鞘。

表 7-14　水稻抽穗期至成熟期群体各器官氮转运量和氮转运贡献

处理		茎鞘		叶片		穗部			
氮肥类型	灌溉模式	氮转运量(kg/hm²)	氮转运率/%	氮转运量(kg/hm²)	氮转运率/%	氮增加量(kg/hm²)	转运氮贡献率/%	叶转运氮贡献率/%	茎转运氮贡献率/%
N_0	FI	−21.8h	−58.7h	21.4g	52.2d	95.2d	−0.5g	22.4f	−23.0h
	AWD	4.8g	9.2g	36.9ef	68.7a	98.1d	42.8f	37.8b	4.9g
PUN_{100}	FI	32.0de	35.9def	51.8b	57.3c	133.4c	62.9c	38.9b	24.0cd
	AWD	27.0ef	32.6f	44.9c	54.2cd	149.3a	48.2e	30.0c	18.1ef
PUN_{80}	FI	23.4f	34.9ef	34.3f	53.2d	133.7c	43.0f	25.6de	17.4f
	AWD	35.5cd	41.9bcd	33.2f	54.6cd	139.5bc	49.2e	23.7ef	25.5bcd
$CRFN_{80}$-BC	FI	33.0de	39.8de	39.8de	55.8cd	143.1ab	51.0e	27.8cd	23.2de
	AWD	41.4bc	44.1bc	60.9a	61.0b	137.2bc	74.8b	44.3a	30.5b

（续）

处理		茎鞘		叶片		穗部			
氮肥类型	灌溉模式	氮转运量（kg/hm²）	氮转运率/%	氮转运量（kg/hm²）	氮转运率/%	氮增加量（kg/hm²）	转运氮贡献率/%	叶转运氮贡献率/%	茎转运氮贡献率/%
SFN_{80}-BC	FI	43.3b	46.8b	42.3cd	52.1d	147.7a	57.9d	28.6c	29.3bc
	AWD	54.5a	55.4a	64.8a	62.3b	148.5a	80.6a	43.8a	36.8a
F 值	W	66.2*	173.4**	111.4**	64.2**	6.9*	246.0**	153.8**	65.7**
	N	215.6**	443.8**	100.3**	8.8**	156.5**	263.5**	56.9**	170.8**
	$W \times N$	14.6**	100.9**	38.3**	20.5**	5.9**	88.2**	81.6**	23.7**

7.5.5 不同灌溉和施肥模式对水稻氮素利用率的影响

由表 7－15 可知，灌溉和施肥模式均显著影响水稻各氮素利用率指标。与 FI 相比，AWD 灌溉对 PUN_{100} 处理水稻氮回收利用率、氮农学利用率和氮生理利用率无显著影响。除 PUN_{80} 处理氮农学利用率和氮生理利用率、$CRFN_{80}$-BC 氮生理利用率外，AWD 灌溉均显著增加 PUN_{80}、$CRFN_{80}$-BC 和 SFN_{80}-BC 处理水稻氮回收利用率、氮农学利用率、氮生理利用率和氮偏生产力（$P<0.05$），以 SFN_{80}-BC 处理最高，分别达 53.6%、19.4kg/kg、42.2kg/kg 和 68.8kg/kg，并且显著高于其他各处理。

表 7－15　不同处理水稻氮素利用率指标

处理		氮回收利用率/%	氮农学利用率/（kg/kg）	氮生理利用率/（kg/kg）	氮偏生产力/（kg/kg）
氮肥类型	灌溉模式				
N_0	FI	—	—	—	—
	AWD	—	—	—	—
PUN_{100}	FI	37.8cd	8.4de	22.6c	44.8f
	AWD	42.6bc	10.0d	23.5c	49.6e
PUN_{80}	FI	23.9e	7.8e	33.3b	53.4d
	AWD	34.5d	7.1e	20.8c	56.5c
$CRFN_{80}$-BC	FI	38.6cd	13.3c	34.6ab	58.9c
	AWD	47.0b	16.5b	35.0ab	65.9b
SFN_{80}-BC	FI	46.9b	15.2bc	32.5b	60.7b
	AWD	53.6a	19.4a	42.2a	68.8a
F 值	W	33.4**	19.4**	154.0**	0.04ns
	N	43.6**	99.8**	292.1**	14.0**
	$W \times N$	0.9ns	5.3*	5.8**	6.6**

7.5.6 不同灌溉和施肥模式对稻田各形态氮含量的影响

分蘖期和齐穗期各处理土壤可溶性总氮（Dissolved total N，DTN）、NH_4^+ 和 NO_3^- 含量随剖面深度呈现先增加后降低趋势（图 7－12）。与 FI 相比，除齐穗期 PUN_{100} 处理外

AWD 对上述各处理 DTN 含量均无显著影响，降低了分蘖期 PUN_{100} 处理稻田 NH_4^+ 和 NO_3^- 及 SFN_{80}-BC 处理 NH_4^+ 含量，但增加了 PUN_{80} 处理 NH_4^+ 及 SFN_{80}-BC 处理 NO_3^- 含量。同时，AWD 降低了齐穗期 SFN_{80}-BC 处理 NH_4^+ 含量，但增加了 N_0 处理 NO_3^- 及 $CRFN_{80}$-BC 处理 NH_4^+ 和 NO_3^- 含量。与 FI 相比，AWD 显著增加了成熟期 $CRFN_{80}$-BC 和 SFN_{80}-BC 处理稻田 DTN 和 NO_3^- 含量，但降低了 PUN_{100}、$CRFN_{80}$-BC 和 SFN_{80}-BC 处理稻田 0～30cm 深度 NH_4^+ 含量。无论是 FI 模式还是 AWD 模式，$CRFN_{80}$-BC 和 SFN_{80}-BC 处理各剖面 NO_3^- 和 NH_4^+ 均明显高于 PUN_{100} 处理。

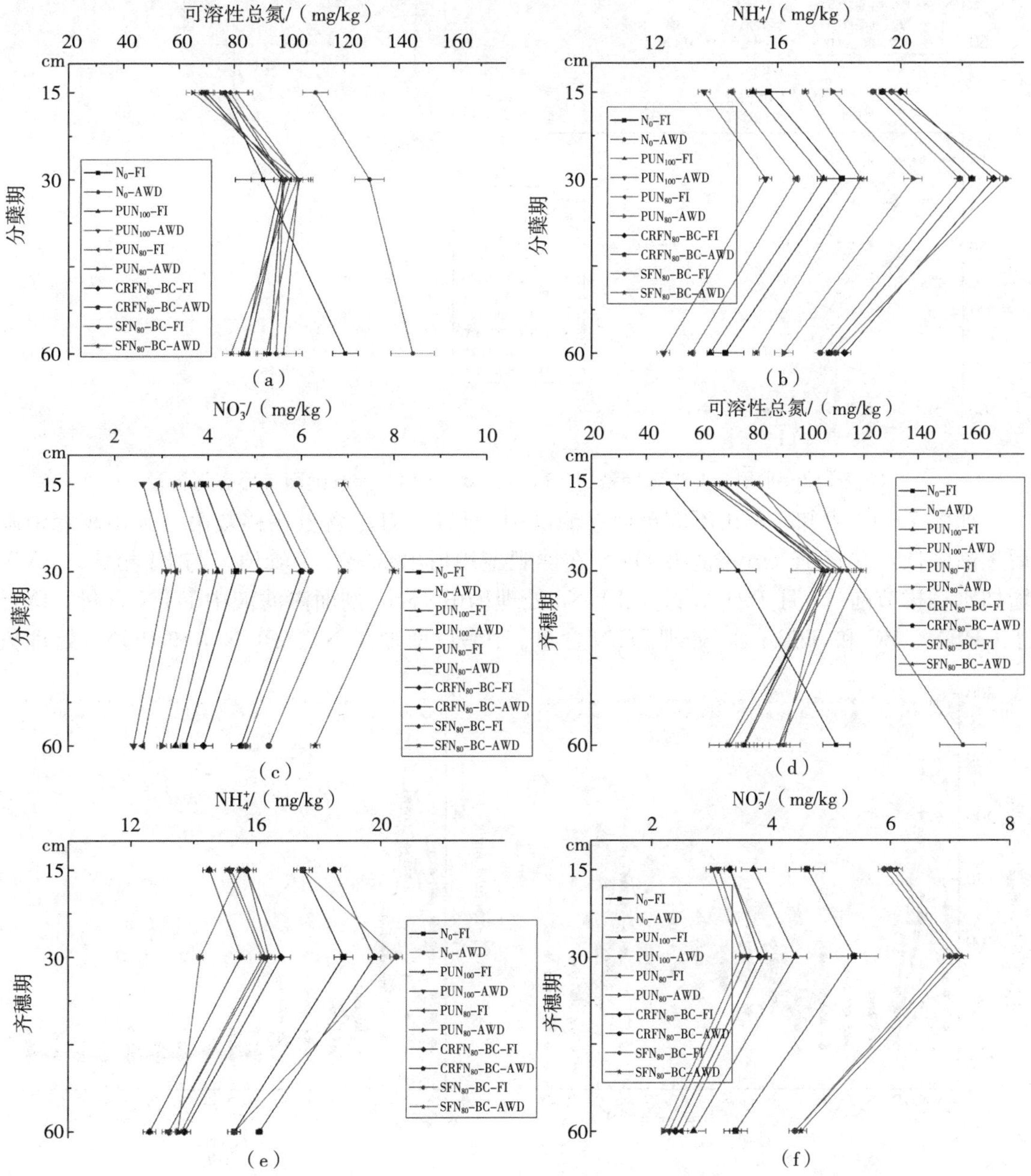

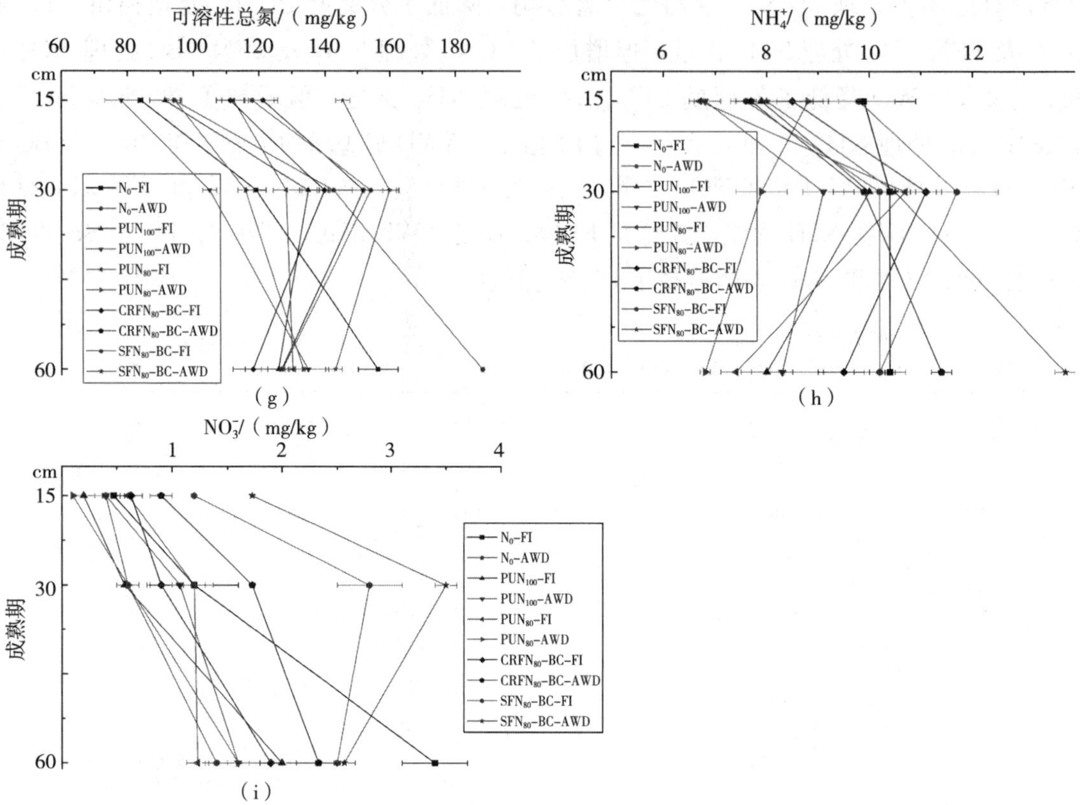

图 7-12　水稻主要生育期稻田 15 cm、30 cm 和 60 cm 剖面各形态氮含量

如图 7-13 可知，稻田不同剖面渗滤液中 DTN、NH_4^+ 含量在移栽第 3 天出现峰值随后逐渐降低，并且 15 cm 渗滤液 DTN 在穗肥施用后出现第 2 个峰值。与 FI 相比，AWD 增加水稻拔节前（7 月 15 日）N_0、PUN_{80} 处理稻田 15cm 剖面渗滤液中 DTN 含量，降低了 $CRFN_{80}$-BC 和 SFN_{80}-BC 处理 DTN 含量。AWD 增加了 N_0、PUN_{100} 和 PUN_{80} 处理拔

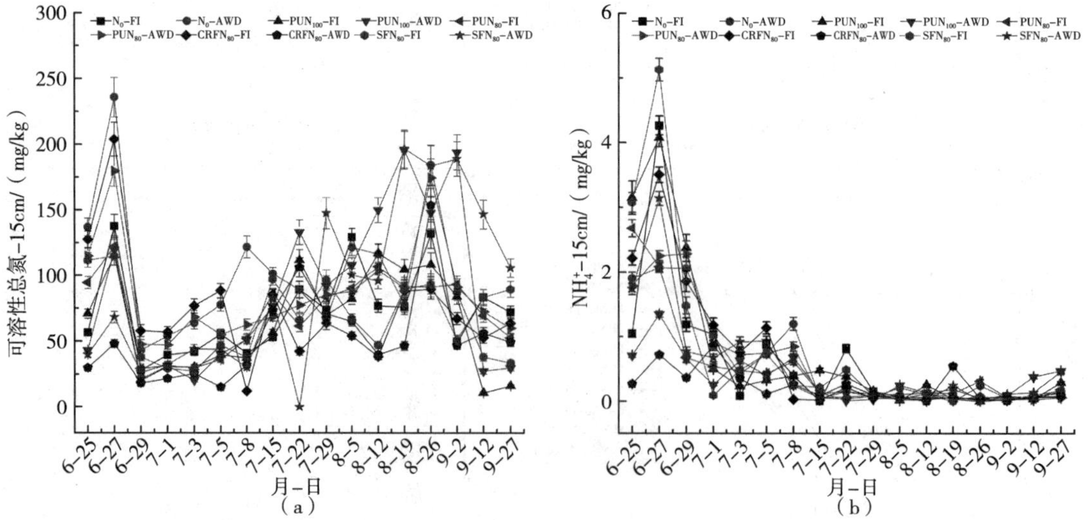

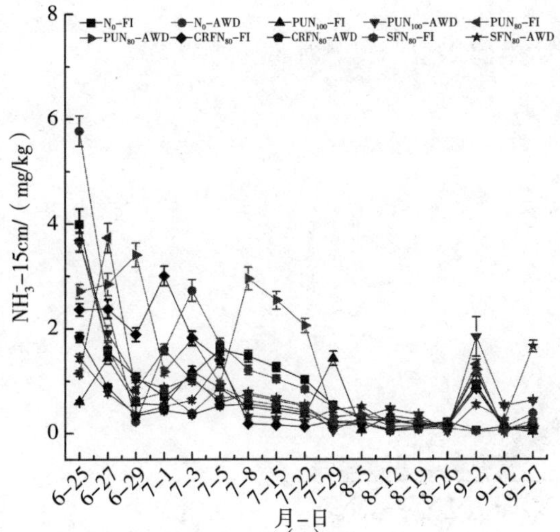
N_0-FI　N_0-AWD　PUN_{100}-FI　PUN_{100}-AWD　PUN_{80}-FI
PUN_{80}-AWD　$CRFN_{80}$-FI　$CRFN_{80}$-AWD　SFN_{80}-FI　SFN_{80}-AWD
NH_3^--15cm/（mg/kg）
月-日
（c）

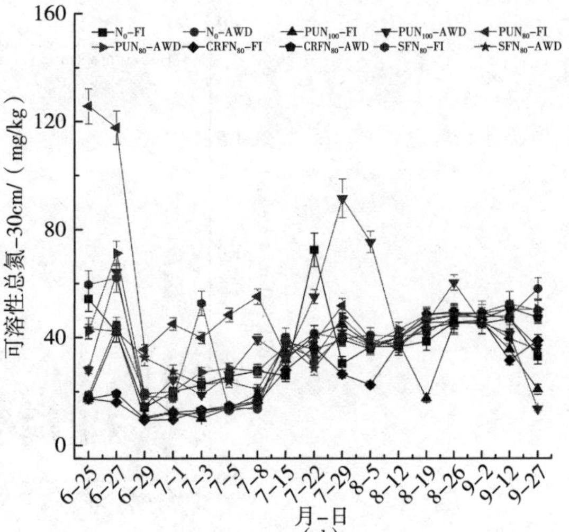
N_0-FI　N_0-AWD　PUN_{100}-FI　PUN_{100}-AWD　PUN_{80}-FI
PUN_{80}-AWD　$CRFN_{80}$-FI　$CRFN_{80}$-AWD　SFN_{80}-FI　SFN_{80}-AWD
可溶性总氮-30cm/（mg/kg）
月-日
（d）

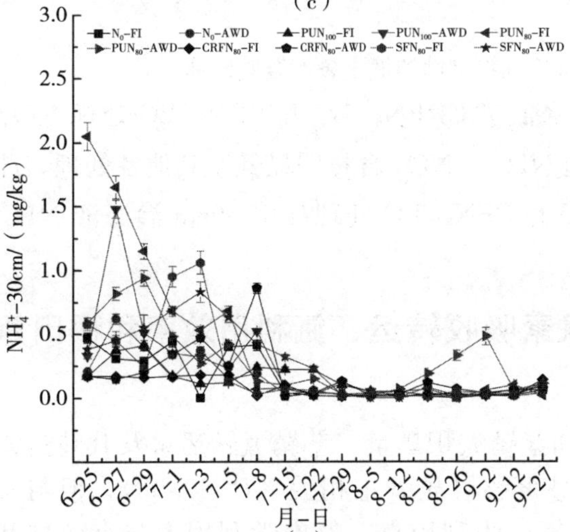
N_0-FI　N_0-AWD　PUN_{100}-FI　PUN_{100}-AWD　PUN_{80}-FI
PUN_{80}-AWD　$CRFN_{80}$-FI　$CRFN_{80}$-AWD　SFN_{80}-FI　SFN_{80}-AWD
NH_4^+-30cm/（mg/kg）
月-日
（e）

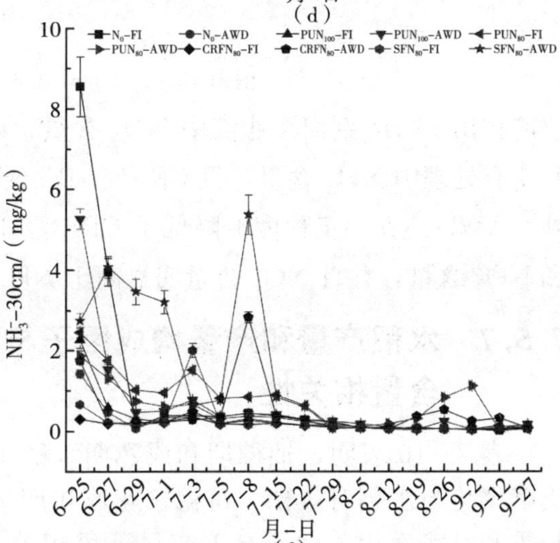
N_0-FI　N_0-AWD　PUN_{100}-FI　PUN_{100}-AWD　PUN_{80}-FI
PUN_{80}-AWD　$CRFN_{80}$-FI　$CRFN_{80}$-AWD　SFN_{80}-FI　SFN_{80}-AWD
NH_3^--30cm/（mg/kg）
月-日
（f）

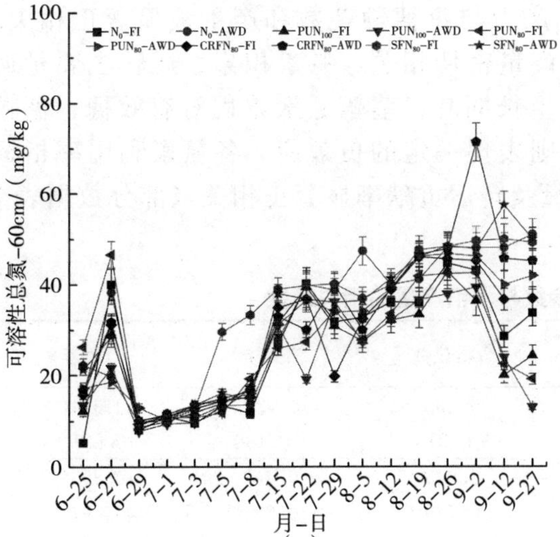
N_0-FI　N_0-AWD　PUN_{100}-FI　PUN_{100}-AWD　PUN_{80}-FI
PUN_{80}-AWD　$CRFN_{80}$-FI　$CRFN_{80}$-AWD　SFN_{80}-FI　SFN_{80}-AWD
可溶性总氮-60cm/（mg/kg）
月-日
（g）

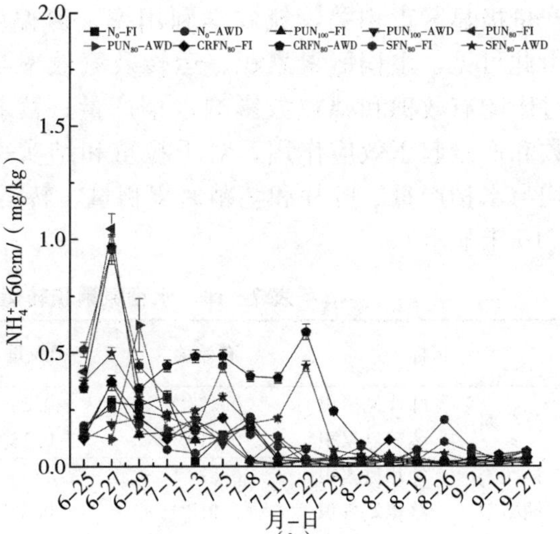
N_0-FI　N_0-AWD　PUN_{100}-FI　PUN_{100}-AWD　PUN_{80}-FI
PUN_{80}-AWD　$CRFN_{80}$-FI　$CRFN_{80}$-AWD　SFN_{80}-FI　SFN_{80}-AWD
NH_4^+-60cm/（mg/kg）
月-日
（h）

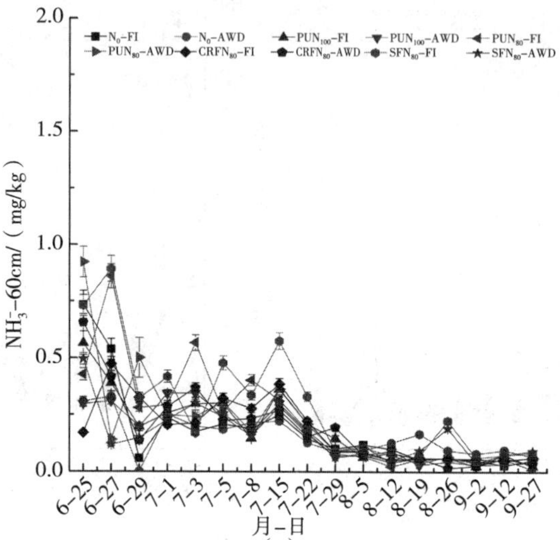

（i）

图 7-13　稻田 15cm、30cm 和 60cm 剖面深度渗滤液中各形态氮含量

节前稻田 15 cm 剖面渗滤液中 NO_3^- 含量，但降低了 $CRFN_{80}$-BC 和 SFN_{80}-BC 处理 NO_3^- 和所有处理中 NH_4^+ 含量，且 $CRFN_{80}$-BC 处理 NH_4^+、NO_3^- 含量明显低于其他各处理。此外，AWD 还在一定程度上降低了 $CRFN_{80}$-BC 和 SFN_{80}-BC 处理稻田 60cm 渗滤液 NH_4^+ 和 NO_3^- 含量，并且 NO_3^- 含量明显高于 NH_4^+。

7.5.7　水稻产量和产量构成因子与氮素吸收转运、氮利用效率和稻田氮含量相关性

表 7-16 表明，抽穗期和成熟期水稻叶和茎鞘氮积累量、茎鞘氮转运量及其转运氮贡献率均与水稻有效穗、每穗颖花数和产量显著或极显著正相关（$P<0.05$），但与千粒重和结实率相关性不显著或显著负相关。氮回收利用率、氮农学利用率与有效穗和产量极显著正相关，氮农学利用率、氮偏生产力与每穗颖花数和产量极显著正相关。由此可见，水稻氮素累积、运转及氮效率与产量密切相关，氮素积累、运转主要是通过影响有效穗和穗粒数影响水稻产量；营养生长期叶、茎鞘氮素累积对有效穗、穗粒数和产量起正效应作用，对千粒重和结实率则表现一定的负效应。各氮素利用率指标均与水稻产量、叶片和茎鞘氮累积量、转运量及转运贡献率显著正相关（部分数据表 7-16 未显示）。

表 7-16　水稻氮累积转运参数与水稻产量的相关系数

指标		有效穗	千粒重	颖花数	结实率	产量
分蘖期	叶片氮累积	0.474**	−0.336	0.463**	0.024	0.684**
	茎鞘氮累积	0.518**	−0.180	0.318	−0.139	0.631**
抽穗期	叶片氮累积	0.877**	−0.511**	0.645**	−0.447*	0.898**
	茎鞘氮累积	0.912**	−0.325	0.789**	−0.634**	0.897**
	穗氮累积	0.542**	−0.521**	0.452*	0.005	0.718**

（续）

指标		有效穗	千粒重	颖花数	结实率	产量
成熟期	叶片氮累积	0.959**	−0.390*	0.577**	−0.685**	0.836**
	茎鞘氮累积	0.033	−0.138	−0.595**	0.066	−0.280
	穗氮累积	0.892**	−0.354	0.801**	−0.669**	0.877**
叶片	氮转运量	0.733**	−0.534**	0.620**	−0.250	0.843**
	氮转运率	−0.211	−0.276	0.165	0.527**	0.114
茎鞘	氮转运量	0.825**	−0.262	0.869**	−0.595**	0.889**
	氮转运率	0.706**	−0.290	0.891**	−0.558**	0.790**
穗部氮增加量		0.868**	−0.279	0.786**	−0.738**	0.814**
转运氮贡献率		0.740**	−0.407*	0.802**	−0.391*	0.865**
叶片转运氮贡献率		0.376*	−0.499**	0.346	0.121	0.557**
茎鞘转运氮贡献率		0.780**	−0.287	0.874**	−0.565**	0.854**
氮回收利用率		0.836**	−0.221	0.369	0.155	0.844**
氮农学利用率		0.710**	−0.088	0.478*	−0.037	0.891**
氮偏生产力		0.334	0.118	0.807**	0.112	0.742**
氮生理利用率		0.288	0.075	0.401	−0.157	0.581**
成熟期	稻田 DTN	0.681**	0.477**	−0.028	0.649**	−0.364*
	稻田 NH_4^+	−0.494**	−0.404*	0.443*	−0.546**	0.219
	稻田 NO_3^-	0.472**	0.382*	0.255	0.314	−0.386*

研究结果表明，干湿交替灌溉下生物炭配施缓（控）释复合肥和稳定性复合肥可通过增加水稻穗粒数、有效穗提高水稻产量，分别达 9 721 kg/hm^{2}和 10 056 kg/hm^2（2018年）、9 492 kg/hm^{2}和 9 907 kg/hm^2（2019 年），并且均显著高于常规施氮处理。进一步分析发现，AWD 灌溉显著提高了该处理抽穗前水稻茎鞘和叶片氮累积量、抽穗后茎鞘和叶片氮转运量及其氮转运贡献率；同时，有效降低了稻田渗滤液中可溶性总氮、NH_4^+和NO_3^-质量浓度，并增加成熟期稻田可溶性总氮、NO_3^-含量，表明 AWD 灌溉下生物炭配施缓释/稳定性复合肥能协同促进水稻氮素吸收、分配和运转畅通，显著提高水稻群体质量、氮素利用率及稻田氮素有效性。

参 考 文 献

曹小闯，吴龙龙，朱春权，等，2021. 不同灌溉和施肥模式对水稻产量、氮利用和稻田氮转化特征的影响［J］. 中国农业科学，54（7）：1482-1498.

陈贤友，吴良欢，李金先，等，2010. 新型包膜控释尿素对水稻产量与氮肥利用率的影响［J］. 浙江农业学报，22（6）：829-833.

程建峰，蒋海燕，潘晓云，2010. 施氮量对不同氮效率水稻花后干物质和氮积累与转运的影响［J］. 中国农学通报，26（6）：150-156.

顾艳，吴良欢，刘彦伶，等，2013. 氯甲基吡啶剂型对土壤硝化的抑制效果初步研究［J］. 农业环境科学学报，32（2）：251-258.
郭晨，2018. 缓/控释尿素施用对作物产量、氮肥利用率及温室气体排放的影响［D］. 武汉：华中农业大学.
何佩华，马征平，马绮亚，2011. 脲甲醛缓释肥料的氮养分释放特征及其肥效研究［J］. 化肥工业，38（4）：18-22.
胡春花，罗革彬，曾建华，等，2011. 不同类型缓释氮肥对水稻产量和氮肥利用率的影响［J］. 中国农学通报，27（15）：174-177.
华元刚，闫良，茶正早，等，2012. 砂页岩发育的砖红壤上氮和钾素垂直运移特征初步研究［J］. 热带作物学报，33（5）：804-810.
霍中洋，杨雄，张洪程，等，2012. 不同氮肥群体最高生产力水稻品种各器官的干物质和氮素的积累与转运［J］. 植物营养与肥料学报，18（5）：1035-1045.
金树权，陈若霞，汪峰，等，2020. 不同氮肥运筹模式对稻田田面水氮浓度和水稻产量的影响［J］. 水土保持学报，34（1）：242-248.
刘彦伶，2013. 南方中低产黄泥田改良和产量提升技术研究［D］. 杭州：浙江大学.
刘彦伶，来庆，徐旱增，等，2013. 不同氮肥类型对黄泥田双季稻产量及氮素利用的影响［J］. 浙江大学学报（农业与生命科学版），39（4）：403-412.
鲁艳红，纪雄辉，郑圣先，等，2008. 施用控释肥对减少稻田氮素径流损失和提高水稻氮肥利用率的影响［J］. 植物营养与肥料学报，14（3）：490-495.
罗兰芳，2008. 控释氮肥对稻田土壤微生物特性及氮素肥力的影响［D］. 长沙：湖南农业大学.
王玉雯，郭九信，孔亚丽，等，2016. 氮肥优化管理协同实现水稻高产和氮肥高效［J］. 植物营养与肥料学报，22（5）：1157-1166.
杨丞，汪洋，张万洋，等，2021. 灌溉模式与施氮量互作对水稻茎蘖产量形成的影响［J］. 中国水稻科学，35（2）：155-165.
张宣，2014. 南方中低产黄泥田科学施肥技术研究［D］. 杭州：浙江大学.
虞铁俊，曹小闯，朱练峰，等，2023. 稻田两熟制化肥周年定额施用技术规范［S］//浙江省农产品质量安全学会团体标准：T/ZNZ 166-2023. 浙江省农产品质量安全学会.
BURESH R J，PAMPOLINO M F，WITT C，2010. Field-specific potassium and phosphorus balances and fertilizer requirements for irrigated rice-based cropping systems［J］. Plant and Soil，335（1-2）：35-64.
CAO X，ZHANG J，YU Y，et al.，2022. Alternate wetting-drying enhances soil nitrogen availability by altering organic nitrogen partitioning in rice-microbe system［J］. Geoderma，424：115993.
MUSCHIETTI-PIANA M D P，CIPRIOTTI P A，URRICARIET S，et al.，2018. Using site-specific nitrogen management in rainfed corn to reduce the risk of nitrate leaching［J］. Agricultural Water Management，199：61-70.
SHI Z L，LI D D，JING Q，et al.，2012. Effects of nitrogen applications on soil nitrogen balance and nitrogen utilization of winter wheat in a rice-wheat rotation［J］. Field Crops Research，127：241-247.
SUN Y，MI W，SU L，et al.，2019. Controlled-release fertilizer enhances rice grain yield and N recovery efficiency in continuous non-flooding plastic film mulching cultivation system［J］. Field Crops Research，231：122-129.
TIAN Z W，GE Y X，ZHU Q，et al.，2019. Soil nitrogen balance and nitrogen utilization of winter wheat affected by straw management and nitrogen application in the Yangtze River Basin of China［J］. Archives of Agronomy and Soil Science，86：942-948.
TANG S H，YANG S H，CHEN J S，et al.，2007. Studies on the mechanism of single basal application

of controlled-release fertilizers for increasing yield of rice (*Oryza safiva* L.) [J]. Agricultural Sciences in China, 6 (5): 86-96.

YOUSAF M, LI X, ZHANG Z, et al., 2016. Nitrogen fertilizer management for enhancing crop productivity and nitrogen use efficiency in a rice-oilseed rapeseed rotation system in China [J]. Frontiers in Plant Science, 7: 1496.

ZHANG C, JU X, POWLSON D, et al., 2019. Nitrogen surplus benchmarks for controlling N pollution in the main cropping systems of China [J]. Environmental Science & Technology, 53 (12): 6678-6687.

第 8 章 高效绿色新型肥料研发和应用

我国是农业大国，同时也是全球肥料用量最大的国家，我国单位面积施肥量是全球平均水平的 3 倍。2015 年，我国化肥用量为 6 023 万 t，粮食产量为 62 144 万 t。与 1984 年相比，2015 年化肥用量增加了 4 283 万 t，增加了 246%；而粮食只增产 21 413 万 t，增加了 52.6%。长期以来，我国农业生产一直处于高肥料投入、高作物产量、高环境代价的生产模式，肥料的施用对我国粮食生产的持续增长起到了重要作用。随着农作物种类的增多，以及对环保要求的提升，目前对化肥的技术也有多样化的需求，因此必须探索和研发具有更高效的化肥产品，促进农作物的生长和提升农作物产量，以及保证农业生态环境的安全，才能在满足国民粮食需求的情况下推动农业的可持续发展。

本章讨论了新型肥料产业现状，分析了当前新型肥料的原料的主要类型、功能作用，以及土壤障碍因子消减型产品包括酸化改良型、盐土改良型、地力培肥型及专用配方肥研发和应用等内容，并提出了我国新型肥料研发的一些建议。

8.1 新型肥料种类

新型肥料相对传统肥料而言，使用了全新的配方和全新制造技术，主要包括以下 6 个种类。

1. 中微量元素肥料

中微量元素肥料以水溶肥为主，占中微量元素肥料 90%以上。目前中微量元素肥料基本是复合肥，包括锌、锰、硼等组合，涉及的农作物已经超过 60 种，并且覆盖了我国主要的农作物种类。农业生产中除使用传统的中微量肥料外，还可以将中微量元素添加到复合肥中，形成全新的中微量元素复合肥。近年来，这种复合肥在农业生产中的应用越来越广泛，显示出巨大的市场潜力。

2. 微生物肥料

微生物肥料是由一种或者几种对农作物生长有益的微生物、培养基质、添加剂构成的生物性肥料，也被称为菌剂或者菌肥，其中主要包括固氮菌类、磷细菌、钾细菌等，能够加快有机肥的堆腐速度，还具备除臭功能。固氮菌类包括共生固氮菌，如豆科作物中常见的根瘤菌。微生物肥料除含有活性微生物，还包括了调节植物生长的调节剂和氨基酸，如市面上的微生物复合肥。

3. 调节剂肥料

调节剂肥料的作用在于改善土壤的物理化学性质及生物学性质，为植物创造更好的生长环境，调节植物的生长状况。目前，市面上的调节剂主要包括水稻床土调节剂、土壤保水剂、植物生长刺激激素和其他衍生物。

4. 氨基酸肥料

植物生长过程中需要大量各种类型的氨基酸，而氨基酸肥料能为植物提供生长所需要的氨基酸，从而促进植物生长。目前，氨基酸肥料一般由动物皮毛经过水解之后加工而成，或使用微生物转化生产获得。市场上的氨基酸肥料一般是由氨基酸和微量元素复合而成的氨基酸肥料。

5. 腐植酸肥料

腐植酸肥料中含有一定的腐植酸和其他无机养分，这类肥料以木屑、风化煤、秸秆作为原料，通过化学处理及加入其他无机肥料获得。腐植酸肥料具有刺激植物生长和改善土壤性质的功能。目前，腐植酸肥料包括腐植酸铵和生化黄腐酸构成的复合肥等。

6. 添加剂肥料

添加剂肥料是能够改善肥料性能的肥料，通过使用这类肥料可以避免肥料出现结块的问题，以及避免铵态氮挥发和减少氮的损失。目前添加剂肥料包括长效碳铵、长效尿素。

目前，我国新型肥料需要在农业农村部进行登记，其中，含腐植酸水溶肥料登记产品 3 750 余个；有机水溶肥料登记产品 600 余个（其中包含聚天门冬氨酸、聚谷氨酸、海藻酸及壳聚糖等助剂产品）；含氨基酸水溶肥料登记产品 3 400 余个；抑制剂类肥料增效剂登记产品 8 个；缓释肥料登记产品 38 个。此外，自 2020 年年底农业农村部将大量元素水溶肥料、中量元素水溶肥料、微量元素水溶肥料取消登记，改为备案管理制度开始，这 3 种产品登记数量增加了 12 万余个，有效地激发了企业的创新活力。

8.2　土壤障碍因子消减型产品研发和应用

耕地是粮食生产的根基。由于人口增长、资源环境承载力趋紧、国际农产品市场供给不确定性增加，我国粮食产需仍将维持紧平衡态势。稳定国内粮食生产是应对国际形势变化、把握国家粮食安全主动权和推动供给侧结构性改革的重要基础。然而，我国耕地“退化”现象日趋严重，酸化和盐渍化等土壤障碍日益突出，严重影响了耕地生产力。近年来，为提高耕地产能，土壤障碍因子消减型产品越来越受到社会的关注，在农业生产的应用也越来越广泛。土壤障碍因子消减型产品种类繁多，成分也比较复杂，按其功能主要可分为促进土壤团粒的形成，改善土壤结构，固定表土，保护土壤耕层，提高土壤肥力，增加土壤保水、保土、保肥性能等。本节根据国内目前主要的土壤障碍因子消减型产品种类和应用效果，并结合本书撰写单位长期以来在土壤酸化改良、盐土改良、商品有机肥和专用配方肥产品等新型肥料的研究成果，阐述了相关研发和应用效果。

8.2.1　酸化改良型产品

土壤酸化是指土壤吸收性复合体接受了一定数量 H^+ 或 Al^{3+}，在降雨或灌溉的作用下，土壤中盐基离子不断淋失，引起土壤盐基饱和度减小、土壤 pH 下降的过程，其进程会受自然因素和人为因素的影响。土壤自然酸化是土壤中二氧化碳和有机酸溶解产生 H^+，伴随降水淋溶持续消耗土壤碱性物质，其过程速度较慢。人为活动增强导致的酸沉降增加、氮肥和生理酸性肥料的过量施用、植物因收割带走盐基离子及植物自身的致酸作用均导致大量外源 H^+ 进入土壤，土壤中交换性盐基离子淋洗加剧，是加快土壤酸化进程的重要因素，其中氮肥过量施用在土壤酸化中起着重要作用。

对土壤进行酸化防治不仅可以防止土壤中养分的过快流失，提高其养分的有效性，而且还可提升土壤对重金属离子的缓冲能力，从而降低重金属毒害风险，进而提升农产品的安全性和品质。目前，施用生石灰依然是农业生产中缓解土壤酸化的主要措施。然而，生石灰对地表下层土壤调理效果不大，还会导致养分利用效率下降、土壤结构改变、土壤板结、对根系产生伤害等问题产生。施用碱性改良调理剂是土壤调酸的重要措施。除此之外，提高土壤有机质含量也可显著增强土壤的化学缓冲性，减轻土壤酸化的趋势。

1. 不同调理剂筛选

土壤酸化是制约产量和品质形成的重要障碍因子，也是高标准农田建设需要消减的重要障碍因子。选择合适的土壤调理剂是解决土壤酸化问题的重要物质基础。在研究中，我们分别选用生石灰、含腐植酸土壤调理剂、硅钾型土壤调理剂进行效果试验，并选用未添加土壤调理剂的农田的常规施肥作为对照。研究结果如图 8－1 所示，较对照处理，生石灰、含腐植酸土壤调理剂及硅钾型土壤调理剂分别将水稻土壤 pH 从 5.38 提高到 5.99、5.86 和 5.76，表明生石灰、含腐植酸土壤调理剂及硅钾型土壤调理剂都会显著增加土壤 pH，缓解土壤酸化，在水稻耕地中生石灰和含腐植酸土壤调理剂对土壤酸化的改良效果优于硅钾型土壤调理剂。

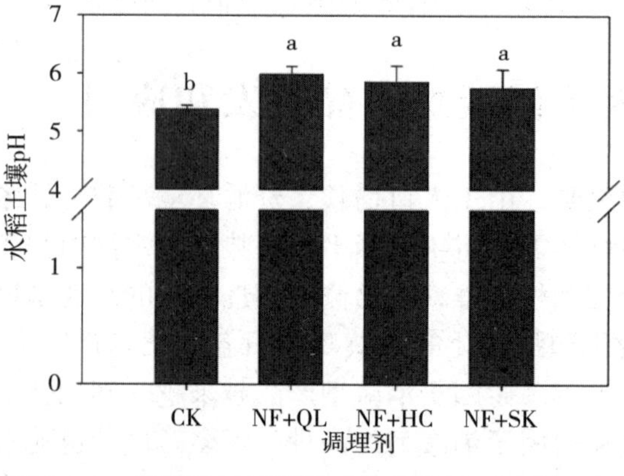

图 8－1　不同调理剂处理对水稻土壤 pH 的影响

注：CK、NF＋QL、NF＋HC、NF＋SK 分别表示正常施肥、正常施肥＋生石灰、正常施肥＋含腐植酸土壤调理剂、正常施肥＋硅钾型土壤调理剂。下同。

土壤中 H^+ 的增加是造成土壤酸化的根本原因之一。土壤中交换性 H^+ 吸附于土壤胶体上后能自发与土壤中的固相铝化合物反应，释放出 Al^{3+}，而 Al^{3+} 通过水解又产生更多的 H^+，如此循环往复，导致土壤中的交换性酸大量增加，土壤酸碱缓冲体系遭到破坏，致使土壤 pH 不断下降。如图 8－2 至图 8－4 所示，较对照（CK），生石灰、含腐植酸土壤调理剂及硅钾型土壤调理剂显著降低了土壤中交换性 H^+、交换性 Al^{3+} 含量及土壤中交换性酸总量，表明生石灰、含腐植酸土壤调理剂以及硅钾型土壤调理剂都可以显著地降低

土壤中的活性酸 H^+ 和潜性酸。

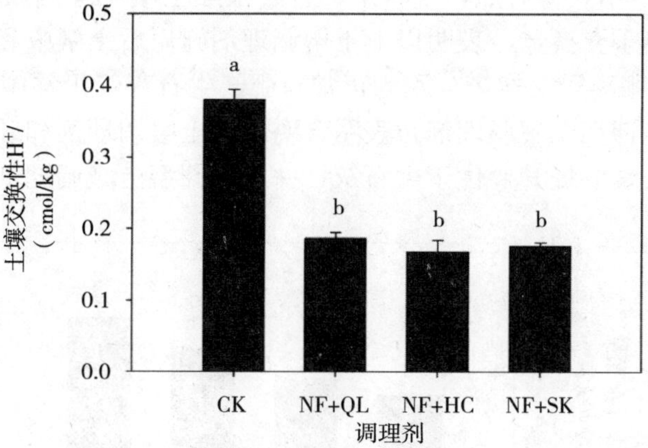

图 8-2　不同调理剂处理对土壤交换性 H^+ 的影响

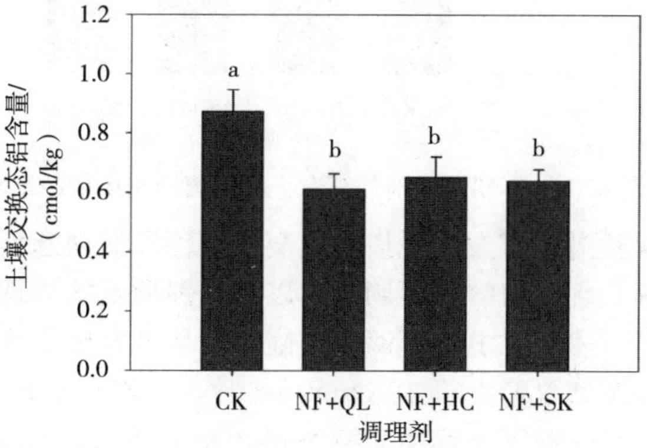

图 8-3　不同调理剂处理对土壤交换性铝的影响

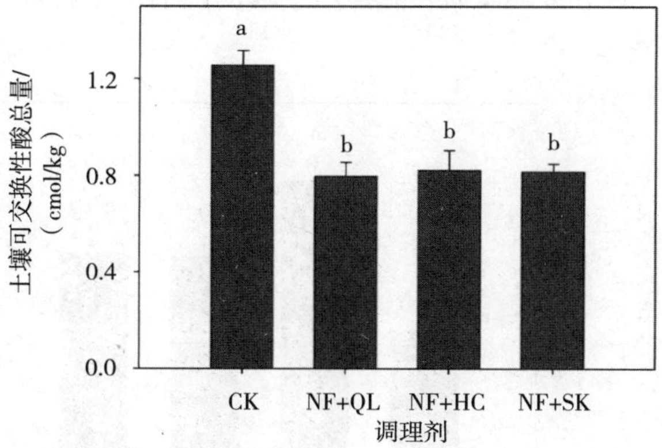

图 8-4　不同调理剂处理对土壤可交换性酸的影响

土壤中盐基离子流失是造成土壤酸化的另一个主要原因。土壤中交换性 H^+ 易与土壤胶体吸附的盐基离子进行交换，导致土壤胶体上的 H^+ 不断增加，而交换性盐基离子则进入土壤溶液，并有部分随水流失。酸化土壤中的交换性酸大量增加，而盐基离子大量减少，土壤的盐基饱和度越来越低，土壤酸碱缓冲体系会进一步遭到破坏，致使土壤 pH 不断下降。如图 8－5 所示，较对照，生石灰、含腐植酸土壤调理剂及硅钾型土壤调理剂显著提高了土壤中阳离子交换量，表明以上土壤调理剂施用后土壤中和酸的能力均上升，而 4 个处理之间的土壤阳离子交换量分别为正常施肥＋生石灰＜正常施肥＋含腐植酸土壤调理剂＜正常施肥＋硅钾型土壤调理剂，表明含腐植酸土壤调理剂和硅钾型土壤调理剂的施用对土壤阳离子交换量的提升要优于生石灰，并且硅钾型土壤调理剂的效果更好。

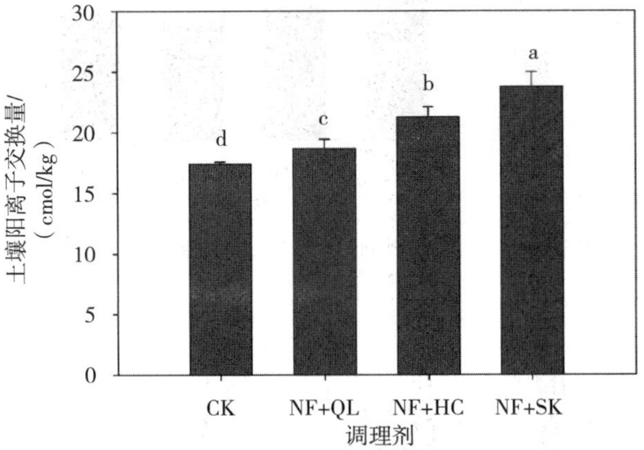

图 8－5　不同调理剂处理对土壤阳离子交换量的影响

土壤酸化下土壤盐基离子流失主要指土壤交换态钙和交换态镁。如图 8－6 和图 8－7 所示，较对照，生石灰、含腐植酸土壤调理剂以及硅钾型土壤调理剂显著提高了土壤中交换态钙和交换态镁含量，表明以上土壤调理剂施用后均可补充土壤中流失的钙和镁。有研究表明，当土壤中交换态钙含量大于 10 cmol/kg 时，土壤存在板结及有效磷含量降低的风险。正常施肥＋生石灰处理下土壤中交换态钙含量为 10.35 cmol/kg，显著高于正常施肥＋含腐植酸土壤调理剂（7.80 cmol/kg）及正常施肥＋硅钾型土壤调理剂（7.89 cmol/kg）处理。因此，较含腐植酸土壤调理剂和硅钾型土壤调理剂，生石灰的施用可能会产生以上问题。

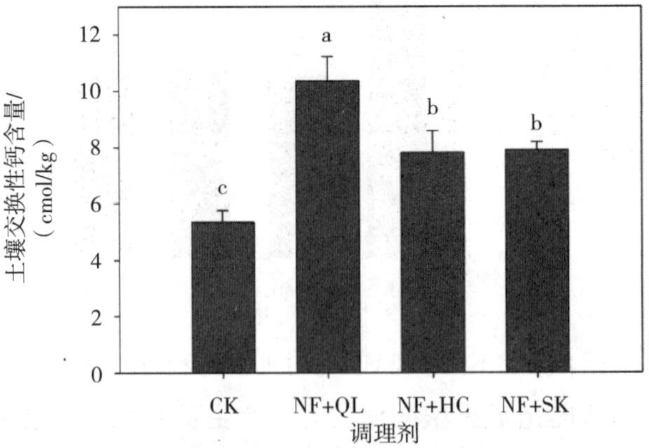

图 8－6　不同调理剂处理对土壤交换性钙的影响

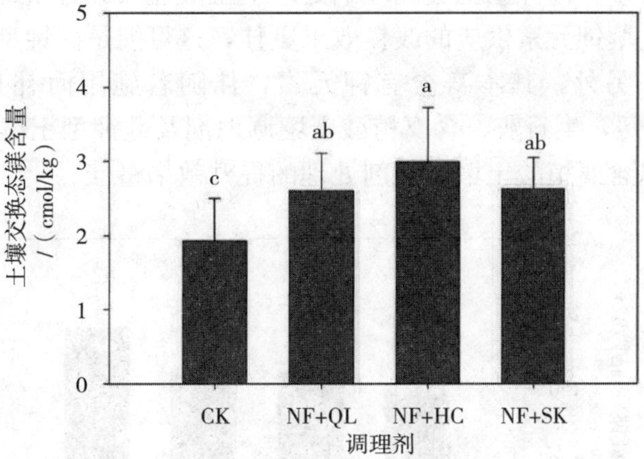

图 8-7　不同调理剂处理对土壤交换性镁的影响

生石灰、含腐植酸土壤调理剂及硅钾型土壤调理剂 3 个处理对于土壤交换态镁含量的影响以含腐植酸土壤调理剂的提升效果最优，生石灰和硅钾型土壤调理剂二者之间差异不显著。原因可能是，含腐植酸土壤调理剂本身含有镁元素，能够有效补充土壤镁；腐植酸在土壤中能够有效地螯合镁元素，降低镁的损失。

土壤有机质含量不仅是体现土壤肥力的重要指标，也是反映土壤对酸化缓冲能力的重要方面。如图 8-8 所示，较正常施肥处理，正常施肥＋生石灰处理其土壤有机质含量没有显著性差异，而正常施肥＋含腐植酸土壤调理剂、正常施肥＋硅钾型土壤调理剂两个处理的有机质含量显著升高，表明含腐植酸土壤调理剂和硅钾型土壤调理剂还具有土壤培肥的功能。

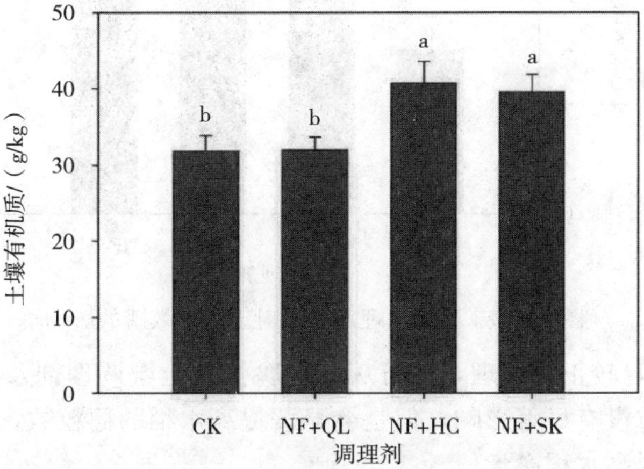

图 8-8　不同调理剂处理对土壤有机质含量的影响

土壤酸化使土壤的肥力质量降低，主要表现在酸化过程中。不仅表现在土壤中的交换态钙和交换态镁等交换性盐基离子大量淋失，还表现在有效态营养元素的含量也急剧减少，土壤为植物生长发育供应磷、钾的能力下降，从而导致土壤酸化降低了土壤肥力质量。如图8-9所示，较对照，生石灰、含腐植酸土壤调理剂以及硅钾型土壤调理剂显著提高了土壤中速效钾含量，硅钾型土壤调理剂处理下土壤速效钾含量最高，表明硅钾型土壤调理剂处理对酸化土壤钾元素供应的改良效果更佳，这可能是硅钾型土壤调理剂活化了酸性土壤中的钾元素；另外，其本身含有钾元素，伴随着施用而补充了土壤钾元素。如图 8－10所示，较对照，生石灰、含腐植酸土壤调理剂及硅钾型土壤调理剂显著提高了土壤中有效磷含量，以含腐植酸土壤调理剂处理的提升效果最佳。

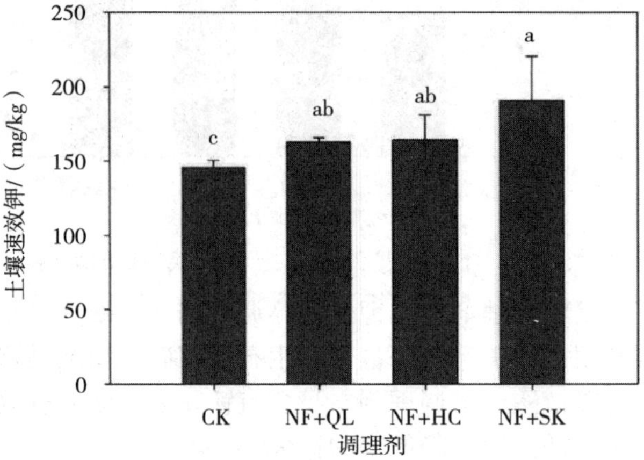

图 8－9　不同调理剂处理对土壤速效钾的影响

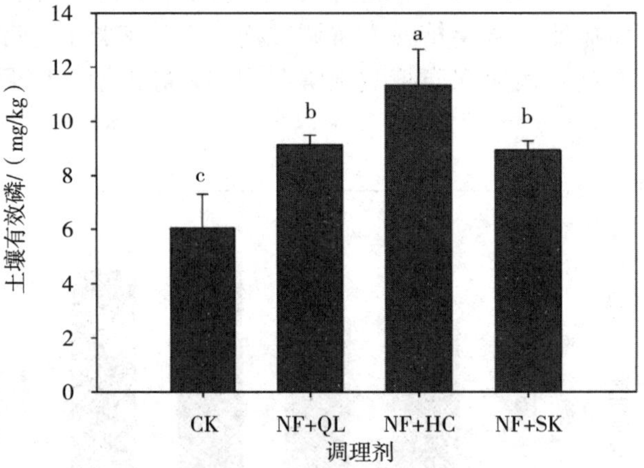

图 8－10　不同调理剂处理对土壤有效磷的影响

如表 8－1 所示，较正常处理，生石灰、含腐植酸土壤调理剂及硅钾型土壤调理剂对水稻的穗数和千粒重没有显著影响，但是会显著提高水稻的穗粒数，且硅钾型土壤调理剂的效果最好，从而提高水稻产量。

表 8－1　不同调理剂对水稻产量及其构成因素的影响

处理	穗数/（$\times 10^4$/hm^2）	穗粒数/（粒/穗）	千粒重/g	理论产量/（kg/hm^2）	实际产量/（kg/hm^2）
CK	254.1a	248c	17.61a	11 085c	9 495c
NF＋QL	251.25a	263b	17.83a	11 760bc	10 035bc

（续）

处理	穗数/（$\times 10^4$/hm²）	穗粒数/（粒/穗）	千粒重/g	理论产量/（kg/hm²）	实际产量/（kg/hm²）
NF＋HC	258.6a	266b	18.3a	12 585ab	10 725b
NF＋SK	269.7a	281a	18.5a	13 965a	11 925a

以常规的生石灰改良方法为对照，分别比较了施用含腐植酸土壤改良剂和硅钾型土壤改良剂对水稻土壤的影响，并评估了 3 种改良剂对土壤和作物生长的作用。研究表明，生石灰、含腐植酸土壤调理剂以及硅钾型土壤调理剂都会显著增加土壤 pH，缓解土壤酸化；含腐植酸土壤调理剂和硅钾型土壤调理剂显著提高土壤中有机质、速效钾和有效磷含量，表明含腐植酸土壤调理剂和硅钾型土壤调理剂还具有土壤培肥的功能，硅钾型土壤调理剂处理对酸化土壤钾元素供应的改良效果更佳，但含腐植酸土壤调理剂处理对土壤有效磷含量提升效果最好。因此，含腐植酸土壤调理剂和硅钾型土壤调理剂优先推荐，但是具体施用情况需要根据当地的作物及土壤养分状况选择种类和施用量。

2. 酸化调理剂应用与示范

通过对规模较大的水稻生产主体所设立的 17 个水稻酸化治理示范点土壤酸化状况进行分析，如表 8－2 所示，2019—2020 年（即水稻耕地酸化治理示范之前），水稻耕地土壤的基础 pH 区间为 5.31～6.61，试验点的土壤 pH 平均值为 5.70，土壤基本上属于酸化土壤，酸化状况普遍。土壤酸性会显著影响稻米的产量和品质，因此开展水稻土壤的酸化治理势在必行。2020—2021 年（即水稻耕地酸化治理 1 年后），水稻耕地土壤的基础 pH 区间为 5.49～6.74，试验点的土壤 pH 平均值为 5.87，较改良前提升 0.17 个 pH 单位。2021—2022 年（即水稻耕地酸化治理 2 年后），浦江县水稻耕地土壤的基础 pH 区间为 5.50～6.93，试验点的土壤 pH 平均值为 6.03，较改良前 pH 提升 0.33 个 pH 单位，连续酸化防治效果明显。

表 8－2　浦江县 17 个水稻酸化治理示范点防治 2 年后土壤 pH 状况

序号	监测点名称	改良前	2020—2021 年	2021—2022 年
1	浦江利生粮食专业合作社	5.31	5.49	5.60
2	浦江由油粮食专业合作社	5.40	5.50	5.70
3	浦江金土地粮油机械化合作社	5.67	5.80	5.96
4	浦江农丰粮食专业合作社	5.33	5.59	5.62
5	浦江张根柏家庭农场	5.41	5.55	5.82
6	浦江理兴粮食专业合作社	6.61	6.74	6.93
7	浦江壶源江稻米专业合作社	5.39	5.53	5.70
8	浦江中村粮食专业合作社	5.48	5.60	5.65
9	浦江前山源有机稻米合作社	5.44	5.59	5.70
10	浦江杰禾稻米专业合作社	5.48	5.75	5.89
11	浦江富岳粮食专业合作社	5.75	5.96	6.28

（续）

序号	监测点名称	改良前	2020—2021 年	2021—2022 年
12	浦江永兴粮食专业合作社	5.32	5.50	5.50
13	浦江伟平家庭农场	5.79	5.94	6.25
14	浦江国辉家庭农场	6.45	6.59	6.86
15	浦江东溪粮食专业合作社	5.86	6.08	6.22
16	浦江柏松粮食专业合作社	6.01	6.23	6.24
17	浦江腾辉家庭农场	6.26	6.42	6.63
	均值	5.70	5.87	6.03

3. 水稻酸化治理示范点的土壤肥力调查分析

如表 8-3 所示，2019—2020 年（即水稻耕地酸化治理示范之前），水稻耕地土壤有机质含量为 14.94～49.44 mg/kg，试验点的平均土壤有机质含量为 28.63 mg/kg，不同地区有机质含量差异显著，且部分地区土壤有机质含量较低（小于 30 mg/kg），影响水稻的产量和品质。2020—2021 年（即水稻耕地酸化治理 1 年后），水稻耕地土壤有机质含量为 16.44～54.38 mg/kg，试验点的土壤平均土壤有机质含量为 31.49 mg/kg，较改良前有机质含量平均值提升 2.86 mg/kg。2021—2022 年（即水稻耕地酸化治理 2 年后），浦江县水稻耕地土壤有机质含量为 18.34～54.88 mg/kg，试验点的土壤平均土壤有机质含量为 33.24 mg/kg，较改良前有机质含量提升 4.61 mg/kg，表明在酸化治理的同时，还提升了土壤的有机质水平。

表 8-3　浦江县 17 个水稻酸化治理示范点防治 2 年后土壤有机质含量状况

单位：mg/kg

序号	监测点名称	改良前	2020—2021 年	2021—2022 年
1	浦江利生粮食专业合作社	21.19	23.31	26.26
2	浦江由油粮食专业合作社	35.16	38.68	40.64
3	浦江金土地粮油机械化合作社	26.30	28.93	30.58
4	浦江农丰粮食专业合作社	36.69	40.35	40.57
5	浦江张根柏家庭农场	30.27	33.30	36.10
6	浦江理兴粮食专业合作社	15.98	17.58	18.34
7	浦江壶源江稻米专业合作社	18.53	20.38	23.00
8	浦江中村粮食专业合作社	36.78	40.46	43.21
9	浦江前山源有机稻米合作社	27.15	29.87	31.37
10	浦江杰禾稻米专业合作社	22.25	24.47	25.64
11	浦江富岳粮食专业合作社	34.21	37.64	39.64
12	浦江永兴粮食专业合作社	29.36	32.30	34.05
13	浦江伟平家庭农场	27.95	30.75	31.84
14	浦江国辉家庭农场	49.44	54.38	54.88

（续）

序号	监测点名称	改良前	2020—2021 年	2021—2022 年
15	浦江东溪粮食专业合作社	37.89	41.68	42.27
16	浦江柏松粮食专业合作社	14.94	16.44	19.42
17	浦江腾辉家庭农场	22.60	24.86	27.24
	均值	28.63	31.49	33.24

如表 8-4 所示，2019—2020 年（即水稻耕地酸化治理示范之前），浦江县水稻耕地土壤总氮含量为 0.97～2.81 g/kg，试验点的平均含量为 1.74 g/kg。2020—2021 年（即水稻耕地酸化治理 1 年后），浦江县水稻耕地土壤总氮含量为 0.99～2.89 g/kg，试验点的平均含量为 1.79 g/kg；2021—2022 年（即水稻耕地酸化治理 2 年后），浦江县水稻耕地土壤总氮含量为 1.00～2.81 g/kg，试验点的土壤平均土壤总氮含量为 1.75 g/kg，水稻耕地土壤总氮含量 3 年间变化不显著，表明酸化改良不影响土壤中的总氮含量。

表 8-4　浦江县 17 个水稻酸化治理示范点防治 2 年后土壤总氮含量状况

单位：g/kg

序号	监测点名称	改良前	2020—2021 年	2021—2022 年
1	浦江利生粮食专业合作社	1.24	1.30	1.25
2	浦江由油粮食专业合作社	2.10	2.18	2.11
3	浦江金土地粮油机械化合作社	1.76	1.79	1.77
4	浦江农丰粮食专业合作社	2.19	2.24	2.19
5	浦江张根柏家庭农场	1.93	1.94	1.95
6	浦江理兴粮食专业合作社	1.02	1.04	1.05
7	浦江壶源江稻米专业合作社	1.05	1.13	1.07
8	浦江中村粮食专业合作社	2.34	2.41	2.36
9	浦江前山源有机稻米合作社	1.68	1.73	1.70
10	浦江杰禾稻米专业合作社	1.39	1.46	1.42
11	浦江富岳粮食专业合作社	1.99	2.07	2.00
12	浦江永兴粮食专业合作社	1.70	1.76	1.73
13	浦江伟平家庭农场	1.72	1.74	1.72
14	浦江国辉家庭农场	2.81	2.89	2.81
15	浦江东溪粮食专业合作社	2.19	2.22	2.21
16	浦江柏松粮食专业合作社	0.97	0.99	1.00
17	浦江腾辉家庭农场	1.42	1.49	1.45
	均值	1.74	1.79	1.75

如表 8－5 所示，2019—2020 年（即水稻耕地酸化治理示范之前），水稻耕地土壤速效钾含量为 40.73～220.67 mg/kg，试验点的平均含量为 86.29 mg/kg，不同地区差异显著，并且部分地区含量较低。2020—2021 年（即水稻耕地酸化治理 1 年后），水稻耕地土壤速效钾含量为 67.44～237.20 mg/kg，试验点的土壤平均含量为 112.86 mg/kg，较改良前平均值提升 26.57 mg/kg。2021—2022 年（即水稻耕地酸化治理 2 年后），水稻耕地土壤速效钾含量为 77.06～265.89 mg/kg，试验点的平均含量为 128.43 mg/kg，较改良前提升 42.14 mg/kg，表明在酸化治理的同时，还提升了土壤的速效钾水平。

表 8－5　浦江县 17 个水稻酸化治理示范点防治 2 年后土壤速效钾含量状况

单位：mg/kg

序号	监测点名称	改良前	2020—2021 年	2021—2022 年
1	浦江利生粮食专业合作社	71.08	82.18	109.88
2	浦江由油粮食专业合作社	45.42	77.28	79.97
3	浦江金土地粮油机械化合作社	220.67	237.20	265.89
4	浦江农丰粮食专业合作社	89.48	126.14	130.39
5	浦江张根柏家庭农场	98.09	120.52	137.33
6	浦江理兴粮食专业合作社	63.06	77.90	86.34
7	浦江壶源江稻米专业合作社	54.70	67.44	77.06
8	浦江中村粮食专业合作社	122.50	142.16	168.66
9	浦江前山源有机稻米合作社	82.95	142.97	150.55
10	浦江杰禾稻米专业合作社	107.39	140.52	143.57
11	浦江富岳粮食专业合作社	130.03	146.52	161.03
12	浦江永兴粮食专业合作社	71.09	83.85	105.25
13	浦江伟平家庭农场	69.86	114.76	141.23
14	浦江国辉家庭农场	40.73	83.44	87.58
15	浦江东溪粮食专业合作社	64.15	110.55	123.90
16	浦江柏松粮食专业合作社	61.28	79.53	102.77
17	浦江腾辉家庭农场	72.36	85.49	112.66
	均值	86.29	112.86	128.43

如表 8－6 所示，水稻耕地酸化治理示范之前，浦江县水稻耕地土壤有效磷含量为 8.53～43.32 mg/kg，试验点的平均土壤有效磷含量为 21.93 mg/kg，不同地区差异显著，并且部分地区含量较低。2020—2021 年（即水稻耕地酸化治理 1 年后），浦江县水稻耕地土壤有效磷含量为 15.92～51.79 mg/kg，试验点的土壤平均土壤有效磷含量为 31.04 mg/kg，较改良前平均值提升 9.11 mg/kg。2021—2022 年（即水稻耕地酸化治理 2 年后），浦江县水稻耕地土壤有效磷含量为 18.54～55.85 mg/kg，试验点的平均含量为 35.96 mg/kg，较改良前提升 14.03 mg/kg，表明在酸化治理的同时，还提升了土壤的有效磷水平。

表8-6　浦江县17个水稻酸化治理示范点防治2年后土壤有效磷含量状况

单位：mg/kg

序号	监测点名称	改良前	2020—2021年	2021—2022年
1	浦江利生粮食专业合作社	15.43	22.81	30.11
2	浦江由油粮食专业合作社	8.53	15.92	18.54
3	浦江金土地粮油机械化合作社	12.41	24.64	29.84
4	浦江农丰粮食专业合作社	43.32	51.79	55.85
5	浦江张根柏家庭农场	16.94	19.78	26.26
6	浦江理兴粮食专业合作社	15.35	30.57	34.22
7	浦江壶源江稻米专业合作社	32.81	35.81	44.44
8	浦江中村粮食专业合作社	22.51	28.71	35.03
9	浦江前山源有机稻米合作社	24.75	36.97	42.86
10	浦江杰禾稻米专业合作社	31.56	44.35	54.14
11	浦江富岳粮食专业合作社	15.03	25.41	26.02
12	浦江永兴粮食专业合作社	18.53	30.12	33.03
13	浦江伟平家庭农场	28.13	42.94	50.34
14	浦江国辉家庭农场	23.15	31.12	32.96
15	浦江东溪粮食专业合作社	42.66	48.04	51.44
16	浦江柏松粮食专业合作社	11.12	21.12	25.83
17	浦江腾辉家庭农场	11.21	18.41	21.22
	均值	21.93	31.04	35.96

8.2.2　盐土改良研发和应用

土壤盐渍化（soil salinization）是易溶性盐分在表层土壤中积累的过程。盐渍土作为陆地生态系统的组成部分，其脆弱的生态环境往往容易产生次生危害。据调查，全球大约有8.31亿hm^2土壤受到盐渍化的威胁，我国盐渍土总面积为3 690万hm^2，分布于从热带到寒温带、滨海到内陆、湿润地区到极端干旱区的广袤地区。由于其脆弱生态区和严重的环境风险，众多国家已经将解决土壤盐渍化问题纳入国家未来的发展规划当中。

1. 滨海盐土的土壤特性

土壤中的盐渍化物质主要成分为Cl^-、Na^+、Mg^{2+}、SO_4^{2-}，盐害物质主要是硫酸钠和氯化钠。表层土壤含盐量平均1.01%，变幅为0.1%～2.2%。土壤的盐渍化使作物根系难以吸收利用土壤中的水分，产生“生理干旱”，萎蔫，并且Cl^-、Mg^{2+}等元素过量，对作物也有一定的毒害作用。水稻插秧后，土壤含盐量为0.1%～0.3%，一般对水稻生长不会构成严重危害，但在田面脱水或高温季节的干旱条件下，由于田面水大量蒸发，底层土壤盐分随毛细管水升至表层而累积，就可能产生盐害。水稻生育障碍的盐分临界浓度为0.3%左右，枯死临界浓度为0.5%。

2. 滨海盐土的土壤形成机制

滨海盐土的成土母质是浅海沉积物，由海滨水体中的有机物和无机物聚积而成。在长时间聚积作用下，河流携带的泥沙在出海口不断沉积，在中、低潮滩，土体不断淤积加高且同时受海水浸渍，形成土壤重度盐渍化和沼泽化，这时属滨海相沉积母质；至高潮滩后，海水浸渍逐渐减少，受季风气候带来的雨水冲刷，土壤进入脱盐和脱沼泽化的过程；随着土体淤积加高至潮上带，基本脱离海水淹浸的影响，脱沼泽化过程明显，表层土壤脱盐，逐渐向滨海盐土发育。滨海盐土中的盐分主要来源于潮水和海相沉积物，可溶性盐的组成以氯化物占绝对优势，硫酸盐次之，人为开垦利用后，水盐运动受到人为活动的控制与调节，因此，土壤水盐运动过程及其调控机理是盐渍土研究的核心问题。

3. 盐土改良产品研发和应用

（1）耐盐功能细菌筛选

在正常（无盐）条件下，乙烯能促进一些非休眠植物种子的萌发，而且能打破很多植物种子的休眠。但盐胁迫环境会引起乙烯产量的增加，而高水平的乙烯会阻碍植物根系的延长和生长，进而影响植物的生长和发育。多数促根际生长菌都具有 ACC 脱氨酶活性。该酶可以催化乙烯的关键中间前体 ACC 转化成 α-丁酮酸，从而影响植物生长时的乙烯水平。因而，利用这类微生物可能有助于提高植物的耐盐性。基于此，从海涂中筛选分离到 1 株具有 ACC 脱氨酶活性细菌菌株，该菌株能以 ACC 为唯一氮源进行生长，命名为 DX-1。菌株 DX-1 的形态为杆状，无芽孢，有鞭毛，革兰氏染色阴性，能产生荧光色素，在 LB 平板上呈乳白半透明状，边缘整齐；经生理生化鉴定该株微生物具有 ACC 脱氨酶活性，其酶活为 0.023 U/mg。

植株的相对含水率（RWC）和相对电导率（REC）是衡量植株状态的重要生理指标。由表 8－7 可知，高盐浓度下，作物长势差，具有较高的相对电导率，而相对含水率则比较低。当盐浓度从 0 增加到 0.3%时，对照组西兰花的鲜重从 16.16 g 下降到 5.23 g，RWC 也由 0.811 下降至 0.782，而 REC 则从 0.368 上升至 0.565。这说明，在一定的盐浓度以上，盐分会对西兰花的生长产生毒害作用。在同一盐浓度条件下，用菌 DX-1 处理后西兰花的鲜重明显优于对照，RWC 也有所增加，同时 REC 与对照相比有所下降，其幼苗的长势明显优于对照。因此，具有 ACC 脱氨酶活性菌处理可以在一定程度上缓解盐胁迫对幼苗的损害，提高幼苗的耐盐性。

表 8－7　盐胁迫条件下 DX-1 对西兰花幼苗单株鲜重及生理指标的影响

菌处理	盐浓度/%	鲜重/g	相对含水率	相对电导率
－	0	16.16c	0.811bcd	0.368d
＋	0	17.81c	0.939ab	0.353d
－	0.1	20.99b	0.850a	0.367d
＋	0.1	23.63a	0.851a	0.349d
－	0.2	10.80e	0.820bc	0.427c
＋	0.2	13.39d	0.831abc	0.419c

（续）

菌处理	盐浓度/%	鲜重/g	相对含水率	相对电导率
—	0.3	5.23f	0.782d	0.565a
+	0.3	7.30f	0.808cd	0.494b

（2）保水剂生产工艺流程及保水性能

运用材料科学和化工原理，以丙烯酸、丙烯酰胺为单体改进材料，加碱中和，加入交联剂、络合剂及适量氧化还原引发剂，在一定温度下通氮气反应，聚合后洗涤，烘干后制得粉剂保水剂。

自制保水剂吸水性能在自来水和 0.9%盐水中吸水率分别达到 550 倍和 150 倍，其吸水倍率均要大大高出博亚保水剂（表 8－8）。把溶胀后保水剂与蛭石按 1∶1、1∶2、1∶4 体积比混合均匀，在室内常温下放置，第 15 天其保水量分别是 59.5%、57.1%和 43.9%（图 8－11）。

表 8－8　自制保水剂与博亚保水剂吸水倍率比较

保水剂	吸水（盐）倍率		
	蒸馏水	自来水	0.9%盐水
博亚保水剂	420	250	60
自制保水剂	1060	550	150

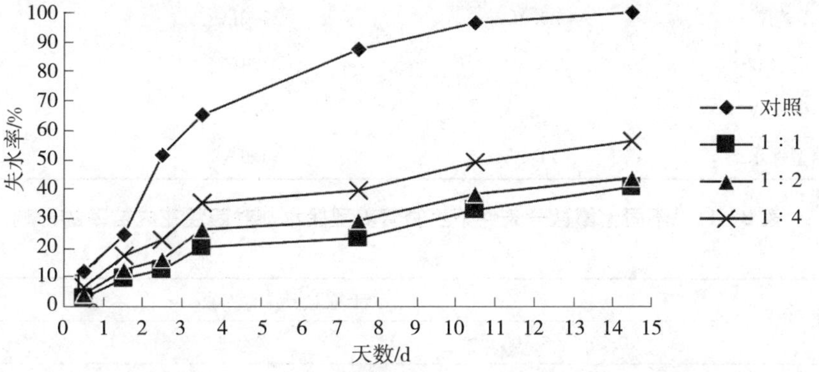

图 8－11　保水剂持水性

（3）生物营养型保水剂研发

生物营养型保水剂研发具体流程如下：首先将 DX-1 菌剂固定在有机物料上；然后依次加入保水剂、尿素、磷酸二铵、膨润土，充分搅拌混匀，经传送带进入造粒机造粒；接着经传送带进入料斗室，称重，打包，制得生物营养型保水剂成品。与施等养分量复混（合）肥（12∶8）相比，播种时施用生物营养型保水剂，在土壤田间持水量 75%和 50%下（表 8－9），西兰花水分利用率分别提高 49.78%和 25.98%；在土壤盐分分别为 0.57 g/kg、1 g/kg 和 3 g/kg 下，西兰花氮素利用率分别提高 4.6%、15.5%和 13.1%（表 8－10）。这说明在一定土壤干旱、盐分胁迫条件下，生物营养型保水剂能明显提高西兰花的水分利用率、氮素利用率和耐盐性。与施等养分量复混（合）肥（12∶8）相比，在不同土壤盐分条件下播种时施用生物营养型保水剂，提高了西兰花的成苗率（表 8－11）。

表 8－9　生物营养型保水剂对西兰花耗水量、植株干重和水分利用率的影响

处理	田间持水量 75%			田间持水量 50%			干旱胁迫		
	耗水量/g	干重/g	水分利用率/(g/kg)	耗水量/g	干重/g	水分利用率/(g/kg)	耗水量/g	干重/g	水分利用率/(g/kg)
空白（不施肥）	389.40	16.16A	4.15A	147.50	8.04A	5.45A	127.54	5.14A	4.03A
复混（合）肥（12∶8）	487.23	22.51B	4.62A	162.80	9.15A	5.62A	178.11	8.46B	4.75A
保水剂（无 DX1）	403.48	25.50C	6.32B	191.90	13.40B	6.98B	161.97	10.22B	6.31B
生物营养型保水剂	512.14	35.44D	6.92C	381.30	27.00C	7.08C	396.42	27.67C	6.98B

注：表中采用 0.01 水平上差异进行比较。下同。

表 8－10　生物营养型保水剂对西兰花氮素利用率的影响

单位：%

处理	土壤盐分/（g/kg）		
	0.57	1	3
空白（不施肥）	29.1C	27.3D	30.1C
复混（合）肥（12∶8）	35.5B	31.1C	30.5C
保水剂（无 DW1）	39.2A	35.4B	37.4B
生物营养型保水剂	40.1A	46.6A	43.6A

表 8－11　不同土壤盐分条件下生物营养型保水剂对西兰花成苗率的影响

单位：%

处理	土壤盐分/（g/kg）			
	0.57	1	1.5	2
复混（合）肥（对照）	90	85	80	75
保水剂（无 DW1）	95	94	90	85
生物营养型保水剂	98	95	92	90

（4）滨海盐土的利用治理

滨海盐土的利用治理可根据土壤的不同类型及环境条件应用适宜的技术方案，采取工程建设、土壤改良、科学施肥、合理种植等措施，改善排灌条件，逐步消除障碍性因子，以“隔、排、压、改、施、选”六字治理方针，达到滨海盐土有效治理目的。

通过工程措施阻断海水再次入侵农田。通过工程措施，加固堤围，隔断海水再次入侵农田。近 30 年，为提高滨海盐土的经济效益，一些地方大力发展海水养殖，重新引入海水，或极端气候（如台风）造成滨海盐土又受到海水漫灌，土壤盐度有上升的趋势，进一步加剧了盐渍化程度，建议加固加高堤坝以隔断海水入侵路径，杜绝咸潮再次入侵，保护滨海盐土已改良的成果。

改善排灌条件，实现排水降盐。“盐随水来，盐随水去”是开展滨海盐土治理的重要依据。以连片治理（围）的理念完善滨海盐土的排灌系统，实行排灌分家，重点是排出沟渠内积水（盐水）。通过高标准农田建设，开挖干、支、斗、毛渠，将田块的排灌沟设计成“非”字形结构。每2.0～3.3 hm^2，在田中间开一主排沟，沟宽2 m、沟深1.5 m；主排沟两旁每隔30 m开一支沟，沟宽、沟深各1 m；支沟两旁每隔10 m开一毛渠，沟宽、沟深各约为30 cm。

排水降盐的技术措施具体包括以下内容。

①雨水淋洗脱盐技术。暴雨对于土壤盐分的脱盐作用很明显，有学者利用粉沙壤土土柱研究特大暴雨过程中土壤盐分运移特征，发现当地下水位为2.5 m时，土壤盐分下移至83～200 cm土层，淋洗效果最佳。基于广东省沿海气候特点，有充沛的季节性雨水资源，宜实施季节性降雨排盐，如利用清明前后的降雨、龙舟水、台风雨等降雨时段，根据天气预报，提早将排盐沟里的盐水排干，降低地下水位，形成一个自然的排盐过程。这是一项十分可行的技术措施。

②人工淋洗脱盐技术。一般在秋末冬初的旱季可采用人工淋洗脱盐，其方法是引淡水淹灌，保持3～6 cm水层，经犁耙沉泥2～3 d后将表面水排出。有条件的地方，一个月可进行2～4次，可使含盐量减半，脱盐效果显著。

③边种植边淋洗脱盐技术。在水源充足且排水良好的区域，于水稻生育障碍盐分临界浓度0.3%左右的田块，直接采用边种植边淋洗脱盐技术，经种稻后土壤盐分显著下降。试验结果显示，种双季稻1年后土壤含盐量可降低50%左右，并且稻田在常规管理下不会出现返盐现象。因此，对中轻盐土种稻洗盐采用“边种植边淋洗脱盐”是良好措施。

在淡水充足的地区，冬季利用大型机械实行深翻土晒田，使耕层中的盐分和有毒物质集中到表土层，于春季引淡水浸田，并进行粗耙，然后把溶解有大量盐分和毒物的田水排掉，如此反复进行2～3次，再灌回淡水插秧，插秧后勤排勤灌，切忌田面落干。在淡水水源不足无法洗盐的地方，只能浸冬，切忌晒冬，避免田底盐分上升。由于滨海盐土一般处于地势低洼区，排水沟水位较高，围内自排水困难，在形成环围集水沟的基础上，需要配套建设抽水站将盐水排到围外。通过排水设施，降低地下水水位，降低土壤盐度，使土壤形成一个氧化还原交替的过程，以有效改善滨海盐土的物理和化学性状，活化土壤潜在肥力，提升土壤养分的有效性。

④引淡压盐，抑制盐分上升运动。引淡压盐是改造滨海盐土的基础，有学者分析了盐分在土壤中的动态迁移特征及其影响因素，发现盐分运移受土壤质地与结构的影响较大，并与土壤水分运移密切相关。通过高标准农田建设，根据当地水系特征和灌区（围）面积，有条件的地方可在围外修建水库，畅通引水渠道，解决淡水资源的不足，完善农田水利设施，引淡水进行灌溉，在水稻生长季节尽量保持有田面水，阻止下层水通过土壤毛细管进入耕作层。水稻生长本田期是压盐的关键期，根据盐害的不同程度，稻田水分管理可执行“浅（深）湿”型和“浅露（轻晒）湿”型的灌溉制度，即一般咸田只露田或轻晒，

重度咸田则不晒田。水稻移植至返青的敏感期，以“寸水护苗”，盐分较大则以深灌为好；分蘖末期，对中轻度咸田适当降低地下水位进行露田或轻晒，对重度咸田则田面保持浅水到湿润；孕穗至抽穗扬花期至灌浆，稻田保持湿润至浅水层；水稻黄熟期，田面自然落干（干湿交替）。

⑤通过土壤改良阻控滨海盐土中的盐度和毒物。土壤改良是运用土壤学、农业生物学、农业工程学等的原理和技术，排除影响作物生长发育的各种不利因素，改善土壤不良性状，为作物生长创造良好的土壤环境。针对滨海盐土的障碍因子特点，通过客土改土、撒施土壤改良剂（或石灰），降低土壤盐度和毒物，不断恢复耕地生产力。客土改良在滨海盐土改良中被广泛应用。客土压咸是在排盐基础上，先在耕层铺一层厚度为3～5 cm的秸秆（如果需要改酸可考虑同时添加碱性土壤调理剂），利用深翻机械将秸秆深翻入土，以阻断下层盐分上升，然后进行客土改良。对于新垦的黏质田块宜适当地掺沙客土，改良土壤质地和结构并增高田面，掺沙改黏可每年每667 m^2掺沙20～25 m^3，连续2～3年。国内不少研究者应用农业废弃物秸秆改良盐渍化土壤，取得显著成效。在土壤含盐量小于0.3%滨海盐土上利用秸秆全量或倍量还田措施，通过在水稻收割机上加装秸秆粉碎抛撒装置，在水稻收割的同时实现秸秆粉碎和均匀抛撒，留茬高度≤15 cm，秸秆切碎长度≤10 cm，抛撒均匀度≥80%，用拖拉机牵引铧式犁将秸秆深翻入土，作业深度20～30 cm。有条件的地方可利用专用土壤改良材料如基质土，用园林有机废弃物与红壤配比，有机质含量控制在2%～3%，EC值小于1.0 mS/cm，通过填高、平整、翻耕，即可种植作物；也可以撒施矿物源调理剂改良，如石灰石、白云岩、膨润土、泥炭、钙镁磷肥等。近年来沿海养殖蚝场很多，产生了大量的废弃物——蚝壳，经粉碎或煅烧成为贝壳粉和壳灰，这是很好的改良材料。碱性土壤调理剂材料的应用，要注意监测重金属含量和钠离子含量。

⑥对症施肥，强化微生物效能，提高滨海盐土的耕地生产能力。研究表明，盐渍化农田化肥氮素利用率仅为14%～29%，磷肥利用率为10%～25%，低于常规农田氮、磷肥利用效率，这主要是由于氨挥发和氮淋失增多而磷的有效性降低从而影响作物的正常生长，减少了作物对氮、磷养分的吸收量，进而降低了养分利用效率。磷素移动性差且易与土壤中Ca^{2+}结合形成磷酸盐沉淀，同时盐渍土中大量Na^{+}使土壤可溶性磷以磷酸钠盐的形式存在，危害作物生长，进一步降低磷肥生物有效性。针对滨海盐土的特性，可以通过测土配方施肥、增施功能微生物和有机肥料、壮根栽培等措施提升耕地生产能力。

A. 测土配方施肥。以土壤测试和已建立的作物施肥指标体系为依据，通过测土、配方、配肥环节，为滨海盐土栽培作物提出氮、磷、钾及中微量元素等肥料的施用数量、施肥时期和施用方法。滨海盐土中有机质、全氮、速效钾等营养丰富，但由于土体中存在咸/酸/毒环境，磷易被固定，土壤有效磷含量往往偏低（缺乏）。因此，在施肥时要注重增施磷肥，主要品种包括磷酸铵和钙镁磷肥等。建议增施植物性有机肥料（堆肥）增加土壤通透性以改善土壤性状。

B. 配施功能微生物肥料。挖掘和利用盐渍土中耐盐功能微生物，可以促进土壤的物质转化，改善土壤结构及土壤肥力，使植物能够在盐渍土中生存。生物有机肥含有特定功能微生物和大量有机质成分，具有直接或间接改良土壤、恢复地力、维持根际微生物区系平衡、降解有毒有害物质等作用，研究发现土壤中有机质能够改善土壤结构，减少地面蒸发，增强微生物活动，其本身的吸附力还具有一定的缓冲作用，有利于土壤盐分的下淋，又能堵住盐分上升。滨海盐土增施生物肥（菌剂或生物有机肥）＋植物性有机肥料（堆肥），有利于增加土壤通透性，提升土壤活性有机质含量，激活土壤微生物群体，改善土壤物理、化学、生物性状。

C. 增施生物质炭。生物质炭含有大量的碳和植物营养物质，具有丰富的孔隙结构，比表面积大且表面含有较多的含氧活性基团。生物质炭呈弱碱性，且具有较高的阳离子交换量，施入土壤后可以提高酸性土壤 pH，增加土壤阳离子交换量。研究发现，施用生物质炭在改良盐渍土的同时，可增加土壤中的速效养分，延长肥效，提高作物养分吸收和利用率。在苏北滨海盐渍土大麦—玉米轮作田间微区试验的研究发现，在中度盐渍土中施用生物质炭，可以提高土壤中可吸收态磷素含量和提高碱性磷酸酶活性，生物质炭处理下累积磷肥利用率为对照的 4.4 倍。研究发现，施用生物炭可缩短盐渍土改良时间并促进植物正常生长。

D. 壮根栽培。滨海盐土中高浓度的盐对作物正常生长和土壤理化性质有负面作用，应用微生物发酵技术，在水稻播种期——苗期，施用天然微生物发酵产物（生物刺激素），可提高种子活力，提升根系对盐和酸的耐受力，活化土壤微生物，促进水稻早生快发。微生物在土壤中可以分泌大量不同类型的酶，其中脲酶可以有效地将土壤中的酰氨态氮转换成铵态氮，进而被植物所利用，从而改善土壤肥力，同时还可以通过增强 K^+ 选择性吸收和运输，从而提升植物的耐盐性。

E. 土壤调理。研究表明，应用黄腐酸可以改良盐渍土，吸附土壤中有害阳离子，减少盐分积累，提高生根率、生根数和根长，在一定程度上提高作物抗性。以改性腐植酸为主体研发的新型矿基土壤调理剂，施用后可提高滨海盐土有机质含量，提升土壤肥力，调节土壤 pH；同时，腐植酸具有较大比表面积和弱酸基团，能与盐土壤中的 Na^+ 进行交换吸附，达到降低土壤盐分的效果。

F. 作物品种和耕作制度调控。在开垦改良之初，兼顾农田的生产功能，充分利用耐盐基因的具耐盐抗逆能力的作物品种，如“海水稻”品种，以植物生长改善土壤理化性质为抓手，逐渐消减土壤障碍因子。其次是选择合理的种植制度。尽量实施双季稻、稻—稻—水生蔬菜轮作制，也可种植莲藕、菱角、茭白、荸荠、慈姑等水生作物，通过水作，长期保存一定的田面水，“以水压咸”，使盐/毒物侧渗至排水沟，同时要勤换田面水（如日灌夜排等方式），保持土壤 pH 为 4～5，建议水作连续 3 年以上。

8.3　地力培肥型产品研发和应用

8.3.1　商品有机肥

有机肥是一种富含腐殖质、高分子有机化合物、微生物活体等有机胶体和各种黏土矿物的无机胶体，具有巨大的表面能，是速效养分与迟效养分、有机养分与无机养分兼容的养分储备库，含有作物生长所需的多种营养元素，包括氮、磷、钾大量元素，硫、钙、镁、锌、钼、铜、铁等中微量元素，能满足作物各个时期养分的需求。此外，有机肥料还含有氨基酸、蛋白质、糖、脂肪、胡敏酸等各种有机养分，是重要的有机营养源。因此，在作物生长过程中，有机肥具有其他肥料不可替代的作用。

传统有机肥（俗称农家肥），由各种动植物残体及代谢物组成，还包括作物秸秆、堆肥（以各类秸秆、落叶、青草、动植物残体、人畜粪便为原料，按比例相互混合进行好氧发酵腐熟而成的一种肥料）、沤肥（沤肥所用原料与堆肥基本相同，只是在淹水条件下进行发酵而成）、厩肥（猪、牛、马、羊、鸡、鸭等畜禽的粪尿与秸秆垫料堆沤制成的肥料）、沼肥（在密封的沼气池中有机物腐解产生沼气后的副产物，包括沼液和沼渣）、绿肥（利用栽培或野生的绿色植物体作肥料，如豆科的绿豆、蚕豆、草木樨、田菁、苜蓿、苕子等；非豆科绿肥有黑麦草、肥田萝卜、小葵子、满江红、水葫芦、水花生等）、饼肥（菜籽饼、棉籽饼、豆饼、芝麻饼、蓖麻饼、茶籽饼等）、泥肥（未污染的河泥、塘泥、沟泥、港泥、湖泥等）等。现代工业化生产的有机肥是利用动植物废弃物、植物残体等经发酵、腐熟、除臭等工艺制作而来，还有一些添加了功能微生物（固氮微生物、解磷微生物、解钾微生物、根际促生微生物、拮抗微生物等）的生物有机肥，同时具备微生物肥料和有机肥料双重效果。

我国在农业生产中素有利用有机肥的传统。早在 3 000 多年前，农民就开始施用有机肥提高作物产量。到汉代，已有 10 多种有机肥种类，并开始应用在种肥、基肥、追肥等不同的施肥技术上。有机肥料的大量使用保护了土壤肥力，使地力长盛不衰，人类在农业生产中，除可以获取粮食、油料、纤维、肉、蛋、奶等农副产品以外，还伴随产生大量的畜禽粪便、秸秆等附产物，这些农业附产物再被用作有机肥料进入农田，形成了一种良好的农业循环经济模式。这种循环经济维持了土壤肥力和农村环境的安全，保证了我国几千年来农业的发展。但是，近几十年来，随着化肥工业的发展，我国化肥施用量逐年增加，有机肥施用比例不断降低。据全国农业技术推广服务中心的数据，有机肥在肥料总投入量中的比例分别如下：1949 年 99.9%、1957 年 91.0%、1965 年 80.7%、1975 年 66.4%、1980 年 47.1%、1985 年 43.7%、1990 年 37.4%，2000 年降至 30.6%，近几年，我国有机肥施用量仅占肥料施用总量的 25%。有机肥施用的连续下降导致了农业循环经济的链条部分断裂，由此引发了耕地质量下降、畜禽粪便面源污染等一系列问题。本节系统讲述了目前生产中的有机肥种类，以及有机肥在提高土壤肥力、改良作物品质、促进养分利用及防御病虫害等方面研究的最新进展，并对目前有机肥在施用过程中存在的问题及发展前景进行了分析和展望。

1. 施用有机肥对土壤特性的影响

土壤物理性质是表征土壤肥力高低的重要指标，包括土壤质地、土壤容重和孔隙度等，可以综合表征土壤水、肥、气、热状况。研究表明，土壤肥力的形成与提高是在一定的光、温、水、气、热条件下，通过土壤中的有机物、无机物与微生物相互作用的结果。施用有机肥可以提高土壤保墒、透气、保肥性能，从而改善作物根系生长的环境条件。

长期施用有机肥还能够稳定土壤 pH，防治土壤酸化。过去几十年间，化肥过量施用，尤其是长期大量偏施铵态氮肥和过磷酸钙等酸性肥料以及氯化铵、氯化钾、硫酸钾等生理酸性肥料，使我国农田土壤酸化现象日趋明显。我国土壤 pH 小于 5.5 的耕地面积已经从 30 年前的 7%上升至 18%；而在南方地区尤其严重，如在浙江省约有 40%的长期定位监测点耕地土壤呈酸性和强酸性，其中旱地土壤有 62%为酸性、强酸性。酸性土壤胶体上的 H^+ 能自发与土壤中的固相铝化合物反应，释放出交换态 Al^{3+}，而 Al^{3+} 通过水解又产生更多的 H^+，这样循环往复，土壤酸化加重。施用有机肥能显著增加>0.25 mm 水稳性团聚体的数量，有效降低土壤中可交换 H^+ 含量。研究发现，有机肥分解过程中产生的腐植酸类物质还会显著降低酸性土壤中的交换态铝的含量，抑制土壤胶体上 H^+ 与土壤中的固相铝化合物的反应，减少了交换态 Al^{3+} 的释放，不但可以有效地缓解酸化的再发生，并且降低了土壤酸化下铝毒发生的风险。

土壤环境一般属于缺碳状态。施用有机肥可以提高土壤总碳和有机质的含量，更新和活化老的有机质改善土壤中腐殖质品质。宋震震等研究长期施用有机肥对土壤的影响发现长期施用有机肥能显著增加土壤中微生物碳和氮，能提高土壤碱性磷酸酶和蔗糖酶的活性。此外，有机肥中有机营养进入土壤还可以增加土壤中有益微生物群落的多样性及其代谢活力，加速有机质的分解、转化和养分释放速率，促进土壤中有机质的稳定和团聚体形成。研究发现，有机肥可以显著增加土壤中放线菌、假单胞菌、伯克氏菌和芽孢杆菌等含量。这些根际有益微生物种群可提高植物获取营养物质的效率，促进植物生长。土壤中的磷元素通常是以难溶性的磷酸盐形态存在，解磷微生物能够通过产生代谢产物络合阳离子（羟基和羧基）形成易溶性磷酸盐。有机肥中加入解磷微生物后施入土壤中，可以有效活化土壤磷素。在前人的研究中，假单胞菌、芽孢杆菌、伯克氏菌等微生物都具有解磷能力。另外还有研究发现，在有机肥中加入根际促生微生物（PGPR）能够高效地促进植物生长。PGPR 可以通过信号传导与植物形成互作关系，主要通过趋化响应或鞭毛游动到达植物根表区域，附着于植物根表后再通过分裂增殖至一定数量形成生物膜，并且主要通过调节吲哚乙酸（IAA）和乙烯这两类激素来调节植物的生长。大量研究表明，PGPR 能够合成 IAA，并提供给植物根系，促进植物根系发育。另外，PGPR 还能合成细胞分裂素、赤霉素、脱落酸等植物激素，并且通过分泌代谢产物溶解和形成复合物等方式协助植物从土壤中吸收营养元素。例如，PGPR 通过合成铁载体结合土壤中铁元素，协助植物对铁元素的吸收；PGPR 通过合成无机酸溶解土壤中磷素，提高土壤对植物磷素的供应；从玉米根际筛选出具有玉米凝集素亲和性的解钾细菌，促进玉米对钾素的吸收。另外，PGPR 可以通过在植物根部定殖或产生抗生素，直接或间接地减轻植物病原菌对植物的危害，从而促进植物的生长。

2. 施用有机肥对农产品产量和品质的影响

有机肥料是一种缓效性肥料，供肥时间长且肥效稳定，氮素在当季利用率低，但长期施用的累积效用与化肥相当，适合于作物整个生育期对养分的吸收，从而有助于提高作物的产量和品质。然而，欧洲进行的 21 年试验结果表明，有机农业下的作物产量比常规农业平均低 20%。美国进行的 9 年定位试验发现，有机农业与常规农业相比，玉米、小麦产量显著降低，而番茄的产量二者无差异。有学者比较了全球不同地区有机及常规农业两种系统下作物产量的差异发现，有机农业平均比常规农业作物产量降低 25%。在上述有机农业生产条件下，仅采用种植绿肥、轮作等方式，难以维持土壤养分的平衡，这是导致作物产量降低的主要原因。有研究表明，我国采取有机肥部分替代化肥施用，可满足作物生长需求并能获得高产效果。在各施肥处理中，产量以有机肥氮占施肥总氮的 30%为最高，原因是 30%有机替代处理的土壤有机质、全氮、碱解氮和有效磷都得到显著提高。

有机肥还能明显提升农作物品质。盛下放等（2006）发现增施有机肥能明显降低包菜和甜椒的硝酸盐含量，并且可以提高维生素 C 含量。有机肥分解过程中会释放多种氨基酸和多肽类物质，这些有机态的小分子会对作物的品质产生重要的影响。Zhao 等（2011）采用超高效液相色谱—二极管阵列—质谱（UPLC/DAD/MS）对绿茶、白茶和普洱茶（生普）中化合物定性定量分析发现，施用有机肥的白茶、绿茶、普洱茶中酚酸类衍生物、总黄酮含量均显著高于化肥处理。氨基酸是茶汤鲜爽味的主要贡献物质。对白茶氨基酸组分研究发现，白茶中构成白茶鲜爽味的主要组分茶氨酸、谷氨酸，以及构成白茶甜味的脯氨酸、苏氨酸、缬氨酸、甘氨酸、天冬氨酸和丙氨酸在有机肥的处理下有显著高于化肥处理（张英娜等，2000；张丹丹等，2016）。罗华等（2012）研究不同有机肥对桃品质的影响，表明施用有机肥显著提高果实可溶性固形物、固酸比和维生素 C 含量，还能改善果实的香气品质。柑橘上施用有机生物肥不仅能提高柑橘产量，平衡大小年，而且能改善果品内部和外观质量（吴本法等，2003）。鲍瑞等（2013）研究认为，施用有机肥能增加枸杞千粒重 10%～14%，增产 45%左右，改善枸杞品质，有利于糖、黄酮和类胡萝卜素的积累。

3. 施用有机肥对氮肥利用率的影响

2016 年，世界粮食及农业组织的数据显示，我国单位耕地面积化肥使用量达到 443.3 kg/hm^2，是国际化肥安全施用上限（225 kg/hm^2）的 1.97 倍（FAO，2017）。尤其是化肥中氮肥的施用，我国消耗了全世界 27.1%的氮肥，单位耕地面积氮肥用量是世界平均水平的 3.1 倍、亚洲的 2 倍、欧洲的 4.2 倍、美洲的 3.3 倍、大洋洲的 4.6 倍、非洲的 15 倍。在前十大氮肥消费国中，我国的氮肥用量远高于其他国家，是印度（第二名）的 1.7 倍，是越南（第十名）的 19.1 倍。在粮食生产中，化肥是增加单位面积产出水平的重要投入因素。我国的单位粮食氮肥投入为 54 g/kg，远远高于美国（27 g/kg）和法国（35 g/kg）等发达国家（表 8－12）。

表 8－12　2017 年世界主要国家和地区氮肥消费现状

项目		粮食总产/($\times 10^8$ kg)	氮肥消费量/($\times 10^8$ kg)	耕地面积/($\times 10^8 hm^2$)	单位耕地面积氮肥消费量/(kg/hm^2)	单位粮食氮肥投入/(g/kg)
世界		272 388	10 914	156.1	69.9	40
亚洲		121 060	6 377	58.9	108.3	53
美洲		75 357	2 445	37.2	65.7	32
欧洲		51 971	1 526	28.9	52.8	29
非洲		18 924	410	27.9	14.7	22
大洋洲		5 076	156	3.3	47.3	31
前十大氮肥消费国	中国	54 711	2 962	13.5	219.6	54
	印度	25 750	1 696	16.9	100.1	66
	美国	43 743	1 165	16.0	72.6	27
	巴西	11 363	517	6.3	81.6	45
	巴基斯坦	4 038	345	3.2	107.7	85
	印度尼西亚	8 223	295	5.1	57.5	36
	加拿大	5 631	247	3.8	64.4	44
	法国	6 447	223	1.9	114.8	35
	土耳其	3 583	176	2.3	75.5	49
	越南	3 364	155	1.2	134.4	46

单施化肥会造成土壤氮素亏缺和肥力下降，施用有机肥则可使土壤氮素积累。单施化肥的氮利用率平均为27%，而有机无机肥配合的氮肥利用率为36.5%，原因是有机肥含有养分多但相对含量低，释放缓慢；而化肥单位养分含量高，成分少，释放快。两者合理配合施用，相互补充。有机质分解产生的有机酸还能促进土壤和化肥中矿质养分的溶解（徐明岗等，2001）。有机肥与化肥相互促进，有利于作物吸收，提高肥料的利用率。大量研究表明，化肥配施有机肥可提高氮肥利用率2%～5%，如在西南黄壤上采用有机肥替代50%的化肥，水稻的氮肥利用率提高了4.2%，玉米提高了2.5%（刘彦伶等，2017；谢军等，2016）。对宁夏引黄灌区稻田的研究也发现在常规施氮和优化施氮水平下配施有机肥，水稻的氮肥利用率可以分别提高5.2%和1.9%（刘汝亮等，2016）。然而，也有研究表明施用有机肥并未显著提高作物的氮肥利用率，如Dawe等（2003）通过对25个稻田的长期定位试验产量研究发现水稻产量在有机无机肥配施条件下与推荐量化肥施用条件下无显著差异，有机肥的施用并未显著提高水稻的氮肥利用率。Duan等（2014）发现，有机肥配施在祁阳红壤上氮肥利用率提高了14%，但在其他试验点则与单施化肥相近。可见，施用有机肥对氮肥利用率的影响在不同土壤条件和气候条件下差异较大。由于我国土壤类型丰富，养分含量差异较大。有机肥的输入可以提高土壤有机质和速效养分含量，提升土壤的肥力，而土壤肥力越高，作物的氮肥利用率通常也较高。因此，对于低肥力土壤，尤其应考虑通过有机肥的施用来提高其综合生产能力，进而提高其作物氮肥利用率。

4. 施用有机肥对连作障碍发生的影响

连续在同一地块上栽培同种作物或近缘作物，即使在正常的管理措施下，也会引起作物产量降低、品质变劣和生育状况变差，造成土壤发生连作障碍，同时连作障碍会导致土壤出现养分不平衡、土壤次生盐渍化、土壤酸化和土壤酶活性紊乱等现象。有机肥在改良土壤，改善土壤理化性质，降低连作障碍发生方面也发挥着积极的作用（阮维斌，2023）。

研究发现，随着连作年限的增加，镰刀菌和青枯雷尔氏菌在土壤中逐渐累积，是连作土壤土传病害高发的主要诱导因子。酚酸是土壤中的主要化感物质，可直接对植物生长造成毒害，同时可促进尖孢镰刀菌的生长、萎蔫酸的生成及提高致病相关水解酶活性，其在土壤中累积被认为是导致土壤连作障碍的原因之一（凌宁等，2009）。酚氧化酶是土壤微生物转化酚类物质的重要酶。有研究发现施用有机肥提高了花生根际土壤酚氧化酶活性，有利于酚酸类物质的及时转化（Rizwan等，2017）。基于Biolog微平板法的微生物功能多样性研究发现，施用有机肥（腐熟猪粪）有利于以酚酸类物质为碳源的微生物生长。因此，酚氧化酶活性的增加可能归因于有机肥引起的伯克氏菌、假单胞菌和芽孢杆菌数量的增加，这些有益菌可以与镰刀菌竞争酚酸。同一季黄瓜成熟期施用生物有机肥处理与对照处理相比，土壤电导率保持酶活性处于较高水平，减缓因黄瓜连作造成的酶活性紊乱，增强了土壤生态系统稳定性（曲成闯等，2019）。

5. 施用有机肥对虫害发生的影响

在植物营养对植食性昆虫的影响因素中，氮营养是影响昆虫发育的关键因子，特别是影响昆虫的繁殖，一般高氮有利于植食性昆虫发育和繁殖。施用化肥后，作物叶片中会出现一个氮素含量的高峰期，使细胞增长过快过长，细胞多汁，细胞壁薄，植物体柔软，容易受到病菌侵袭，如过量施用化肥可诱发大麦褐锈病、水稻褐斑病及小麦赤霉病等（庞淑婷和董元华，2012）。蒋林惠等（2016）发现有机肥处理的土壤生物群落通过改变水稻养分向地下部的分配格局、增加根冠比、促进防御性代谢物质（如酚类）的合成来提高水稻地上部对害虫的抗性。但是，化肥显著地影响作物体内营养元素的平衡，从而降低作物对害虫的抵抗力。有研究发现，在冬季休眠期以有机肥和化肥混合进行一次培肥后，在柑橘全年生长过程中，单施有机肥处理下柑橘木虱、柑橘全爪螨等虫害的发生显著低于常规施用化肥的施肥方式（徐长宝等，2018）。

6. 施用有机肥存在的问题

（1）施用有机肥对土壤环境质量潜在的污染风险

集约化养殖业快速发展随之产生的大量畜禽粪便，已成为目前农村主要面源污染之一。把畜禽粪便加工成有机肥施用于农田是治理畜禽粪便污染、提高农田肥力的主要途径。然而在集约化养殖过程中，饲料中违规使用含有重金属和抗生素等添加剂，而且由于其生物利用率比较低，大部分重金属和抗生素会随着粪便排出体外，致使畜禽粪便中重金属和抗生素含量超标（马永喜，2010）。长期大量施用畜禽粪便会对农田土壤产生累积性污染风险（王霜等，2016）。研究表明，农田土壤重金属更多来源于肥料的长期施用。调查表明，以鸡粪、猪粪和牛粪等为原料的有机肥已成为土壤重金属污染的主要来源（贾武霞等，2016；潘霞等，2012；曹志洪和周健民，2008；王瑾和韩健众，2008）。随着农村城镇化快速推进，厨余垃圾、生活垃圾集中收集和肥料化处理，以及城市淤泥等违规使用到有机肥生产中，将对农田环境造成二次污染。土壤污染不仅影响农产品产量、品质和质量安全，而且涉及大气和水环境质量，并可通过食物链危害动物和人类的健康，而我国对有机肥使用安全风险评估明显滞后的状况使有机肥生产和施用的风险进一步加大。

（2）施用有机肥的机械化程度低

长期以来，我国有机肥施肥过程中机械化程度不高，主要原因是有机肥施用强度大、效率低。随着城市化进程，农业劳动力人口日趋紧缺，人工施肥已不能适应现代农业发展的要求。而我国关于机械化施肥尤其是有机肥的研究起步晚、基础弱，目前我国针对机械化同步施肥的技术处于研发初期，粒型大小和均匀度等性状难以满足机械化同步的要求，作业过程中常出现堵肥、下肥不均匀现象，导致机械化施用有机肥在生产上的应用推进缓慢，这种情况严重制约了有机肥的推广和产业的发展。

（3）有机肥产品创新和专用产品研发薄弱

有机肥生产企业大多规模小、工艺落后，缺乏新产品、新剂型的研发创新能力，以及对产品质量的检测、使用技术研究等能力明显不足。同时，还缺少生物有机肥、专用有机肥等研制，虽然市场上有的产品标称为专用有机肥，如水稻专用有机肥、小麦专用有机肥或蔬菜类专用有机肥等，但这些专用肥和其他的生物有机肥并无本质上的区别。

（4）相关有机肥标准不完善，有机肥质量参差不齐

目前颁发的有机肥料相关标准不能覆盖现有的有机肥产品。不同原料来源的有机肥料应制定相应的技术要求和检测方法。有机肥产业趋于单一生产商品有机肥，造成整体处理途径单一化；有机肥执行统一的农业行业标准，即《有机肥料》（NY525—2021）只有达

到规定的各项指标，才可以成为商品有机肥，但是不同种类废弃物理化指标差异性大，难以确保堆肥产品指标的稳定性，尤其对于秸秆和园林废弃物来说更是如此。此外，不同种类农业废弃物在不同处理技术下资源化利用缺乏长期田间跟踪研究，包括施用后对土壤肥力的提升效果，对作物产量、品质的影响，相关施用技术规范效果，土壤长期施用的安全性问题等，造成其资源化利用合理性的缺失。欧美各国有机肥标准更新频率很快，目的在于提高有机肥的安全性、可靠性和高效性。相比较而言，我国标准更新相对滞后。随着有机肥生产技术的不断发展，我国有机肥资源已经发生了巨大的变化，因而在开发利用策略上也应该有相应变化。有机肥的质量标准也应该不断更新和完善，与时俱进，根据新形势修订新的标准以适应有机肥发展的需要。

8.3.2　矿源腐植酸肥料

腐植酸（humic acid，HA）是腐殖质的重要组成部分之一。我国的 HA 资源主要分布于矿煤，尤其是在晚第三纪褐煤中，已经探明的褐煤储存量多达 1 300 多亿 t。由于 HA 本身是土壤的重要组成部分，同时兼具独特的结构和功能，自 20 世纪中叶以来以 HA 作为原料的新型肥料产品研发和应用，受到了全世界的关注（董珊珊等，2017）。

1. HA 基本性质

HA 主要含 C、H、O、N、S 这五种元素。高倍电子显微镜下显示 HA 由极小的球状微粒连接成线状的团聚体，直径为 0.001～0.1 μm。HA 的中心为芳香核，核外围主要由羧基、酚羟基、醌基、羟基等官能团组成，这些官能团的性质是 HA 吸附、解吸的基础。HA 中碳含量为 55%～61%，通过核磁共振研究发现，根据其有机物官能团划分，土壤 HA 碳主要包括两类，分别为脂肪族碳和芳香族碳。随着腐殖化程度的提高，其含碳量逐渐增加，主要表现为脂肪族 C 含量增加，羟基减少，羧基增加，而芳香 C 含量的没有明显变化。HA 中的氮含量为 1.7%～55%，与碳的变化相反，随着腐殖化的提高，其含氮含量呈下降趋势，而 HA 中的氢与氮的表现趋势相同（董雪等，2014）。

2. HA 肥料的生产机理及生产工艺

(1) HA 肥料的生产机理

肥料中 HA 中的羧基和酚羟基等官能团发挥主要作用，这些官能团可以与不同养分分子之间相互作用。目前市场上，针对土壤改良与培肥及不同作物而配制的腐植酸肥料产品主要有 HA 铵、HA 钾、HA 磷、HA 钠及 HA 复合肥等，现阶段生产 HA 肥料的主要生产机理主要包括氨化反应、脲络合反应、复合反应、分解反应等。另外，HA 能与各种离子发生交换作用，如腐植酸中的羧基可以分别与铵、钾、镁等阳离子发生如下反应：

$$\text{HA—COOH} + NH_4^+ \rightarrow \text{HA—COONH}_4 + H^+$$

$$\text{HA—COOH} + K^+ \rightarrow \text{HA—COOK} + H^+$$

$$\text{HA—COOH} + Mg^{2+} \rightarrow (\text{HA—COO})_2Mg + 2H^+$$

由以上反应式可以看出，HA 通过与 NH_4^+、K^+、Mg^{2+} 等的离子反应和吸附作用，起到缓释和转运营养元素的作用。另外，Martine 研究发现，HA 会提高磷灰石溶解能力，通过同位素磷核磁共振、红外光谱等技术，HA 会与 P 生成 P-HA 络合物，并且在土壤为酸性时，可以显著促进植物生长。另外，HA 还可以减少磷被土壤固定，提高磷素利用效率（Krosshavn，2010）。

（2）HA 肥料的生产工艺

目前工业上以褐煤为原料生产 HA 氮磷钾复混肥的生产工艺主要有以下过程（熊田恭一，1984）：

$$(HA—COO)_2Me+H_3PO_4 \rightarrow 2\ HA—COOH+MeHPO_4$$

$$HA—COOH+CO(NH_2)_2 \rightarrow HA—CH_2OOH \cdot CO(NH_2)_2$$

$$KCl+HA—COOH \rightarrow HA—COOK+HCl$$

$$(HA—COO)_2Me+2HCl \rightarrow 2\ HA—COOH+MeCl_2$$

$$(HA—COO)_2Me+(NH4)_2SO_4 \rightarrow 2\ HA—COONH_4+MeSO_4$$

$$CaHPO_4 \cdot 2H_2O+(NH_4)_2SO_4 \rightarrow (NH_4)_2HPO_4+CaSO_4 \cdot 2H_2O$$

$$H_3PO_4+(NH_4)_2HPO_4 \rightarrow 2NH_4H_2PO_4$$

通过上述工艺，生产出具有肥效的 HA 铵和 HA -尿素复合体。

（3）HA 肥料的功能

①肥料增效。目前农业生产中普遍存在化肥利用率低，肥料投入成本增加等问题。我国氮肥利用效率为 30%～50%，磷肥利用效率为 10%～20%，钾肥利用效率为 50%～70%。研究发现，在肥料中添加 HA 能够显著提高 N、P、K 等养分的利用效率（马明坤等，2019；张一扬等，2019）。张敬敏等（2011）通过施用腐植酸无机肥的研究发现，配施腐植酸能提高杨树植株的 N、P、K 等养分含量，并且显著促进根系生长，进而增加植物对养分的吸收。利用活化后褐煤 HA 为吸附基质成分制成缓效肥料后发现 NH_4^+ 释放速率下降，显著提高氮素利用效率（刘盛林等，2020）。李伟等（2020）研究发现施用 HA 专用肥减少了土壤对可溶性磷的固定，使土壤中速效磷的含量明显提高。

②改良土壤结构。土壤是作物生长的基础。HA 含有的羧基和羟基等官能团可通过螯合 Ca 离子形成团聚体，增大土壤孔隙并增加土壤渗透性。有学者通过对白蜡土特性研究发现，施用 HA 可以提高土壤中碱解氮、速效钾、有机质和有效磷含量，显著改善土壤肥力。另外，土壤中碱性磷酸酶、蔗糖酶、多酚氧化酶等活性显著增加，而土壤脲酶活性下降。

③平衡酸碱。HA 中的酚羟基和羟基等具有较强的离子代换性。研究发现，HA 的阳离子代换量大大高于普通土壤，为 10～20 倍，因此施用 HA 可显著提高土壤的缓冲能力。HA 同其盐类可形成缓冲系统，稳定土壤的酸碱性。在酸性土壤中，HA 可以与铁、铝等离子螯合，并释放产生 OH^-，进而中和土壤溶液中的 H^+，从而提高土壤 pH；在碱性土壤中，HA 的镁、钙、铁盐可以与土壤中的碳酸钠发生反应，从而降低土壤碱性状况。在盐碱水稻土上施用 HA 铵，土壤中>0.25 mm 的水稳性团聚体含量和水分渗透速度显著提高，耕作层土壤的碳酸根离子、碳酸氢根离子、铝离子等含量均显著减少，碱化度降低，土壤 pH 由 9.2 降至 8.6，水稻育秧过程中保苗率显著提高（陈士更等，2019）。

④钝化重金属。随着现代化学工业发展，重金属污染日益严重，排入环境后会对土壤和地下水造成严重的污染。HA 不仅能与各种离子发生离子交换作用，由于其具有较大的比表面积，所以其还具有很强的吸附能力。因此，利用这一性质可以作为钝化剂或吸附剂用于各种重金属的污染治理方面，如对 Zn、Cu、Fe、Pb、Cd、Ni、Cr 等都有研究报道。

有研究发现褐煤腐植酸对 Cr（Ⅵ）有显著的吸附作用，并且在不同 pH 条件下最大吸附量差异很大。有学者发现 HA 可以改良酸性土壤，并且对铜的吸附可达 300 mg/kg，土壤修复效果明显（张笛梦等，2020）。

⑤促进作物生长，增强作物的抗逆性。作为重要的生物刺激素，腐植酸在促进植物生长发育方面也具有重要的作用，包括提高光合作用强度、呼吸强度，促进植物体内物质的合成、运转等（Williams et al.，2005）。HA 能够提高植物对不良环境条件（如旱、涝、寒、热、酸、碱）的耐受性，这种现象称为“腐殖质效应”。HA 肥料能促进作物的呼吸作用，HA 中具有酚酮结构，通过酚羟基与酮基的互相转化维持作物呼吸作用。土层中的 HA 与还原性物质作用可以放出氧供给作物利用，促进植物生根发芽。HA 还可以进入作物体内，在叶部得到氧后，将酚氧化成酮，再回流到缺氧的根部，并释放氧，进而满足作物根部氧气的需要（Yakhin et al.，2017）。研究发现，腐植酸所含的羧基等官能团可以作为生长素类和细胞分裂素类物质的关键受体，并能够有效地维持其生物活性（周丽平等，2019）。浙江省农业科学院植物营养研究室通过利用液相色谱—串联质谱法首次发现，褐煤腐植酸中含有一定量的吲哚乙酸、吲哚丁酸、异戊烯腺嘌呤、玉米素、玉米素核苷、异戊烯腺嘌呤核苷等激素类物质（数据未发表）。大量研究发现，这些激素类物质在调控植物应对逆境胁迫过程中发挥了重要的作用。通过田间研究发现，施用腐植酸可显著缓解土壤酸化对水稻、茄子、葡萄等作物造成的生长抑制。

3. HA 肥料存在的问题及主要发展前景和方向

目前，我国 HA 行业发展日新月异，与之相关的企业发展迅猛，发挥着绿色、环保和低碳的作用，但是行业基础仍然薄弱。目前，国内 HA 工业产业链面临着技术创新、产品升级和原料加工路线优化等迫切需求的问题。HA 肥料的生产工艺体系不健全，其中评价体系及生产体系缺乏国家或行业标准。HA 分子支链结构较为复杂，如何高效合理利用不同成分的 HA 及通过先进的分析检测手段确定 HA 对于土壤和植物的作用机理也是今后科研的重要方向。

近年来，为推动农业绿色发展，我国开展了耕地质量提升、化肥减量增效、土壤污染治理等一系列行动，不仅带动了肥料产业升级换代，也为 HA 肥料的发展带来了新的机遇，其开发愈来愈受到业界的重视。随着“有机食品”“绿色食品”等日益走近人们的生活，生产上对绿色安全的 HA 肥料的需求会进一步增加；另外，我国 HA 资源十分丰富，这将为 HA 肥料的生产提供足够的生产原料，因此，新型 HA 肥料的市场前景非常广阔，主要表现在以下 3 个方面。

（1）新型含腐植酸土壤调理剂

HA 肥料在快速培肥土壤、提高土壤有机质、改良土壤结构等方面具有优异的效果，同时在改善土壤理化性状、降低重金属活性、减轻污染方面也有很好的效果。据调查，全国耕地重金属污染面积占比达 16%，土壤酸化面积占比接近 25%，还有中低产田占比近 70%，就浙江省而言，仅新复垦耕地就有 200 万亩（2008 年以来新增），因此研发新型含腐植酸土壤调理剂具有广阔的前景和现实意义。

（2）有机无机复混肥料与专用肥

根据土壤养分条件与不同作物吸收规律，以 HA 配以科学的氮、磷、钾和多种微量元素制成含 HA 复混肥专用肥，对土壤培肥、提高肥料利用效率、维持土壤生产力和提高农产品品质有重要意义。

（3）HA 类缓效肥料

HA 含有大量的羧基、羟基、酚羟基、醌基等含氧官能团以及含有一定量的脲酶抑制剂成分，不仅能够参与储藏和转运养分离子，还能有效降低土壤中尿素转化为铵的发生，减少农田中 N 损失，因此可以作为良好的缓效肥料的基质。

8.4 专用配方肥产品

20 世纪 80 年代初，随着复混肥料的快速发展，施肥工作中出现养分比例严重失调等现象，人们开始意识到微量元素在作物生产中的重要作用。同时，在复混肥料中添加除草剂、微量元素、有机物、生物微肥等物质，逐渐形成以配方施肥为基础、以生产专用肥为基本特征的新型复混肥料产品。复混肥主要包括通用型和专用型两大类，其中专用复混肥是根据土壤和作物之间供需特点来合理配比养分含量，再通过制粒、干燥等一系列工艺流程而配置出的新型复混肥产品。其针对性强，对于某一产品所适用的土壤和作物有明确的规定，而且将配方施肥技术直接转化为现成的肥料产品供农民使用，因此能达到科学指导施肥和平衡施肥的双重效果。进入 90 年代以后，由于通用型复混肥灵活性差，不能适应多样的土壤条件和作物需肥要求，限制作物增产并造成大量浪费，带来严重的生态问题，面临被淘汰的境地。国内外肥料行业也一致认同，生产专用型复混肥是未来一段时间内肥料产业的发展方向。

目前，我国新型肥料的研究主要针对以下几个方面。

一是肥料形态的研究。以水溶性专用肥研究居多，其优点包括：生产过程简便，不需要经过蒸发、干燥等复杂工艺；可以直接叶面喷施，见效快；易于被作物吸收，与颗粒状肥料相比更易喷施均匀；在储存和运输过程中更为方便。而且水溶性肥料与节水灌溉农业契合度更高，因此有着广阔的应用前景。

二是包膜控释型肥料的研究。该种肥料是在颗粒化肥的基础上，添加一层高分子聚合物，以此调整肥料养分的释放特性，使其与作物需肥规律相吻合。该肥料的发展最早始于美国，当时研制的硫包膜尿素，不仅解决了硫的利用问题，还能控制尿素释放规律，应用非常普遍。日本、以色列、加拿大等相继开始研发不同聚合物包膜肥料，其中以日本的热固型树脂包膜肥料控释效果最好。我国对包膜肥料的研究追溯于 20 世纪 70 年代，目前比较常用的是有机物聚合包膜肥料。例如，在新型包膜尿素对移栽稻的影响的研究中，当氮肥用量减少为普通肥料的 50%时，稻谷产量未出现显著降低，并且肥料利用率有明显提高，这说明包膜尿素相比于普通氮肥更为高效。

三是环保高效型专用肥的研究。随着经济的发展及绿色发展理念的提出，广大学者开始致力于有机肥、生物菌肥等的开发利用。将腐植酸与氮、磷、钾等元素混合制成的腐植酸专用肥，在生产中被证实能够提高薯类块根膨大速率，延长叶片功能期，促进作物对氮、磷、钾等元素的吸收，增加产量；生物菌肥是将微生物引入矿质元素中，制成能够改善作物生长情况及土壤肥力的生物型优质专用肥料。有研究将固氮菌、解磷菌、解钾菌与氮磷钾等元素混合制成生物专用肥，结果表明在减少化肥用量的基础上添加生物成分，使氮、磷、钾的吸收利用率分别提高了 11.8%、18.9%和 26.6%；与化肥相比，生育后期用专用肥处理的土壤中能保持更高的养分含量，表明该专用肥具有稳定、长效的优点。

8.4.1　水稻专用配方肥

不同水稻品种养分吸收特性研究结果表明，籼粳杂交稻 N、P_2O_5、K_2O 养分吸收比例平均为 1∶0.47∶1.74，基于相关研究结果，在考虑浙江省水稻土壤基础养分供应量、养分当季利用率的基础上，同时考虑水稻施肥中氮肥和钾肥分次施用、磷肥基施的施肥习惯，确定浙江省水稻生产中适宜的基肥专用肥比例为 1∶0.45∶0.7，据此研发 22－10－15配方专用肥产品。专用肥对水稻产量的影响如表 8－13 所示。

表 8－13　专用肥对水稻亩产量的影响

处理	海盐/kg	仙居/kg	萧山/kg	平均/kg	增产率/%
常规施肥	785.2	512.4	710.5	669.4	—
专用肥减氮 10%撒施	786.3	508.8	711.7	668.9	−0.1
专用肥减氮 10%深施	807.6	528.5	725.8	687.3	2.7
专用肥减氮 20%深施	821.2	518.8	814.3	718.1	7.3

试验设置 4 个处理，分别如下：①常规施肥；②专用肥减氮 10%撒施；③专用肥减氮 10%深施；④专用肥减氮 20%深施。由表 8－13 可知，海盐、仙居和萧山 3 个试验点中专用肥减量的 3 个处理水稻产量都和常规施肥持平或略增产。专用肥减氮 10%撒施处理，3 个试验点水稻平均亩产量为 668.9 kg，和常规施肥处理持平。在深施条件下，专用肥减氮 10%和 20%处理 3 个试验点水稻平均亩产量分别为 687.3 kg 和 718.1 kg，分别比常规施肥处理增产了 2.7%和 7.3%。

专用肥减量深施处理的株高略高于常规施肥，表明专用肥能给水稻提供更为充足的养分供应。专用肥减量的 3 个处理水稻穗长、每穗总粒数、每穗实粒数都明显高于常规施肥，千粒重也呈增加的趋势，结实率则略有下降（表 8－14）。

表 8－14　专用肥对水稻产量组成的影响（浙江杭州）

处理	株高/cm	穗长/cm	每穗总粒数	每穗实粒数	结实率/%	千粒重/g
常规施肥	99.9	22.9	320.5	310.7	96.9	22.1
专用肥减氮 10%撒施	107.8	25.5	349.9	334.3	95.5	23.2
专用肥减氮 10%深施	108.7	23.5	339.7	319.4	94.0	23.0
专用肥减氮 20%深施	109.1	24.1	349.6	330.6	94.6	22.5

应用水稻专用肥，氮肥用量减少 10%，3 个试验点中单季稻产量和市售复合肥产量基本持平；应用水稻专用肥结合机插侧深施肥技术，氮肥分别减量 10%和 20%，单季稻产

量可分别比常规施肥增产 2.7%和 7.3%。

8.4.2 水稻专用缓（控）释肥

缓释氮肥品种筛选

2017 年通过田间小区试验，研究了稳定性肥料、包膜缓释肥等新型肥料品种的氮肥减施效应。

试验布置在湖州市安吉县，设 6 个处理：①N0；②习惯施肥；③优化施肥；④稳定性肥料（20－8－12）；⑤金正大缓释肥（22－8－12）；⑥茂施缓释肥（26－10－15）。其中，处理 1 为对照处理，不施氮肥；处理 2、处理 3 为化肥分次施肥，其中处理 2 为当地农民习惯施肥，施肥量 225 kg N/hm^2，分为基肥、分蘖肥和孕穗肥 3 次施肥，处理 3 为优化施肥，氮肥投入量与处理 2 一致，将第一次分蘖肥改为基肥施用；处理 4 至处理 6 为缓释肥处理，缓释肥全部基施，处理 4 至处理 6 等氮量，施肥量 180 kg N/hm^2，均比处理 2、处理 3 减氮 20%；各处理磷、钾肥投入量相同，为 67.5 kg P_2O_5/hm^{2}和 135 kg K_2O/hm^2。小区随机排列，试验重复 3 次。肥料为尿素、过磷酸钙、氯化钾，缓释肥选取 3 种不同类型（树脂包膜、聚氨酯包膜、硝化抑制剂）的品种。各处理氮、磷、钾肥投入量和施用时期如表 8－15 所示。

表 8－15 各处理养分投入量

单位：kg/hm^2

处理	基肥			分蘖肥	分蘖肥 2			孕穗肥		总施肥量
	N	P_2O_5	K_2O	N	N	P_2O_5	K_2O	N	K_2O	N－P_2O_5－K_2O
N0	—	67.5	135	—	—	—	—	—	—	0－67.5－135
习惯施肥	—	—	—	103.5	67.5	67.5	67.5	54	67.5	225－67.5－135
优化施肥	67.5	67.5	67.5	—	103.5	—	—	54	67.5	225－67.5－135
稳定性肥料	180	67.5	135	—	—	—	—	—	—	180－67.5－135
金正大缓释肥	180	67.5	135	—	—	—	—	—	—	180－67.5－135
茂施缓释肥	180	67.5	135	—	—	—	—	—	—	180－67.5－135

无氮处理产量仅为 7 705.18 kg/hm^2，不施氮肥明显降低了水稻产量，其余 5 个施氮处理产量均显著高于无氮处理，但施氮各处理间产量差异不显著（表 8－16）。与习惯施肥处理相比，优化施肥处理产量有增加趋势。各缓释肥处理在减氮 20%的前提下，产量变化在 9 055.53～10 036.19 kg/hm^2，其中茂施缓释肥处理产量最高，达到 10 036.19 kg/hm^2，各处理间产量差异不显著，与习惯施肥处理也无显著差异。稳定性肥料处理产量为9 055.53 kg/hm^2，与其他施氮处理比较产量明显较低，但各施氮处理间产量经分析差异不显著。无氮处理株高低于其余施氮处理，表明氮肥能促进作物生长，是作物生长不可或缺的养分。缓释肥处理其株高、有效穗和千粒重均显著高于无氮处理，缓释肥处理的每穗总粒数略高于无氮处理，但差异不显著。茂施缓释肥处理株高、有效穗、每穗总粒数和千粒重均高于其他处理，其水稻产量也为最高，较无氮处理增产 30.25%、优化处理增产 1.45%。稳定性肥料处理结实率低于其他处理，有效穗数也低于缓释肥处理，其产量也略低于其他处理，表明稳定性肥料在分蘖后期供氮不足，使得成穗率下降。该试验表明，不同施肥处理主要影响水稻株高、有效穗、结实率和千粒重等产量构成因

子，从而影响水稻产量，而对每穗总粒数没有明显影响。

表 8-16　不同缓释肥处理下水稻产量构成因子和产量的影响

处理	株高/cm	有效穗/（$\times 10^6$穗/hm^2）	每穗总粒数	结实率/%	千粒重/g	产量/（kg/hm^2）
N0	86.70c	2.69b	111.84a	96.1bc	26.71b	7 705.18b
习惯施肥	87.17bc	2.75b	112.81a	96.7abc	27.80ab	9 440.03a
优化施肥	93.47a	3.48ab	122.17a	97.3a	28.18a	9 892.97a
稳定性肥料	92.47ab	3.17ab	112.39a	96.0c	27.55ab	9 055.53a
金正大缓释肥	94.27a	3.39ab	115.96a	97.2ab	28.35a	9 662.62a
茂施缓释肥	95.50a	3.83a	129.28a	97.1abc	28.53a	10 036.19a

不同缓释肥处理对水稻地上部各养分含量的影响如表 8-17 所示。稳定性肥料处理植株全氮含量有所降低，水稻籽粒和秸秆中含量分别为 10.04 g/kg 和 5.63 g/kg，与无氮处理差异不显著；其他 4 个施肥处理籽粒和秸秆中的全氮含量分别在 11.16 g/kg 和 7.01 g/kg 以上，均高于稳定性肥料处理和无氮处理；习惯和优化施肥处理的分次施肥显著提高了植株中全氮含量，缓释肥处理籽粒和秸秆中的全氮含量虽有下降但差异不显著。各处理水稻籽粒和秸秆中全磷含量差异不一致，水稻籽粒中全磷含量无氮处理最高达 2.02 g/kg，高于其他处理，其余处理间全磷含量差异不显著；水稻秸秆中习惯和优化施肥处理全磷含量总体显著高于其他处理，比其他处理高 16%以上，其余处理间全磷含量差异不显著。各处理水稻籽粒和秸秆中全钾含量也表现出不一样的规律，优化施肥处理水稻籽粒中全钾含量达 3.2 g/kg，其余施肥处理之间全钾含量差异不显著，均为 2.7 g/kg 左右；习惯施肥处理水稻秸秆全钾含量达 14.9 g/kg，与缓释肥处理差异不显著，稳定性肥料和缓释肥处理水稻籽粒和秸秆中全钾含量相差不大，都表现出差异不显著。各处理磷、钾投入量一致，造成磷、钾含量差异的原因主要是氮肥和磷、钾肥会产生交互作用，带来差异。

表 8-17　不同缓释肥处理对水稻地上部养分含量的影响

单位：g/kg

处理	籽粒			秸秆		
	N	P	K	N	P	K
N0	10.01b	2.02a	2.8b	3.78c	1.07b	10.9b
习惯施肥	11.43a	1.76b	2.7b	7.53ab	1.39a	14.9a
优化施肥	11.46a	1.85b	3.2a	8.40a	1.38a	12.3b
稳定性肥料	10.04b	1.87ab	2.6b	5.63bc	1.05b	12.2b
金正大缓释肥	11.28a	1.90ab	2.7b	7.15ab	0.93b	12.9ab
茂施缓释肥	11.16ab	1.78b	2.6b	7.01ab	1.19ab	12.8ab

不同缓释肥处理对水稻氮肥利用率的影响如表 8-18 所示。各处理地上部氮吸收量变化范围为 100.48～189.21 kg/hm^2，与 N0 处理地上部氮吸收量为 100.48 kg/hm^2 相比，其余各施肥处理的地上部氮吸收量均显著提高，其中优化施肥处理最高，达 189.21 kg/hm^2，比无氮处理提高了 88.31%，稳定性肥料处理最低，为 135.52 kg/hm^2。在等施氮量的情况

下，“一基两追”的优化施肥处理与三次追肥的习惯施肥处理比较，虽然养分吸收和氮肥利用率差异不显著，但有增加趋势，优化施肥处理地上部氮吸收量和氮肥利用率分别比习惯施肥处理高 17.01 kg/hm^{2}和 7.56%。减氮 20%处理的金正大和茂施缓释肥处理地上部氮吸收量相差不大，差异不显著，但两者均显著高于相同施氮量的稳定性肥料处理。各施肥处理间比较，在氮肥减量 20%情况下，会在一定程度上降低地上部氮吸收量，但经统计学分析并没有造成显著差异，各处理间地上部氮吸收量变化表现出与产量变化相一致的趋势。

各处理间氮肥利用率变化范围为 19.47%～41.67%，稳定性肥料处理最低为 19.47%，显著低于其他处理；氮肥农学利用率变化范围为 7.50～12.95 kg/kg，稳定性肥料处理最低为 7.50 kg/kg，显著低于茂施缓释肥处理，与其他处理间差异不显著。在等施氮量的情况下，“一基二追”的优化施肥处理氮肥利用率和氮肥农学利用率均高于三次追肥的习惯施肥处理，金正大和茂施缓释肥处理的氮肥利用率和氮肥农学利用率差异不明显，但均高于稳定性肥料处理。各施肥处理间比较，在氮肥减量 20%情况下，不一定会降低氮肥利用率，除稳定性肥料外，其余施肥处理氮肥利用率均有所增加，其中茂施缓释肥的肥料利用率最高，达 41.67%。氮肥农学利用率与氮肥利用率变化趋势相同，其中茂施缓释肥氮肥农学利用率最高，达 12.95%；金正大缓释肥（10.87%）次之，均高于其他施肥处理。

表 8－18　不同缓释肥处理对水稻氮肥利用率的影响

处理	籽粒产量/(kg/hm^2)	秸秆产量/(kg/hm^2)	地上部氮吸收量/（kg/hm^2）	氮肥利用率/%	氮肥农学利用率/（kg/kg）
N0	7 705.18b	8 475.63b	100.48c	—	—
习惯施肥	9 440.03a	10 384.12a	172.20a	31.88b	7.71b
优化施肥	9 892.97a	10 882.35a	189.21a	39.44a	9.72ab
稳定性肥料	9 055.53a	9 961.12a	135.52b	19.47c	7.50b
金正大缓释肥	9 662.62a	10 628.78a	171.52a	39.47a	10.87ab
茂施缓释肥	10 036.19a	11 039.81a	175.48a	41.67a	12.95a

由表 8－19 可以看出，茂施缓释肥处理经济效益最高，扣除肥料成本收益可达 23 077.5元/hm^2，其余施氮处理经济效益差别不大，收益为 22 000 元/hm^{2}左右。由于缓释肥肥料成本基本比普通复合肥高，即使施用缓释肥可以减少氮肥用量，但较习惯和优化施肥处理减少氮肥用量 20%的情况下，缓释肥肥料成本依旧较高，考虑到成本问题，本试验中加入价格相对较低的稳定性肥料处理作为比较，相比较下，金正大缓释肥和茂施缓释肥肥料成本较高，达 2 800 元/hm^2 以上，稳定性肥料次之，仅略微高于普通复合肥，基本为 2 300 元/hm^{2}左右。缓释肥一次性施肥特点比习惯和优化施肥减少两次追肥，可以有效降低施肥人工成本，可降低施肥人工成本 360 元/hm^2。各施肥处理间由于水稻产量差异不显著，故水稻产值相差不大，基本在 25 000 元/hm^{2}左右，茂施缓释肥处理略高，达 26 000 元/hm^{2}以上。与习惯施肥处理比较，茂施缓释肥处理增收 1 228.4 元/hm^2，金正

大缓释肥处理增收 828.7 元/hm^2，稳定性肥料处理虽收入有所减少，但由于肥料成本较低，其实现最高产投比。

表 8-19　不同缓释肥处理的经济效益分析

处理	肥料成本/（元/hm^2）	施肥成本/（元/hm^2）	产值/（元/hm^2）	收益/（元/hm^2）	产投比	增收/（元/hm^2）
N0	1372.5	540	20 033.5	18 121	—	—
习惯施肥	2 271.6	540	24 544.1	21 732.5	8.7	—
优化施肥	2 271.6	540	25 721.7	22 910.1	9.1	1 177.6
稳定性肥料	2 344.0	180	23 544.4	21 020.4	9.3	−1 889.7
金正大缓释肥	3 093.7	180	25 122.8	21 849.1	7.7	828.7
茂施缓释肥	2 836.6	180	26 094.1	23 077.5	8.7	1 228.4

注：普通三元复合肥价格 2.4 元/kg；稳定性肥料价格 2.5 元/kg；金正大缓释肥价格 4 元/kg；茂施缓释肥价格 4.2 元/kg；尿素价格 2.3 元/kg；过磷酸钙价格 1 元/kg；氯化钾价格 3.6 元/kg；水稻价格 2.6 元/kg；收益＝产值－肥料成本－施肥成本，未扣除种子、农药等其他耕作成本；产投比＝产值/（肥料成本＋用工成本）；增收对比习惯施肥。

8.4.3　缓释肥料产品在轻简化施肥上的应用

缓释氮肥具有养分释放慢、养分供应周期长等优点，可以满足作物全生育期的养分需求，因此缓（控）释肥的应用是轻简化施肥的重要基础。由于水稻适宜氮肥施用量和施用方式受到土壤基础地力、水稻品种、肥料特性和施肥方式等因素的影响，因此缓（控）释肥的应用也需综合考虑水稻产区土壤类型复杂、水稻品种多、产量差异大等特点。本节选择浙江省市场销售的典型肥料产品，通过多点大区对比试验，评估了不同类型肥料产品轻简化施肥对“籼粳杂交稻”和“晚粳稻”产量的影响。

试验设 5 个处理：①无肥区（CK），不施肥；②常规施肥（FF），供试肥料为复合肥或配方肥；③树脂包膜缓释肥（RCF）轻简化施肥，供试肥料为沃夫特缓释肥，N、P_2O_5、K_2O 含量分别为 22%、10%、12%；④聚氨酯包膜缓释肥（PCF）轻简化施肥，供试肥料为稻坚强缓释肥，N、P_2O_5、K_2O 含量分别为 26%、10%、15%；⑤木质素缓释肥（LSF）轻简化施肥，供试肥料为万里神农木质素缓释肥，N、P_2O_5、K_2O 含量分别为 15%、4%、6%。常规施肥处理施氮量根据各试验区域高产栽培推荐施氮量确定，氮肥运筹方式为“一基二追”，轻简化施肥各处理（处理 3 至处理 5）氮肥运筹方式为“一基一追”，不施分蘖肥。籼粳杂交稻和晚粳稻各处理施肥量和氮肥运筹比例如表 8-20 所示。为评估不同肥料的氮素供应特性，除无肥区外，其他施肥处理磷肥和钾肥投入量均为 60 kg/hm^2 和 120 kg/hm^2，确保磷和钾不成为养分限制因子。各处理磷肥和钾肥不足部分用过磷酸钙和氯化钾补足，作为基肥施用。

表 8-20　试验点信息和施肥量表

品种类型	处理	施肥量/（kg/hm^2）			氮肥运筹比例/%			氮肥减量/%
		N	P_2O_5	K_2O	基肥	分蘖肥	穗肥	
籼粳杂交稻	常规施肥	250	60	120	40	30	30	12.8
	轻简化施肥	218	60	120	70		—30	

（续）

品种类型	处理	施肥量/（kg/hm²）			氮肥运筹比例/%			氮肥减量/%
		N	P_2O_5	K_2O	基肥	分蘖肥	穗肥	
晚粳稻	常规施肥	277	60	120	50	30	20	36.1
	轻简化施肥	177	60	120	70	—	30	

在浙江省典型单季稻种植区域布置多点试验。“籼粳杂交稻”试验地点位于临海、永康和余杭，供试水稻品种分别为“甬优538”“甬优12”和“嘉丰优2号”；“晚粳稻”试验地点位于舟山和平湖，舟山供试水稻品种为“秀水134”，平湖2个试验点供试水稻品种分别为“秀水14”和“秀水121”。试验为大区对比试验，每个处理大区面积200 m²。水稻成熟期每个大区等距离分成3段，分别在每段区域取5株考种样品。收割时每个大区分别按3段区域来测定产量，取平均值为各处理产量。

1. 试验点基础地力和产量贡献率

良好的土壤基础地力是水稻生产中减少化肥施用量和轻简化施肥的基础，通常以无肥区的产量代表稻田的基础地力。由表8-21可知，籼粳杂交稻和晚粳稻各3个试验点无肥区平均产量分别为9 792.0 kg/hm²和7 705.0 kg/hm²，基础地力产量贡献率分别为81.9%和75.5%，都处于较高水平，表明各试验点都具有较好的肥力基础。晚粳稻试验区基础地力贡献率低于籼粳杂交稻试验区，除了舟山试验点土壤基础地力较差外，可能也和晚粳稻养分利用效率低于籼粳杂交稻有关。

表8-21　试验点基础地力和产量贡献率

水稻类型	无肥区产量/（kg/hm²）	常规施肥区产量/（kg/hm²）	基础地力产量贡献率/%
籼粳杂交稻	9 792.0	11 934.8	81.9
晚粳稻	7 705.0	10 202.5	75.5

2. 轻简化施肥对水稻产量的影响

不同肥料品种轻简化施肥对水稻产量的影响如图8-12所示。籼粳杂交稻试验中氮肥施用量比常规施肥减少12.8%，轻简化施肥各处理除了RCF处理水稻产量略低于FF处理外，PCF和LSF处理水稻产量都高于FF处理，但FF处理与轻简化施肥各处理间水稻产量差异都不显著。试验结果表明籼粳杂交稻应用RCF、PCF或LSF等肥料产品进行轻简化施肥，施氮量在218 kg/hm²时，不会影响水稻产量。

晚粳稻试验中轻简化施肥处理氮肥施用量比FF处理减少了36.1%，水稻产量也显著低于FF处理。由图8-12可知，RCF、PCF和LSF各处理水稻产量为7 876.0～8 978.0 kg/hm²，比FF处理减少了12.0%～22.8%，表明177 kg/hm²的氮肥施用量已不能满足晚粳稻稳产的需求。RCF、PCF和LSF等不同肥料处理在低施氮量下水稻产量反应有一定的差异，PCF处理水稻产量虽然显著低于FF处理，但显著高于LSF处理，而RCF处理水稻产量介于PCF和LSF处理之间。3种肥料在低施氮量下的稳产效应为PCF＞RCF＞LSF。

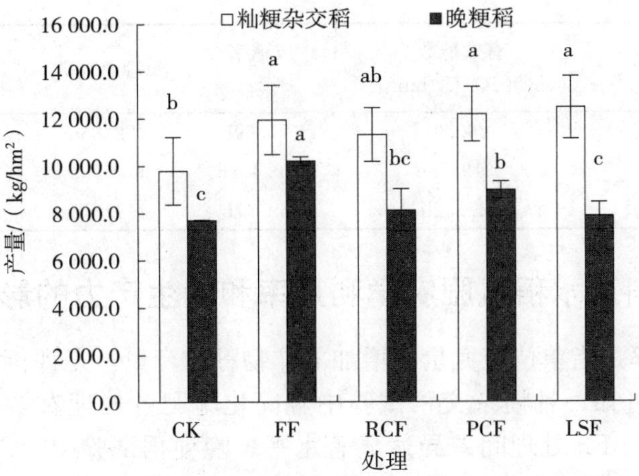

图 8-12　轻简化施肥对水稻产量的影响

3. 缓释肥料对水稻生长和产量构成因子的影响

不同肥料品种轻简化施肥对籼粳杂交稻生长和产量构成因子的影响如表 8-22 所示。除了 LSF 处理有效穗数显著高于 CK 处理外，其他处理间最高苗数、有效穗数和成穗率间都没有显著差异，表明轻简化施肥对水稻生长和孕穗没有产生明显的影响。水稻每穗总粒数、结实率和千粒重等指标间也没有明显的差异。

表 8-22　缓释肥料对籼粳杂交稻生长和产量构成因子的影响

处理	最高苗数/（$\times 10^4$ 穗/hm^2）	有效穗数/（$\times 10^4$ 穗/hm^2）	成穗率/%	每穗总粒数	结实率/%	千粒重/g
CK	268.5a	156.0b	60.4a	326.1a	92.1a	23.5a
FF	318.0a	193.5ab	62.3a	347.2a	84.4a	23.4a
RCF	331.5a	189.0ab	56.5a	347.8a	85.6a	23.4a
PCF	328.5a	189.0ab	57.6a	346.0a	84.5a	23.4a
LSF	324.0a	196.5a	60.3a	335.8a	85.7a	23.5a

晚粳稻试验中不同肥料品种对水稻生长和产量构成因子有一定的影响（表 8-23）。与 FF 处理相比，RCF 和 LSF 处理显著降低了水稻有效穗数和成穗率，PCF 处理有效穗数和成穗率也低于 FF 处理，但差异不显著。轻简化施肥各处理不施分蘖肥，可能导致水稻分蘖期养分供应不足，这是影响水稻有效穗数和成穗率的主要原因。对于不同处理，每穗总粒数、结实率和千粒重等指标间没有显著的差异，表明轻简化施肥各处理孕穗期施氮量能满足水稻后期生长的氮素需求。

表 8-23　缓释肥料对晚粳稻生长和产量构成因子的影响

处理	最高苗数/（$\times 10^4$ 穗/hm^2）	有效穗数/（$\times 10^4$ 穗/hm^2）	成穗率/%	每穗总粒数	结实率/%	千粒重/g
CK	280.5b	237.3b	84.60a	117.75a	94.65a	25.09a
FF	406.8a	334.2a	82.09a	126.65a	95.60a	24.41a

（续）

处理	最高苗数/（×10⁴ 穗/hm²）	有效穗数/（×10⁴ 穗/hm²）	成穗率/%	每穗总粒数	结实率/%	千粒重/g
RCF	362.6a	260.9b	71.99b	122.85a	94.60a	25.44a
PCF	398.0a	319.7ab	80.40ab	115.70a	93.85a	24.89a
LSF	390.2a	271.2b	69.47b	119.35a	95.10a	25.18a

8.4.4 缓释肥料对水稻氮肥农学利用率和偏生产力的影响

氮肥农学利用率是指单位施氮量所增加的作物籽粒产量，是评价氮肥增产效益的常用指标。由表 8-24 可知，籼粳杂交稻试验中轻简化施肥各处理农学利用率都高于 FF 处理，其中 LSF 处理与 FF 处理间差异达显著水平。晚粳稻试验中 RCF、PCF 处理农学利用率与 FF 处理间差异不显著，LSF 处理农学利用率显著低于其他处理，主要是由于平湖 2 个试验点 LSF 产量明显下降，影响了平均农学利用率。

表 8-24　不同肥料品种轻简化施肥对水稻氮肥农学利用率和偏生产力的影响

处理	农学利用率/（kg/kg）		偏生产力/（kg/kg）	
	籼粳杂交稻	晚粳稻	籼粳杂交稻	晚粳稻
FF	8.2b	8.4a	45.0c	34.4c
RCF	8.7ab	11.2a	54.3b	45.9b
PCF	12.0ab	7.2a	57.6ab	50.8a
LSF	12.6a	1.0b	58.2a	44.6b

氮肥偏生产力指单位投入的肥料氮所能产生的作物籽粒产量，在一定程度上反映了生产一定产品需要付出的化肥代价，对施肥的宏观决策有一定指导意义。籼粳杂交稻和晚粳稻试验中，3 种缓释肥轻简化施肥处理肥料偏生产力都显著高于 FF 处理。不同肥料品种间氮肥偏生产力有一定的差异。LSF 处理在籼粳杂交稻试验中氮肥偏生产力显著高于 RCF 处理，但在晚粳稻试验中差异不显著。PCF 处理在籼粳杂交稻试验中氮肥偏生产力与 RCF 和 LSF 处理间差异都不显著，但在晚粳稻试验中显著高于 RCF 和 LSF 处理。

籼粳杂交稻和晚粳稻试验中氮肥农学利用率和偏生产力计算结果表明不同肥料品种的氮肥利用效率除了受到肥料特性影响外，还跟施氮量和水稻品种等有关，RCF、LSF 在籼粳杂交稻和晚粳稻试验中氮肥农学利用率和偏生产力存在一定的差异，而 PCF 在试验中的效应较稳定。

因此，籼粳杂交稻和晚粳稻试验中基础地力产量贡献率分别为 81.9%和 75.5%，良好的基础地力是单季稻轻简化施肥的基础。晚粳稻试验中氮肥减量 36.1%（177 kg N/hm²），树脂包膜缓释肥（RCF）、聚氨酯包膜缓释肥（PCF）和有机缓释肥（LSF）等新型肥料轻简化施肥处理比常规施肥（FF）处理减产 12.0%～22.8%，聚氨酯包膜缓释肥（PCF）的稳产效应优于树脂包膜缓释肥（RCF）和有机缓释肥（LSF）；籼粳杂交稻试验中，氮肥减量 12.8%（218 kg N/hm²），RCF、PCF 和 LSF 等新型肥料轻简化施肥处理水稻产量、产量构成因子与常规施肥（FF）处理间都没有显著差异，能满足单季稻轻简化施肥需求。轻简化施肥技术应用效果受到土壤基础地力、施氮量和肥料品种的影响。

8.4.5　缓释肥料适宜追肥时期

以缓（控）释肥应用为基础的一次性施肥技术近年来研究广泛。已有研究表明一次性基施缓（控）释肥可以显著提高玉米、小麦和水稻三大粮食作物的产量和氮肥利用率。但研究也发现缓释肥一次性施肥的氮素减损和水稻稳产效应并不稳定。单季稻由于生育期长、氮肥需要量大，与一次性施肥模式相比，基于缓释肥应用的"一基一追"的轻简化施肥方式更容易满足水稻生长期间的养分供应。本节选择树脂包膜缓释肥，研究了缓释肥作基肥时，分别追施分蘖肥、穗肥和粒肥的"一基一追"氮肥运筹方式对水稻生产和氮素吸收的影响。

试验在浙江省杭州市淳安县汾口镇仙居村进行。供试土壤为冲积型沙壤土，土壤保肥性较差。每年 6—11 月种植单季稻，冬季休闲或轮作绿肥。试验田块试验前 3 年均为冬季休闲。试验前采集耕层土壤测定基本理化性状。采集样品时将直径 5 cm 土钻插到犁底层为止，耕作层厚度约为 20 cm。试验点土壤基本理化性状如下：土壤 pH4.2、有机质 25.4 g/kg、全氮 1.53 g/kg、碱解氮 128.5 mg/kg、有效磷 6.2 mg/kg、速效钾 65.0 mg/kg。农户常规施肥处理用肥为市售水稻专用肥，N、P_2O_5、K_2O 的含量分别为 20%、8%和 12%。供试缓释肥商品名为"沃夫特"，由山东金正大生态工程股份有限公司生产，N、P_2O_5、K_2O 的含量分别为 22%、8%和 12%，80%氮素释放期为 90 d。

试验共设 5 个处理，分别如下：①对照（N0，不施氮肥）；②常规施肥（FF，水稻生长全程使用水稻专用肥，基肥：分蘖肥：孕穗肥：粒肥为 0.47：0.23：0.12：0.18）；③缓释肥+分蘖肥（CRTF）；④缓释肥+穗肥（CREF）；⑤缓释肥+粒肥（CRGF）。N0 处理不施氮肥，FF 处理施氮量为 255 kg/hm^2，缓释肥轻简化施肥各处理（处理 3 至处理 5）氮肥施用量均比常规施肥减氮 10%。各处理氮肥施用量和氮肥运筹方式如表 8－25 所示。各处理磷（P_2O_5）和钾（K_2O）施用量一致，分别为 102 kg/hm^2 和 153 kg/hm^2，复合肥和缓释肥中磷和钾供应不足部分分别用过磷酸钙和氯化钾补足，都作为基肥撒施。供试水稻品种为甬优 538。手工插秧，株行距控制为 18.0 cm×30.0 cm。试验重复 3 次，小区面积 30 m^2。

表 8－25　各处理施氮量和氮肥运筹

单位：kg/hm^2

处理	基肥	分蘖肥	穗肥	粒肥	总施氮量
对照 N0	0	0	0	0	0
常规施肥 FF	120	60	30	45	255
缓释肥+分蘖肥 CRTF	150	80	—	—	230
缓释肥+穗肥 CREF	150	—	80	—	230
缓释肥+粒肥 CRGF	150	—	—	80	230

相关计算分析如下：

氮肥表观利用率（%）＝（施氮处理吸氮量－不施氮处理吸氮量）/氮肥施用量×100

氮肥农学利用效率（kg/kg）＝（施肥区作物产量－不施肥区作物产量）/施氮量

地上部氮素吸收量为稻谷吸氮量和秸秆吸氮量的总和。

稻谷吸氮量＝稻谷氮含量×稻谷产量

秸秆吸氮量＝秸秆氮含量×稻谷产量×草/谷，各处理草/谷的比值根据养分分析植株样品秸秆和稻谷重量计算，取3次重复的平均值。

数据处理及分析采用 Microsoft Excel 2010 和 SPSS19.0 软件处理分析数据。

1. 缓释肥与水稻产量和氮素吸收

不同施肥处理对水稻产量的影响如表 8-26 所示。FF 处理水稻产量为 9.23 t/hm^2，属于区域高产水平。N0 处理水稻产量为 7.57 t/hm^2，土壤氮素产量贡献率为 82.0%，表明供试土壤具有较好的基础肥力。CRTF 处理水稻产量为 8.98 t/hm^2，和 FF 处理间差异不显著，但显著低于 CREF 和 CRGF 处理。CREF 和 CRGF 处理产量分别比 FF 处理增加 5.9%和 6.6%，差异显著。

表 8-26　追肥时期对单季稻水稻产量和收获期氮素吸收的影响

处理	产量/（t/hm^2）	氮素吸收量/（kg/hm^2）	表观利用率/%	农学利用率/（kg/kg）
对照 N0	7.57c	94.4c	—	—
常规施肥 FF	9.23b	163.7a	27.2a	6.0b
缓释肥＋分蘖肥 CRTF	8.98b	135.0b	17.7b	6.7b
缓释肥＋穗肥 CREF	9.77a	161.9a	29.3a	8.5a
缓释肥＋粒肥 CRGF	9.84a	151.7ab	24.9ab	8.0a

缓释肥轻简化施肥中不同追肥时期对水稻收获期氮素吸收量的影响如表 8-26 所示。CREF 和 CRGF 处理水稻氮素吸收量分别为 161.9 kg/hm^{2}和 151.7 kg/hm^2，与 FF 处理间差异不显著，而 CRTF 处理氮素吸收量为 135.0 kg/hm^2，显著低于 FF 处理。

CRTF 处理氮素表观利用率为 17.7%，比 FF 处理降低了 9.5%，差异达到显著水平。CREF 和 CRGF 处理氮素表观利用率和 FF 处理间差异都不显著。CRTF 处理农学利用率为 6.7 kg/kg，与 FF 处理间差异不显著，CREF 和 CRGF 处理 2018 年农学利用率分别比 FF 处理增加了 41.7%和 33.3%，差异显著，2019 年试验中农学利用率也高于 FF 处理，但差异不显著。

2. 追肥时期与水稻分蘖

不同施肥处理分蘖数动态变化如图 8-13 所示。由图 8-13 可知，各处理水稻分蘖均呈先增加后下降的“抛物线”趋势，但各处理最大分蘖数和最大分蘖数出现时间有一定的差异。水稻分蘖数随移栽后天数的变化均符合二元一次方程，相关性均达到极显著水平（$P<0.01$）（表 8-27），根据方程计算各处理理论最高苗数和理论分蘖高峰出现时间，结果如表 8-27 所示。CRTF 处理每丛理论最高苗数为 25.5 个，高于 FF 处理的 23.5 个，理论分蘖高峰出现时间也比 FF 处理延迟了 2.6 d。CREF 处理理论最高苗数与 FF 处理间差异较小，最大分蘖数出现时间比 FF 处理延迟了 1.4 d，而 CRGF 处理理论最大分蘖数略低于 FF 处理，理论分蘖高峰出现时间则比 FF 处理延迟了 1.1 d。

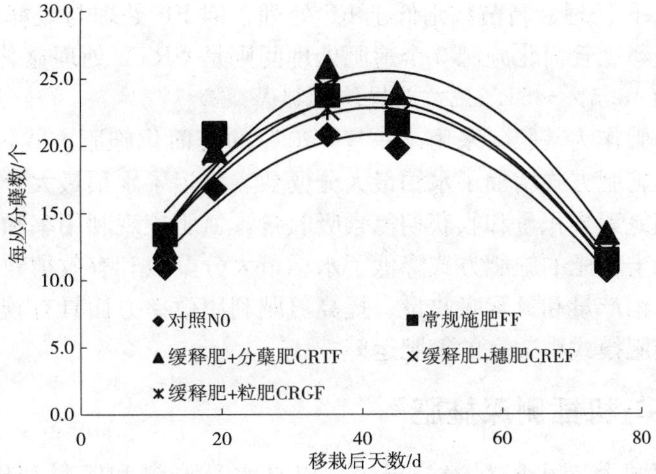

图 8－13　不同追肥时期水稻分蘖动态

表 8－27　水稻分蘖动态拟合方程

处理	拟合方程	相关系数	理论最高苗数/（个/丛）	理论分蘖高峰/d
对照 N0	$y=-0.0097x^2+0.8206x+3.4539$	$R^2=0.9597^{**}$	20.8	42.3
常规施肥 FF	$y=-0.0102x^2+0.8282x+6.6487$	$R^2=0.9104^{**}$	23.5	40.6
缓释肥＋分蘖肥 CRTF	$y=-0.0122x^2+1.0534x+2.7695$	$R^2=0.9525^{**}$	25.5	43.2
缓释肥＋穗肥 CREF	$y=-0.0112x^2+0.9404y+3.9682$	$R^2=0.9382^{**}$	23.7	42.0
缓释肥＋粒肥 CRGF	$y=-0.0105x^2+0.8767x+4.5716$	$R^2=0.9304^{**}$	22.9	41.7

3. 追肥时期与单季稻最高苗数和成穗率

追肥时期对单季稻实测最高苗数和成穗率的影响如图 8－14 所示。由图 8－14 可知，与 FF 处理相比，CRTF 处理最高苗数呈增加的趋势，CREF 处理最高苗数与 FF 处理间

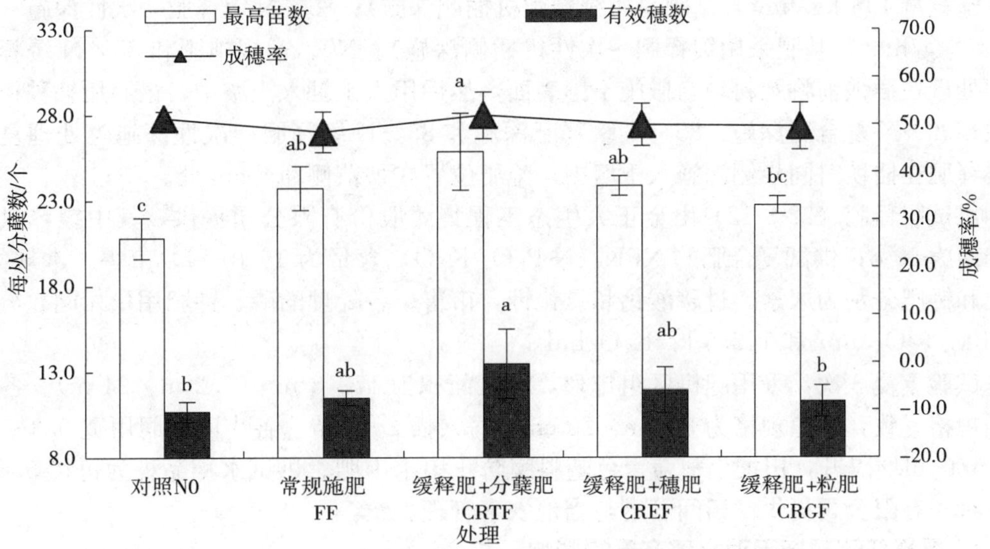

图 8－14　追肥时期对单季稻最高苗数和成穗率的影响

差异较小，而CRGF处理最高苗数则低于FF处理，但FF处理与缓释肥各处理间最高苗数差异不显著。缓释肥轻简化施肥3个追肥处理间则是CRTF处理显著高于CRGF处理。各处理的成穗率为48.5%～51.3%，差异均不显著。

因此，以缓释肥作为基肥，采用“一基一追”的轻简化施肥方式，未降低水稻产量。缓释肥＋分蘖肥的施肥方式增加了水稻最大分蘖数，延迟了水稻最大分蘖出现时间，降低了水稻关键生育期氮素累积量和收获期氮素吸收量，氮肥表观利用率和农学利用率都有降低的趋势。缓释肥＋粒肥的施肥方式降低了水稻最大分蘖数和有效穗数。缓释肥＋穗肥的施肥方式在稳定水稻产量和氮素吸收量、提高氮肥利用效率方面具有较好的效果，是“一基一追”轻简化施肥模式中适宜的氮肥运筹方式。

8.4.6 缓释肥与机插侧深施肥

肥料深施可以显著减少肥料养分损失、提高水稻产量和肥料利用率，但是稻田肥料深施费时费工，一直缺乏一种有效方式来实现肥料深施。近年来，水稻机插侧深施肥技术开始在浙江省水稻生产上得到应用。本项目通过田间小区试验，研究了缓释肥侧深施肥技术的应用效果。田间定位试验依托于在浙江省杭州市余杭区瓶窑镇(119°58′32″E，30°22′4″N）长期试验点进行，试验数据选取2018—2020年相关数据。该区域属亚热带季风气候，年均气温15.7℃，年均降雨量1 540 mm。土壤类型为潜育型水稻土。当地主要种植模式为稻麦轮作。耕层（0～20 cm）土壤基本理化性质如下：pH 5.19、有机质37.9 g/kg、全氮2.1 g/kg、碱解氮97.4 mg/kg、有效磷4.6 mg/kg、速效钾83.0 mg/kg。

试验共设置6个处理，分别如下：N0（不施氮肥）；常规施肥（施氮量233kg/hm^2，基肥用复合肥撒施）；90%N复合肥深施（施氮量210 kg/hm^2，基肥采用复合肥机插侧深施）；85%N缓释肥撒施（施氮量198 kg/hm^2，基肥采用缓释肥撒施）；85%N缓释肥深施（施氮量198 kg/hm^2，基肥采用缓释肥机插侧深施）；85%N缓释肥一次性深施（施氮量198 kg/hm^2，基肥采用缓释肥一次性机插侧深施）。N0、常规施肥和85%N缓释肥撒施等处理在插秧前将肥料均匀撒施土壤表面，然后用人工翻入土壤中，最后用插秧机进行插秧；90%N复合肥深施、85%N缓释肥深施和85%N缓释肥一次性深施等处理复合肥或缓释肥在插秧时同步侧深施入土壤中，施肥位置在秧苗侧面5 cm处。

供试缓释肥（22-8-12）由金正大生态工程集团股份有限公司提供，其中缓释氮肥的控释期为90 d；供试复合肥的NPK（N-P_2O_5-K_2O）含量为16-10-14，市售。常规氮肥、磷肥和钾肥分别为尿素、过磷酸钙和氯化钾，市售。各处理的磷、钾肥用量相同，分别为37.5 kg P_2O_5/hm^2和142.5 kg K_2O/hm^2。

试验重复3次，采用随机区组排列，小区面积为172.8 m^2（7.2 m×24 m)。各处理机插规格一致，种植规格为30 cm×20 cm，每穴插2～3苗。各小区之间用宽0.3 m、高0.3 m的田埂隔开，田埂上覆盖黑色塑料膜防止串水串肥。供试水稻品种为甬优538，由宁波种子有限公司提供。田间管理与当地农事管理一致。

1. 缓释肥侧深施用对水稻产量的影响

由图8-15可知，施用氮肥相较于不施氮肥显著增加水稻产量。各施氮处理中，90%

复合肥深施处理 2019 年水稻产量显著低于常规施肥处理、85%N 缓释肥撒施 2018 年水稻产量显著低于 90%N 复合肥深施处理，85%N 缓释肥深施和 85%N 缓释肥一次性深施处理 3 年试验中水稻产量则比较稳定。从 3 年平均产量来看，90%N 复合肥深施、85%N 缓释肥撒施、85%N 缓释肥深施和 85%N 缓释肥一次性深施各处理水稻产量与常规施肥处理间差异都不显著，但 90%N 复合肥深施和 85%N 缓释肥撒施处理产量低于常规施肥处理，表明缓释肥结合侧深施肥技术对于水稻稳产具有较好的效应。

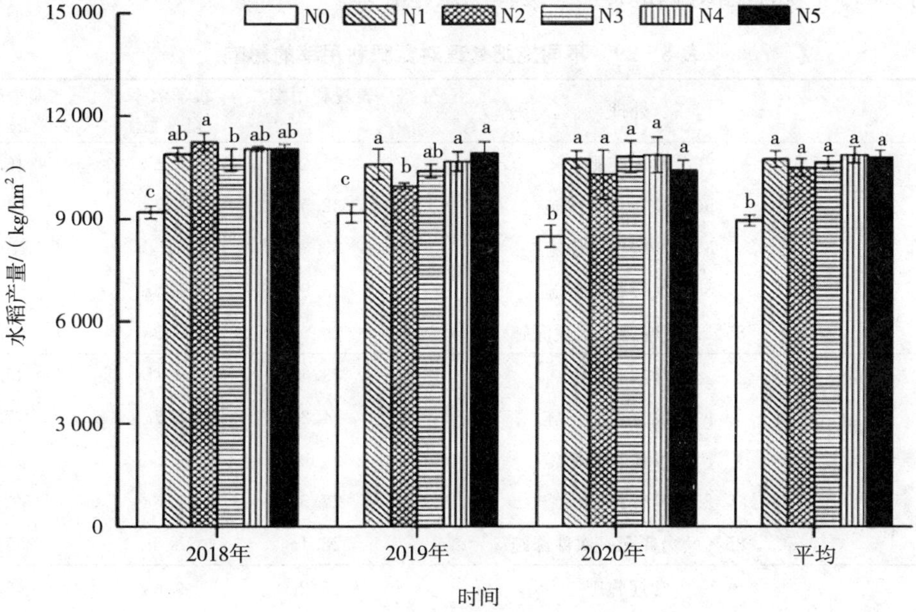

图 8－15　不同施肥处理对水稻产量的影响

注：N0 表示不施氮；N1 表示常规施肥；N2 表示 90%N 复合肥深施；N3 表示 85%N 缓释肥撒施；N4 表示 85%N 缓释肥深施；N5 表示 85%N 缓释肥一次性深施。

2. 缓释肥侧深施用对水稻地上部氮素积累和氮肥利用效率的影响

由表 8－28 可以看出，与不施氮肥相比，施用氮肥显著提高了水稻氮素积累。与常规施肥处理相比，90%N 复合肥深施和 85%N 缓释肥撒施处理 2019 年水稻氮素累积量低于常规施肥处理，85%N 缓释肥深施和 85%N 缓释肥一次性深施处理 3 年试验氮素累积量与常规施肥处理间差异都不显著。

表 8－28　不同施肥处理对水稻氮素积累的影响

处理	2018 年	2019 年	2020 年
N0	127.3b	131.9c	103.0b
常规施肥	182.8a	186.3a	161.7a
90%N 复合肥深施	195.0a	161.8b	146.9a
85%N 缓释肥撒施	173.1a	172.8ab	157.5a
85%N 缓释肥深施	178.3a	186.4a	155.6a
85%N 缓释肥一次性深施	186.0a	187.6a	145.7a

从表 8-29 中可以看出，3 年试验中除了 90%N 复合肥深施处理 2019 年氮肥表观利用率显著低于常规施肥处理外，各处理氮肥表观利用率与常规施肥处理间差异都不显著。90%N 复合肥深施和 85%N 缓释肥撒施处理 3 年平均氮肥表观利用率低于常规施肥处理，而 85%N 缓释肥深施和 85%N 缓释肥一次性深施处理 3 年平均氮肥表观利用率略高于常规施肥处理。各处理农学效率和氮肥偏生产力总体都呈高于常规施肥处理的趋势，其中 85%N 缓释肥深施和 85%N 缓释肥一次性深施处理 3 年平均农学利用率和平均氮肥偏生产力高于 90%N 复合肥深施和 85%N 缓释肥撒施处理。

表 8-29　不同施肥处理对氮肥利用率的影响

时间	处理	表观利用率/%	农学效率/(kg/kg)	偏生产力/(kg/kg)
2018 年	常规施肥	24.0a	7.2b	46.8c
	90%N 复合肥深施	32.5a	9.7a	53.7b
	85%N 缓释肥撒施	23.3a	7.7ab	54.1ab
	85%N 缓释肥深施	25.9a	9.3a	55.7a
	85%N 缓释肥一次性深施	29.8a	9.3a	55.7a
2019 年	常规施肥	23.4a	6.1b	45.6c
	90%N 复合肥深施	14.2b	3.7c	47.5c
	85%N 缓释肥撒施	20.6ab	6.2ab	52.5b
	85%N 缓释肥深施	27.5a	7.6a	53.9ab
	85%N 缓释肥一次性深施	28.1a	8.8a	55.1a
2020 年	常规施肥	25.2a	9.6a	46.1c
	90%N 复合肥深施	21.0a	8.7a	49.2bc
	85%N 缓释肥撒施	27.5a	11.7a	54.6a
	85%N 缓释肥深施	26.6a	12.0a	54.9a
	85%N 缓释肥一次性深施	21.6a	9.7a	52.6a
3 年平均	常规施肥	24.2	7.6	46.2
	90%N 复合肥深施	22.6	7.4	50.1
	85%N 缓释肥撒施	23.8	8.5	53.7
	85%N 缓释肥深施	26.7	9.6	54.8
	85%N 缓释肥一次性深施	26.5	9.3	54.5

3. 缓释肥侧深施用对土壤氮含量的影响

表 8-30 显示，连续试验 3 年后，各处理间土壤全氮含量无显著差异。常规施肥处理碱解氮含量最低，并且显著低于其他处理；此外，85%N 缓释肥撒施处理的土壤碱解氮含量显著高于其他处理（除 85%N 缓释肥一次性深施外）。85%N 缓释肥撒施和 85%N 缓释肥一次性深施处理的铵态氮含量显著高于其他处理。各处理间的土壤硝态氮含量为 2.1～4.3 mg/kg，差异不显著。

表 8－30　不同施肥处理对土壤氮含量的影响

处理	全氮/(g/kg)	碱解氮/(mg/kg)	铵态氮/(mg/kg)	硝态氮/(mg/kg)
N0	2.1a	99.2b	9.1b	2.1a
常规施肥	1.9a	86.6c	10.8b	2.1a
90%N 复合肥深施	2.0a	98.7b	9.7b	2.2a
85%N 缓释肥撒施	2.2a	119.9a	18.0a	3.6a
85%N 缓释肥深施	2.1a	98.0b	10.2b	2.2a
85%N 缓释肥一次性深施	2.2a	101.8ab	15.9a	4.3a

连续 3 年田间试验表明，90%N 复合肥深施和 85%N 缓释肥撒施处理水稻产量低于常规施肥处理，85%N 缓释肥深施和 85%N 缓释肥一次性深施处理水稻产量较稳定。3 年试验中，90%N 复合肥深施和 85%N 缓释肥撒施水稻地上部氮素吸收量、氮肥表观利用率、农学利用率和偏生产力有一定的差异；85%N 缓释肥深施和 85%N 缓释肥一次性深施处理地上部氮素吸收量与常规施肥间差异不显著，氮肥表观利用率略高于常规施肥处理，氮肥农学利用率和偏生产力显著提高。85%N 缓释肥深施和 85%N 缓释肥一次性深施处理在氮肥减量和水稻稳产方面效果较稳定。

8.5　新型肥料研发建议

8.5.1　加大力度调整我国化肥品种结构

努力提高我国氮肥的自给能力；磷肥以国内生产为主、辅以进口；加快国内钾肥资源的勘探与开发、扩大钾肥的进口比例，尽快缩小我国氮、磷、钾化肥使用中钾素严重不足的缺口。同时，调整化肥的分配，使有限的钾肥资源使用在最需要的地区和施钾效益最好的作物上。

8.5.2　建立全国作物专用肥料研究协作网

持续深入开展土壤养分供应状况、作物营养特性和肥料效应研究。开展区域性主要作物主栽区土壤养分供应状况系统研究，摸清全国耕地土壤的主要养分障碍因子，准确地揭示各种养分供应能力及动态变化，这是作物专用肥料营养配方和施用技术研究及产品推广应用的基础。开展作物营养特性研究，特别是加强对基础工作较薄弱的果树、蔬菜和一些作物新品种的营养特性研究，了解其养分吸收、分配特征，探明其营养临界期和营养最大效率期，提高作物专用肥料的使用效率。随着作物换茬、耕作轮作制、施肥习惯和产量水平的变化，土壤养分供应也在不断变化，进而引起各种肥料的增产效应也随之变化。因此，必须根据各地作物布局情况，经常开展田间肥效试验，结合长期定位试验，掌握土壤肥力变化及其对各种肥料效应的影响，不断优化作物专用肥料的营养配方和施用技术。通过协作网对研究资料汇总，逐步建立全国土壤养分状况、作物营养特性、肥料效应等各方面的数据库，最终形成具有一定权威性和规范化的作物专用肥料生产和使用标准。

8.5.3 完善原料化肥和作物专用肥料生产工艺

加强新型肥料，如缓释氮肥、有机无机复混专用肥、生物有机肥、多功能专用肥等的实用性工艺研究，为生产低能耗、低成本、高肥效的作物专用肥料探索新的工艺路子。

8.5.4 尽快拟定我国有关施肥技术政策

制定肥料法，规范肥料市场，健全农化服务体系。规范作物专用肥料的生产与销售，严格监督作物专用肥料的质量，防止生产和销售假劣及不合格的作物专用肥料。同时，进一步健全农化服务网络，使作物专用肥料的研究、生产、销售、使用、服务一体化，推动作物专用肥料的迅速发展。

参考文献

鲍瑞，周筠，康建宏，等，2013. 不同有机肥对枸杞活性成分的影响［J］. 北方园艺（5）：174-177.

曹志洪，周健民，2008. 中国土壤质量［M］. 北京：科学出版社.

陈士更，张民，丁方军，等，2019. 腐植酸土壤调理剂对酸化果园土壤理化性状及苹果产量和品质的影响［J］. 土壤，51（1）：83-89.

董珊珊，窦森，邵满娇，等，2017. 秸秆深还不同年限对黑土腐殖质组成和胡敏酸结构特征的影响［J］. 土壤学报，1：150-159

董雪，王春燕，黄丽，等，2014. 侵蚀红壤腐殖酸组分特点及其对水稳性团聚体的影响［J］. 土壤学报（1）：114-125.

贾武霞，文炯，许望龙，等，2016. 我国部分城市畜禽粪便中重金属含量及形态分布［J］. 农业环境科学学报，35（4）：764-773.

蒋林惠，罗琇，肖正高，等，2016. 长期施肥对水稻生长和抗虫性的影响：解析土壤生物的贡献［J］. 生物多样性（8）：907-915.

李伟，袁亮，张水勤，等，2020. 中低分子量腐殖酸提高冬小麦磷吸收和产量的机理［J］. 植物营养与肥料学报，146（11）：125-132.

林治安，赵秉强，袁亮，等，2009. 长期定位施肥对土壤养分与作物产量的影响［J］. 中国农业科学，42（8）：2809-2819.

凌宁，王秋君，杨兴明，等，2009. 根际施用微生物有机肥防治连作西瓜枯萎病研究［J］. 植物营养与肥料学报，15（5）：1136-1141.

刘汝亮，张爱平，李友宏，等，2016. 长期配施有机肥对宁夏引黄灌区水稻产量和稻田氮素淋失及平衡特征的影响［J］. 农业环境科学学报，34（5）：947-954.

刘盛林，董晓霞，孙泽强，等，2020. 尿素中添加腐殖酸提升冬小麦产量和氮吸收效率［J］. 中国农学通报，557（14）：22-27.

刘彦伶，李渝，张雅蓉，等，2017. 西南黄壤性水稻土长期不同施肥模式下作物产量及氮肥利用率演变特征［J］. 中国土壤与肥料（3）：20-27.

罗华，李敏，胡大刚，等，2012. 不同有机肥对肥城桃果实产量及品质的影响［J］. 植物营养与肥料学报，18（4）：955-964.

马明坤，袁亮，李燕婷，等，2019. 不同磺化腐殖酸磷肥提高冬小麦产量和磷素吸收利用的效应研究［J］. 植物营养与肥料学报，25（3）：16-23.

马永喜，2010. 规模化畜禽养殖废弃物处理的技术经济优化研究——以北京北郎中村为例的生态经济模型分析［D］. 杭州：浙江大学.

潘霞，陈励科，卜元卿，等，2012. 畜禽有机肥对典型蔬果地土壤剖面重金属与抗生素分布的影响［J］. 生态与农村环境学报，28（5）：518-525.

庞淑婷，董元华，2012. 土壤施肥与植食性害虫发生为害的关系［J］. 土壤，44（5）：719-726.

曲成闯，陈效民，张志龙，等，2019. 生物有机肥提高设施土壤生产力减缓黄瓜连作障碍的机制［J］. 植物营养与肥料学报，25（5）：814-823.

阮维斌，2000. 大豆连作障碍机理及调控措施的研究［D］. 北京：中国农业大学.

盛下放，钱永禄，刘丽，2006. 不同处理有机肥对蔬菜品质和土壤肥力的影响［J］. 农业环境科学学报，25（1）：77-80.

王瑾，韩剑众，2008. 饲料中重金属和抗生素对土壤和蔬菜的影响［J］. 生态与农村环境学报，24（4）：90-93.

王如阳，王泓，1999. 褐煤腐植酸对Cr（Ⅵ）离子吸附物性试验［J］. 云南民族大学学报（自然科学版），8（4）：41-44.

王霜，邓良伟，王兰，等，2016. 猪场粪污中重金属和抗生素的研究现状［J］. 中国沼气（4）：25-33.

吴本法，周邦国，陈兰祥，2003. 有机生物肥在柑橘上的应用效果研究［J］. 湖北农业科学（3）：59-60.

谢军，赵亚南，陈轩敬，等，2016. 有机肥氮替代化肥氮提高玉米产量和氮素吸收利用效率［J］. 中国农业科学，49（20）：3934-3943.

熊田恭一，1984. 土壤有机质的化学［M］. 北京：科学出版社.

徐明岗，邹长明，秦道珠，等，2001. 有机无机肥配合施用下的稻田氮素转化与利用［C］//氮素循环与农业和环境学术讨论会论文集，厦门.

徐长宝，刘喆，王吉锋，等，2018. 橘园施用有机肥对主要害虫发生的影响［J］. 环境昆虫学报，40（4）：958-962.

张丹丹，叶小辉，赵峰，等，2016. 基于游离氨基酸组分的白茶滋味品质研究［J］. 福建农业学报，31（5）：515-520.

张笛梦，胡艳平，王振华，等，2020. 外源腐殖酸对黏质农田土壤Cd活性的影响［J］. 长江科学院院报，37（2）：68-71.

张敬敏，刘春生，叶桂梅，等，2011. 腐殖酸与无机肥配施对I-107欧美杨养分和土壤肥力的影响［J］. 林业科学（1）：158-161.

张一扬，方丽婷，李强，等，2019. 不同类型钾肥配施对烤烟钾素积累分配及生长发育的影响［J］. 云南农业大学学报：自然科学版，34（2）：338-343.

张英娜，陈根生，刘阳，等，2000. 烘青绿茶苦涩味及其滋味贡献物质分析［J］. 茶叶科学（4）：377-383.

周丽平，袁亮，赵秉强，等，2019. 不同分子量风化煤腐殖酸对玉米植株主要代谢物的影响［J］. 植物营养与肥料学报，25（1）：146-152.

DAWE D，DOBERMANN A，LADHA J K，et al.，2003. Do organic amendments improve yield trends and profitability in intensive rice systems?［J］. Field crops research，83（2）：191-213.

DUAN Y，XU M，GAO S，et al.，2014. Nitrogen use efficiency in a wheat-corn cropping system from 15 years of manure and fertilizer applications［J］. Field crops research，157（2）：47-56.

KROSSHAVN M，KGEL-KNABNER I，SOUTHON T E，et al.，2010. The influence of humus fractionation on the chemical composition of soil organic matter studied by solid-state 13C NMR［J］.

Journal of soil science，43（3）：473-483.

RIZWAN A，ANSARI，2017. Optimization of organic and bio- organic fertilizers on soil properties and growth of pigeon pea [J] . Scientia horticulturae，226：1-9.

WILLIAMS A，XING B，VENEMAN P，2005. Effect of cultivation on soil organic matter and aggregated stability [J] . Pedosphere，15（2）：255-262.

ZHAO Y，CHEN P，LIN L Z，et al.，2011. Tentative identification，quantitation，and principal component analysis of green，and white teas using UPLC/DAD/MS [J] . Food chemistry，126（3）：269-1277.

YAKHIN O I，LUBYANOV A A，YAKHIN I A，et al.，2017. Biostimulants in plant science：a global perspective [J] . Frontiers in plant science，7：2049.

第 9 章 粮油作物绿色高效定额施肥技术集成与应用

实现农作物产量大幅度增长，农业生产投入和成本大幅度下降，生产效率大幅提升是产业内的共同愿景，中国工程院张福锁院士认为，应当实施“三步走”战略，即减肥增效、绿色增产增效与提质增效、绿色发展三大战略（图 9－1）。

第一步：节肥增效 30%（减肥增效）。

第二步：作物产量与资源利用效率协同提高 10%～20%（绿色增产增效）。

第三步：作物产量与资源利用效率协同提高 30%～50%（提质增效，绿色高质高效）。

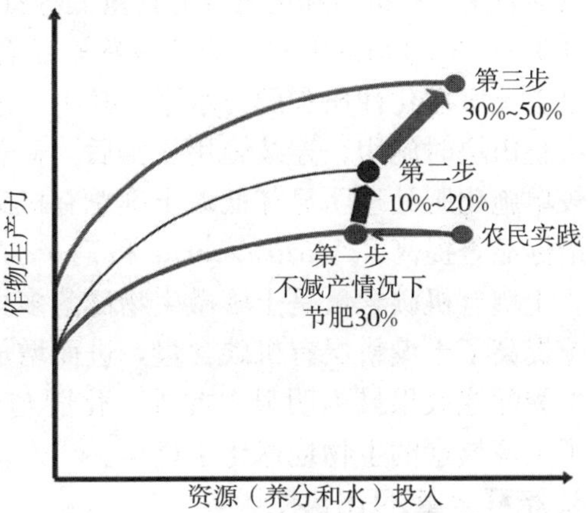

图 9－1　中国现代农业的三步走战略

近年来浙江省通过大力实施化肥减量增效行动，单位种植面积化肥施用量连续 9 年实现负增长，但经济作物面积高、复种指数高、高产作物品种多的“三高”种植结构，对标发达国家施肥水平，对标国家对农业绿色发展先行区的考核要求，化肥减量仍有较大空间。2018 年浙江省提出“实施化肥最高用量制度”的概念，提出发布了《关于试行农业投入化肥定额制的意见》，并在相关的配套技术、施用限量标准和政策保障体系建设等方面进行探索，以期构建化肥定额制的目标体系、技术体系、保障体系。

9.1　概述

2019 年以来，浙江省耕地质量与肥料管理总站联合中国水稻研究所、浙江省农业科学院和浙江农林大学等科研单位，基于土壤肥力大数据调查，通过分析浙江省粮油主产区耕地土壤健康状况，提出障碍性土壤培肥改良技术，分类制定健康土壤培育技术；明确了主要粮油作物养分运筹机制及其化肥施用限量标准，结合不同区域作物需肥规律，集成构建健康土壤培育、有机肥资源化利用、秸秆高效还田、化肥机械深施、化肥定额制施用和智慧施肥等技术，综合应用研发的粮油作物专用配方肥、生物有机肥、缓（控）释肥、有机缓释肥等新产品，建立了主要粮油作物周年高效绿色化肥定额制配套施肥技术，构建了化肥定额制技术体系、政策体系和推广体系。该技术统筹协调解决了化肥减量和全力守好“米袋子”关系，切实保障了国家粮食安全和生态安全，促进农业发展方式从数量型增长向质量效益型增长转变，推进绿色农业高质量发展，为我国实施“藏粮于地、藏粮于技”战略、高水平推动农业绿色发展贡献“浙江方案”。

9.2 集成技术要点

9.2.1 健康土壤培育技术

1. 有机熟化技术（有机培肥）

通过汇总中国统计数据和公开发表的文献资料，明确了畜禽粪尿全量还田的氮、磷、钾养分输入量分别为811.9万t（N）、856.5万t（P_2O_5）、949.5万t（K_2O），可替代化学养分的潜力分别为45.3%、106.8%和76.5%。针对主要粮油作物体系化肥过量施用导致的土壤酸化、有机质和速效养分含量低等特点，提出施用绿肥紫云英鲜草22 500 kg/hm^{2}或者鲜牛粪13 500 kg/hm^{2}等有机物料，结合深耕、合理灌溉等进行熟化的培肥策略，可有效改善土壤理化性质和肥力水平。其中，紫云英在收获后翻耕入土进行熟化，鲜牛粪在机械耕整田块时施用。连续施用4年后，显著增加土壤有机质、全氮和有效磷含量，土壤容重较单施化肥处理明显降低；土壤总有机碳、高锰酸钾氧化有机碳和微生物量碳等碳库评价指标显著提高。*Acidobacteria* 和 *Proteobacteria* 为浙江南方区域水稻土中微生物优势类群。土壤有机碳含量是土壤微生物群落多样性的最大影响因子。连续5年化肥与有机物料配施提高了土壤耕层有机碳含量，进而增加了土壤细菌物种数和群落多样性，其中以化肥与牛粪配施效果最为明显。此外，化肥与牛粪配施提高了 *Rhizobium* 相对丰度，可能改变了土壤氮素的生物地球化学过程。

2. 秸秆全量还田技术

通过汇总中国统计数据和公开发表的文献资料，明确了秸秆还田的氮、磷、钾养分平均输入量分别为54.4 kg N/hm^2、15.5 kg P_2O_5/hm^2、88.1 kg K_2O/hm^2，可替代化学养分的潜力分别为38.4%、18.9%和85.5%。制定了适宜于双季稻、稻麦和稻油连作种植区秸秆全量还田技术，选择配有秸秆切碎装置的联合收割机收割水稻（油菜、小麦），并启用秸秆切碎装置，将稻秸切成10～15 cm长短，全田抛撒，全量归还；在撒施基肥时施用秸秆腐熟剂，每亩用量2 kg，加速秸秆分解腐熟；翻耕前灌浅水，水深3～5 cm为宜，旋耕深度20 cm以上，使碎草与耕层泥土混合，切忌水层过深，确保碎草不漂浮、不堆积；根据粮油作物肥料试验限量标准，采用定量精确施肥方法，确定基肥氮肥用量，并根据土壤测试结果补足磷、钾肥用量。一般，翻沤前每亩稻田施用碳酸氢铵40～50 kg、过磷酸钙25～30 kg、氯化钾5～6 kg作基肥。晚稻移栽返青后，每亩稻田施用尿素5～7.5 kg作追肥，以防止稻草腐烂分解时产生生物夺氮现象，影响晚稻早生快发。有条件可以施用秸秆腐熟剂，秸秆腐熟剂用量一般每亩2 kg。早稻每亩用25 kg的45%配方肥作基肥，返青后亩追尿素7.5 kg，晚稻追肥看苗情，可以适当增减。

3. 调酸增肥技术

有机硅钙镁钾肥富含CaO、MgO、K_2O、P_2O_5、SiO_2、Fe_2O_3等中微量营养元素，

呈碱性（pH 8.8）。以碱性硅钙镁钾肥作为土壤调理剂，作为基肥一次性施入 1 500～1 875 kg/hm^2 可以降低土壤中交换性酸和交换性 Al^{3+}，在改良粮油作物酸性障碍、提升土壤养分有效性方面具有显著效果（表 9-1）。

表 9-1　连续改良培肥 4 年后黄泥田土壤理化性质

处理	有机质/(g/kg)	全氮/(g/kg)	有效磷/(mg/kg)	速效钾/(mg/kg)	容重/(g/cm^3)	pH	交换性酸/(cmol/kg)	交换性铝/(cmol/kg)
试验前	26.3	1.53	17.0	97.0	—	5.14	0.42	0.31
不施肥	23.2c	1.36d	15.3c	86.8c	1.33a	4.96b	0.31b	0.22b
常规施肥	23.8c	1.74c	21.8bc	105.9b	1.32a	4.95b	0.34b	0.24b
常规施肥＋有机肥＋硅钙镁钾肥	26.9b	1.82b	23.0bc	143.9a	1.24b	5.32ab	0.15c	0.08c
常规施肥＋紫云英＋硅钙镁钾肥	27.4b	1.84b	26.0b	141.6a	1.29a	5.32ab	0.11c	0.05c
常规施肥＋牛粪＋硅钙镁钾肥	31.3a	1.96a	38.1a	140.9a	1.23b	5.43a	0.09c	0.04c
常规施肥＋秸秆＋硅钙镁钾肥	27.1b	1.83b	24.5b	145.3a	1.32a	5.27b	0.09c	0.04c

4. 不同作物配方肥主推配方

按照“减氮、控磷、稳钾”和“大配方、小调整”的原则，避免同一作物配方过多的现象，结合粮油作物养分吸收特性，优化提出了浙江省主要粮经作物肥料主推配方，原则上每个县（市、区）发布一种作物主推配方 1～2 个，研发了水稻、油菜和小麦专用配方肥（表 9-2）。

表 9-2　2022 年浙江省主要农作物肥料主推配方

作物		高浓度配方 (N-P_2O_5-K_2O)	中浓度配方 (N-P_2O_5-K_2O)	有机无机配方 (N-P_2O_5-K_2O)	施用区域 (N-P_2O_5-K_2O)
水稻	早稻	20-10-15（基施）	19-7-12（基施） 15-7-11（基施） 18-4-11（基施） 20-7-8（基施） 13-8-12（基施） 16-4-13（基施） * 19-15-5（基施）	15-4-6（基施） 13-5-7（基施） 18-5-10（基施）	浙北平原区 浙西山地丘陵 浙中丘陵盆地区 浙东盆地低山区
		24-6-15（基施）			浙南中山区
		23-10-12（基施）			东部丘陵岛屿平原区
		* 23-12-15（基施）			各地
	晚稻、单季稻	20-10-15（基施）			浙北平原区
		20-8-17（基施）			浙西山地丘陵区
		20-8-17（基施）			浙中丘陵盆地区
		18-10-17（基施）			浙东盆地低山区
		22-6-17（基施）			浙南中山区
		21-10-14（基施）			东部丘陵岛屿平原区
		20-0-22（追施）			各地
		20-5-20（追施）			各地

（续）

作物		高浓度配方 (N-P_2O_5-K_2O)	中浓度配方 (N-P_2O_5-K_2O)	有机无机配方 (N-P_2O_5-K_2O)	施用区域 (N-P_2O_5-K_2O)
油菜		22-12-11（基施）	16-8-9（基施） 15-7-11（基施） 13-8-12（基施）	15-4-6（基施） 13-5-7（基施）	浙北平原区
		20-10-15（基施）			浙西山地丘陵 浙南中山区
					浙中丘陵盆地区
		18-12-15（基施）			浙东盆地低山区
		21-12-12（基施）			东部丘陵岛屿平原区
		*20-15-10（基施）			各地
大小麦		22-9-14（基施） *18-18-10（基施）	15-7-11（基施）	18-5-10（基施） 12-4-14（基施）	各地
旱杂粮	玉米	20-8-17（基施）			各地
	大豆	16-10-19（基施）	12-7-14（基施）		各地
	薯类	19-5-21（基施）	14-4-15（基施）		各地

注：①推荐用量：高浓度配方按每亩 30～35 kg 基施，中浓度配方按每亩 40～45 kg 基施，有机无机配方按每亩 50～60 kg 基施；②油菜建议增施硼肥或含硼配方肥，大豆建议增施镁肥或含镁配方肥；③加 * 的主推配方肥适用于缺磷地区。

9.2.2 化肥周年定额施用技术

1. 肥力等级划分

采集种植区域内耕作层土壤样品，测定土壤 pH、有机质、全氮、碱解氮、有效磷、速效钾等肥力以及有效锌和有效硼等微量元素指标。

根据 2019—2021 年浙江省土壤测试数据，参照第二次全国土壤普查时土壤有机质及主要营养元素的分级标准，确定土壤肥力等级（表 9－3）。

表 9－3　土壤肥力等级

肥力等级	有机质/%	全氮/%	碱解氮/（mg/kg）	有效磷/（mg/kg）	速效钾/（mg/kg）
低	＜2	＜0.1	＜90	＜10	＜100
中	2～3	0.1～0.15	90～120	10～20	100～150
高	3～4	0.15～0.2	120～150	20～40	150～200
极高	＞4	＞0.2	＞150	＞40	＞200

2. 化肥周年限量施用标准

根据水稻养分需求特性，基于稻田地力和目标产量水平，在氮、磷、钾养分平衡的基础上，通过有机肥与无机肥配施减少化肥施用量，以确保产量稳定和肥料高效利用。

根据作物目标产量和土壤肥力等级，分别制定早稻—晚稻、单季稻—油菜、单季稻—小麦和单季稻—绿肥轮作模式下作物的氮、磷、钾肥周年最高施用量指标值（表 9－4 至表 9－7）。

表9-4　早稻—晚稻化肥周年每亩最高施用量指标值

单位：kg

肥力等级	早稻				晚稻			
	目标产量	N用量	P_2O_5 用量	K_2O 用量	目标产量	N用量	P_2O_5 用量	K_2O 用量
低	＜350	＜13	＜4	＜6	＜400	＜14.7	＜4.7	＜7.7
	350～380	13～14	4～4.3	6～6.7	400～480	14.7～15.3	4.7～5.3	7.7～8
	380～450	14～15	4.3～4.7	6.7～7.3	480～550	15.3～16	5.3～6	8～8.3
中	＜380	＜12.3	＜3.7	＜5.7	＜480	＜13.7	＜4.3	＜7.3
	380～450	12.3～13	3.7～4	5.7～6.3	480～580	13.7～14.3	4.3～4.7	7.3～7.7
	450～500	13～13.7	4～4.3	6.3～7	580～680	14.3～15	4.7～5	7.7～8
高	＜450	＜11.7	＜3.3	＜5.3	＜500	＜12.7	＜4	＜7
	450～500	11.7～12.3	3.3～3.7	5.3～5.7	500～600	12.7～13.3	4～4.3	7～7.3
	500～580	12.3～13	3.7～4	5.7～6	600～700	13.3～14	4.3～4.7	7.3～7.7
极高	＜450	＜11	＜3.3	＜5.3	＜500	＜11.7	＜4	＜7
	450～500	11～11.7	3.3～3.7	5.3～5.7	500～600	11.7～12.3	4～4.3	7～7.3
	500～580	11.7～12.3	3.7～4	5.7～6	600～700	12.3～13	4.3～4.7	7.3～7.7

表9-5　单季稻—油菜化肥周年每亩最高施用量指标值

单位：kg

肥力等级	单季稻				油菜			
	目标产量	N用量	P_2O_5 用量	K_2O 用量	目标产量	N用量	P_2O_5 用量	K_2O 用量
低	＜400	＜15	＜4.7	＜8	＜90	＜10	＜5	＜8
	400～480	15～15.7	4.7～5.3	8～8.7	90～120	10.0～11.0	5～5.3	8～8.7
	480～550	15.7～16.3	5.3～6	8.7～9.3	120～150	11.0～12.0	5.3～5.7	8.7～9.3
中	＜480	＜14	＜4.3	＜7.7	＜120	＜9.3	＜4.7	＜7.3
	480～580	14～14.7	4.3～5	7.7～8.3	120～150	9.3～10.3	4.7～5	7.3～8
	580～680	14.7～15.3	5～5.7	8.3～9	150～180	10.3～11.3	5～5.3	8～8.7
高	＜550	＜13	＜4	＜7.3	＜120	＜8.7	＜4.3	＜7
	550～650	13～13.7	4～4.7	7.3～8	120～160	8.7～9.7	4.3～4.7	7～7.7
	650～750	13.7～14.3	4.7～5.3	8～8.7	160～200	9.7～10.7	4.7～5.0	7.7～8.3
极高	＜580	＜12	＜4	＜7.3	＜120	＜8	＜4.3	＜7
	580～680	12～12.7	4～4.7	7.3～8	120～160	8.0～9.0	4.3～4.7	7～7.7
	680～800	12.7～13.3	4.7～5.3	8～8.7	160～200	9～9.3	4.7～5.0	7.7～8.3

表9-6　单季稻—小麦化肥周年每亩最高施用量指标值

单位：kg

肥力等级	单季稻				小麦			
	目标产量	N用量	P_2O_5 用量	K_2O 用量	目标产量	N用量	P_2O_5 用量	K_2O 用量
低	＜400	＜15	＜4.7	＜8	＜180	＜8	＜3.7	＜6
	400～480	15～15.7	4.7～5.3	8～8.7	180～200	8～8.3	3.7～3.9	6～6.7
	480～550	15.7～16.3	5.3～6	8.7～9.3	200～220	8.3～8.7	3.9～4.1	6.7～7.3

（续）

肥力等级	单季稻				小麦			
	目标产量	N 用量	P_2O_5 用量	K_2O 用量	目标产量	N 用量	P_2O_5 用量	K_2O 用量
中	<480	<14	<4.3	<7.7	<200	<7.7	<3.3	<5.7
	480～580	14～14.7	4.3～5	7.7～8.3	200～225	7.7～8	3.3～3.5	5.7～6.3
	580～680	14.7～15.3	5～5.7	8.3～9	225～250	8～8.3	3.5～3.7	6.3～7
高	<550	<12.7	<4	<7.3	<200	<7.3	<3.1	<5.3
	550～650	12.7～13.3	4～4.7	7.3～8	200～250	7.3～7.7	3.1～3.3	5.3～6
	650～750	13.3～14	4.7～5.3	8～8.7	250～300	7.7～8	3.3～3.5	6～6.7
极高	<580	<12	<4	<7.3	<200	<7.3	<3.1	<5.3
	580～680	12～12.7	4～4.7	7.3～8	200～250	7.3～7.7	3.1～3.3	5.3～6
	680～800	12.7～13.3	4.7～5.3	8～8.7	250～350	7.7～8	3.3～3.5	6～6.7

表 9-7　单季稻—绿肥化肥周年每亩最高施用量指标值

单位：kg

肥力等级	单季稻				绿肥			
	目标产量	N 用量	P_2O_5 用量	K_2O 用量	目标产量	N 用量	P_2O_5 用量	K_2O 用量
低	<400	<14.7	<4.7	<7.7				
	400～480	14.7～15.3	4.5～5.2	7.7～8.4			—	
	480～550	15.3～16	5.2～5.9	8.4～9.1				
中	<480	<13.7	<4.1	<7.4				
	480～580	13.7～14.3	4.1～4.8	7.4～8.1			—	
	580～680	14.3～15	4.8～5.5	8.1～8.7				
高	<550	<12.3	<3.9	<7.1				
	550～650	12.3～13	3.9～4.5	7.1～7.7			—	
	650～750	13～13.7	4.5～5.2	7.7～8.4				
极高	<580	<11.7	<3.9	<7.1				
	580～680	11.7～12.3	3.9～4.5	7.1～7.7			—	
	680～800	12.3～13	4.5～5.2	7.7～8.4				

3. 肥料类型

优先选择配方肥、缓（控）释复合肥、稳定性复合肥等新型肥料，配合施用商品有机肥、农家肥等。缓（控）释肥料应符合《缓释肥料》（GB/T 23348—2009）的规定，稳定性肥料应符合《稳定性肥料》（GB/T 35113—2017）的规定，有机肥应符合《有机肥料》（NY/T 525—2021）的规定。

4. 新型缓（控）释氮肥施用技术

双季稻氮肥采用缓（控）释/稳定性复合肥按照基肥：穗肥＝7：3 分 2 次施用［一基一追，基施缓（控）释/稳定性复合肥，追施尿素］，单季稻缓（控）释/稳定性复合肥一次性基施；P_2O_5、K_2O 施用量分别为 90 kg/hm^2、120 kg/hm^2，磷肥于插秧前全部作基肥一次性施入，钾肥按照基肥：穗肥＝6：4 分两次施入。连续 3 年实施该技术，与常规施氮水平（180 kg/hm^2）相比，该技术模式氮肥施用量减少 20%（144 kg/hm^2），平均增产6.7%～11.2%，氮肥利用率显著提高 8.8%～10.3%。

9.2.3　作物平衡施肥技术

根据粮油作物养分需求特性，基于土壤地力和目标产量水平，在氮、磷、钾养分平衡的基础上，通过有机肥与无机肥配施减少化肥施用量，以确保产量稳定和肥料高效利用。

①氮素实时监控施肥矫正技术。氮肥推荐根据土壤供氮状况和作物需氮量，进行实时动态监测和精确调控，包括基肥和追肥。根据不同土壤、不同作物、同一作物的不同品种、不同目标产量确定作物需氮量，以总需氮量的 30%～60%作为基肥用量，具体可根据目标作物生育期长短。

②磷、钾养分恒量监控施肥矫正技术。依据土壤有效磷、速效钾测试结果、常规作物养分丰缺指标和耕地地力分等定级指标水平分值，按照 DB33/T 895 的要求进行分级，当有效磷、速效钾水平处在中等偏上时，将目标产量需要量（只包括带出田块的收获物）的 100%～110%作为当季磷、钾肥用量；中等偏下土壤适当增加磷、钾肥用量；在极缺磷的土壤上，增大需要量至作物带走量的 150%～200%。大田常规作物磷、钾肥料以结合土壤翻耕整地基肥施用为主。适宜在 1～2 年后重复测土，并根据土壤有效磷及速效钾含量水平、施肥反应和主导产业农作物产量的变化对原施肥方案进行调整。

③肥料施用原则。遵循有机肥与无机肥配施，合理施用氮、磷、钾肥的原则，根据不同生产区农作物目标产量、肥力等级及相对应氮、磷、钾限量施用标准，选择合适配方肥、缓（控）释肥等施用。施肥方式可采用种肥同播、机械施肥、人工施肥，肥料基追施比例根据施肥方式做调整。油菜机硼肥可选用 15%颗粒硼每亩 400～500 g，锌肥可选用 34%颗粒锌每亩 150～200 kg。

9.2.4　高效水分管理技术

根据水稻种植地区水源、降雨和环境气候特点，因地制宜推广应用干湿交替灌溉、增氧灌溉和覆膜灌溉技术，具体如下。

①干湿交替灌溉。播种后排除田间积水，3 叶期前，尽量少灌水，以促根系下扎。分蘖开始后应采用浅湿灌溉，田中保持 0～3cm 水层，苗数达到穗数的 80%～90%时开始搁田；穗分化后期保持较深水层，防止高温天气影响颖花分化；抽穗期保持浅水；灌浆期间歇灌溉、干湿交替；收获前 7 d 排水。该模式较常规淹灌可节水 38.7%～45.5%，灌溉水利用效率提高 27.4%～39.3%。需要注意的是，该技术充分发挥控制灌溉下“以水调氮、以水控氧”的间接作用，可通过耦合氮肥管理调控根际氮形态、根际环境和微生物群落结构引起一系列联动效应，协调同化物和氮素吸收、转运及分配，提高水稻产量和氮素利用率。该技术适合在排灌方便的平原地区应用。

②增氧灌溉。采用超微气泡发生系统（型号为 MBO75-ZS 的 MBO）作为增氧装置，将水与气体（氧气、空气、或臭氧）充分混合，气泡直径达微米级别，其处理过灌溉水中溶氧量为 7.93 mg/L，显著高于未处理灌溉水（3.16 mg/L），其持续时间高达 100 h。使用时，在试验田灌溉水入口处挖 3 m×2 m×2 m 增氧池，将超微气泡发生系统置于增氧

池，每次灌溉前将机器打开预处理 30 min 以上，30 min 后灌溉水流入增氧池进行处理，随后灌入稻田。分别在分蘖盛期、幼穗分化期、抽穗期、扬花期和灌溉期采用增氧装置灌溉，每个时期增氧灌溉 2 次。增氧灌溉技术直接利用根际溶氧量及根际氧环境对水稻生长的“积极作用”，可协调同化物和氮素吸收、转运及分配，提高水稻产量和氮素利用率。该技术适合在质地黏重、通气不畅的烂泥田、黄泥田等中低产田应用。

③覆膜栽培。采用覆膜湿润栽培水分管理模式，保持田面没有水层，灌溉沟中有水，以保证田间土壤含水量基本为饱和状态。生物可降解膜厚度为 0.01 mm、宽 185 cm，45～65 d 开始降解，能被完全降解，最终生成二氧化碳和水。所施氮肥采用缓（控）释复合肥或有机无机复混肥，其在覆膜插秧前一次性基施。该模式较常规淹灌可节水 50%，节肥 20%，节省除草剂和农药 80%和 40%作用，省工 2～4 个，水稻稳产和提质效果显著。需要注意的是，该技术具有节水、增温、增产等显著特点，除在平原地区应用外，在灌溉成本较高的高田丘陵、冷浸田和无充足水源保障的望天田里的适用性更高。

此外，稻油、稻麦轮作体系中油菜季、水稻季除非面临极端干旱气候环境，可不进行水分灌溉。

9.2.5 化肥定额制配套政策和推广体系

①构建“浙样施”智慧施肥平台。综合分析 2008 年以来浙江省测土配方施肥 30 万个土壤养分检测大数据，明确了浙江省土壤养分状况与分布特征，结合采用 QUEFTS 模型得出的水稻、油菜氮磷钾最佳养分需求量，建立了基于土壤肥力和目标产量的双季稻、稻油、稻麦轮作体系定额推荐施肥方法，开发了《化肥定额施用信息管理系统》《化肥定额施用技术模式查询系统》，构建集“有机培肥、配方施肥、定额管理、技术咨询”于一体的“浙样施”智慧施肥应用平台，结合“肥药两制”改革对籼粳杂交稻、油菜和茶叶施肥进行科学指导。目前，浙江省 85 个涉农县近 2.8 万个规模种植主体上线“浙样施”，基本实现化肥定额制配套施肥技术。

②通过建立平台实现化肥定额管理。优化浙江省农资监管与信息化平台，创新建立“浙农优品”平台，整合主体姓名、电话及化肥购买等信息。鼓励推行“刷卡”或“扫码”等方式购买化肥，通过信息系统自动分析主体相关信息。支持农资经营店配备身份识别、销售终端（point of sate，POS），探索建立自助购肥、立等可取等购肥新体验。自有销售系统的县（市、区）要与省平台对接，确保台账记录实时上传。

③通过建立档案实现追溯管理。创建浙江省化肥“实名制购买、定额制施用”农业投入品推广经营体系，依托各类行业协会，推动规模主体签订化肥定额制施用承诺书，建立肥料施用档案，纳入农产品质量安全信用管理，实现可追溯、支持合作社、肥料生产经营企业等开展专业化施肥服务，建立代施代管机制，实现小农户与规模主体化肥定额施用的有机衔接。县级农业农村部门负责建立主体数据库和资金补贴档案，核实主体姓名、主体类型、种植作物及规模等信息，实现配方肥等肥料“进、销、用、回”闭环管理。

④通过养分替代实现化肥减量。从养分替代的角度出发，采取推广有机肥、秸秆还田、种植绿肥、增施新型肥料、创新农作制度等措施，加大有机养分替代化肥的力度，实现化肥减量。在粮油作物上，优先推广配方肥、有机无机复混肥、缓（控）释肥等新型肥

料。大力推广稻油、稻麦、稻绿等轮作模式，统筹农田土壤周年养分管理，实现大幅度减少化肥施用量目标。

⑤通过技术推广实现化肥减量增效。从肥效提升的角度出发，通过施肥技术和模式推广，提高肥料利用率，实现化肥减量。深入开展规模生产主体免费测土配方服务，按照“精准测土、科学配方、减量施肥”的要求，建立“一户一业一方”的施肥模式，建立浙江省规模主体“浙样施”智慧施肥 App 管理，实现精准施肥。推广机械深施、钟肥同播、侧深施肥、水肥一体化等高效施肥技术，逐步淘汰浅施、撒施、表施等落实施肥技术。研究制定主要粮油作物化肥投入定额制施用技术指南，创新化肥定额制施用的技术模式和长效机制。

截至 2022 年年底，有机培肥、化肥定额制施用技术连续入选农业农村部、浙江省农业主推技术，粮油作物绿色高效定额施肥技术在杭州、宁波、温州、嘉兴、湖州、金华、绍兴、衢州等地（市）主要粮油作物上实现了规模化应用。近年来浙江省配方肥、缓（控）释肥推广覆盖率达到 70%以上，粮油作物高效绿色施肥技术覆盖率达到 80%以上，主要粮油作物氮、磷肥施用分别降低 10%～20%、10%～25%，产量增加 6%～12%，氮肥利用率提高 8%～15%。近两年累计示范推广 2 113.3 万亩，减少氮、磷、钾投入 8 983.2 万 kg，节本增收 21.1 亿元。

附　录

APPENDIX

附录1　浙江省人民政府办公厅关于推行化肥农药实名制购买定额制施用的实施意见

各市、县（市、区）人民政府，省政府直属各单位：

为加快转变农业发展方式，确保粮食安全和农产品质量安全，促进生态文明建设和农业可持续发展，经省政府同意，现就推行化肥、农药等农业投入品实名制购买、定额制施用改革（以下称“肥药两制”改革）提出如下实施意见。

一、总体要求

（一）指导思想。以习近平新时代中国特色社会主义思想为指导，牢固树立新发展理念，忠实践行“八八战略”，坚定不移走绿色发展之路，按照全面实施乡村振兴战略和深化美丽浙江建设的总体部署要求，通过实施“肥药两制”改革，全程科学管控和使用农业投入品，运用现代生态农业技术，引领撬动农业支撑体系集成创新，打造国家农业绿色发展试点先行区，高水平推进农业农村现代化，推动生态文明建设迈上新台阶，为建设“重要窗口”提供有力支撑。

（二）目标任务。到2022年，全省“肥药两制”改革实现县域全覆盖，高质量实现农业增产保供、农产品优质安全、农民增收等目标。

——资源利用生态高效。到2022年，“肥药两制”改革粮油类试点主体、经济作物类试点主体用氮量分别减少10%、20%。全省化肥年用量、化学农药年用量较2019年分别减少3万吨（实物量）、1 500吨，均下降2%以上；化肥、农药施用强度分别控制在24公斤/亩、0.17公斤/亩以内。农作物秸秆综合利用率、畜禽粪污资源化利用率分别达到95%以上、92%以上。

——产品供给优质安全。到2022年，全省粮食综合生产能力稳定在300亿斤，口粮自给率达到50%。生猪年出栏量达到1 400万头以上，猪肉自给率提高到70%以上。农产品质量安全追溯管理制度有效实施，主要农产品质量安全省级监测合格率稳定在98%以上。绿色食品总量达到2 000个，农产品地理标志突破160个。

——产地环境绿色清洁。到2022年，全省农药包装废弃物、肥料包装废弃物以及废旧农膜回收率均达到90%以上。土壤有机质含量保持在25克/千克以上，土壤肥力进一步提高。受污染耕地安全利用率达到92%以上，农业源氮磷污染物排放负增长，农业水环境持续改善。

——产业发展提质增效。到2022年，生态种养结合等新型农作制度加快推广，粮食生产功能区综合效益进一步提高，粮油绿色增产技术应用面积达到500万亩。农业产业结构不断优化，优质优价的农产品消费市场基本形成，蔬菜、茶叶、水果等作物亩均产值提高10%以上。农业品牌价值和市场溢价率进一步提升，培育“品字标浙江农产”品牌60个。

二、聚焦实名购买，强化源头管理

（一）推行肥药实名购买制度。依法规范农业投入品生产和流通市场，严把生产和经营主体资格准入关，全面推行实名购买制度。开展“肥药两制”改革农资店建设，加大“店内码”等农资产品电子标识应用力度，推行刷脸、刷卡等信息化购销方式，努力打造农资零售新业态。整合财政惠农补贴发放和农资实名销售管理方式，逐步将实名购销范围扩大至化肥等农资产品。对厂商直购、线上云购的规模主体，探索实行采购备案制度。到2022年，农药、化肥产品实现实名制购买。

（二）建立投入品增减挂钩制度。推行农业投入品“进—销—用—回”全周期闭环管理，探索建立涵盖前端生产经销、中端储运耗用和后端追溯查询的投入品增减挂钩联动制度，重点抓好农业生产主体和社会化服务组织的农资商品领用、使用、结存情况记录和信息化同步工作，实现投入品在经销和使用环节进出留痕、增减平衡。

（三）完善废弃包装回收处理体系。坚持政府引导、主体参与、市场运作，加快构建包含农药、肥料、农膜等农业投入品在内的全口径、分类别回收处理体系，形成实用可行的肥料包装废弃物回收处理模式。建立废旧农膜“以旧换新”等激励制度，优化回收网络布局和建设，打通从田间地头到回收（暂存）站点的“最初一公里”，有效落实废弃包装末端处理渠道和处理能力，力争农业包装废弃物应收尽收、应处尽处。

三、聚焦定额施用，加快农业生产绿色转型

（一）推行肥药定额施用制度。推进全省主要作物化肥定额施用标准落地执行，打造“一户一业一方”精准施肥模式。深化统防统治与绿色防控融合推进，率先开展水稻化学农药定额施用，循序渐进、因地制宜推动地方特色主导产业肥药定额施用工作。开展肥药施用强度统计分析，加强农业主体肥药定额施用情况通报。加大农业生产环节综合执法巡查力度，依法打击滥用投入品行为。到2022年，主要作物化肥定额施用制度全面建立。

（二）拓展投入品减量增效路径。实施化肥、农药减量增效行动，深入开展规模主体免费测土配方服务，推广有机肥、配方肥、专用肥、缓（控）释肥和水肥一体化、侧深施肥技术，大力开展绿色防控试点区建设，推广农业防治、生态调控、理化诱控、生物防治和科学用药等绿色防控技术。加快高效新型肥料引进和新型高效低毒环保型农药研发推广应用。进一步加强动物疫病防控体系建设，规范兽（渔）用抗菌药物、饲料及添加剂使用和管理。到2022年，商品有机肥、高效新型肥料年施用量分别保持在100万吨和25万吨

以上，主要农作物测土配方技术覆盖率达到 92%，水肥一体化技术推广应用面积超过 80 万亩。农作物病虫草害绿色防控技术推广应用 1 000 万亩次以上。水产用兽药使用量平均减少 5%以上。

（三）加强农业资源循环高效利用。 坚持种养加结合、农牧渔对接，积极构建主体小循环、区域中循环、县域大循环的生态循环体系。以沼液综合利用、有机肥生产应用为重点，有序推进养殖废弃物资源化利用。创新推广稻鱼共生、菜鱼共生等生态种养模式，大力发展现代生态循环农业。到 2022 年，全省生态消纳地稳定在 1 000 万亩，有机肥生产能力稳定在 150 万吨/年以上并逐步增加，稻鱼综合种养面积达到 100 万亩。加强农作物秸秆综合利用技术集成与推广，科学优化秸秆利用结构，加快推动秸秆离田高效利用。

（四）严格农业生态环境保护修复。 加强耕地土壤环境质量分类管理，集成推广地力培肥、土壤改良、治理修复等技术模式，做好受污染耕地安全利用，推动严管类耕地种植结构调整和生态修复。优化氮磷生态拦截沟渠系统布局和建设，加大在粮食生产功能区的新建和改造力度。坚持以标准化、绿色化、规模化、循环化、数字化、基地化为引领，推进生猪产业高质量发展，统筹协调生猪产能增长与病死动物无害化处理、畜禽粪污资源化利用。开展渔业养殖尾水零直排建设。

四、聚焦生产主体，夯实绿色发展基础

（一）优化绿色发展布局结构。 将粮食生产功能区、重要农产品生产保护区、特色农产品优势区、现代农业园区和特色农业强镇作为绿色发展核心区域，按照“肥药两制”改革要求，聚焦重点产业、聚集资源要素，加快形成绿色高效的农业产业化集群和循环化经济体系，积极打造“农业龙头企业＋农民专业合作社＋家庭农场”的农业产业化联合体，大力发展专业化生产和社会化服务，促进主体之间优势互补、分工合作、一体化发展。

（二）完善农业主体生产信息。 完善生产主体地理坐标、种养品种、生产规模等基本信息，开展耕地地力、病虫草害、生态环境等基础数据监测，根据肥药定额施用标准测算农业主体肥药限量额度，建立生产主体“一户一档”数据库。种养类农业企业、农民专业合作社、家庭农场等规模主体全部纳入“肥药两制”改革数字化监管平台，全面落实线上线下一体化管理，加强数据监测，强化执法巡查，确保农业主体信息上图入库、生产记录动态更新。

（三）科学开展农业主体绿色评价。 加快推动农业绿色发展评价体系由县域层面向主体层面细化延伸，建立农业主体绿色发展评价“三色图”制度。围绕农业生产记录、投入品施用强度、耕地地力变化、尾水达标排放等“肥药两制”改革重点内容，对规模主体开展绿色发展评价，科学衡量绿色发展进程和水平，同步纳入农业主体信用管理体系。

五、聚焦提质增效，激发农业绿色发展动能

（一）促进农产品增产提质。 加强特色农产品质量安全生产过程监管，全面实施食用农产品合格证制度。切实加大农产品地理标志保护和绿色农产品基地建设力度，加快推进“一标一品一产业”融合发展。到 2022 年，建设生态茶园、精品果园、放心菜园、特色菌园、道地药园基地 500 个，兽药减量化和饲料环保化推广场 1 000 家，水产健康养殖场

1 200家。规模农产品生产主体合格证使用率达到90%以上。

（二）推动农业品牌化发展。加快推进农业市场化、品牌化发展，完善以激励引导、保护开发、监督管理为主要内容的农业品牌发展机制，加大“品字标浙江农产”品牌培育力度。建立农产品品牌目录制度，做好品牌宣传推介，扩大品牌影响。以区域优势为基础、主导产业为支撑、龙头企业为主体，积极构建具有较强影响力、竞争力的“区域公用品牌＋企业品牌＋产品品牌”矩阵。

（三）推进农业新型业态发展壮大。加快构建综合公共服务与市场专业服务相结合的“1＋N”新型农业社会化服务体系，促进农业降本增效。大力推进优质农产品精深加工和副产品综合利用，推动生产链、价值链向后延伸。通过超市直采等渠道进军中高端市场，充分挖掘绿色农产品附加值。依托美丽乡村、休闲农业精品线路建设，加快发展休闲观光农业，丰富农业生态产品和服务供给。

六、聚焦要素支撑，夯实农业绿色发展基础

（一）增加农业绿色发展激励政策供给。制定农业主体绿色发展正负清单，正确引导和规范农业主体生产经营行为。加强农业绿色发展评价结果运用，科学合理配置资金项目、金融信贷、用地用能、技术服务等生产要素，切实抓好激励保障和惩戒约束。开展“肥药两制”改革项目建设，加大农业绿色发展基础性、公共性、引领性设施投入力度。完善商品有机肥补贴政策，探索建立有机肥最低施用激励制度，加大绿色防控产品以及配套社会化服务、机械化作业的奖补力度。坚持政策性农业保险绿色导向，支持扩大畜禽保险覆盖面，完善病死畜禽无害化处理与保险联动机制。

（二）加强农业绿色发展标准规范建设。以化肥、农药定额施用标准制定为切入点，完善农业绿色发展标准体系，抓紧构建包括农业投入品质量安全、农业绿色生产、农产品质量安全评价与检测、农业资源与产地环境等在内的一整套技术标准和操作规范，构建绿色发展标准体系。到2022年，主要农产品标准化生产水平进一步提升。

（三）构建“肥药两制”改革数字化管理系统。以数字乡村建设为契机，加快推动省级系统跨平台、跨地区、跨层级数据对接、资源共享，通过整合提升农资监管服务、农产品质量安全追溯、智慧畜牧、数字耕肥等平台，构建“肥药两制”改革数字化管理系统，重点完善农业主体信息管理、农业生产在线记录、肥药施用强度测算等功能，实现农业绿色发展全方位智慧监管。

（四）健全农业绿色发展科技创新体系。以农业科技园区为平台，以农业领域省级重点研发项目为引领，深化政产学研融合，增强“肥药两制”改革配套技术支撑。加大多抗种苗、新型肥料、生物农药、替抗兽药、环保型饲料等绿色投入品研发力度，聚力攻关全生物降解地膜替代、重金属污染修复等技术难题，加速推动农业科技成果转化和产业化进程。优化基层农技人才配置结构，建立“肥药两制”改革专家团队，加强与产业技术团队、农技推广体系有机衔接，推广应用高效节约、生态循环的绿色生产技术。

七、加强组织领导，压实工作责任

各地、各有关单位要高度重视“肥药两制”改革，将“肥药两制”改革列入乡村振兴

工作和生态文明建设的年度重点任务，明确目标任务、工作举措和时间进度。强化上下衔接和左右协调，形成统筹推进、部门联动、多方参与的良好局面。将“肥药两制”改革纳入乡村振兴综合考核督查和农业绿色发展评价体系，压实地方政府的领导责任和相关单位的管理责任。加强宣传引导，为推进“肥药两制”改革、促进农业绿色发展凝聚共识和营造良好氛围。

浙江省人民政府办公厅

2020 年 10 月 26 日

附录 2　关于试行农业投入化肥定额制的意见

为贯彻落实省委省政府《关于再创体制机制新优势 高水平推进农业绿色发展的实施意见》精神，全面推进化肥减量增效，促进农业高水平绿色发展，现就试行农业投入化肥定额制提出如下意见：

一、重要意义

近年来，我省大力实施化肥减量增效行动，单位种植面积化肥施用量连续 6 年实现负增长，但对照我省经济作物面积高、复种指数高、高产作物品种多的“三高”种植结构，对标发达国家施肥水平，对表国家对农业绿色发展先行区的考核要求，化肥减量仍有较大空间。实施化肥定额制，是通过制定主要作物化肥投入定额标准，综合采取免费测土、科学配方、合理替代、精准施肥等措施，达到减少农田化肥投入、保障耕地综合产能、优化生态环境质量的目标。这是全面落实“藏粮于地、藏粮于技”战略、保障粮食安全的一项重要举措，是推动农业供给侧结构性改革，促进农业发展方式从数量型增长向质量效益型增长转变的必然要求。各地务必高度重视，积极试点，总结经验，形成化肥定额制的技术方案、实施路径、考核办法及保障机制，为全国化肥减量增效工作提供“浙江方案”。

二、主要目标

按照“先易后难、疏堵结合、试点先行、多措并举、稳步推进”的原则，加大耕地培肥、免费测土、精准施肥的力度，推广替代化肥的肥料品种和高效施肥技术，研究制定全省主要作物化肥投入的定额标准，探索建立化肥定额施用的体制机制。确保商品有机肥、配方肥和有机无机复混肥年施用量分别保持 100 万吨、30 万吨和 10 万吨以上，水肥一体化技术每年实施面积超过 50 万亩，专业化施肥达到 40%，做到“两不下降两负增长”，即耕地地力不下降、作物产量不下降，年化肥施用总量负增长，氮肥施用量持续负增长。主要分三步走：

第一步，开展试点。2019 年在农业绿色发展先行示范项目县率先试点，选择主导产业（农业园区、乡镇）开展试点，稳步推进，鼓励其他县（市、区）自行开展试点。

第二步，全力推进。2020 年，在全省范围内整县制推进化肥定额制实施。

第三步，全面建立。2022 年全省全面建立主要作物化肥投入的定额制度，化肥、氮肥用量比 2018 年下降 5%。

三、重点工作

（一）通过制定标准实现限量施用。根据近年来测土配方施肥成果，综合耕地地力、作物需肥规律、目标产量、种植效益等多重因素，遵循粮油作物“减氮、控磷、稳钾”、经济作物“减氮、减磷、控钾”总体施肥要求，建立全省主要作物化肥投入的定额制度。

各地围绕耕地地力、作物生产等实际情况，研究出台当地的化肥投入定额标准，原则上不高于省里制定的化肥定额标准（高产攻关除外）（具体见附件）。

（二）通过建立平台实现定额管理。优化浙江省农资监管与信息化平台，整合主体姓名、电话及化肥购买等信息。鼓励推行“刷卡”或“扫码”等方式购买化肥，通过信息系统自动分析主体相关信息。支持农资经营店配备身份识别、销售POS终端，探索建立自助购肥、立等可取等购肥新体验。自有购销系统的县（市、区）要与省平台对接，确保台账记录实时上传。

（三）通过建立档案实现追溯管理。依托各类行业协会，推动规模主体签订化肥定额施用承诺书，建立肥料施用档案，纳入农产品质量安全信用管理，实现可追溯。支持合作社、肥料生产经营企业等开展专业化施肥服务，建立代施代管机制，实现小农户与规模主体化肥定额施用的有机衔接。县级农业农村部门负责建立主体数据库和资金补贴档案，核实主体姓名、主体类型、种植作物及规模等信息。

（四）通过养分替代实现化肥减量。从养分替代的角度出发，采取推广有机肥、秸秆还田、种植绿肥、增施新型肥料、创新农作制度等措施，加大有机养分替代化肥的力度，实现化肥减量。在经济作物上，优先推广有机肥（生物有机肥）、有机无机复混肥、水溶肥等。在粮油作物上，优先推广配方肥、有机无机复混肥、缓（控）释肥等新型肥料。大力推广菜—稻轮作、果（茶）—绿肥、稻—鱼（虾、鳖）等种养模式，统筹农田土壤周年养分管理，实现大幅度减少化肥使用量目标。

（五）通过技术推广实现化肥减量。从肥效提升的角度出发，通过施肥技术和模式推广，提高肥料利用率，实现化肥减量。深入开展规模生产主体免费测土配方服务，按照“精准测土、科学配方、减量施肥”的要求，建立“一户一业一方”施肥模式，建立全省规模主体智慧施肥App管理，实现精准施肥。推广机械深施、种肥同播、侧深施肥、水肥一体等高效施肥技术，逐步淘汰浅施、撒施、表施等落后施肥技术。研究制定主要作物化肥投入定额施用技术指南，创新化肥定额施用的技术模式和长效机制。

四、保障措施

（一）加强工作评价。化肥定额制实施情况纳入美丽浙江建设、农业绿色发展等工作评价体系。各级农业农村主管部门要认真研究，精心谋划，制订方案，建立领导小组，明确责任领导、责任单位和时间进度，创新工作机制，确保组织到位、力量到位和工作到位，切实推进化肥定额制实施。

（二）加大政策扶持。完善商品有机肥补贴政策，探索建立以工作实效为导向的财政奖补机制；统筹整合实施相关资金项目，加大对配方肥、有机无机复混肥推广应用的扶持力度，推动形成总量控制、政策引导、绩效考核、激励约束制度体系。具体政策措施由省农业农村厅、省财政厅另行制定。

（三）加强科技研发。依托省重大科技研发项目、省“三农六方”科技协作项目等，依靠产业技术团队专家力量，加强对主要农作物化肥投入定额制施用技术研究。重点开展定额施肥背景下主要作物优质丰产绿色生产技术研究，开展地力培肥、土壤改良、不同种植制度周年施肥技术及新肥料替代技术研究。开展施肥机械引进、研发，精准施肥作业数字化管理与智能决策、变量施肥等智能装备的技术研发，实现科技研发上的突破。

（四）强化技术推广。依托产业技术项目、全国农技推广补助项目等，依靠基层农技推广体系，落实责任农技制度，开展基层农技人员知识更新培训，确保测土配方、水肥一体化等技术推广有人负责。积极鼓励农业科研院校、产业协会、农业龙头企业、农民专业合作社、联合社等参与化肥定额制应用技术推广。依托“千万农民素质提升工程”，组织化肥经营门店、农业规模主体开展培训，确保相关技术落地见效。

（五）加强宣传引导。各地要及时总结化肥定额制工作的好做法、好经验，利用电视、网络、培训班等形式，全方位、多角度宣传实施化肥定额制的意义。将化肥定额制政策、技术等内容列入各级农资经营户、生产主体的重点培训内容，切实增强化肥定额施用的责任意识。

本意见自公布之日起施行。

主要作物化肥定额制施用标准参考指标（试行）

作物	近几年亩平均施肥量/kg		农业农村部推荐亩施肥量/kg	亩最高限量值/kg	
	化肥总量	氮肥	化肥总量	化肥总量	氮肥
早稻	25	15	21～27	22	13
晚稻	28	16	21～27	23	14
单季稻	35	22	23～32	26	17
超级稻	40	25	—	30	20
小麦	24	15	14～20	18	10
油菜	24	14	21～24	21	12
薯类	28	15	25～27	25	13
茄果类	89	45	70～90	70	35
西（甜）瓜	80	31	66～80	66	25
茶树	41	27	28～44	28	25
柑橘	59	23	45～56	45	20
梨树	50	19	40～55	40	16
桃树	55	20	40～50	40	16
葡萄	50	20	40～50	40	15
单季茭/夏茭	73	35	63～71	60	32
秋茭	55	25	48～55	48	22
甘蔗	60	29	50～54	50	25

注：薯类主要是指甘薯，甘蔗主要是指果蔗。

附录 3　浙江省水稻化肥定额制施用技术指导意见

根据《浙江省农业绿色发展试点先行区三年行动计划（2018—2020 年）》（浙农科发〔2018〕14 号）和《浙江省农业农村厅关于印发农业绿色发展试点先行区 2019 年实施计划的通知》（浙农科发〔2019〕8 号）精神，现将浙江省水稻化肥定额制施用技术指导意见公布如下。

一、总体要求

围绕农业绿色发展要求，遵循“经济施肥、环保施肥、增产施肥”理念，以免费测土配方施肥成果为依托，依据水稻产量、土壤肥力状况以及省定的作物化肥投入的最高限量标准，合理确定水稻施肥量。优化施肥结构，大力推广配方肥、有机无机复合肥、缓（控）释肥等肥料；推广科学施肥方法，集成应用机械深施、种肥同播、侧深施肥等高效施肥技术，提高肥料利用率；坚持施肥与培肥地力相结合，发展绿肥种植，鼓励增施有机肥，做好秸秆还田，多措并举，切实减少水稻生产化肥和氮肥使用量。

二、基本原则

水稻生产化肥投入按照“减氮、控磷、稳钾”思路，严格控制化肥和氮肥总量投入。

一是坚持限量管理。按照化肥定额制要求，水稻化肥使用量不超过省制定的最高限量标准，控制水稻生产化肥和氮肥投入。

二是坚持分类指导。根据目标产量、土壤供肥能力、田间肥效试验和肥料利用率确定氮磷钾施用量，按照“一户一业一方”的要求，制定精准施肥建议方案，推进水稻生产化肥投入的限量施用。

三是坚持综合施策。采取调整化肥品种、增加有机养分投入、改变施肥方法等技术，构建水稻科学环保施肥技术模式，实现增产增效、保护环境。

三、施肥建议

针对目前水稻氮肥用量偏高、有机肥用量少的现状，遵循“减氮控磷稳钾”原则，采取有机肥与无机肥相结合，控制氮肥总量，中微量元素因缺补缺，并结合不同水稻品种、耕作制度进行适当调整的施肥策略。

（一）早稻（前茬为空闲田或冬绿肥）

1. 有机肥料施用量：商品有机肥 250～300 公斤/亩或紫云英鲜草还田 1 500 公斤/亩。

2. 产量水平在 400 公斤/亩以下：亩施氮肥（N）小于 7 公斤，磷肥（P_2O_5）小于 3.5 公斤，钾肥（K_2O）4.5 公斤。

3. 产量水平在 400～600 公斤/亩：亩施氮肥（N）7～10 公斤，磷肥（P_2O_5）3.5～5 公斤，钾肥（K_2O）4.5～5.5 公斤。

4. 产量水平在600公斤/亩以上：亩施氮肥（N）10～11公斤，磷肥（P_2O_5）5.0～5.5公斤，钾肥（K_2O）5.5～6.5公斤。

在肥料选择上，以选择与当地土壤肥力相适应的配方肥、有机无机复合肥等为宜；在施肥方法上，基肥采取耖田深施、侧深施肥等方式；在施肥比例上，氮肥的60%～70%作基肥、40%～30%作追肥，磷肥、钾肥全部作基肥。

（二）连作晚稻

1. 有机肥料施用量：商品有机肥250～300公斤/亩或早稻秸秆全量还田。

2. 产量水平在500公斤/亩以下：亩施氮肥（N）小于10公斤，磷肥（P_2O_5）3.5公斤以下，钾肥（K_2O）7公斤以下。

3. 产量水平在500～700公斤/亩：亩施氮肥（N）10～11公斤，磷肥（P_2O_5）3.5～4.5公斤，钾肥（K_2O）9～10公斤。

4. 产量水平在700公斤/亩以上：亩施氮肥（N）11～13公斤，磷肥（P_2O_5）4公斤，钾肥（K_2O）10～11公斤。

在肥料选择上，以选择与当地土壤肥力相适应的配方肥、有机无机复合肥、缓（控）释肥等为宜；在施肥方法上，基肥采取耖田深施、侧深施肥等方式；在施肥比例上，氮肥的60%作基肥、40%作分蘖肥，磷肥全部作基肥，钾肥70%作基肥、30%作穗肥。

（三）单季稻（前茬为麦、油菜、绿肥）

1. 有机肥料施用量：商品有机肥300～500公斤/亩或紫云英鲜草还田1500公斤/亩或麦秆全量还田。

2. 产量水平在500公斤/亩以下：亩施氮肥（N）小于9公斤，磷肥（P_2O_5）3.5公斤以下，钾肥（K_2O）7公斤以下。

3. 产量水平在500～600公斤/亩：亩施氮肥（N）10～12公斤，磷肥（P_2O_5）3.5～4.5公斤，钾肥（K_2O）8～10公斤。

4. 产量水平在600～800公斤/亩：亩施氮肥（N）12～14公斤，磷肥（P_2O_5）4.5～5公斤，钾肥（K_2O）10～12公斤。

5. 产量水平在800公斤/亩以上：亩施氮肥（N）14～16公斤，磷肥（P_2O_5）5～5.5公斤，钾肥（K_2O）12～13.5公斤。根据肥力条件可以适当提高氮肥和钾肥用量。

在肥料选择上，以选择与当地土壤肥力相适应的配方肥、有机无机复合肥等为宜；在施肥方法上，基肥以采取耖田深施、侧深施肥等方式；在施肥比例上，氮肥50%作基肥、50%作追肥，磷肥全部作基肥，钾肥60%作基肥、40%作追肥。高产水稻底肥应增施高效硅肥5～10公斤，齐穗和灌浆期叶面喷施氨基酸钙镁肥以促进光合作用。

图书在版编目（CIP）数据

粮油作物绿色高效定额制施肥技术 / 张均华等编著
. —北京：中国农业出版社，2024. 3
ISBN 978-7-109-31947-9

Ⅰ. ①粮…　Ⅱ. ①张…　Ⅲ. ①粮食作物—高产栽培②油料作物—高产栽培　Ⅳ. ①S51②S565

中国国家版本馆 CIP 数据核字（2024）第 093440 号

中国农业出版社出版
地址：北京市朝阳区麦子店街 18 号楼
邮编：100125
责任编辑：魏兆猛
版式设计：王　晨　　责任校对：吴丽婷
印刷：北京通州皇家印刷厂
版次：2024 年 3 月第 1 版
印次：2024 年 3 月北京第 1 次印刷
发行：新华书店北京发行所
开本：787mm×1092mm　1/16
印张：16
字数：380 千字
定价：150.00 元